中核集团核科学与技术研究生规划教材

核反应堆概率安全分析

主编　杨红义

哈尔滨工程大学出版社
Harbin Engineering University Press

内容简介

核反应堆概率安全分析(PSA)是应用概率论方法对核设施进行安全评价,为其设计、运行提供指导的重要方法。本书主要介绍了核反应堆 PSA 的技术原理和实施方法,包括 PSA 的技术体系,内部事件一级 PSA 的整体流程、始发事件分析、事故序列分析、系统可靠性分析等 PSA 关键技术要素的技术原理、数学原理以及实施方法,并在此基础上介绍了低功率/停堆、二级/三级、内外部灾害等进阶的 PSA 技术及其应用。

本书将重点放在内部事件一级 PSA 的介绍,这是其他 PSA 工作开展的基础,同时对其他类型的 PSA 技术进行了通用的介绍,利于读者快速掌握 PSA 技术的全貌。

本书整体编排连贯、讲解深入、系统性强,是一部兼具理论性与工程性的工具书,可作为反应堆安全专业研究生的教材。

图书在版编目(CIP)数据

核反应堆概率安全分析 / 杨红义主编. -- 哈尔滨 : 哈尔滨工程大学出版社, 2025. 4. -- ISBN 978-7-5661-4790-5

Ⅰ. TL364

中国国家版本馆 CIP 数据核字第 2025H5D964 号

核反应堆概率安全分析

HEFANYINGDUI GAILÜ ANQUAN FENXI

选题策划 石 岭
责任编辑 张 昕
封面设计 李海波

出版发行 哈尔滨工程大学出版社
社　　址 哈尔滨市南岗区南通大街 145 号
邮政编码 150001
发行电话 0451-82519328
传　　真 0451-82519699
经　　销 新华书店
印　　刷 哈尔滨市海德利商务印刷有限公司
开　　本 787 mm×1 092 mm　1/16
印　　张 23.25
字　　数 548 千字
版　　次 2025 年 4 月第 1 版
印　　次 2025 年 4 月第 1 次印刷
书　　号 ISBN 978-7-5661-4790-5
定　　价 69.00 元
http://www.hrbeupress.com
E-mail:heupress@hrbeu.edu.cn

编 委 会

主　编　杨红义

编　委　卫光仁　王　婷　王　静

张焕朝　张熙司　杨　晨

姜净珂　喻新利　颜　寒

前　言

随着全球对能源需求的持续增长，核能作为一种清洁能源，逐渐成为各国能源战略的重要组成部分。

核反应堆概率安全分析(PSA)，作为一种系统化、定量化的安全评估方法，已广泛应用于核电厂的设计、运营、维护以及事故分析等各个环节。其核心思想是通过评估可能发生的事故及其后果，量化核电厂的风险，从而为设计人员、操作人员和监管机构提供科学的决策支持。PSA 不仅关注单一事故场景，更重视不同事件之间的关联与系统行为的综合分析，帮助核能系统在不同运行阶段保持持续的安全性。

基于 PSA 的风险指引与性能基准(risk-informed & performance based)的安全设计作为一种现代化的安全设计理念，强调在核设施设计初期就充分考虑系统的整体风险，采取基于风险的措施来提高设施的可靠性和安全性。这一理念的提出，标志着核设施的安全设计从传统的“安全裕度设计”向“风险基础设计”的转变，充分体现了现代核能安全管理的发展趋势。

近年来，第四代核能系统的研发和应用前景激动人心，核能发展已经处于由第三代跃向第四代的关键期。第四代核能系统不仅在安全性、经济性、增殖、环境友好方面相较于第三代核能系统有大幅度的提升，也对传统核能安全管理体系提出了新的挑战。在此背景下，核反应堆 PSA 和风险指引安全设计的重要性愈加凸显。它们不仅有助于增强系统对极端事件的抵抗能力，还能确保核设施在新技术的应用下，依然能够在极端和不确定的工况下保持可靠安全运行。尤其是在面对更加复杂的核能系统架构和多重安全层次时，核反应堆 PSA 和风险指引安全设计为确保核能的安全性和经济性提供了坚实的理论与方法支持。

因此，本书将深入探讨核反应堆 PSA 的基本原理、方法、应用及其与风险指引安全设计相结合的方式，为核能从业人员提供一套系统的、前沿的理论与实践框架。通过对本书的学习，读者不仅能够掌握 PSA 的基本技术，还能够理解在新一代核能系统背景下，如何应用风险指引安全设计理念，提升核设施的整体安全水平。

随着革新型反应堆技术的发展，PSA 技术不断革新，望广大读者能够提出宝贵的意见和建议，以期对本书的进一步完善和提高。

编　者

2025 年 2 月

目　录

第1章　绪论 ………………………………………………………… 1

1.1　核能发展与核安全 ………………………………………… 1

1.2　概率安全分析技术的起源与发展 ………………………… 8

1.3　概率安全分析的范围与分类 ……………………………… 13

第2章　基础知识 ……………………………………………………… 17

2.1　核安全标准与法规 ………………………………………… 17

2.2　安全设计与安全分析 ……………………………………… 19

2.3　确定论安全分析 …………………………………………… 21

2.4　可靠性概念 ………………………………………………… 29

2.5　布尔代数 …………………………………………………… 33

第3章　始发事件分析 ………………………………………………… 38

3.1　始发事件 …………………………………………………… 38

3.2　始发事件确定方法 ………………………………………… 39

3.3　始发事件分组 ……………………………………………… 51

3.4　始发事件频率分析 ………………………………………… 52

第4章　事故序列分析 ………………………………………………… 55

4.1　堆芯损坏的定义 …………………………………………… 55

4.2　核电厂的安全功能 ………………………………………… 57

4.3　成功准则分析 ……………………………………………… 66

4.4　事件树分析法 ……………………………………………… 67

4.5　题头事件之间的相关性 …………………………………… 77

第5章　系统可靠性分析 ……………………………………………… 80

5.1　概述 ………………………………………………………… 80

5.2　FMEA 方法 ………………………………………………… 82

5.3　可靠性框图方法 …………………………………………… 94

5.4　马尔可夫方法 ……………………………………………… 99

5.5　GO 法 ……………………………………………………… 104

5.6　故障树分析方法 …………………………………………… 110

第 6 章　数据分析 …… 129
6.1　概述 …… 129
6.2　数据类型 …… 130
6.3　数据收集 …… 136
6.4　数据处理 …… 151
6.5　通用数据库 …… 165
6.6　反应堆可靠性数据库 …… 168
6.7　大数据技术 …… 169
第 7 章　人员可靠性分析 …… 173
7.1　人员可靠性分析方法综述 …… 174
7.2　THERP 方法 …… 177
7.3　HCR 方法 …… 180
7.4　THERP+HCR 方法 …… 183
7.5　SPAR-H 方法 …… 184
7.6　应用示例 …… 190
第 8 章　模型整合与定量化 …… 195
8.1　成功准则与相关性 …… 196
8.2　模型整合 …… 207
8.3　事件序列定量化 …… 208
8.4　重要度分析 …… 213
8.5　敏感性分析 …… 218
8.6　不确定性分析 …… 219
8.7　热工分析的应用 …… 222
第 9 章　低功率/停堆 PSA …… 225
9.1　技术原理 …… 226
9.2　核电厂运行状态分析 …… 230
9.3　与功率运行模型的接口和整合 …… 235
第 10 章　内部与外部灾害 …… 238
10.1　概述 …… 238
10.2　地震 …… 238
10.3　内部火灾 …… 249
10.4　内部水淹 …… 262
10.5　外部洪水 …… 270

第 11 章　二级 PSA 技术 …… 273
11.1　二级 PSA 的基本概念 …… 273
11.2　核电厂严重事故 …… 275
11.3　典型压水堆二级 PSA 技术 …… 288
11.4　钠冷快堆二级 PSA 的特殊问题 …… 308
11.5　高温气冷堆的二级 PSA …… 316
第 12 章　三级 PSA 技术 …… 318
12.1　概述 …… 318
12.2　三级 PSA 方法 …… 320
12.3　三级 PSA 工具 …… 332
第 13 章　PSA 应用 …… 335
13.1　概述 …… 335
13.2　在反应堆设计中的应用 …… 336
13.3　在反应堆运行中的应用 …… 349
参考文献 …… 356

第1章 绪　　论

1.1 核能发展与核安全

1.1.1 反应堆技术的起源与商用核能系统的发展

在1895年、1896年和1897年，人类相继发现了X射线、放射性和电子，这三大发现揭开了近代物理的序幕，物质结构的研究开始进入微观领域。其中，1896年法国科学家贝可勒尔发现天然放射性现象，这是人类第一次观察到核变化的情况，通常人们把这一重大发现视为原子核物理的开端。到20世纪50年代，研究物质结构的三个分支学科逐步形成，即原子物理、原子核物理和粒子物理。三者各有独立的研究领域和对象，但又紧密关联。研究原子核的结构和变化规律，获得射线束并将其用于探测、分析的技术，以及研究同核能、核技术应用有关的物理问题均属于原子核物理的研究内容。

核能（原子能）是通过核反应从原子核释放的能量。核能可通过三种核反应释放：①核裂变，较重的原子核分裂释放结合能。②核聚变，较轻的原子核聚合在一起释放结合能。③核衰变，原子核在自发衰变过程中释放能量。

1938年，德国著名科学家奥托·哈恩发现利用中子轰击铀元素后会产生比铀（序号92）原子轻得多的元素，例如钡（序号56）。通过与利瑟·迈特等物理学家的讨论，他们认为原子核被中子轰击后发生了裂变，分裂为两个更轻的原子核。因证实了裂变反应，奥托·哈恩于1944年获得了诺贝尔化学奖。

在哈恩的研究成果基础上，其时侨居美国的意大利物理学家费米提出一种假想：如果有一种裂变反应能够产生多个中子，这些中子又能够轰击其他的重原子核发生新的裂变反应，那么这种反应就能够无限持续下去并迅速产生大量能量。这种反应显然能够被用于战争——或者作为能量不受控的超级炸弹，或者作为能量受控的持续超级能量源。当时第二次世界大战在欧洲全面爆发，因此他联合爱因斯坦等其他旅居美国的科学家给罗斯福写信，根据他们的建议，美国启动了基于军事用途的核计划——曼哈顿计划。

曼哈顿计划早期，科学家们就如何利用链式裂变反应分成了能源派与炸弹派，能源派认为应该利用反应堆提供持续不断的能源用以建造超级战舰或超级电厂，炸弹派则认为应当以不受控的链式裂变反应为原理制造超级炸弹。作为当时世界上主要的中子学权威——费米受命建立一个示范原子反应装置以验证自持式链式裂变反应是否确实可行。费米前往芝加哥大学启动上述工作，并从此一直担任芝加哥大学教授和之后的美国政府第一个国家实验室——阿贡国家实验室主任。

1942年12月2日，在芝加哥大学，由费米领导的小组设计和制造的人类第一台可控核反应堆首次运转成功，命名为“芝加哥一号堆”（Chicago Pile-1，CP-1），如图1-1所示。这是原子时代的真正开端,因为这是人类第一次成功进行的一次核链式裂变反应。Pile 一词翻译为“堆”,也是中文“反应堆”一词的来源。

CP-1 输出功率为 0.5 W,费米描述的设备为“一堆黑色砖块和木料”。在这座以石墨与铀块为主体的反应堆中,人们也对安全系统进行了考虑(最早的),镉、铟和银制作的“控制棒”,用于控制反应堆,但由于功率低,CP-1 没有设置辐射屏蔽或冷却系统,这与现代的多数核反应堆差异很大。

此后的十年间,反应堆技术快速发展,1954 年,世界上第一座民用核电站在苏联的奥布宁斯克投入运行(图 1-2),这座核电站采用轻水冷却石墨慢化技术,电功率 5 000 kW,被视为人类和平利用核能的开端。

图 1-1　CP-1

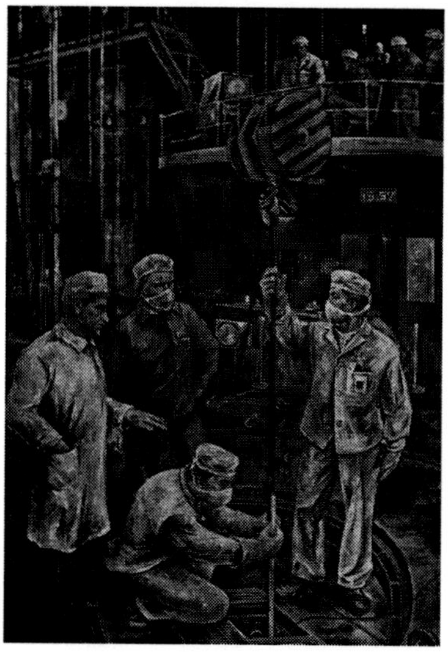

图 1-2　反映奥布宁斯克反应堆的宣传画

经过几十年的发展,核能在全球能源转型中发挥着越来越重要的作用。据国际原子能机构(IAEA)发布的《世界核电反应堆(2024 年版)》报告,截至 2023 年 12 月 31 日,世界 31 个国家在运核电机组共计 413 台,装机容量为 371.5 GW。世界 17 个国家在建核电机组共计 59 台,装机容量为 61.1 GW,其中大部分集中在中国、印度、土耳其、俄罗斯等国。

根据能源研究院统计,2023 年全球核能发电量增长了 2.2%,发电量增长了 58.1 TW · h。其中中国增长了 4.1%,在全球占比 15.9%。

图 1-3 是能源研究院统计的 2000—2023 年全球核能发电量趋势。

在运核电反应堆中,压水堆(pressurized water reacter,PWR)占比 77.92%,重水堆(pressurized heavy water reactor,PHWR)占比 11.19%,沸水堆(boiling water reactor,BWR)占比 11.89%,轻水冷却石墨慢化堆占比 1.99%,快堆占比 0.38%,气冷堆占比 1.27%,高温气冷堆占比 0.24%。

核反应并不仅仅用于电力生产,截至 2017 年底,11 个国家的 73 个商业反应堆用于非电力生产,包括供热、工业供热以及海水淡化。

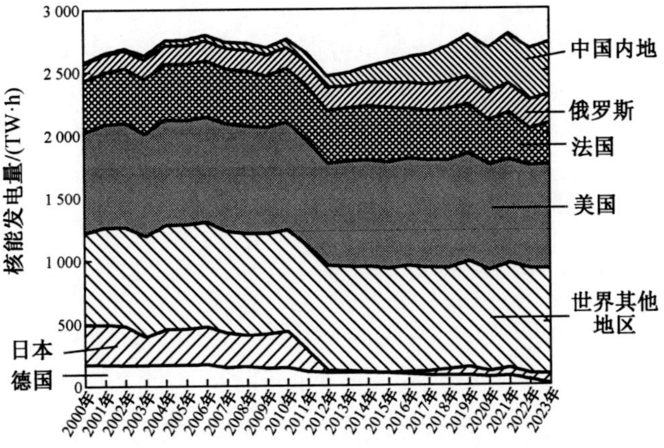

图 1-3 2000—2023 年全球核能发电量趋势

IAEA 预测全球核电装机容量到 2050 年将达到 514 GW(低值预测)至 950 GW(高值预测),在全球总发电量中所占份额为 6.9%~12.8%。

中国是目前核能发展最快的国家,但是从总量以及核能对于国民能源消费的贡献来看,与世界先进核工业国家尚有一定差距,具体体现在:

(1)机组数量。根据 IAEA 发布的《世界核电反应堆(2024 年版)》报告,截至 2023 年 12 月 31 日,中国共有 54 台在运核电机组,全球在运核电机组共有 413 台,核电机组已累计运行约 2 万堆·年。前 5 名的国家依次是:美国 93 台、法国 56 台、中国 54 台、俄罗斯 37 台、韩国 26 台;全球在建核电机组共有 59 台,中国有 24 台,位居世界第一。

(2)装机容量。中国核电总装机容量为 53.2 GW,占全国的 4.9%左右,而全球核电装机容量的平均水平为 18.5%,其中法国最高,达 64.8%。

(3)核电成本。与火电成本比较,中国核电成本大约是火电的 1.18 倍,而国外核电成本普遍低于火电成本,其中法国最低,为 0.57 倍,所以法国的核电装机容量特别高。

从以上数据可以看出,我国核电行业在运核电机组数量位于世界前列,在建核电机组数量保持世界领先;在装机容量方面和世界平均水平还存在相当大的差距,与核电发达国家差距悬殊。我国的核电成本高于火电成本,与我国核电站的建造成本、运营成本,以及核电发电技术都有较大的关系。成本是目前制约该行业发展的瓶颈。

目前,包括我国在内,世界各核电国家商业核电站主要采取以压水堆、沸水堆为代表的轻水反应堆(light water reactor,LWR)。在技术发展上通常 20 世纪 50 年代左右的早期反应堆技术称为Ⅰ代核能技术,20 世纪六七十年代核电大发展时期的反应堆技术称为Ⅱ代核能技术,而两次重大事故之后,欧美国家以 AP600、先进沸水堆(advanced boiling water reactor,ABWR)、欧洲压水堆(European pressurized reactor,EPR)为代表的新反应堆技术,则称为Ⅲ代核能技术。

2000 年 1 月,美国能源部(Department of Energy,DOE)核能、科学与技术办公室召集了九个国家(阿根廷、巴西、加拿大、法国、日本、韩国、南非、英国和美国)的高级政府代表磋商讨论第Ⅳ代核能系统发展的国际合作问题。这次会议后来被作为第Ⅳ代核能系统国际论坛(The Generation Ⅳ International Forum,GIF)的首次会议。

GIF 提出的核能系统发展目标包括四个方面,分别是可持续性、经济性、安全性、实体保护与防核扩散;提出的未来可能实现这四个方面目标的六个备选系统,分别为超高温气冷堆(VHTR)、钠冷快堆(SFR)、超临界水堆(SCWR)、气冷快堆(GFR)、铅冷快堆(LFR)和熔盐堆(MSR)。

1.1.2 核安全体系的建立与发展

核反应堆在风险与安全问题上与其他工业装置有着较大的差异,在费米设计第一座反应堆时,自持式链式裂变反应的特殊危险就被意识到了。为此 CP-1 设置了斧头人,以在紧急时刻砍断悬挂装置,使得吸收体落入堆芯进而中止链式裂变反应。

这就是最早的反应堆安全系统——紧急停堆系统的由来,目前反应堆设计与运行中依然使用这一词汇——安全控制棒斧头人(safety control rod axe man,SCRAM),意为紧急停堆系统。

从 CP-1 开始,经过二三十年的发展,反应堆安全技术体系在 20 世纪的六七十年代被逐步建立起来。

反应堆安全技术体系的基础是关于反应堆特殊安全问题的认知,即认为反应堆存在以下几个特殊的安全问题。

1. 自持式链式裂变反应

自持式链式裂变反应能够得以维持的前提是,平均每次裂变反应产生的中子数量经过消耗后大于或等于 1。

对于一般的使用铀作为燃料的轻水热中子反应堆而言,一个 ^{235}U 原子核吸收一个中子后将产生 2.75 个中子,在一个典型的场景下,这些中子可能的去向如下:

(1)逃逸出堆芯以外;

(2)被 ^{238}U 或其他不易引发裂变反应的原子核俘获吸收;

(3)轰击下一个 ^{235}U 原子核引发裂变反应。

一般而言,随着反应堆的运行,易裂变核素消耗,可吸收中子的毒性物质积累,在一个换料周期内,反应堆保持链式裂变反应的难度是趋于上升的。为了保证反应堆能够在较长时间内无须换料继续运行,设计上往往使装料后初期运行的反应堆有较大的剩余反应性。当然发生某些事件后,反应堆慢化能力增强,或者中子吸收能力减弱,有效增殖因数超过 1,即每次链式裂变反应后产生的中子中的 1 个以上能够触发后续的裂变反应,这种情况下,反应堆或者反应堆局部的功率可能以较快的速度上升。

2. 链式裂变反应中止后的持续衰变反应以及热释放

反应堆的核功率除了裂变反应释放和能量外,还包括反应堆中各种放射性核素的衰变释放,一般来讲,在反应堆功率运行时,前者释放的能量要远大于后者。但是,当反应堆停堆(链式裂变反应终止或无法维持)后,在较长的一段时间内,衰变释热都无法终止,因为衰变反应无须中子轰击原子核,任何手段都无法事实上终止这一反应。由于反应堆在能量密度上远超过一般的能量系统(例如石油或者煤炭锅炉),衰变功率尽管远低于反应堆停堆前的裂变功率且下降非常快,但却依然不可忽略,如不能在反应堆停堆后将衰变热导出,则衰变热积累将导致反应堆以及冷却剂系统温度、压力上升,从而威胁到反应堆放射性包容边界——包壳、一回路压力边界的完整性,并导致能量以及放射性物质释放。

3. 产生各种不同半衰期的放射性物质

反应堆在运行中由于裂变、中子俘获与衰变反应产生大量的放射性核素,这些半衰期差异巨大的放射性核素以不同的物理化学形态存在于反应堆燃料元件以及周围的结构材料、冷却剂中。一旦反应堆发生导致冷却剂包容边界损伤的事故,这些放射性核素将以不同的形式释放到环境中,通过不同的途径对工作人员、公众以及环境造成放射性损伤。

针对这些安全特点,业界提出了反应堆必须维持的三大安全功能。

(1)反应性控制。在反应堆正常运行以及事故瞬态中,能够有效控制反应堆整体和局部的反应性,防止超功率瞬变和局部功率畸变,在事故后快速停闭反应堆。

(2)从反应堆和乏燃料贮存池排热。在反应堆事故发生后,从反应堆以及反应堆外的乏燃料贮存池排热,冷却反应堆堆芯、冷却剂以及乏燃料,并在较长时间维持这一过程以排出剩余的衰变热。

(3)封闭放射性物质。屏蔽辐射和控制已计划的放射性释放,以及限制放射性的意外释放。

在反应堆正常运行、设计基准事件以及超设计基准事件期间,包容放射性物质,避免放射性物质释放到放射性包容边界以外进而对工作人员、公众以及环境造成放射危害。

基于这三大安全功能以及在核反应堆危险事件链条上设置纵深防御的安全措施,建立的确定论安全评价方法与纵深防御的安全体系应用于核动力反应堆的安全设计中。

1.1.3 反应堆安全要求与纵深防御体系的建立

反应堆的安全目标是由基本安全目标、辐射防护设计与安全设计组成的。

根据 IAEA 的定义,核安全活动的基本安全目标如下。

在核动力厂中建立并保持对放射性危害的有效防御,以保护人与环境免受放射性危害,必须采取以下措施实现目标:

(1)控制在运行状态下对人员的辐射照射和放射性物质向环境的释放;

(2)限制导致核动力厂反应堆堆芯、乏燃料、放射性废物或任何其他辐射源失控事件发生的可能性;

(3)如果上述事件发生,减轻这些事件产生的后果。

支持安全目标的是辐射防护设计和安全设计。

辐射防护设计必须满足如下条件。

为了实现基本安全目标,辐射防护设计必须保证在所有运行状态下核动力厂内的辐射照射或由该核动力厂任何计划排放放射性物质引起的辐射照射低于规定限值,且可合理达

到尽量低。同时,还应采取措施减轻任何事故的放射性后果。

为了实现基本安全目标,辐射防护设计必须使得核动力厂所有辐射照射的来源都处在严格的技术和管理措施控制之下,但不排除人员受到有限的照射,也不排除法规许可数量的放射性物质从处于运行状态的核动力厂向环境的排放。此种照射和排放必须受到严格控制,并符合运行限值和辐射防护标准,且可合理达到尽量低。

安全设计必须满足如下条件:

(1)防止由反应堆堆芯或其他辐射源失控所引起有害后果的事故,并在一旦发生事故时减轻其后果;

(2)保证在设计中考虑的所有事故的放射性后果都低于相关限值,并保持在可合理达到的尽量低的水平;

(3)保证有严重放射性后果事故发生的可能性极低,并尽最大可能减轻这种事故的放射性后果。

为了证明在核动力厂的设计中实现了基本安全目标,必须对设计进行全面的安全评价,以确定所有辐射照射的来源,并评估核动力厂工作人员和公众可能受到的辐射剂量,以及对环境的可能影响。此种安全评价要考虑以下内容。

(1)核动力厂的正常运行。

(2)预计运行事件时核动力厂的性能。

(3)事故工况。在分析的基础上,确认设计抵御假设始发事件和事故的能力,验证安全重要物项的有效性,以及确定应急计划的输入。

尽管采取措施将所有运行状态下的辐射照射控制在可合理达到的尽量低的水平,并将导致辐射源失控事故的可能性降至最小,但仍然存在发生事故的可能性。这就需要采取措施以保证减轻放射性后果。这些措施包括:安全设施和安全系统,营运单位制定的核动力厂事故管理规程,以及国家和地方有关部门制定的场外干预措施。

核动力厂的安全设计必须采取实际措施,以减小核与辐射事故对人的生命、健康以及环境造成的影响。必须实际消除可能导致高辐射剂量或大量放射性释放的核动力厂事故序列;必须保证发生频率高的核动力厂事故序列没有或仅有微小的潜在放射性后果。安全设计的基本目标是在技术上实现减轻放射性后果的场外防护行动是有限的,甚至是可以取消的。

防止核动力厂发生事故和减轻事故后果的主要手段是应用纵深防御概念。该概念贯穿安全有关的全部活动,涉及核动力厂各种功率及停堆状态下有关的组织、人员行为或设计,以保证这些活动均置于各种独立的、不同层次措施的防御之下。如果有一种故障发生,那么它将由适当的措施探测、补偿或纠正。在整个设计和运行进程中贯彻纵深防御,以应对厂内由设备故障或人为因素引起的各种预计运行事件和事故,以及由外部事件引起的后果。

纵深防御概念的应用主要是通过一系列连续和独立的防御层次的结合，来防止事故对人员和环境造成危害。如果某一层次的防御失效，则由后一层次提供保护。每一层次防御的独立有效性都是纵深防御的必要组成部分。

纵深防御的各层次之间必须尽可能地相互独立，避免因一个层次防御失效而降低其他层次防御的有效性。安全设计必须应用纵深防御概念，提供多层次防御，预防可能对人与环境产生有害影响的事故后果，并保证在防御失效时，采取适当措施保护人与环境，减轻事故后果。

在核动力厂设计中，通常会按照核动力厂的状态并主要结合发生频率将核动力厂状态分成有限的几类，主要包括：①正常运行；②预计运行事件，即在核动力厂运行寿期内预计会发生的事件；③设计基准事故；④设计扩展工况，这种状态包括堆芯熔化事故。同时，必须为每类核动力厂状态确定准则，使得发生频率高的核动力厂状态必须没有或仅有微小的放射性后果，而可能导致严重后果的核动力厂状态的发生频率必须很低。

核动力厂状态分类如图 1-4 所示。

<table>
<tr><th colspan="2">运行状态</th><th colspan="3">事故工况</th></tr>
<tr><td rowspan="2">正常运行</td><td rowspan="2">预计运行事件</td><td rowspan="2">设计基准事故</td><td colspan="2">设计扩展工况</td></tr>
<tr><td>没有造成堆芯明显损坏</td><td>堆芯熔化(严重事故)</td></tr>
</table>

图 1-4 核动力厂状态分类

根据纵深防御原则，结合核动力厂状态的分类，《核动力厂设计安全规定》中规定核动力厂设计中纵深防御可分为如下几个层次。

第一层次防御的目的是防止偏离正常运行及防止安全重要物项的故障。这一层次要求：按照恰当的质量水平和经验证的工程实践，正确并保守地选址、设计、建造、维修和运行核动力厂。为此，应十分注意选择恰当的设计规范和材料，并对部件的制造、核动力厂的建造和调试进行质量控制。在这一层次，降低内部危险可能性的设计措施有助于事故的预防。还应重视涉及设计、制造、建造、在役检查、维修和试验的过程与规程，以及进行这些活动时良好的可达性、核动力厂的运行方式和运行经验的利用等方面。整个过程以确定核动力厂运行和维修要求及其质量管理要求的详细分析为基础。

第二层次防御的目的是检测和控制偏离正常运行状态，以防止预计运行事件升级为事故工况。尽管注意预防，核动力厂在其寿期内仍然可能发生某些假设始发事件。这一层次要求在设计中设置特定的系统和设施，通过安全分析确认其有效性，并制定运行规程以防止这些始发事件的发生，或尽量减轻其造成的后果，使核动力厂回到安全状态。

设置第三层次防御是基于以下假定：尽管极不可能，某些预计运行事件或假设始发事件的升级仍有可能未被前一层次防御所制止，而演变成事故。在核动力厂的设计中，假定这些事故会发生。这就要求必须通过固有安全特性和(或)专设安全设施、安全系统和规程,防止造成反应堆堆芯损坏(core damage,CD)或需要采取场外干预措施的放射性释放,并能使核动力厂回到安全状态。

第四层次防御的目的是减轻由第三层次纵深防御失效所导致的事故后果。第四层次的防御通过控制事故进展和减轻严重事故的后果来实现。安全目标是,在严重事故下仅需要在区域和时间上采取有限的防护行动,且避免场外放射性污染或将其减至最小。这要求可能导致早期放射性释放或者大量放射性释放的事件序列被实际消除。

第五层次,即最后层次防御的目的是减轻可能由事故工况引起的潜在放射性释放造成的放射性后果。该层次要求配备恰当的应急设施,制定用于场内、场外应急响应的应急计划和应急程序。

纵深防御概念应用的另一方面是在设计中设置一系列的实体屏障,并采用能动、非能动设施和固有安全特性的组合,以使实体屏障能够有效地将放射性物质包容在特定区域内。所需实体屏障的数目取决于放射性核素总量和同位素成分表征的初始源项、单个屏障的有效性、可能的内部与外部危险以及各种失效的潜在后果。

图 1-5 给出了由 GIF 安全设计准则工作组(The Safety Design Criteria Task Force,SDC-TF)组织编制的《GIF 钠冷快堆安全设计准则》(*Safety Design Criteria for Generation Ⅳ Sodium-cooled Fast Reactor System*)中纵深防御层次与核动力厂状态的对应关系图。

<table>
<tr><th colspan="6">纵深防御层次</th></tr>
<tr><td>第一层</td><td>第二层</td><td>第三层</td><td colspan="2">第四层</td><td>第五层</td></tr>
<tr><td colspan="5">核动力厂状态</td><td rowspan="4">场外应急响应</td></tr>
<tr><td colspan="2">运行状态</td><td colspan="3">事故工况</td></tr>
<tr><td rowspan="2">正常运行</td><td rowspan="2">预计运行事件</td><td rowspan="2">设计基准事故</td><td colspan="2">设计扩展工况</td></tr>
<tr><td>没有造成堆芯明显损坏</td><td>堆芯熔化</td></tr>
</table>

图 1-5 SDC-TF 纵深防御层次与核动力厂状态的对应关系图

核安全问题是核电厂设计中的重要问题,尤其是福岛核事故之后,国内外均对核安全开展了大量的研究,如设计扩展工况及其验收准则等。

1.2 概率安全分析技术的起源与发展

1.2.1 WASH-1400 报告与“两个千分之一”

1975 年,美国核管理委员会(Nuclear Regulatory Commission,NRC)在没有核电站事故先例的情况下,发布了 NUREG-75 反应堆安全研究报告,其中的第 14 卷,又称为 WASH-1400 报告,采用了不同于以往的分析方法:一种系统性的工程安全分析方法,对核电厂严重事故的风险进行了评价①。

WASH-1400报告是由诺曼·拉斯穆森(Norman Rasmussen)教授领导的一个专家委员会为NRC撰写的,因此被称为拉斯穆森报告。它考虑了在一个大型现代化(当时)轻水反应堆发生严重事故时可能发生的事件的过程。它使用故障树/事件树方法估计了这些事件的辐射后果及其发生的概率。这种技术被称为概率风险评价(PRA),后来被IAEA称为概率安全分析(PSA)。

报告的结论是,与其他可容忍的危险相比,这些核电厂对个人造成的风险是足够小的。具体地说,报告得出的结论是,每座反应堆每年完全熔毁的可能性约为万分之一。

这份报告采用的概率安全分析方法与以往的确定论安全分析方法相比具备以下几个特点。

(1)采用现实方法的分析并识别始发事件发生后核电厂可能的事故序列,即承认同一始发事件后可能存在多个不同的事故序列,而不是使用所谓"保守"的方式确定始发事件发生后某一"确定"的事故序列。

(2)采用20世纪40年代开发的且当时已经在军工航天领域得到广泛应用的可靠性方法来评价始发事件发生的可能,以及系统在始发事件发生后能够成功工作的概率,并结合以上概率和事故序列定量地、综合地评价核电厂。

(3)将地震火灾等内外部灾害考虑进来,过去的核电厂设计仅将它们以"物项设计基准"作为设计输入。

1977年,刘易斯委员会(Lewis Committee)对这项研究进行了同行评审,普遍认为该方法是当时的最佳方法,但风险数据存在很大的不确定性。以今天的标准来看,当时所使用的方法相对简单,过于悲观,而且基于对关键现象学的早期理解存在一定的问题。

1979年3月28日,美国宾夕法尼亚州的三哩岛核电站2号机组发生了严重事故,其事故序列在WASH-1400报告中得到有效预见。美国政府在三哩岛核事故后关闭了新建核电厂的审批,NRC的主要使命实质上是保持已有核电厂的安全运行,鉴于WASH-1400报告的预见性,NRC首先在部分核电厂推行PRA。

数个核电厂首先在WASH-1400报告以及三哩岛核事故经验反馈的基础上开展了PRA工作,其中五座核电厂的报告被总结为NUREG-1150,对五座美国在运核电厂的严重事故风险进行评价。

报告总结了对美国五家商业核电厂严重事故风险的评估。这些风险可通过若干方法加以衡量,包括:估计其中两个核电厂由内部事故和外部事故引起的堆芯损坏事故的频率;在严重事故荷载作用下放射性屏蔽边界的性能;放射性核素释放的潜在规模和此类事故的场外后果;总体风险(事故频率和后果的乘积累计)。支持这份总结报告的是大量向NRC

① 在美国,最初核安全监管的责任在于原子能委员会(Atomic Energy Committee,AEC),AEC是美国国会在第二次世界大战以后立法设立的政府机构,在第二次世界大战胜利后基于杜鲁门签署的"1946年原子能法案"接替军方领导美国的核能开发。在1946—1974年,AEC既是美国核能开发的规划者又是核能安全的监督者,于是美国国会通过了"1974年原子能组织法",将AEC拆解为负责核能开发的能源研究与发展局和负责核能安全监管的NRC,前者后来并入DOE。

撰写的报告，这些报告详细讨论了在这些风险研究中使用的方法和取得的结果。该报告于1987年2月作为征求公众意见的草稿首次发表。之后业内以及公众都以充分的热情对报告作出了评价与回应。基于这些反馈，报告作出了重大调整与修改，第二版于1989年6月作为供同行审查的草稿发表。

美国国内对第二版进行了两次同行评审。第一次是由NRC赞助的，其结果发表为NRC报告NUREG-1420。第二次是由美国核学会(American Nuclear Society，ANS)赞助的。两组人士的意见大致都是正面的，并建议尽快发表报告的最终版本，而无须进行任何重大的重新分析。朝着这个方向，NRC编制了这份报告的最终版本。

报告第一卷由三部分组成。第一部分提供了评估的背景和目标，并总结了用于风险研究的方法。第二部分总结了五个核电厂的研究结果。第三部分给出了对结果的看法，并讨论了在这项工作的基础上，NRC后续的工作。

1986年，切尔诺贝利核电站发生了更为严重的事故，与三哩岛核事故不同的是，这次事故中有大量的放射性物质释放到了核电站之外，这也是目前为止后果最为严重的一次核事故。

切尔诺贝利核事故使得通过一套措施可以彻底避免核事故发生的核安全逻辑丧失了公众的信任。同年，NRC发布了技术政策声明，NRC追求的目标是“两个千分之一”，即核电周边公众因核事故导致立即死亡的风险，不应超过全社会成员因其他事故导致同类风险总和的千分之一；核电周边公众因核电运行所导致的癌症死亡风险，不应超过其他原因导致的癌症死亡风险总和的千分之一。

这就意味着，PRA成为回答核能系统是否满足安全要求的最终手段。

1.2.2 PRA应用的推广与PRA技术的大发展

尽管1986年的NRC技术政策声明意味着PRA取代确定论安全分析成为对公众回答核能系统是否安全的主要方式，但是这并不代表确定论安全要求的退出，实际安全监管操作中，基于确定论的安全要求依然是目前核安全要求的主要部分。主流的核安全观念认为，建立确定论与概率论结合的安全体系是未来的核安全发展趋势，在核安全的决策中应当在确定论的基础上考虑概率安全分析的结果。这种发展方向被概念化为两种：

(1)风险指引，即在安全设计与监管的决策中，在原有的确定论依据中充分考虑PRA得出的风险见解，并在未来建立风险指引的监管体系；

(2)PRA应用，即在某些具体的安全设计问题中，运用全范围或者部分PRA作为依据，以PRA为基础开展设计。

在美国，由于三哩岛核事故后即事实上停止了新核电厂许可证的下发，因此PRA工作事实上属于对于已完成核电厂的补课行为，以NUREG-1150的五座核电厂PRA工作为基础，NRC先后推动美国各核电厂完成了独立事件审查(individual plant examination，IPE)与独立外部事件审查(individual plant examination of external events，IPEEE)。这一方面使PRA工作的规范得以确立：NRC、美国机械工程师协会(ASME)以及美国电力研究所(EPRI)出版了大量的PRA技术规范，PRA技术相较于WASH-1400到NUREG-1150的“古典时期”

取得了巨大进步；另一方面，至少在美国，各核电厂都不同程度地拥有了质量较为完善的PRA模型（外部事件PRA评价根据地质特征难度不尽相同）。

1995年，NRC发布了关于鼓励PRA应用的政策声明：鼓励在核电厂的技术与管理活动中使用PRA。自此之后，实际监管活动中，PRA出现在了某些具体领域的应用导则中，这主要体现在RG 1.174～RG 1.178文件①中。

同时部分PRA应用的内容写入了联邦法规第10部分——10 CFR ××系列中（相当于我国原子能法+核安全法规），例如关于消防的部分。

在此过程中，PRA也被国际社会所接受，并渐渐纳入安全分析与安全监管活动中，并正式写入法规。

后来IAEA将PRA更名为PSA，该名称也被我国沿用，故自此后，除非是引用美国方面关于PRA的文件内容，本书都将采用PSA的说法②。

1.2.3 我国PSA技术的发展

我国的PSA技术起步较晚，最早完成的PSA工作为大亚湾以及秦山核电厂的PSA工作。在此基础上，早期的PSA技术团队得以建立。

进入21世纪后，我国迎来了核电大发展时期。2002年，国家核安全局发布了新建核电厂设计中几个重要安全问题的技术政策，技术政策中强调了PSA以及PSA的技术目标。

检验所确定的安全目标，特别是技术安全目标是否得到满足，可采用下述定量的概率安全目标：

- *每堆年发生严重堆芯损坏事件的频率低于10^{-5}；*
- *每堆年需要场外早期响应的大量放射性释放事件的频率低于10^{-6}。*

应当指出，上述概率安全目标并不能代替核安全法规的要求，也不能作为颁发许可证的唯一依据，它仅仅是评估核电厂设计安全水平的一个指导性指标。

这一概率安全目标后来被写入了指导安全分析的《核动力厂安全评价与验证》（HAD 102/17）之中③。在2004版本的《核动力厂设计安全规定》（HAF 102）中，强调了概率安全

---

① RG即regulatory guidance系列，属于低于法规的监管指南，地位相当于我国核安全导则HAD系列。与HAD类似，RG也同样分为多个系列，其中RG 1.×××系列为反应堆系列。

② 关于PRA与PSA是否是相同概念或者概念上存在差异，哪个更接近于该工作的本质，国内外业界在20世纪八九十年代一度有较大的争议。从学界来说，PRA与PSA概念存在不同的说法一直存在支持者。一般认为，PRA的说法更接近该技术的本质，而PSA的说法则较利于与公众沟通，但是出于不引起更多无谓争议考虑，两个概念完全相同的说法目前被业内广泛接受。本书基于我国的法律法规，统一采用PSA的提法。

③ 在原子能法立法以前，我国的核安全法规体系主要由核安全法规、核安全导则以及更低的标准规范层组成。一般来讲，核安全法规是必须得到强制执行的，核安全导则则属于推荐的，其提供更具操作意义的实现核安全法规要求的具体做法。两者的编号系统分别来自“核·安全·法规”与“核·安全·导则”的汉语拼音首字母缩写。

分析活动的目标：

- 提供系统性的分析，以确信设计符合总的安全目标；
- 证明整个设计是平衡的，没有任何一个设施或假设始发事件对总的风险会有过大的或明显不确定的贡献，并且保证纵深防御的第一和第二层承担核安全的主要责任；
- 确认核动力厂参数小的偏离不会引起核动力厂性能严重异常（陡边效应）；
- 提供发生堆芯严重损坏状态的概率评价以及要求厂外早期响应的（特别是与安全壳早期失效相关的）放射性物质向厂外大量释放的风险评价；
- 提供外部灾害事件（特别是核动力厂厂址特有的那些灾害）发生概率和后果的评价；
- 鉴别出通过设计改进或运行规程的修改可能降低严重事故概率或减轻其后果的系统；
- 评价核动力厂应急规程的充分性；
- 核实是否符合概率目标（如果有的话）。

在此之后，PSA 的技术不断发展，国内的 PSA 规范也逐渐产生，《概率安全评价报告的标准格式与内容》即是这一时期诞生的 PSA 指导文件，该规范明确了我国提交审评的 PSA 报告的格式与内容要求。

经过 21 世纪第一个十年的发展，我国的 PSA 技术团队得到了培养，在运核电厂普遍具备了最基础的 PSA 模型。在此基础上，2010 年，国家核安全局发布了《概率安全分析技术在核安全领域中的应用》，强调了鼓励 PSA 应用的技术政策，并明确了 PSA 得到应用的前提："提高 PSA 质量，消除不确定性。"

随着我国 PSA 技术的持续发展，目前国家能源局 NB/T 200037 系列 PSA 规范已经完成了内外部一二级 PSA 等部分工作。而核电厂利用 PSA 修改技术规格书，利用基于 living PSA 模型的风险监视器（risk monitor）指导运行也越来越广泛。以上内容将在本书第 13 章进行详细介绍。

1.2.4 PSA 技术的局限性

尽管 PSA 技术经过 40 余年的发展已经日趋成熟，但是应当认识到其存在的局限性。这种局限性主要体现在两个方面：

（1）PSA 模型非常复杂，难以实现绝对的规范化，PSA 模型与真实情况难免存在一定的差异，这种差异主要由两个方面的原因造成：建模人员对反应堆事故情景的认知水平以及对运行经验数据的收集与处理方法。

（2）现有的相关许可基准事件选择与安全相关物项的确定以及相关物项的设计规范均主要基于确定论安全分析逻辑，概率安全分析依然较为缺乏底层具体物项的设计规范支持。

降低局限性一方面在于规范 PSA 过程，提高 PSA 质量，另一方面则在于推进风险指引的法规制定，完善 PSA 的应用。

1.3　概率安全分析的范围与分类

1.3.1　PSA 技术范围的发展

经过从 WASH-1400 发表到现在约半个世纪的发展,PSA 的技术体系已经变得极其庞大,能够用以评价可能导致放射性释放并威胁公众安全的各类风险。2012 年,NRC 在进行 3 级 PSA 技术方法路线图研究时给出了 PSA 范围分解图(图 1-6)。

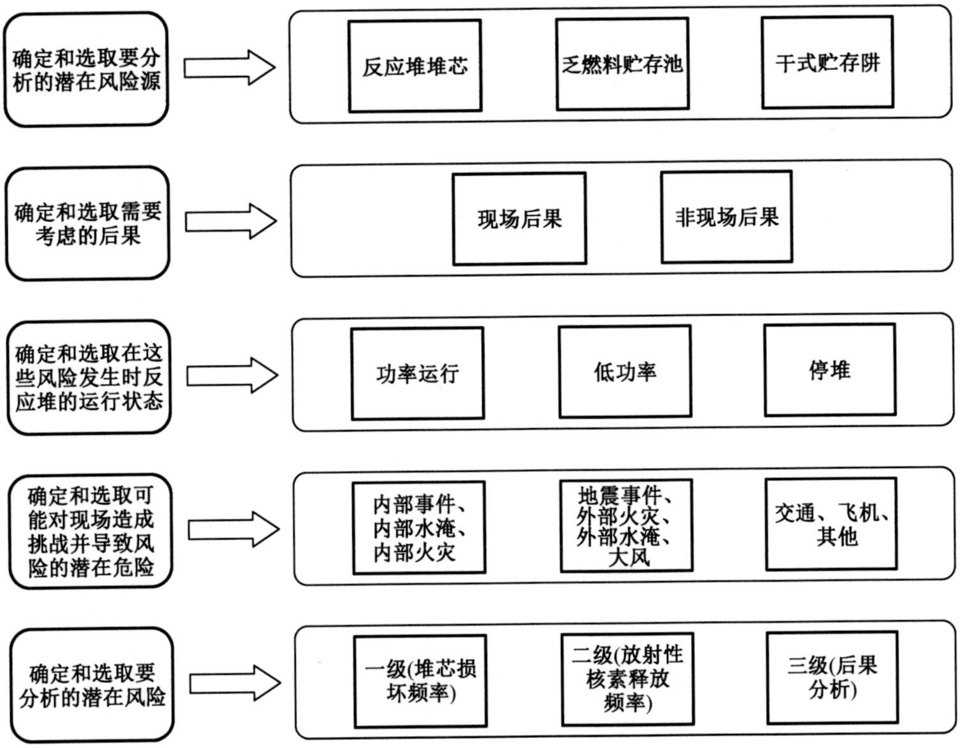

图 1-6　PSA 范围分解图

在图 1-6 中,最后一行为基于 PSA 级别的 PSA 分类,也就是通常所说的一级 PSA、二级 PSA、三级 PSA。

一级 PSA 模拟核电厂对挑战核电厂运行的各种事件的响应。这种挑战称为始发事件(initial event,IE),核电厂响应路径称为事故序列(event sequence),一个确定的始发事件对应许多不同的事故序列。不同的事故序列是由核电厂系统是否正常运行或发生故障以及操作人员采取了什么措施造成的。一些事故序列将使核电厂恢复到安全状态,一些事故序列将导致反应堆堆芯损坏。一级 PSA 时,用事件树(event tree,ET)方法图形化地表示事故序列。事件树中包含若干描述需要响应始发事件的系统或者操作员动作的功能事件。一级 PSA 对事件树中的每个功能事件执行概率进行分析。这个分析往往通过一个故障树(fault tree,FT)来完成。

一级 PSA 对每个堆芯损坏事故序列的频率进行估计,对所有堆芯损坏事故序列的频率进行求和,计算出堆芯损坏的总频率。这样,一级 PSA 提供了第一个风险度量维度——堆芯损坏频率,这是二级 PSA 的输入①。

二级 PSA 模拟核电厂对导致反应堆堆芯损坏的一级 PSA 事故序列的后续响应。这种堆芯损坏事故序列通常被称为严重事故(severe accident,SA)。为此,二级 PSA 通过考虑容器结构和系统对事故的响应来分析事故的进展,这些响应是随结构或系统的初始状态及其承受恶劣事故环境的能力而变化的。因此,二级 PSA 必须考虑影响事故进展的关键现象。以下是两个典型的例子,说明了必须考虑的现象:

(1)蒸汽发生器里的换热管会破裂吗?

(2)反应堆堆芯碎片是否处于可冷却状态?

一旦安全壳响应被确定出来,分析人员就可以确定从安全壳中释放的放射性物质的数量和类型。因此,二级 PSA 估计了第二个风险度量维度——放射性释放——这是三级 PSA 的输入。

三级 PSA 通常被称为后果分析,评估严重事故中释放放射性物质造成的后果。三级 PSA 按下列方式估计这些后果:

(1)辐射剂量对核电厂周围居民造成的健康影响,如短期伤害或长期癌症;

(2)事故中释放的放射性物质造成的土地污染。

三级 PSA 根据二级 PSA 得出的放射性释放特征,对后果进行估计。这些后果取决于多种因素。例如,健康影响取决于核电厂附近的人口、疏散条件和放射性烟羽的路径。反过来,烟柱又受到风速、风向以及降雨或降雪的影响。同样,土地污染也取决于放射性物质释放的特征以及核电站周围的土地的使用情况。

三级 PSA 通过将结果与各自的频率相结合来评估风险的最终度量。例如,一个三级 PSA 结论可能是:核电厂对于其周围居民造成的额外风险等同于一百万年一次的频率,居住在核电站附近的居民可能受到超过运行限值的辐射照射,并有十亿年一次机会罹患癌症。

除了图 1-6 中第二行表征的核电厂后果范围(厂内或厂外)以及最后一行的 PSA 等级外,PSA 还可以根据始发事件从不同维度进行分类。

从考虑的风险源的角度,轻水反应堆的风险源主要来自运行中以及从堆内取出的核燃料元件。因此一般认为反应堆可能的放射性风险源包括:堆芯、乏燃料贮存池和干式贮存阱。20 世纪,内部事件 PSA 的结果一般认为乏燃料贮存池的风险要远低于堆芯,干式贮存阱的风险则更是低到可以忽略。但是随着第三代反应堆本身安全设计措施的加强,堆芯损坏的频率由 1.0×10^{-5} 量级降低到 1.0×10^{-6},乃至于更低的量级,而乏燃料水池的相对风险日趋扩大。福岛核事故后,乏燃料贮存池风险的重要性被日益重视,业内开始重新审视之

① 关于堆芯损坏频率,一般认为存在广义与狭义之分,对于部分革新型的反应堆,如超高温气冷堆、熔盐堆,大规模放射性始发并不直接由真正意义上的“堆芯损坏”导致,即使对于传统的轻水堆也存在堆芯以外的其他放射源,故将其他的放射性释放定位为“广义的堆芯损坏”。

前的分析是否过于轻视乏燃料贮存池的安全风险。

从反应堆的初始状态来说，PSA 又可以分为功率运行 PSA 与低功率/停堆 PSA。如此划分的原因是，根据核电厂的运行需要以及技术规格书的规定，在满功率时，相关安全系统与设备都将最大限度地处于待命状态，而在低功率乃至于停堆换料时，尽管反应堆的余热水平和温度都很低，但是相关安全系统与设备可能处于测试、检修的隔离不可用状态，部分压力边界可能处于开启状态，因此在部分状态下，反应堆可能存在特殊的风险。目前低功率/停堆 PSA 一般在功率运行 PSA 基础上开展，两者均完成后，可根据核电厂处于各类状态的时间比例评价总体的风险。

此外根据始发事件的类型，PSA 可以大致分为内部事件、内部灾害以及外部灾害三大类，内部灾害和外部灾害统称外部事件①②，如图 1-7 所示。

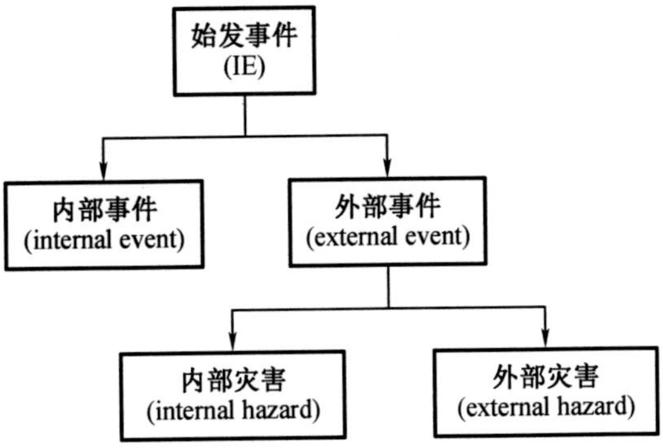

图 1-7 PSA 内外部事件与内外部灾害之间的关系

内部事件是指在核电厂系统内发生的事件，对应核电厂事故分析和工况分析中的各类事件，往往是由一个或多个设备故障以及操作员的错误操作引起的。

外部事件是指在核电厂系统外发生的事件，这些事件往往能够同时对全厂或者某一个区域造成影响。

内部灾害是指灾害来源于核电厂边界的内部，如内部水淹（由系统或辅助系统管道或容器泄漏、破裂引起）、内部火灾（由电火花、燃油泄漏等引起）以及内部飞射物撞击等。

外部灾害是指灾害来源于核电厂边界以外，如地震、外部水淹（由海啸、上游溃坝等导致）、飓风以及飞机撞击等。

一般来讲，核电厂可能会考虑的潜在内外部灾害是一个包含几十个事件的庞大清单，不可能逐个进行 PSA 分析。设计人员首先需要对这些灾害进行筛查，部分灾害可能不会在当前厂址发生，部分灾害则发生的风险小到可以忽略，筛查完成后，再对重点事件进行详细的 PSA 分析。

---

① 灾害（hazard），在其他行业的安全分析中往往被翻译为危险。

② 在核电厂的选址等设计活动中，一般不认为类似于内部火灾的事件属于外部事件，而是认为属于内部事件。PSA 进行此种分类主要是从 PSA 方法学的角度考虑，读者应当在阅读安全分析报告第三章关于选址的相关法规导则时了解外部事件与此处的意义差别。

部分事件在我国现行的核安全审评中不太可能在筛查阶段被认为风险小至无须进一步分析，包括地震、内部水淹以及内部火灾。

1.3.2 本书的范围

从 WASH-1400 发表开始，PSA 工程师即追求全范围的 PSA 技术，并持续努力直至今日。

功率运行内部事件 PSA 技术是其他 PSA 技术的基础，该技术已经定型成熟。本书会使用半数左右的篇幅详细介绍内部事件一级 PSA 所需的基础知识以及各技术要素，使得读者能够获得实施内部事件一级 PSA 所需的必要知识与技能。

二级 PSA、低功率/停堆 PSA、内部水淹、内部火灾、外部水淹以及地震 PSA 目前已有一定的技术积累，形成了若干技术方法，但是并未在全部的技术方案上达成一致与共识，方法尚有较大的改进余地。本书将用一定篇幅基于较为权威的技术方法进行介绍，使得读者能够了解其基本的实施过程和各个关键步骤，帮助读者建立整体的认识，以便进一步学习。有志于此的读者，可在本书的基础上，研读相关技术方法与技术规范，掌握这些技能。

三级 PSA 目前尚处于研究阶段，本书将以一章的篇幅介绍主要概念，帮助读者了解其研究进展。

此外，本书还将对 PSA 的应用情况进行介绍，帮助读者了解 PSA 的应用领域以及应用原理。

第 2 章　基础知识

2.1　核安全标准与法规

党的十八大以来，以习近平同志为核心的党中央胸怀中华民族伟大复兴战略全局和世界百年未有之大变局，将国家安全作为头等大事，创造性提出了总体国家安全观，将核安全纳入国家总体安全体系，提出理性、协调、并进的核安全观，倡导打造核安全命运共同体，要求守牢美丽中国建设安全底线，指引新时代核安全工作取得历史性成就。

为了保障核安全，预防与应对核事故，安全利用核能，保护公众和从业人员的安全与健康，保护生态环境，促进经济社会可持续发展，我国建立了一套接轨国际、立足国情的核安全法律法规体系。该体系涉及内容较多，由国家法律、国务院条例、核安全监管部门的部门规章等组成，如图 2-1 所示。

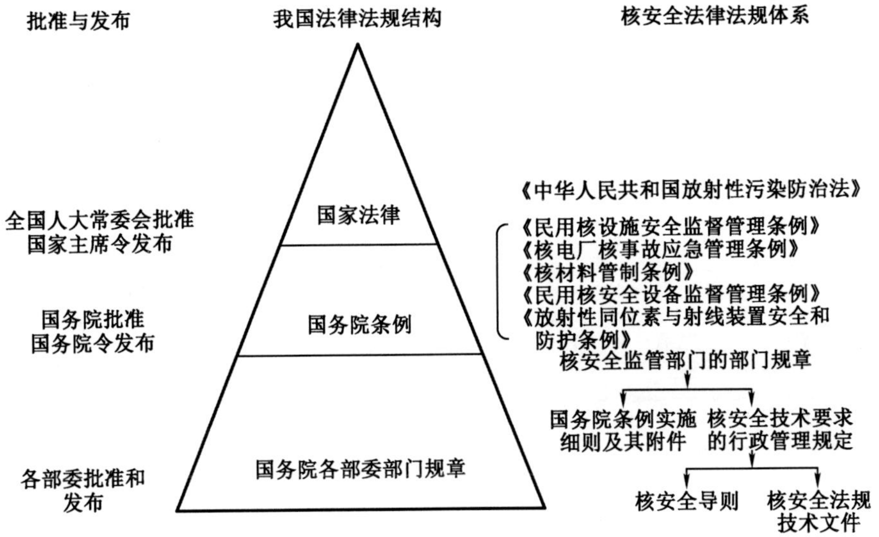

图 2-1　我国核安全法律法规体系图

国家法律处于法律法规体系的最高层，起决定性作用，各种条例或法规的具体内容不能与国家法律相抵触。国务院条例是国务院的行政法规，是法律法规体系的第二层次，是国家法律在某一个方面的细化，规定了该方面的法律要求。国务院各部委部门规章是法律法规体系的第三层，包括大量的各个层次的规章制度。核安全监管部门发布的核安全相关规章制度包括国务院条例实施细则及其附件和核安全技术要求的行政管理规定两种。

此外，核安全监管部门还制定与核安全技术要求的行政管理规定相对应的支持性部门规章，包括核安全导则和核安全法规技术文件等。核安全导则是指导性和推荐性的，描述执行核安全技术要求的行政管理规定采取的方法和程序,在执行中可采用该方法和程序,也可采用等效的替代方法和程序。核安全法规技术文件表明核安全当局对具体技术或行政管理问题的见解,在应用中参照执行,如核电厂设计中重要的设计依据《核动力厂设计安全规定》(HAF 102—2016)就属于由核安全监管部门制定的核安全法规技术文件。

辐射危险有可能超越国界,因此,可以通过国际合作交流提高控制危险、预防事故、应对紧急情况和减缓任何有害后果的能力,促进和加强全球安全。国际安全标准为各国履行一般国际法基本原则规定的义务(例如与环境保护有关的义务)提供支持。为实施有约束力的国际文书和国家安全基础结构提供支撑的 IAEA 安全标准是这一全球性制度的基石。《国际原子能机构安全标准》是根据这些国际公约评价各缔约国遵约情况的一个有用工具。

《国际原子能机构安全标准》反映了有关保护人类和环境免受电离辐射有害影响的高水平安全在构成要素方面的国际共识。这些安全标准以国际原子能机构“安全标准丛书”的形式印发,该丛书分为三类(图 2-2)。

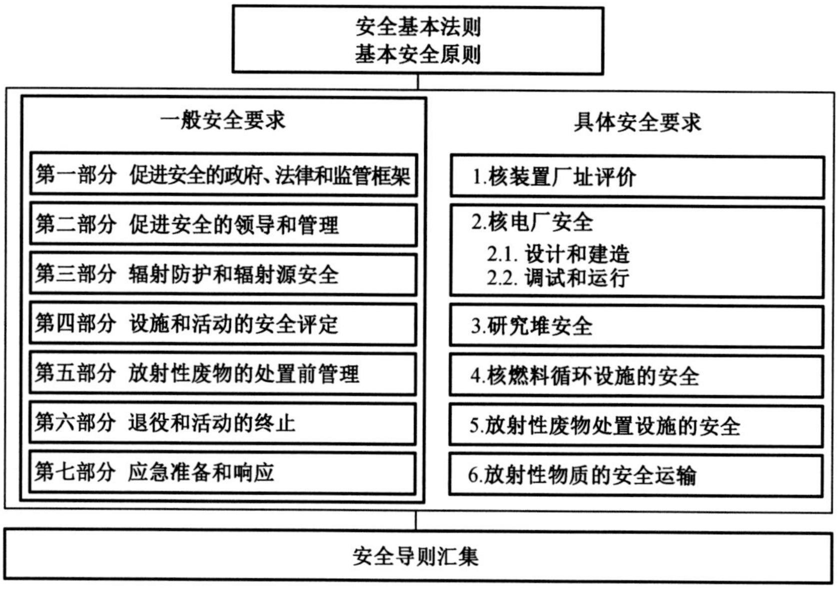

图 2-2 IAEA“安全标准丛书”结构

“安全基本法则”阐述防护和安全的基本安全目标和原则,以及为安全要求提供依据。一套统筹兼顾和协调一致的“安全要求”确定为确保现在和将来保护人类与环境所必须满足的各项要求。这些要求遵循“安全基本法则”提出的目标和原则。如果不能满足这些要求,则必须采取措施以达到或恢复所要求的安全水平。这些要求的格式和类型便于其用于以协调一致的方式制定国家监管框架。这些要求包括带编号的“总体”要求是“必须”实现的。许多要求并不针对某一特定方,相关各方均需履行这些要求。

IAEA 成员国中安全标准的使用者是监管机构和其他相关国家当局。共同发起组织及设计、建造和运行核设施的许多组织,以及涉及利用辐射源和放射源的组织也使用 IAEA 安全标准。

《国际原子能机构安全标准》在相关情况下适用于为和平目的利用的一切现有和新的

设施与活动的整个寿期,并适用于为减轻现有辐射危险而采取的防护行动。各国可以将这些安全标准作为制定有关设施和活动的国家法规的参考。

2.2 安全设计与安全分析

核动力厂的安全设计必须采取实际措施,以减小核与辐射事故对人的生命、健康以及环境造成的影响。必须实际消除可能导致高辐射剂量或大量放射性释放的核动力厂事故序列;必须保证发生频率高的核动力厂事故序列没有或仅有微小的潜在放射性后果。安全设计的基本目标是在技术上实现减轻放射性后果的场外防护行动是有限的,甚至是可以取消的。

安全设计必须满足以下要求:

(1)防止由反应堆堆芯或其他辐射源失控所引起有害后果的事故,并在一旦发生事故时减轻其后果;

(2)保证在设计中考虑的所有事故的放射性后果都低于相关限值,并保持在可合理达到的尽量低的水平;

(3)保证有严重放射性后果的事故发生的可能性极低,并尽最大可能减轻这种事故的放射性后果。

为了证明在核动力厂的设计中实现了基本安全目标,必须对设计进行全面的安全评价,以确定所有辐射照射的来源,并评估核动力厂工作人员和公众可能受到的辐射剂量,以及对环境的可能影响。安全分析必须保证在核动力厂设计中已实施纵深防御。

安全分析应针对各类核动力厂状态确定核动力厂在各种运行状态和事故工况下可能产生的潜在危险并确认核动力厂是否安全,包括:正常运行、预计运行事件、事故工况(设计基准事故及设计扩展工况)。在分析的基础上,确认设计抵御假设始发事件和事故的能力,验证安全重要物项的有效性,以及确定应急计划的输入。

福岛核事故之后,人们对于设计扩展工况有了更高的要求,《核动力厂设计安全规定》(HAF 102—2016)中明确要求必须对核动力厂开展设计扩展工况分析。考虑设计扩展工况的主要技术目标是,预防核动力厂发生超过设计基准事故的事故工况,或合理可行地减轻这类事故工况的后果。这可能会要求增设附加的用于设计扩展工况的安全设施,或扩展安全系统的能力,来预防严重事故的发生或减轻严重事故的后果,或保持安全壳的完整性。

这些附加的用于设计扩展工况的安全设施或能力扩展的安全系统,必须保证具有控制事故工况的能力,这些事故工况可能导致安全壳内存在大量放射性物质(包括来自堆芯严重损伤所释放的放射性物质)。必须保证核动力厂能进入可控状态并维持安全壳功能,从而能实际消除导致早期放射性释放或大量放射性释放的核动力厂状态发生的可能性。相关的分析可采用最佳估算方法。

安全分析中必须考虑各种假设始发事件,包括可能单独或组合影响安全的诸多因素。并且安全分析必须保证在核动力厂设计中适当考虑不确定性,尤其是应有适当的裕量,以避免出现陡边效应以及早期放射性释放或大量放射性释放。

核动力厂的安全分析包括确定论安全分析和概率安全分析,二者互为补充。确定论安全分析是核动力厂发展史上长期使用的方法，其基本思想是依据反应堆纵深防御的原则，除了反应堆设计得尽可能安全可靠外，还设置了多重的专设安全设施，在发生最大假想事故情况下，依靠安全设施能将事故后果减至最轻。概率安全分析则是应用概率风险理论对核动力厂安全性进行评价，认为核动力厂事故是个随机事件，引起核动力厂事故的潜在因素很多，核动力厂的安全性应由全部潜在事故的数学期望值表示。

安全分析是核动力厂是否满足核安全要求的重要评价方法，必须在核动力厂的整个设计过程中进行全面的确定论安全评价和概率安全评价，并且应尽早开展安全分析活动，以保证在核动力厂寿期内的各个阶段满足全部安全设计要求。安全分析应形成独立的安全分析报告，并提交安全审评当局以支持许可证的获取。

图 2-3 给出了在核动力厂设计过程中的安全评价、独立验证、安全分析及其他活动之间的关系，在设计工作由最初的概念提出直到最终完成的过程中，设计单位需要考虑营运单位和国家核安全监管部门提出的所有安全要求及其他要求。

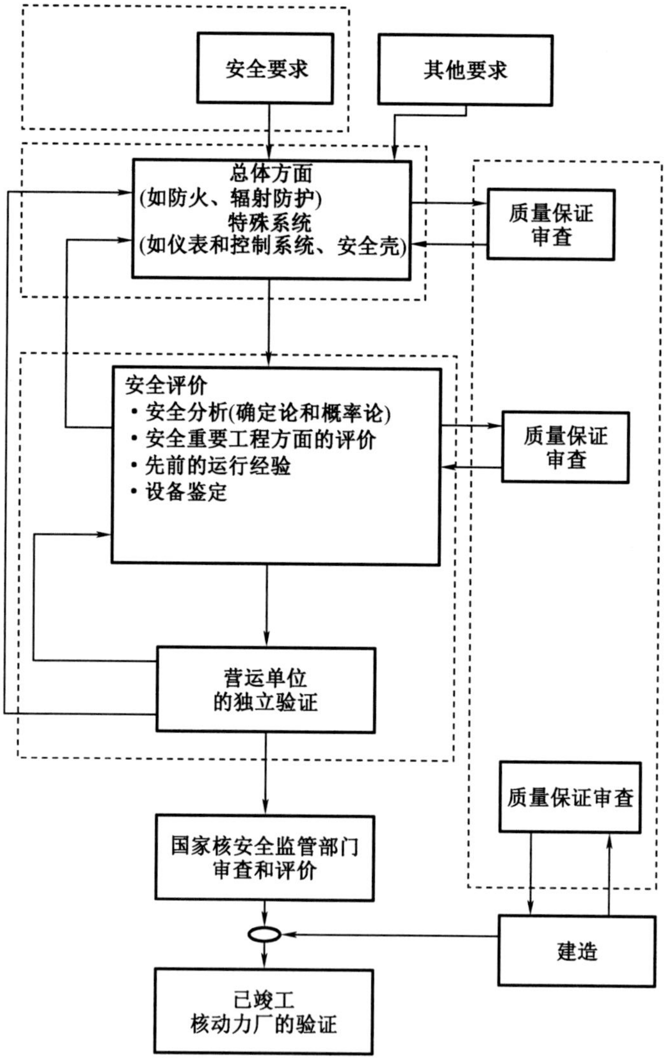

图 2-3　安全评价、独立验证、安全分析及其他活动之间的关系

在设计过程中，安全评价和独立验证由不同的小组或机构完成，然而它们都是迭代的设计过程中的一部分，且二者的主要目的均是保证核动力厂满足安全要求。安全分析作为核动力厂取证的安全评价的一部分，应该与设计过程同时进行，并且两种活动之间相互迭代。安全分析的范围和详细程度应该随着设计过程的进展而不断增加，最终安全分析应能够反映最终建造的核动力厂设计。

2.3 确定论安全分析

确定论安全分析是重要的安全分析手段之一，其采用分析程序对核动力厂在各类运行状态下的响应及后果进行分析，判断核动力厂状态，评估核动力厂是否处于危险状态。

确定论安全分析的目的是给出核动力厂在特定的运行状态及事故工况下的行为，并且运用一组特定的规则判断设计的充分性。用于设计的确定论安全分析通常应该是保守的。设计扩展工况事故的分析一般不如设计基准事故的分析保守。

确定论分析方法可用于核动力厂的设计分析与设计修正、执照申请、全厂仿真、监管审核分析、运行事件分析以及为事故管理和应急计划提供支持等方面。

根据《核动力厂设计安全规定》(HAF 102—2016)，确定论安全分析主要用于以下几个方面：

(1)制定和确认所有安全重要物项的设计基准；

(2)表征与核动力厂设计和厂址相适应的假设始发事件；

(3)分析和评价假设始发事件导致的事件序列，以确认鉴定要求；

(4)将分析结果与验收准则、设计限值、剂量限值以及可接受限值进行比较，以满足辐射防护要求；

(5)论证通过安全系统的自动响应并结合所规定的操纵员动作，能够管理预计运行事件和设计基准事故；

(6)论证通过安全系统的自动响应和利用安全设施功能并结合预期的操纵员动作，能够管理设计扩展工况。

由核动力厂设计过程中确定论安全分析的目的和要求可知，在确定论安全分析过程中包含若干重要影响因素：设计基准、假设始发事件、限值、确定论分析方法，以及分析假设和条件。其中，设计基准为安全分析提供基本判断依据，明确物项(包括核动力厂及相关设备)需执行的安全功能；假设始发事件反映核动力厂的典型潜在失效风险，是安全分析的源头；限值是对设计基准的进一步深化及定量补充，是对安全分析结果进行评价的重要依据；确定论分析方法具体体现在安全分析的评价模型中，并在一定程度上体现了对核安全要求的满足程度；分析假设和条件体现了核安全法律法规的要求与设计中的不确定性。

上述要求涵盖了安全分析的全过程，从风险源头至最终判断是否满足核安全要求，既是确定论安全分析的重要影响因素，也是概率安全分析的重要影响因素。

2.3.1 设计基准

设计基准应包括设计基准功能及设计基准值：

（1）设计基准功能是指由设施的构筑物、系统和部件（SSCs）所执行的，满足监管、许可证条件或技术要求的功能，并可通过安全分析证明满足设计要求；

（2）设计基准值是指为满足设计基准功能由设计要求所确定的控制参数或依据法规、标准或导则选定的设计边界，并通过安全分析确认。

核动力厂设计，应确定设计对象的设计基准，包括整个核动力厂及其 SSCs。在《核动力厂设计安全规定》（HAF 102—2016）的核动力厂总体设计要求中，明确规定了以下内容：

（1）对于核动力厂，必须确定核动力厂状态，并主要按发生频率将核动力厂状态分成有限的几类，并且必须为每类核动力厂状态确定准则，使得发生频率高的核动力厂状态必须没有或仅有微小的放射性后果，而可能导致严重后果的核动力厂状态的发生频率必须很低。

（2）对于核动力厂的安全重要物项，其设计基准必须针对有关的运行状态、事故工况以及由内部和外部危险导致的工况，详细说明其必需的能力、可靠性和功能，以在核动力厂整个寿期内满足特定的验收准则，并且必须系统地论证安全重要物项设计基准的合理性。

2.3.2 假设始发事件

假设始发事件是确定论安全分析的基础，核动力厂设计中，必须采取系统性的方案来确定整套假设始发事件，以便在设计中预测和考虑到全部具有潜在严重后果的可预见事件与全部具有较高发生频率的可预见事件。

在工程判断、确定论和概率安全评价相结合的基础上确定假设始发事件，并且必须论证确定论安全分析和概率安全分析的应用范围，以表明已考虑所有可预见的事件。

假设始发事件必须包括在各种功率及停堆状态下，所有可预见的核动力厂构筑物、系统和部件失效、人员差错，以及内部和外部危险可能引起的失效。

核动力厂设计中必须对假设始发事件进行分析，以确定为执行所要求的安全功能所必需的预防和缓解措施，并且应在此基础上确认安全重要物项的设计基准。在核动力厂总体安全评价和详细分析中，用于确定安全重要物项性能要求的假设始发事件，必须划分成若干具有代表性的事件序列。这些具有代表性的事件序列包络所有同类事件，并为安全重要物项的设计和运行限值提供基准。

核动力厂对任何假设始发事件的预期响应，必须是下列可合理达到的情况（按优先顺序）：

（1）依靠核动力厂的固有特性，使假设始发事件不会对安全产生重大影响，或只使核动力厂产生趋向于安全状态的变化；

（2）发生假设始发事件后，可借助非能动安全设施或在此状态下连续运行的系统的作用控制该事件，使核动力厂趋于安全；

（3）发生假设始发事件后，可借助为响应该事件而必须投入运行的那些安全系统的作用，使核动力厂趋于安全；

（4）发生假设始发事件后，可借助执行专门规程使核动力厂趋于安全或使核动力厂状态得到控制。

对于需要立即采取可靠响应行动的假设始发事件,设计必须有由自动安全动作启动所需的安全系统,以防止事件发展为更严重的工况。

对于不需要立即采取响应行动的假设始发事件,可允许依靠手动启动系统或操纵员的其他动作进行控制。从探测到异常事件和事故到采取行动之间必须有足够的时间,以及有适当的规程(如管理规程、运行规程和应急规程),以保证这些行动的执行。必须对因操纵员错误操作或错误诊断而导致事故序列恶化的可能性作出评价。

如果假设始发事件发生后,需要操纵员来诊断核动力厂的状态并使核动力厂及时进入长期稳定停堆工况,则必须设置适当的仪表以有利于监测核动力厂的状态,同时设置适当的控制措施以便于对设备进行手动操作。

如果由工程判断、确定论安全分析和概率安全分析的结果表明事件组合将可能导致预计运行事件或事故工况,则必须根据其发生的可能性,将这些事件组合纳入设计基准事故或设计扩展工况。某些事件可能是其他事件的后果,例如地震后的水淹,这种继发效应应视为初始假设始发事件的一部分。

2.3.3 限值

核电厂设计中需遵循一系列的限值。根据核电厂设计的安全目标,核电厂在各种状态下都应该满足其辐射防护限值要求,如《电离辐射防护与辐射源安全基本标准》(GB 18871—2002)规定职业照射的剂量限值不得超过下述限值:

(1)由审管部门决定的连续 5 年的年平均有效剂量(但不可作任何追溯性平均)为 20 mSv;

(2)任何一年中的有效剂量为 50 mSv;

(3)眼晶体的年当量剂量为 150 mSv;

(4)四肢(手和足)或皮肤的年当量剂量为 500 mSv。

为确保核电厂安全目标的实现,核电厂设计中还规定了一系列其他限值,包括设计限值、运行和安全限值等,在法规中对此也提出了相应的要求。

《核动力厂设计安全规定》(HAF 102—2016)要求针对运行状态和事故工况,必须为安全重要物项规定一套相应的设计限值。设计限值必须符合核安全法规和相关的监管要求。并且核动力厂设计必须为核动力厂安全运行确定一套运行限值和条件,必须包括以下内容:

(1)安全限值;

(2)安全系统整定值;

(3)正常运行限值和条件;

(4)工艺变量和其他重要参数的控制系统限制和规程限制;

(5)对核动力厂的监督、维修、试验和检查的要求,以保证各构筑物、系统和部件执行设计中预定的功能,并使辐射风险保持在可合理达到的尽量低的水平;

(6)规定的运行配置,包括在安全系统或安全相关系统不可用时的运行限制;

(7)行动说明,包括在响应偏离运行限值和条件时所采取行动的完成时间。

2.3.4 确定论安全分析方法

安全分析是开展安全评价的基本方法,系统分析程序或评价模型则是开展安全分析的基本工具。20 世纪 50 年代,美国联邦法规对建造商用核电站的执照申请作出了规定,这些法规包含了对安全限值和安全分析方法的基本要求。这些要求主要基于法律条文而非实际的反应堆瞬态行为数据考虑,因而比较保守,同时也奠定了法规要求偏保守的基调。80 年代以来,由大量的研究成果和核电厂运行数据记录发现,过分保守分析会导致与实际不符的结果,甚至可能带来不保守的估计,因此,人们对基于现实分析的要求越来越迫切。此外,概率安全分析在这一阶段逐步得到认可,考虑概率风险的现实分析也受到了人们的关注。

评价模型是指用于评价核动力厂系统在假定瞬态或事故工况下能否满足核安全设计接受准则所使用的计算体系。评价模型包含了计算程序、输入输出信息和定义计算过程的所有其他信息。评价模型中的计算程序包含由传统编译语言(如 Fortran)生成的可执行文件,也包含在电子表格或其他数学分析工具(如 Mathematica)中执行的计算文件。评价模型对程序模型无特殊要求,既可以是保守模型,也可以是最佳估算模型。

确定论安全分析方法可分为保守性分析方法和最佳估算方法两大类。随着核电行业的发展,安全分析的方法和技术也在不断进步。1974 年,NRC 发布了轻水堆 LOCA 事故分析的基本准则 10CFR 50.46 及其附录 K,首次以法规的形式确立了轻水堆 LOCA 事故分析时必须遵守的保守性准则。1989 年 5 月,NRC 发布了导则 RG 1.157,该导则和修订后的 10CFR 50.46 允许执照拥有者和申请者既可以选择使用附录 K 的保守性分析方法,也可以选择使用真实的评估模型(最佳估算程序+不确定性分析)。NRC 发布的这两项法规规范了世界各国最佳估算程序的发展,也促进了最佳估算程序在事故分析,尤其是执照认证级安全分析中的应用。在 1998 年召开的“热工水力安全分析中的最佳估算方法”国际会议上,世界各国普遍认为:将最佳估算方法应用于认证级安全分析,既可提高经济性,又可兼顾安全性。

经过多年的发展,安全分析方法取得了长足进步,表 2-1 对可用于执行安全分析的评价模型进行了汇总。

表 2-1 安全分析评价模型

方法名称	程序类型	系统可用性	初始条件和边界条件
保守评价模型	保守性程序	保守性假设	保守性输入
组合评价模型	最佳估算程序	保守性假设	保守性输入
最佳估算评价模型	最佳估算程序+不确定性分析	保守性假设	真实+不确定性 部分最不利情况
风险指引评价模型	最佳估算程序+不确定性分析	基于 PSA 假设	真实+不确定性

如表 2-1 所述，确定论安全分析方法共有两大类，即保守性分析方法和最佳估算方法，根据程序类型、系统可用性假设和初始条件与边界条件的处理不同被划分为 4 种评价模型。

(1)保守评价模型，采用的方法为完全的保守性分析方法，普遍用于早期的安全分析。

(2)组合评价模型，采用的方法是目前大多数国家进行认证级安全分析的常用方法，即允许在认证级分析中使用最佳估算程序或真实性程序，但是输入数据、初始条件、边界条件以及系统可用性假设都必须是保守的。概括地说，这种方法的核心就是用保守性的输入来保证最终结果的保守性，尤其是经过分析证明对结果影响最为敏感的那些输入参数。

(3)最佳估算评价模型，采用的方法仍是确定论安全分析方法，可用于认证级的安全分析。要达到这样的目的，必须深入分析和评估输入数据和程序的不确定性，如果要使这种不确定性分析达到合理和准确，现有的不确定性分析方法都是极端耗费时间和资源的。

(4)风险指引评价模型，采用的方法是完全的最佳估算方法。由于大多数国家目前建议和使用的不确定性分析方法还没有进入执照认证的过程中，这种方法在认证级安全分析中尚未得到实际的应用。

《核动力厂设计安全规定》(HAF 102—2016)中规定：

(1)必须用保守的方法来分析设计基准事故。该方法包括在分析中假定安全系统的某些故障模式，规定设计准则，采用保守的假设、模型和输入参数等。

(2)必须对核动力厂开展设计扩展工况分析。相关的分析可采用最佳估算方法。

2.3.5 分析假设和条件

核电厂确定论安全分析的实质是对一系列的瞬态物理过程开展计算分析，其结果的准确性和保守性除与分析工具的模型有关外，也受到初始条件和边界条件选取的影响。在《核动力厂设计安全规定》(HAF 102—2016)中，对安全分析的假设和条件作出了一些规定：

(1)安全分析必须保证在核动力厂设计中适当考虑了不确定性。尤其是应有适当的裕量，以避免出现陡边效应以及早期放射性释放或大量放射性释放；

(2)必须基于当前状态或竣工状态，更新和验证核动力厂设计中所采用的各项分析假设、方法的适用性和保守程度；

(3)设计必须为数据、计算和制造中的不确定性因素留有裕量。

为保证核电厂的安全性，安全分析采用的初始条件及各项参数均取保守值，即取值会对后果产生不利影响，主要从以下几个方面进行考虑：

(1)分析对象的堆型；

(2)分析对象的用途；

(3)分析事故的过程特征；

(4)事故分析所针对的验收准则；

(5)事故分析中采用的停堆信号。

压水堆事故分析中对参数保守性及其通用不确定性的主要考虑如下：

(1)运行参数需考虑不确定性(控制系统死区、仪表误差及波动)。

例如,初始功率+2%,初始温度±2.2℃(4℉),稳压器水位取±2%,蒸汽发生器(SG)二次侧水位取±5%等。主冷却剂流量一般取设计值。这实际上已加上了保守性,因实际流量往往会大于设计流量,而且如取较小的保守值会影响到冷却剂温度的确定。SG 二次侧的压力往往由热平衡决定,不必预先规定正负不确定性。

(2)堆物理参数。慢化剂温度(密度)反应性系数取后果最大的寿期的数值,甚至取为零值。如是对确定寿期的分析,则取±10%不确定性,燃料多普勒反应性系数取±15%。控制棒价值计算取 15%不确定性。

(3)停堆信号应取安全级信号。法国的分析中不取第一个到达的停堆信号,可参考执行。停堆设定值需带上保守性。停堆信号至控制棒开始自由下落的延迟时间,应按实验结果加上保守性,控制棒负反应性引入曲线应取趋底型(下凸型)曲线。

(4)金属结构热容量及传热面积一般取±10%不确定性。

(5)稳压器及 SG 安全阀开启压力也应取保守值。

除了参数的保守性和不确定性外,核电厂安全分析中还需考虑一定的条件假设:

(1)假设失去厂外电源(LOOP)。美国联邦法规 10CFR 50 附录 A 核电厂通用设计标准第 17 条(GDC 17)规定必须考虑此项假设。

(2)假设最大价值的一组控制棒卡在全抽出位置(卡棒假设)。GDC 26 规定必须考虑此项假设。其适用于分析Ⅱ、Ⅲ、Ⅳ类工况。实际上,在确定停堆反应性引入曲线时,就计入这项假设。

(3)仅考虑安全级设备的缓解事故的作用,对于非安全级设备,仅考虑其对事故的不利影响。法国在实践中要求将上述假设用于Ⅱ、Ⅲ、Ⅳ类工况的分析。美国在实践中仅要求将上述假设用于Ⅲ、Ⅳ类工况(假想事故)的分析,美国安全当局认为Ⅱ类工况为常见的故障,不影响设备的功能,所作分析合乎实际情况较好,但如保守地仅假设安全级设备起缓解作用也是可以接受的,而且大部分安全分析报告也是如此假设的。

(4)假设极限的单一故障。法国在实践中要求将假设极限的单一故障用于Ⅱ、Ⅲ、Ⅳ类工况的分析。美国在实践中仅要求用于Ⅲ、Ⅳ类工况(假想事故)的分析。与上一项假设相同,如在Ⅱ类工况分析中也采用了此项假设,也是可以接受的。

《核动力厂设计安全规定》(HAF 102—2016)中对单一故障准则进行了明确要求:

(1)必须对核动力厂设计中所包括的每个安全组合都应用单一故障准则;

(2)当把单一故障准则应用于一个安全组合或安全系统时,必须将误动作视为故障的一种模式;

(3)不符合单一故障准则的情况必须是极个别的,并必须在安全分析中明确证明是正当的;

(4)设计必须适当考虑非能动部件的故障,除非能够在具有高置信度的单一故障分析中证实该部件的故障极不可能发生,并保持其功能不受到假设始发事件的影响。

2.3.6 确定论安全分析与概率安全分析的差异

与确定论安全分析基于一套保守假设确定事故序列的方式不同，概率安全分析是一种基于现实假定的系统工程方法。

概率安全分析将事故序列视作始发事件、始发事件继发事件、操纵员失误以及设备随机故障的组合，这些组合发生的可能性基于现实情况，并使用基于可靠性技术的一套方法对各种事故序列发生的概率或者频率进行估计。

确定论安全分析与概率安全分析有一定的差异性，理解这种差异性对于概率安全分析人员理解基于确定论安全分析的安全法规与安全设计非常关键。

无论是确定论还是概率安全分析大致都可以分为以下几个步骤：

(1)确定始发事件；

(2)确定始发事件后的核电厂响应；

(3)确定事故后果。

本节将从以上三个方面对比确定论与概率安全分析

从原理上来说，确定论安全分析与概率安全分析均以可能导致核电厂进入非安全状态的始发事件为分析对象。但是实际操作上，使得两者存在一定的差异，具体来说，概率安全分析的对象是始发事件或者始发事件组(initiating event group，IEG)，而确定论安全分析的对象是假设始发事件。

始发事件是可能导致核电厂进入非安全状态的特定事件，安全分析中应尽可能识别全部事件，但是实际操作中穷举始发事件是不可能的，而且始发事件又可以进一步细分，例如：

一回路主泵停运可以分为主泵故障停运、主泵供电系统故障停运、主泵冷却剂系统故障停运。主泵故障停运也可以进一步分为一般停运与主泵卡轴。因此我们必须用一组实际上并非绝对“完备”的始发清单来表征全部的始发事件。

对于确定论安全分析来说，这一组清单称为假设始发事件，假设始发事件又可基于频率以及后果，根据工况划分为若干类别(预计运行事件、稀有事件、极限事故)。对于确定论安全分析而言，没有纳入假设始发事件清单的始发事件除非是频率极低(小于 1.0×10^{-6} 次/(堆·年))，否则必然从事故后果与事故现象上能够被同一分类下某一事故所包络。

与确定论安全分析不同，概率安全分析尽可能地识别全部的始发事件，并且将其分为若干个 IEG。对每一个 IEG 都分别开展分析，同一个 IEG 内以最为不利的一个始发事件作为实际的分析对象。对于概率安全分析而言，全部的始发事件，除非频率极低(低于 1.0×10^{-8} 次/(堆·年)并且小于最终堆芯损坏频率的 1%)，否则都不应当被忽略。具体分析时要求同一组内的始发事件对核电厂的影响和后续核电厂的实际响应类似，同时应当获得每一组始发事件的总频率，即使始发事件被同一 IEG 内其他始发事件所包络，其频率也不应当被忽略，并且可能产生重大影响。

因此从分析对象上看来，确定论与概率安全分析存在若干差异，见表 2-2。

表 2-2　确定论与概率安全分析的差异

	确定论安全分析	概率安全分析
分析对象	始发事件	始发事件
实际分析对象	假设始发事件	始发事件组
分析频率截止	理论上不分析频率低于设计基准事故频率（$10^{-6}\sim10^{-4}$），原因是认为低于该频率区间的事故超过设计基准事故的范畴	理论上需要分析全频率范围内的始发事件，实际上由于目前新一代压水堆内部事件堆芯损坏频率在 10^{-7} 量级，故实际上可以忽略小于 10^{-9} 量级的始发事件，因为其对概率安全分析结果已经不产生影响
被包络事件	被假设始发事件包络的始发事件不分析	被始发事件组内最不利的始发事件所包络，每个始发事件组内根据最不利的始发事件进行建模，但是其他的始发事件的频率需要一并分析
始发事件完整性要求	从以下两个维度上来说，假设始发事件必须是包络的： （1）事故后果； （2）事故现象	尽可能地穷举始发事件，并纳入 IEG 中，每个始发事件组内各始发事件必须在核电厂响应上是类似的

在确定分析的始发事件的基础上，需要给定后续的事故发展进程，这些事故发展进程称为事故序列，确定事故序列的首先是始发事件，其次是始发事件发生后事故保护缓解系统以及操纵员根据操作规程的响应。

对于确定论安全分析而言，始发事件发生的响应是根据一套“保守假定”而确定的，这套保守假定的具体内容可以参见本书 2.3.5 节。总的来说，保守假定可以分为以下两个部分：

（1）假定全部“非安全级”的物项或者功能失效；

（2）在（1）基础上假定可信的“单一故障”。

根据以上假定，每个始发事件有一条“确定”的事故序列，这也是所谓确定论安全分析的由来。

对于概率安全分析而言，始发事件发生后的响应则是“非确定”的，概率安全分析认为始发事件发生后，每个有可能起作用的缓解措施以及规程中的操纵员动作是否响应被视为“随机的”，也就是没有“确定的”事故序列。一般来讲，在概率安全分析中，一个始发事件会对应多个不同的事故序列，始发事件后最终进入每个事故序列都存在一定的“条件概率”，这也是所谓概率风险或者概率安全的由来。

基于确定的事故序列，则可以获得事故后果，自然基于始发事件发生后事故序列是否“确定”的差异，同一始发事件确定论安全分析的事故后果是“确定”的，而概率安全分析的事故后果并非确定。

对于确定论安全分析而言,需要通过热工与屏蔽计算获得某一始发事件对应事故序列的详细后果,包括堆芯以及一回路的各类关键热工参数及其放射性后果。这些后果用以审查该事故是否满足对应工况类别的“验收准则”,对于压水堆等较为成熟的堆型,部分特定类别的事故还有其专门的验收准则,例如大 LOCA 事故。

对于概率安全分析而言,一般需要先定义不期望的后果,然后逐个序列判断该后果是否发生,对于一级概率安全分析而言,该后果是堆芯损坏,对于二级概率安全分析而言,该后果是大规模放射性释放或者大规模早期放射性释放。

对于概率安全分析而言,每个序列不但要描述其现象导致的后果,还需要分析该序列的频率。

2.4 可靠性概念

2.4.1 背景知识与基本概念

人类什么时候开始意识到可靠性已经无可考证,但是对可靠性产生的系统认识并以科学的方法进行研究始于 20 世纪 30 年代。

第二次世界大战时期,德国以沃纳·冯·布劳恩(Wernher von Braun)博士为首的火箭专家团队于佩内明德试验中心开展液体火箭与导弹技术研究,这些研究最终产生了现代火箭与导弹武器的始祖——V 型系列飞弹(V 是复仇武器的简称)。V 型系列飞弹的复杂程度与技术难度远超之前人类所制造的全部工业产品,这也带来了新的问题。实践试验中他们发现,尽管每个零部件都采取当时最高工业设计制造水平进行设计与制造,但是前几个批次的火箭或导弹发射失败的比例依然高到无法接受。为此,以数学家与火箭专家为主组成的专门团队对发射失败的事故进行了详细调查,调查组得出的结论是:火箭的每个部分都采取了恰当的设计并使用了高质量的零部件,因此单一零部件故障或者失效的概率并不高,但是由于火箭采取的零部件较多,而且整个系统在故障与功能上采取近似于“串联设计”,即单一零部件故障能够导致整个发射任务失败,这使整个液体火箭系统的故障概率很高或者说可靠性较差。这是可靠性研究与理论的起源。

第二次世界大战后,无论是以计算机、电视机为代表的电子工业产品,还是以火箭、航天器、核反应堆为代表的超大型复杂工业设施,其系统复杂程度都比第二次世界大战前有所提升,伴随着这种复杂程度提升的过程,可靠性的理论也不断发展。

对于概率安全分析而言,其对于系统以及设备的失效分析与模拟主要是基于系统可靠性分析的理论。可以说可靠性知识成为核安全以外概率安全分析技术的另外一块基石。本节将介绍必要的可靠性基础知识,关于系统可靠性分析的详细过程,请参加后续的章节。

可靠性(reliability)定义为:产品在规定条件下、规定时间内完成规定功能的能力。一般用可靠度 $R(t)$ 来度量。

产品可靠性定义包括下列三要素：

(1)规定的时间；

(2)规定的环境和使用条件；

(3)规定的任务和功能。

对于一个具体产品的可靠性，应按上述各要素分别给予明确的定义。

值得注意的是，产品的可靠性还可以分为基本可靠性和任务可靠性。

基本可靠性定义为：产品在规定条件下无故障的持续时间或概率。这里的故障是指引起维修工作的事件或状态。这种故障可能影响，也可能不影响产品完成任务的功能。基本可靠性涉及维修人力、费用和后勤保障要求。

任务可靠性定义为：产品在规定的任务剖面(mission profile)内完成规定功能的能力。

这里任务剖面是指产品在完成规定任务这段时间内所经历的事件和环境的时序描述。这里环境是指所有外部和内部条件的集合(如温度、湿度、电磁辐射等)，环境条件能够非常显著地对产品的可靠性产生影响，因此在提出产品的可靠性研制目标或评价结果时必须对其环境条件进行准确描述。

在工作中，人们会提到"系统越简单可靠性越高"，其所指一般是基本可靠性，而非任务可靠性。

典型的可靠性表述如下：

某型卫星，发射后在其预设轨道中，连续执行其预定任务 5 年，其可靠度为 95%。

这里 5 年是规定的任务时间，预设轨道是规定的使用环境与条件，连续执行其预定任务是规定的任务和功能。

同一颗卫星，如果我们规定不同的任务时间，即使环境、使用条件以及执行的任务与功能完全相同，其可靠性也会不同。例如，同一颗卫星，如果我们规定任务时间为 20 年，其可靠度数值显然会不同，很有可能远低于 95%。当然，由于可靠性的定义不同，并不能简单地通过数值比较确定其可靠性的优劣。

2.4.2 产品可靠性的数学度量

前面讲到，产品在规定条件下、规定时间内完成规定功能的能力叫作产品的可靠性。可靠性的概率度量亦称"可靠度"，记作 $R(t)$。

要特别指出，可靠度是表示一大批产品可靠性的统计特性的，而不能表示个别或少数产品的可靠性。例如，产品工作到 500 h 的可靠度是 95%，可以看作用 100 个同型产品在规定的条件下，在 500 h 内进行很多次试验，平均每次有 95 个能成功完成规定的功能。但是，不能事先肯定某个产品在哪次试验中、试验多长时间时发生故障，或不发生故障。

对于一种产品来说，在规定条件和规定功能的情况下，其可靠度是时间的函数。如果产品的寿命 T 大于或等于规定的时间 t，即 $T \geqslant t$，则产品在规定时间 t 内能完成规定的功能；否则，当 $T<t$ 时，产品不能在规定时间 t 内完成规定的功能。对于同一水平的产品，若规定的时间 t 越长，则其可靠度越低。于是可靠度随时间的变化可用一单调递减函数 $R(t)$ 表示，称作可靠度函数，记作 $R(t)$：

$$R(t)=p(T\geqslant t) \tag{2-1}$$

不可靠度是指在规定条件下、规定时间内，产品不能完成规定功能的概率。它也是时间的函数，记作 $F(t)$，也称为累积失效概率：

$$F(t)=p(T<t) \tag{2-2}$$

失效概率密度 $f(t)$ 是累积失效概率 $F(t)$ 对时间的变化率，它表示产品寿命落在包含 t 的单位时间内的概率，即 t 时刻产品在单位时间内失效的概率：

$$f(t)=\frac{\mathrm{d}F(t)}{\mathrm{d}t}=F'(t) \tag{2-3}$$

对于不可维修的产品，平均故障时间是指从开始投入工作，至产品失效的时间平均值，也称平均失效前时间（mean time to failure，MTTF）。

对于可维修产品，平均寿命是指两次故障间的时间平均值，称为平均故障间隔时间，习惯称为平均无故障工作时间（mean time between failures，MTBF）。

失效率是工作到某时刻尚未失效的产品，在该时刻后单位时间内发生失效的概率。一般记为 λ，它也是时间 t 的函数，记为 $\lambda(t)$，称为失效率函数，有时也称为故障率函数或风险函数。

按上述定义，失效率是，在时刻 t 尚未失效产品在 $t+\Delta t$ 的单位时间内发生失效的条件概率，即

$$\lambda(t)=\lim_{\Delta t\to 0}\frac{1}{\Delta t}p(t<T\leqslant t+\Delta t\mid T>t) \tag{2-4}$$

故障率是产品可靠性特征的重要指标，对元器件来说，工厂往往只给这一个指标。常用的故障率有两种：平均故障率和瞬时故障率。

可靠性特征量中可靠度 $R(t)$、不可靠度（也叫累积失效概率）$F(t)$、失效概率密度 $f(t)$ 和失效率 $\lambda(t)$ 是四个基本函数，只要知道其中一个，其他函数均可求得。

2.4.3 可用性等相关概念以及其数学度量

可靠度或者失效率等可靠性概念能够有效反映产品执行某一任务的能力或者对抗故障的能力。但是多数情况下产品的使用效能不仅与单次连续运行的能力有关，还受到维修、维护等多方面因素的影响。

对于有些产品，其任务时间性并不明确，或者需要其在较长的时间运行，且允许其期间发生一定次数的故障，只关心其处于能够执行功能状态的时间比例，此时使用可用性来衡量其工作效能。

对于核电厂，一个与其对应的指标是“生产可用性”或者“可利用率”，其含义是核电厂处于发电生产状态的时间与其总运行、换料停机时间之比，用于表征核电厂的发电生产效率。显然故障越少、换料周期越长、设备大修周期越长、换料速度越快的核电厂生产可用性越高。美国先进轻水堆用户要求文件规定：先进轻水堆的生产可用性应当高于87%。

1. 可用性(availability)

可用性是指产品在任一时刻需要和开始执行任务时,处于可工作或可使用状态的程度(《可靠性维修性保障性术语》(GJB 451A—2005)),用可用度 $A(t)$ 来表示。平均可用度可以表示为

$$A=\frac{\mathrm{MTTF}}{\mathrm{MTTF}+\mathrm{MTTR}} \tag{2-5}$$

式中 MTTF——平均故障时间,在 2.4.2 节中已有介绍;

MTTR——平均修复时间(mean time to repair)。

从以上公式可知,可用度的含义就是产品处于可用状态的时间与总时间之比,分析该比例需要同时考虑可靠性及维修性。

2. 维修性(maintainability)

维修性是指规定条件下产品在规定时间内按照规定的程序和方法进行维修时,保持或修复到完成规定功能的能力。这里的维修性同时指代了维护与维修,也就是说其不仅仅指的是修复性的维修,所以使用了 maintenance 作为词根而不是仅表示“修复”的 repair。

3. 可靠性、可用性以及维修性(reliability、availability & maintainability,RAM)

可靠性、可用性以及维修性是一种在保证产品功能可用性的基础上综合考虑可靠性与维修性的系统工程方法。对于核电厂来说,常使用 RAM 来综合考虑如何保证或提高综合生产效益。IAEA 在论述核电厂以及核电厂重要物项的可靠性时也采用这一提法。

对于部分产品,一旦其发生故障,其产生的延误时间并不主要由维修时间构成,这种情况下其可用性为

$$A=\frac{\mathrm{MTTF}}{\mathrm{MTTF}+\mathrm{MDT}} \tag{2-6}$$

式中 MDT——平均故障延误时间。

MDT 由以下几个部分组成:

(1)维修时间,即 MTTR,取决于维修设计、维修设备、维修技术与维修训练以及维修策略等。

(2)管理延误时间,取决于维修策略以及运行单位对运行与维修的管理情况。

(3)保障资源延误时间,取决于备件的储备量、备件的采购时间与采购策略、维修人员的配置等。

通过可靠性与可用性的定义我们了解到,产品的平均故障时间表征的是产品不发生故障的能力,或者连续执行其既有功能的能力,这取决于产品本身的特性,而其可靠度不仅受到其故障发生频次的影响,还受到使用者或观察者对任务定义的不同的影响,随着任务时间的变化而变化。

对于可修产品,可用性 A 表征其保持工作能力的时间比例,在时间较长的情况下不随时间变化。

2.4.4 产品失效率的一般规律表征——浴盆曲线

对于一般机械产品,其失效率往往呈浴盆曲线(图 2-4)。浴盆曲线可以分为早期失效

期、偶然失效期及损耗失效期。

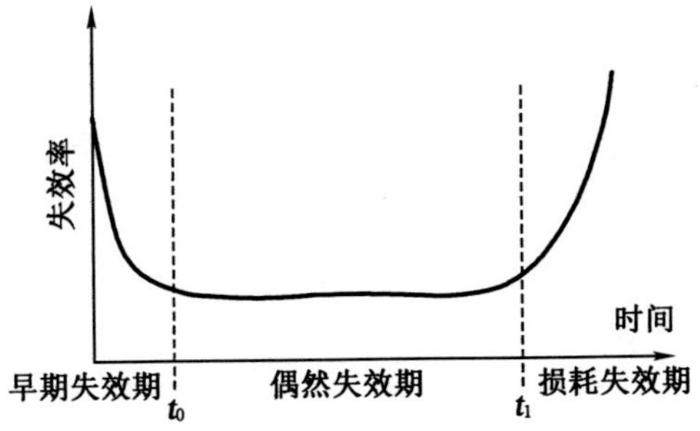

图 2-4 浴盆曲线

在早期失效期,失效率曲线为递减型。产品投入使用的早期,失效率较高且下降很快,这种情况主要是由设计、制造、贮存、运输等形成的缺陷,以及调试、跑合、启动不当等人为因素所造成的。当这些所谓先天不良的失效发生后,且剩余产品运转也逐渐正常时,失效率就趋于稳定了。可通过应力筛选等方式避免早期失效。

在偶然失效期,失效率曲线为恒定型,失效率近似为常数。失效主要由非预期的过载、误操作、意外的天灾,以及一些尚不清楚的偶然因素所造成。由于失效原因多属随机失效,故这一阶段称为偶然失效期。偶然失效期是产品能有效工作的时期,这段时间称为有效寿命。为降低偶然失效期的失效率而增加有效寿命,应注意提高产品的质量,精心使用维护。

在耗损失效期,失效率曲线为递增型。在 t_1 以后失效率上升较快,这是由产品已经老化、疲劳、磨损、蠕变、腐蚀等原因所引起的。针对耗损失效的原因,应该注意检查、监控、预测耗损开始的时间,提前维修以延长寿命,若修复需花很大费用而延长寿命不多,则不如报废更为经济。

浴盆曲线是一个比较普遍的规律,但是并非适用于所有的产品。例如对于电子产品,其失效率基本恒定,也就是可靠度呈现“指数分布”。

在概率安全分析中往往仅考虑 24 小时或略多的时间区间,因此往往也将事故缓解过程中需要连续运行的设备假定“失效率恒定”,即可靠度呈指数分布。

2.5 布尔代数

概率安全分析在数学模型层面的实质是,建立所评估的核电厂不期望事件发生风险与各个设备故障、人员失误等随机事件之间的关联。因此其求解过程会利用两个工具:布尔代数,用于识别与不期望事件发生等效的最小基本事件割集;概率论方法,用于求解这些最小割集发生的概率。本节仅对布尔代数做简要介绍,概率论方法读者可参考相关教材。

布尔代数是英国数学家布尔在其著作《逻辑的数学分析》中提出的,是一种用于进行逻辑运算与概率评价的数学方法。

2.5.1 布尔代数的原理

在布尔代数里，布尔构思出一个关于0和1的代数系统，用基础的逻辑符号系统描述物体和概念。这种代数为后来的数字计算机开关电路设计提供了最重要的数学方法。

在布尔代数中，我们称具有某种共同属性的事物的全体为集合，称集合中的事物为元素。

包含一切元素的集合称为全集，用符号Ω表示；不包含任何元素的集合称为空集，用符号$\varnothing$表示。

集合及集合之间关系的表示方法如下：

集合以大写字母表示，集合的定义写在括号中，即

$$A=\{a_1,a_2,\cdots,a_n\}$$

集合之间的包含关系（即从属关系）用符号$\in$表示，集合$A\in B$的含义是，属于集合A的全部元素均属于集合B。

显然，对于样本空间内的任意集合A必然包含于全集Ω，记为

$$A\in\Omega$$

两个集合相交之后，相交的部分为两个集合的共有元素的集合，称为交集，如图2-5所示。

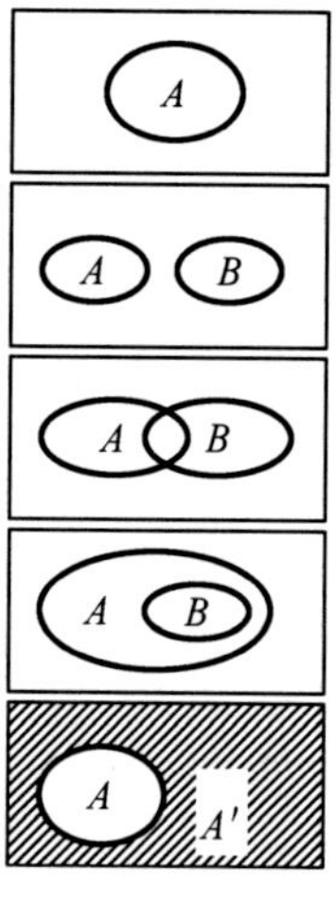

图2-5　集合关系

两个集合相交的关系用符号$\cap$表示，如：

$$C=A\cap B$$

两个子集合并成一个较大的子集，这两个子集合中元素的全体构成的集合称为并集，并集的关系用符号$\cup$表示，如：

$$C=A\cup B$$

布尔代数逻辑运算的对象是命题。命题是具有判断性的语言。成立的命题叫作真命题，其真值等于1；不成立的命题叫作假命题，其真值等于0。这里的真值“1”和“0”并不是

数字，而是表示两个对立事物的符号。例如，命题“8−3=5”成立，这是真命题，其真值为1；命题“2+3>5”不成立，这是假命题，其真值为0。

逻辑代数也可进行运算，其基本运算有三种，即逻辑加、逻辑乘、逻辑非。其中逻辑加、逻辑乘用得较普遍。

1. 逻辑加

给定两个命题 A、B，它们进行逻辑运算后构成的新命题为 S，若 A、B 两者有一个成立或同时成立，S 就成立，否则 S 不成立，这种 A、B 间的逻辑运算叫作逻辑加，也叫作“或”运算。构成的新命题 S 叫作 A、B 的逻辑和，记作 $A\cup B=S$ 或 $A+B=S$，均读作“$A+B$”。逻辑加相当于集合运算中的并集。

根据逻辑加的定义可知

$$1+1=1$$

$$1+0=1$$

$$0+1=1$$

$$0+0=0$$

2. 逻辑乘

给定两个命题 A、B，它们进行逻辑运算后构成的新命题为 P，若 A、B 同时成立，P 就成立，否则 P 不成立，这种 A、B 间的逻辑运算，叫作逻辑乘，也叫作“与”运算。构成的新命题 P 叫作 A、B 的逻辑积。记作 $A\cap B=P$，或记作 $A\times B=P$，也可记作 $AB=P$，均读作 A 乘 B。逻辑乘相当于集合运算中的“交集”。

根据逻辑乘的定义可知

$$1\times1=1$$

$$1\times0=0$$

$$0\times1=0$$

$$0\times0=0$$

3. 逻辑非

给定一个命题 A，它进行逻辑运算后构成的新命题为 F，若 A 成立，F 就不成立；若 A 不成立，F 就成立。这种对 A 所进行的逻辑运算叫作命题 A 的逻辑非。构成的新命题 F 叫作命题 A 的逻辑非。A 的逻辑非记作“$\overline{A}$”或“A'”，读作“A 非”。逻辑非相当于集合运算的求“补集”。

根据逻辑非的定义可知

$$\overline{1}=0$$

$$\overline{0}=1$$

2.5.2 布尔代数的计算准则

布尔代数具备一般代数系统的各种典型特征，包括能够利用一些计算准则对计算分析进行简化，本节介绍布尔代数系统的一些常见计算定理。

公理 1 交换律

对于任意逻辑变量 A、B,有

$$A+B=B+A$$
$$A\times B=B\times A$$

公理 2 结合律

对于任意逻辑变量 A、B、C,有

$$(A+B)+C=A+(B+C)$$
$$(A\times B)\times C=A\times(B\times C)$$

公理 3 分配律

对于任意逻辑变量 A、B、C,有

$$A+(B\times C)=(A+B)\times(A+C)$$
$$A\times(B+C)=A\times B+A\times C$$

公理 4 0-1 律

对于任意逻辑变量 A,有

$$A+0=A \quad A\times 1=A$$
$$A+1=1 \quad A\times 0=0$$

公理 5 互补律

对于任意逻辑变量 A,存在唯一的 $\overline{A}$,使得

$$A+\overline{A}=1$$
$$A\times\overline{A}=0$$

除了以上布尔代数计算定理外,本书不对其他的定理进行更为详细的介绍,其他的定理可参见表 2-3。

表 2-3 布尔代数计算其他定理

序号	定理	公式
1	自等律	$A\times 1=A$ $A+0=A$
2	等幂律	$A\times A=A$ $A+A=A$
3	吸收律 1	$(A+B)(A+\overline{B})=A$ $A\times B+A\times\overline{B}=A$
4	吸收律 2	$A(A+B)=A$ $A+A\times B=A$
5	吸收律 3	$A+A\times\overline{B}=A$ $A+A\times B=A+B$

表 2-3(续)

序号	定理	公式
6	多余项定律	$(A+B)(A+C)(B+C)=(A+B)(A+C)$ $A\times B+A\times C+B\times C=A\times B+A\times C$
7	否否律(对合率)	$\overline{\overline{A}}=A$
8	求反律(摩根定律)	$\overline{(A\times B)}=\overline{A}+\overline{B}$ $\overline{(A+B)}=\overline{A}\times B$
9	重叠率	$A+\overline{A}B=A+B=B+\overline{B}\times A$ $A\times B+\overline{A}\times C+B\times C=A\times B+\overline{A}\times C$ $A(\overline{A}+B)=A\times B$

第3章 始发事件分析

在明确了概率安全分析的目标与范围后，一般首先需要完成或者确定内部一级 PSA 模型，而对于内部一级概率安全分析而言，第一步是确定分析的始发事件。这既是概率安全分析的第一步，也是确定其具体分析对象的过程。

3.1 始发事件

3.1.1 定义

我国核安全法规规定：安全评价过程涉及确定论安全分析和概率安全分析这两种互为补充的技术，分析中必须考虑各种假设始发事件，包括可能单独或组合影响安全的诸多因素。这些事件有如下几种类型：

(1)源自核动力厂运行本身；

(2)由人员行为引起；

(3)与核动力厂及厂址环境直接相关。

我国对于假设始发事件的定义为：设计期间确定的可能导致预计运行事件或事故工况的假设事件。

而 NRC 在其法规中认为：始发事件就是导致事故序列的自然或者人为事件[①]。

根据《核动力厂设计安全规定》(HAF 102—2016)定义，确定论安全分析与概率安全分析都以假设始发事件为分析对象。

但在实际的工程活动中，概率安全分析往往不使用假设始发事件的概念，而是采取始发事件或者始发事件组的概念，而对于同一个核电厂，其确定论与概率安全分析中使用的假设始发事件清单或者始发事件清单也往往不同，关于两者的差异辨析，会在 3.3 节另行阐述。

对于核动力厂，通常将其运行状态划分为正常运行、预计运行事件、设计基准事故和设计扩展工况[②]。

那么我们可以说，始发事件是在正常运行工况下发生的，导致核电厂进入预计运行事件或事故工况的事件，它是事故序列的起始点，是造成核电厂扰动并且有可能导致堆芯损坏的事件，它究竟能否造成堆芯损坏，依赖于核电厂各个缓解事故的系统能否成功运行。

对于功率运行一级 PSA 而言，假定核电厂的初始状态为额定满功率正常运行工况，考

---

① 此处并非专门的定义，原文为 Initiating event means a natural or human induced event that causes an event sequence，出现在美国联邦法规 10 CFR 第 63 部分《在内达华州由卡山的地质储存库中处理高放射性废物》中。

② 关于此部分，读者可参考《核动力厂设计安全规定》(HAF 102—2016)。

虑此时全部可能发生的始发事件;而对于低功率/停堆 PSA 而言,往往在功率运行 PSA 的基础上新增、调整始发事件,充分考虑低功率/停堆期间有可能发生的事件。

对于已经设计或者完成建造的核电厂 PSA 项目而言,由于核电厂往往针对始发事件设置了各类保护系统,所以通常可以用以下原则判断一个事件是否属于始发事件:

如果操纵员与核电厂的控制系统不做任何响应,核电厂能够继续运行且不突破技术规格书规定的安全运行工况,则该事件不视为始发事件,反之则可视为始发事件。

当然在实际设计过程中,始发事件是控制与保护系统,以及技术规格书的设计输入而非输出,所以此定义对于新设计的反应堆并不适用。

3.1.2 始发事件模型

始发事件是引发事故序列的初始因素,通常用年发生频率(F_a)来描述,设施每年可能会发生一次以上这类事件,当然,也有可能在 10 000 年中只发生一次。

频率是一个正数且有可能大于 1,其表征一年内某事件发生的期望次数而非发生的期望概率(概率 P 具备特性:$0 \leqslant P \leqslant 1$)。当然,实际上可能频率大于 1 的事件是非常少的,一般来讲压水堆全部内部始发事件的总频率为 2~4 次/(堆·年)。

通常核电厂的运行经验表明始发事件对时间具有随机性,早期数据要明显高一些,但是实际分析中常假设其为常数。

始发事件发生次数期望概率服从泊松分布。

对于二项分布 $X \sim B(b,p)$,当试验次数 n 很大,每次试验中事件 A 发生的概率较小,$n \cdot p$ 的值又适中时,则可以证明:

$$C_n^k p^k (1-p)^{n-k} \approx \frac{\lambda^k}{k!} e^{-\lambda} \tag{3-1}$$

式中,$\lambda = n \cdot p$。

等式的右端就是参数为 λ 的泊松分布。

若随机变量 X 分布律为

$$P(x=k) = \frac{\lambda^k}{k!} e^{-\lambda}, (k=0,1,\cdots) \tag{3-2}$$

则称 X 服从参数为 λ 的泊松分布。

泊松分布常用于描述独立重复试验中,某稀有事件在某段时间内发生的次数,如某地区一年内发生暴雨的次数,某地区一段时间间隔内发生火灾的次数等。

3.2 始发事件确定方法

全面完整地获得始发事件是决定 PSA 工作质量的基础,所以 PSA 工程师总是尽可能获得完整的始发事件。但是核电厂是个极其复杂的系统,任何方法都难以单独胜任获得完整的始发事件清单,所以数种方法相结合并相互印证,是尽可能获得完整的始发事件清单的必要手段。

因为采取多种方法，并且部分方法比较依赖工程师本人的经验，因此必须完整详细地对分析过程进行记录。

确定始发事件的方法或者理论很多，笔者既不可能也无必要一一列举，大致可以分为以下几个大类：

(1)逻辑演绎法；

(2)工程分析法；

(3)运行经验参考法；

(4)标准或其他项目清单参考法。

(1)逻辑演绎法是以堆芯损坏或者反应堆停堆保护之类的某一特定事件为起点，运用逻辑图表的方式，由这一点出发推演可能导致这一特定事件的所有事件，分析可能导致危险的各类初因。

(2)工程分析法是逐个分析每个系统设备是否存在构成初因事件或者初因事件一部分的故障模式，进而识别全部的始发事件。

这两种方法统一称为分析法，区别在于：前者更依赖于有经验的 PSA 工程师，容易遗漏事件，工作量相对较小，适用于项目早期；后者更依赖于完备的设计资料，不易遗漏事件，工作量相对较大，适用于设计完善之后。

(3)运行经验参考法是指参考本核电厂或同型号核电厂的运行经验，总结始发事件，这是理论上最为可靠的方法。由于核电厂的运行时间有限，因此这种方法几乎不可能用以识别一些低频率的始发事件。这种方法的意义在于，能反映特定核电厂本身的运行特征，能识别部分在设计或标准清单中遗漏的特殊事件。

真实的运行记录是非常有价值的参考，需要说明的是，可以参考的不但包括反应堆运行中的紧急停堆、非计划手动停堆记录，还包括有导致反应堆紧急停堆征兆的但是被操纵员及时缓解的事件。

参考真实运行记录的时候需要明确观察到的停堆事件的真正原因，分析其是否应当列入始发事件中，例如，某些早期的运行或者设计问题可能已经在后续的运行中得到了有效改善，那么相关的记录可以不做考虑。

对于运行核电厂的 PSA 以及 PSA 应用而言，本方法具备特别重要的意义。本方法主要依赖对于核电厂运行经验的总结，不在本节详细论述。

(4)标准或其他项目清单参考法是指参考某些关于 PSA 以及确定论安全分析标准规范中给出的 IE 或 PIE 清单以及其他核电厂 PSA 中采用的清单，能够充分借鉴前人的经验与智慧，是一种非常有效的方法。其缺点在于有效性比较依赖于项目之间的相似性，所以这种方法在用于完全革新的反应堆设计时有效性会大打折扣。

后两种方法统一称为经验参考。

我国在关于一级概率安全评价报告的规范《概率安全评价报告的标准格式和内容》中要求：至少要以“参考现有清单”和“运行经验反馈”这两种方法为基础，其他的方法作为辅助方法。

需要强调的是，以上要求有两个立足点：

(1)适用于成熟的压水堆核电厂设计;

(2)适用于提交给审评当局的正式 PSA 报告。

对于革新型的反应堆设计,“参考现有清单”和“运行经验反馈”的效果将大打折扣。同时提交给审评当局的正式 PSA 报告基本完成于初步设计结束之后,而 PSA 要应用于设计,优化核电厂配置则需要在概念设计或者初步设计初期就给出一定的风险见解。

3.2.1 逻辑演绎法

逻辑演绎法指的是基于某种方式,由堆芯损坏或者核电厂产热排热平衡丧失为起点,推演事件。

常见的逻辑演绎法包括主逻辑图法和热平衡图法。

这两种方法共同的特点是都从某一个起点自上而下地推演事件,这样做的好处是对设计资料的依赖较少,始发事件的识别范围较为全面。即使是在设计非常粗糙的概念设计阶段,只要清楚核电厂主工艺系统的大致配置即可开展逻辑演绎法的分析。

当然,这也导致逻辑演绎法的缺点非常明显:

(1)自上而下的梳理方式非常容易产生遗漏,不利于全面而仔细地思考工艺系统中可能出现的各种故障模式;

(2)梳理方式主要适用于主工艺及其辅助系统,识别导致共因多重失效的关键故障模式较为困难。

对于一个没有参考核电厂的反应堆,设计早期使用逻辑演绎法尽可能识别较多的始发事件是非常有益的,而对于设计资料较为充分或者是有明确参考核电厂的情况,该方法一般被认为是一种有益的辅助手段。

下面简要介绍主逻辑图法与热平衡图法。

1. 主逻辑图法

主逻辑图也称作摘要故障树,其结构如图 3-1 所示,其通过逻辑演绎来寻找同研究对象相关的系统和过程之间的逻辑关系,并逐级展开寻找潜在的原因,各级之间的关系用逻辑门进行连接,其建造过程非常类似于故障树的建造过程,所不同的是,在确定每一层内容时,是从逻辑上展开的,因此是一种非常严密的逻辑结构。主逻辑图在概率安全分析中主要用于指导始发事件选择和分组。

2. 热平衡图法

热平衡图法是另外一种演绎分析方法,可以视为规则更加明确的主逻辑图法。热平衡图形似故障树,其顶端是反应堆产热与排热平衡丧失,进而推演出两大主要原因:

(1)产热增加或不受控;

(2)排热减少。

之后逐层次分析:哪些系统/设备中的哪些事件或者故障模式会导致产热增加/排热减少,最后推演出全部的始发事件。

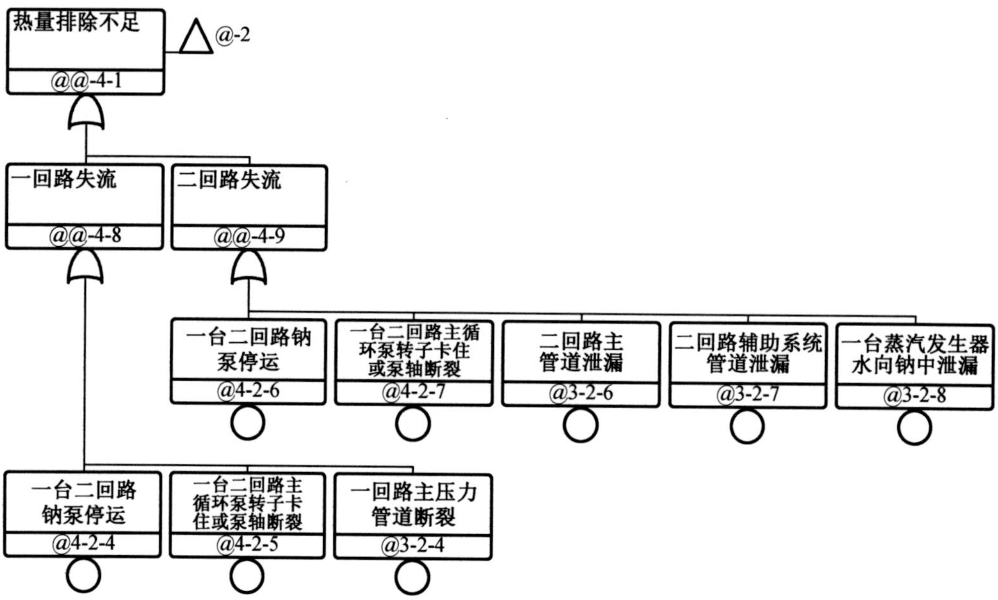

图 3-1　主逻辑图结构示意图

3.2.2　工程分析法

工程分析法是指分析人员在核电厂系统与设备的失效模式中识别始发事件的方法，与逻辑演绎法不同的是，工程分析法是从下到上，并且穷举全部可能与安全相关的系统故障模式，逐个分析其是否构成始发事件。

与逻辑演绎法相比，工程分析法更加依赖设计资料的完整性，在设计资料不足，无参考核电厂的革新型反应堆设计早期，工程分析法难以获得真正有效的信息。但是在设计资料比较充分的前提下，工程分析法更能识别底层的关键故障，识别在主系统逻辑演绎中难以发现的关键共因故障。

一般来讲，工程分析中最常见的方式是核电厂系统故障模式与影响分析(failure mode and effect analysis,FMEA)，当然不依赖任何方法直接讨论各个系统以及其中的关键设备是否有可能在故障或误操作后导致始发事件同样是可行的。本节主要介绍利用系统 FMEA 确定始发事件的方法。

FMEA 是一种非常重要的可靠性分析方法。系统 FMEA 方法是指借助 FMEA 表格的方式，逐个对核电厂系统以及较为重要的设备进行故障模式分析，并评价其是否会导致预计运行事件或者反应堆进入事故工况进而导致堆芯损坏，最终判断其是否构成一个始发事件。

表 3-1 是一个典型的 FMEA 表格，可以看出需要在表格中逐步分析下述内容。

1. 系统/设备名称

此列给出所分析的对象，可以是系统，也可以是关键设备，比如系统中的主要能动动力设备，如泵、应急柴油机等。概率安全分析采取现实假设，所以此处列出的系统/设备不限于安全级设备。分析人员在此处可以根据分析需求以及系统的重要性灵活分析颗粒度，必要的情况下可将系统拆解为设备进行分析。

表 3-1 系统 FMEA 表格示例

系统/设备名称	功能	功率运行时的工况	支持对象	失效模式	失效影响
一回路主冷却剂系统	将堆芯热量带入热钠池	额定工况运行	—	流量降低	功率流量比高，反应堆出口温度上升，触发停堆保护，非能动棒因为流量降低而下插
				钠边界泄漏	一回路压力、钠液位下降，触发停堆保护
				氩气边界泄漏	一回路压力下降、堆顶防护罩或者保护气腔内放射性上升
				界面泄漏	二回路或者衰变热排出系统(DHRS)液位下降，钠流入一回路

2. 功能

此列给出系统的功能，主要需要从两个角度分析：一个是系统在核电厂正常运行期间的功能，这用以判断系统的故障是否足以影响反应堆的正常运行；另一个是系统在事故发生后的缓解功能，这用以判断系统的故障对后续事故缓解过程的影响。这里的功能同样不限于安全级的功能①。

3. 功率运行时的工况

此列给出当反应堆处于所分析的核电厂运行状态时（对于示例表格来说，指额定工况），所分析的系统/设备的运行状态，运行状态会影响对失效模式的考虑。例如，对于运行中的设备，需要考虑停运的故障模式，对于停运中的系统则不需要。

4. 支持对象

此列给出系统从功能上支持的上一层系统或设备。核电厂往往由数百个系统组成，其中在核电厂运行和缓解中直接起作用的往往仅有十数个或者数十个，其他系统往往起到支持作用。概率安全分析中将直接参与安全缓解的系统称为前沿系统，将其他的系统称为支持系统②。核电厂属于复杂系统，系统之间的支持关系非常复杂，存在一个系统支持多个系统的情况，一个支持系统的失效可能导致多个前沿系统不可用，从而导致更为严重的后果。在这种情况下，需要将这种故障单列为一个特定的始发事件，而不能将其与前沿系统失效

① 典型的例子是，对于钠冷快堆等液态金属反应堆，动力转换系统侧的给水不作为安全功能考虑，但是只要始发事件不导致给水丧失，且控制系统不主动停闭给水，那么概率安全分析中依然会考虑三回路给水排出余热的安全功能。

② 此概念更多是针对事故序列分析而言的，详见本书第 4 章。

考虑为一个始发事件①。

5. 失效模式

这里的失效模式更多是指功能性的失效模式，而不需要列出详细的原因，例如，当对于某个回路系统或者泵开展详细的 FMEA 工作时，我们需要列出具体的故障模式，如某处泄漏、某轴封泄漏等，但是对于用于 PSA 始发事件识别的系统 FMEA，此处只需列出功能失效的情况即可，如流量降低、流量完全丧失、停运等。

典型的系统故障模式见表 3-2。

表 3-2 典型的系统故障模式②

系统类型	典型故障模式
回路系统	泄漏
	破裂
	停运
	泵卡轴
	泵轴封泄漏
	系统界面泄漏
	覆盖气体泄漏
电气系统	供电丧失
	短路
换料操作系统	卡死/停运
	误操作
	燃料坠落
安全阀/超压保护系统	误动作
保护/控制系统	误停堆
	专设安全设施误停堆

6. 失效影响

系统 FMEA 表格的最后一列失效影响，一般给出前述的失效模式是否触发停堆保护或者导致停堆，是否构成电厂事件，是否引发事故序列，如以上任一项成立则构成始发事件，否则，不构成始发事件。

以上分析过程与系统可靠性分析中采用的 FMEA 方法是完全类似的，只是分析对象发生了变化，主要评价的影响发生了变化。

系统 FMEA 往往会识别一个庞大的被认为导致始发事件的故障模式清单，这个清单需

① 典型的例子是，给水泵本身失效会导致一个始发事件——给水流量降低，但是如果由于某些辅助系统，如供电、润滑等系统的故障导致全部的给水泵停运，则会导致另外一个始发事件——丧失全部给水。

② 此表列出的故障模式主要是功率运行期间可能发生的故障。

要进行一定的归并,从而构成若干始发事件。

3.2.3 标准或其他项目清单参考

无论是逻辑演绎还是工程分析,都是基于核电厂的设计与配置分析可能的始发事件,只是分析方法和顺序略有不同。由于核电厂是一个非常复杂的巨型系统,即使是经验非常丰富的工程师也无法保证分析工作不会遗漏关键的事件。

尽管没有一个能够保证清单绝对完整的方法,但是尽可能多地参考已有的经验一般被视为必要的选择。

对于已有的经验的参考主要来源于两个方面:

(1)标准/通用的始发事件清单;

(2)参考核电厂的始发事件清单。

通用清单是一个有益的参考对象,所谓的"通用"也可以理解为"总体",也就是一段时间内,某个国家某类型核电厂的运行记录的"总体评价水平"。与单个核电厂相比,显然通用清单能够搜集到更多的样本以供参考。

对于轻水堆,常用的参考通用清单包括 RG 1.70 清单和 NUREG/CR-6928 清单。对于革新型的反应堆,这两个清单的适用性会大大降低,但是依然可以作为参考。能动与非能动相结合的先进压水堆华龙一号的始发事件清单亦后附。

1. RG 1.70 清单

RG 1.70 是 NRC 出版的指引安全分析报告编制的监管导则①,在 RG 1.70 安全分析报告的格式与内容的事故分析一章中,确定了安全分析报告中需要分析的事故。尽管该清单是以确定论安全分析报告的经验为基础,但这些事故可以作为轻水堆 PSA 始发事件识别的参照。RG 1.70 中推荐的始发事件清单见表 3-3。

表 3-3 RG 1.70 中推荐的始发事件清单

序号	名称
1.	由二回路系统引起的热量增加
1.1	给水系统误动作引起给水温度降低
1.2	给水系统误动作引起给水温度增加
1.3	蒸汽压力调节器误动作或故障引起蒸汽流量增加
1.4	蒸汽发生器卸压阀或安全阀疏忽性开启
1.5	蒸汽发生器卸压阀或安全阀管道破裂(各种尺寸谱)
2.	由二回路系统引起热量减少
2.1	蒸汽压力调节器故障或损坏引起蒸汽流量减少

① RG 是 regulatory guidance 的简写,地位相当于我国的 HAD,属于推荐执行的等级,1.70 编号的含义是 1 系列第 70 部,1 系列是核动力厂系列,对应我国的 102 系列。

表 3-3(续 1)

序号	名称
2.2	外电负荷丧失
2.3	汽轮机跳阀(截止阀关闭)
2.4	主蒸汽隔离阀疏忽性关闭
2.5	冷凝器真空丧失
2.6	核电厂内外交流电源同时丧失
2.7	正常给水流量丧失
2.8	给水管道破裂
3.	反应堆冷却剂系统流量减少
3.1	单堆和多堆冷却剂泵跳闸
3.2	BWR 在循环回路控制器误动作引起流量降低
3.3	反应堆冷却剂泵轴卡死
3.4	反应堆冷却剂泵轴断裂
4.	反应堆和功率分布异常
4.1	控制棒组件从次临界或低功率启动状态失控抽出(假定最不利堆芯和反应堆冷却剂系统的反应性条件),包括换料时控制棒或对临时控制装置移动
4.2	产生严重后果的特定功率下(由低功率到满功率)控制棒组件的失控抽出(假定最不利堆芯和反应堆冷却剂系统的反应性条件)
4.3	控制棒误动作(系统误动作或操纵员失误),包括部分长度控制棒误操作
4.4	启动不适当的温度下反应堆冷却剂不运行环路或再循环环路
4.5	BWR 环路流量控制器的误动作与故障引起反应堆冷却剂流量增加
4.6	化学和容积控制系统误动作引起 PWR 冷却剂中硼浓度降低
4.7	燃料组件疏忽性装载和运行在错误位置上
4.8	PWR 中各种弹棒事故
4.9	BWR 中各种弹棒事故
5.	反应堆冷却剂总量增加
5.1	功率运行期间紧急堆芯冷却系统(ECCS)疏忽性操作
5.2	化学和容积控制系统误动作(或操纵员失误)引起反应堆冷却剂总量增加
5.3	BWR 的某些瞬态,包括 2.1 至 2.6 项和 1.2 项
6.	反应堆冷却剂总量减少
6.1	PWR 稳压器安全阀或卸压阀,或 BWR 安全阀或卸压阀疏忽性开启
6.2	与反应堆冷却剂压力边界相连并穿过安全壳的仪表管道及其他管道的破裂
6.3	蒸汽发生器管子破损
6.4	BWR 安全壳外蒸汽系统各种管道损坏

表 3-3(续 2)

序号	名称
6.5	反应堆冷却剂压力边界各种管道假想破裂,包括 BWR 安全壳蒸汽管道破裂引起的失水事故
6.6	BWR 某些瞬态,包括 2.7、2.8 及 1.3 项
7.	由子系统或设备引起的放射性释放
7.1	放射性废气系统泄漏或破损
7.2	放射性废液系统泄漏或破损
7.3	假想的贮液罐破损造成的放射性释放
7.4	安全壳和乏燃料贮存建筑物中的设计基准装卸燃料事故
7.5	乏燃料桶掉落事故
8.	未能紧急停堆的预期瞬态
8.1	控制棒疏忽性抽出
8.2	给水丧失
8.3	交流电源丧失
8.4	电气负荷丧失
8.5	冷凝器丧失真空
8.6	汽轮机跳闸
8.7	主蒸汽管线隔离阀关闭

2. NUREG/CR-6928 清单

NUREG/CR-6928 清单是当前美国核电厂开展 PSA 所参考的最新可靠性数据库,目前在 PSA 领域得到广泛采用。报告对近数十年来美国核电厂始发事件的记录进行了统计,其始发事件组可以作为分析始发事件的参考清单。其始发事件清单见表 3-4。

表 3-4 NUREG/CR-6928 始发事件清单

序号	NUREG/CR-6928 始发事件清单
1	大破口 LOCA(BWRs)
2	大破口 LOCA(PWRs)
3	丧失重要的 AC 母线
4	完全丧失设备冷却水
5	完全丧失冷凝器热阱(BWRs)
6	完全丧失冷凝器热阱(PWRs)
7	丧失重要的 DC 母线
8	完全丧失仪表空气(BWRs)

表 3-4(续)

序号	NUREG/CR-6928 始发事件清单
9	完全丧失仪表空气(PWRs)
10	完全丧失主给水
11	丧失厂外电
12	完全丧失应急厂用水
13	中破口 LOCA(BWRs)
14	中破口 LOCA(PWRs)
15	丧失部分设备冷却水
16	丧失部分应急厂用水
17	蒸汽发生器传热管破裂(PWRs)
18	小破口 LOCA(BWRs)
19	小破口 LOCA(PWRs)
20	安全阀/释放阀卡开(BWRs)
21	安全阀/释放阀卡开(PWRs)
22	一般瞬态(BWRs)
23	一般瞬态(PWRs)
24	极小破口

3. 华龙一号清单

华龙一号是由中核集团自主研发的、具备能动与非能动相结合安全特征的先进压水堆。它是基于现有压水堆核电厂成熟技术的渐进式改进,具备包括 177 堆芯、CF3 先进燃料组件、能动与非能动安全系统、全面的严重事故预防与缓解措施、强化的外部事件防护能力和改进的应急响应能力在内的先进特征。华龙一号已在福清 5 号、6 号机组上得到了工程应用,也为落实中国核电“走出去”战略提供了有力支撑。华龙一号海外首堆项目——巴基斯坦卡拉奇 K2/K3 机组已于 2022 年建成并交付。

华龙一号的概率安全分析工作贯穿了整个设计过程,并与设计相互迭代,起到了优化和改进设计的目的。华龙一号内部始发事件清单(功率运行工况)参见表 3-5。

表 3-5　华龙一号内部始发事件清单(功率运行工况)

始发事件组	子始发事件
大 LOCA	一回路热段大破口
	一回路冷段大破口

表 3-5(续 1)

始发事件组	子始发事件
中 LOCA	一回路冷段中破口
	一回路热段中破口
小 LOCA	一回路小破口
极小 LOCA	控制棒泄漏
	稳压器泄漏
	一回路系统其他部分泄漏
压力容器破裂	压力容器破裂
界面 LOCA	安全壳外与一回路相连界面系统的泄漏
蒸汽发生器传热管破裂	蒸汽发生器传热管破裂
一回路瞬态	一回路失流(一条环路)
	失控提棒
	控制棒驱动机构(CRDM)失效或落棒
	稳压器低压
	稳压器高压
	安全壳压力问题
	化容系统故障(硼稀释)
	压力/温度/功率不平衡(棒位错误)
	完全丧失一回路流量
	稳压器喷淋失效
	误停堆
	自动停堆
	手动停堆
	主泵轴封注入丧失
	稳压器电加热器误启动
	应急硼注入系统误启动
丧失给水	完全丧失给水流量(所有环路)
	所有主蒸汽隔离阀(MSIV)关闭
	给水流量增加(单环路)
	给水流量增加(所有环路)
	给水流量不稳定(操纵员失误)
	给水流量不稳定(各种机械原因)
	丧失冷凝泵(所有环路)
	丧失冷凝器真空
	冷凝器泄漏
	丧失循环水

表 3-5(续 2)

始发事件组	子始发事件
丧失外电源	丧失所有厂外电源
给水管道破口	给水管道大破口
	给水管道小破口
	非能动余热排出系统水侧破口
蒸汽管道破口	安全壳内大破口
	安全壳外主蒸汽隔离阀上游处大破口
	安全壳外主蒸汽隔离阀下游处大破口
	安全壳内小破口
	安全壳外主蒸汽隔离阀上游处小破口
	安全壳外主蒸汽隔离阀下游处小破口
	非能动余热排出系统汽侧破口
丧失热阱	丧失全部热阱
	丧失部分热阱
二回路瞬态	主蒸汽隔离阀全部或部分关闭(MSIV-单环路)
	二回路各种泄漏
	蒸汽卸压阀突然打开
	汽机跳闸
	停发电机或发电机引发的故障
	非能动余热排出系统误启动
丧失直流电源	丧失直流电源
丧失压缩空气	丧失仪用压缩空气
未能紧急停堆的预期瞬态	未能紧急停堆的预期瞬态

3.2.4 最终清单的形成

由于核电厂系统的复杂性,始发事件分析的方式并非一成不变,但是总的原则是尽可能采取多种方法,相互印证。

将任何已经获得的始发事件(通过运行经验反馈与参考清单)不列入最终的清单都应当十分的谨慎,这意味着要完整地记录未列入的清单并明确不列入的理由,以利于后续修正与调整。

3.3 始发事件分组

3.3.1 始发事件分组的原则

概率安全分析中,一般不会分析每一个始发事件,而是在详细始发事件清单的基础上,对这些始发事件进行分组,以减少后续事件树分析、定量化分析的工作量。

始发事件分组应遵循的基本原则是:每一组始发事件响应相同,能够用统一事件树进行分析,或者响应略有差异,但是进行保守分析不会导致过于不真实的结果。

一般来讲,我们需要在工作量和工作精确程度中做平衡,分组越多,往往意味着更大的工作量与更高的分析精度。最好的情况是:组内有一个代表性的始发事件,其频率最高,核电厂响应与其他事件相同,或者能够在现象相似的前提下包络其他事件。

可以通过系统影响分析的方式对始发事件进行分组,即通过表格的方式分析每个始发事件发生后的如下信息:

(1)始发事件发生后核电厂需要哪些安全功能响应;

(2)这些安全功能由哪些系统以及支持系统具体执行;

(3)始发事件直接或者间接导致哪些系统失效;

(4)核电厂的保护信号;

(5)人员的操作动作;

(6)人员的操作动作或者核电厂安全功能响应的时间窗口。

如果两个始发事件在以上问题上的响应完全相同,则往往可以分为一组。

3.3.2 假设始发事件和始发事件组的概念比较与辨析

根据 3.1.1 节给出的定义,始发事件包括以下内容:

(1)设备故障;

(2)由人员行为引起;

(3)厂内外事件。

始发事件是指设计期间确定的可能导致预计运行事件或事故工况的假设事件,也是事故序列的起点。

始发事件本身是数量非常庞大且非常难以穷举的,因此获得一个绝对完整的始发事件清单非常困难,且实际分析工作中,无论是确定论安全分析还是概率安全分析都无法对每个始发事件进行分析。因此确定论安全分析以及概率安全分析都会制定一个替代的清单来代替始发事件清单,对于确定论安全分析而言,这个清单就是假设始发事件,对于概率安全分析而言,这个清单则是始发事件组。

无论是假设始发事件还是始发事件组都追求能够“包络”其他未列出的始发事件,但是两者考虑“包络”的重点并不相同。

假设始发事件的“包络”是指:从物理现象以及在确定论安全分析保守假定的事故序列

后果基础上,列入假设始发事件组能够包络所有未被列入的始发事件。

始发事件组的“包络”是指:列出的始发事件组导致的现实事故序列能够包络被分入各组的全部始发事件。

与此同时,始发事件组的总频率应当等于核电厂始发事件的总频率,也就是说,对于概率安全分析而言,被包络的事件尽管没有进行独立的建模分析,但是其频率是被充分考虑了的,但是对于确定论安全分析而言,则无须考虑这一点。

此外,就目前的安全分析现实情况而言,确定论安全分析一般不考虑除失去厂外电以外的外部事件,而概率安全分析中则能够考虑这些外部事件。

3.4 始发事件频率分析

始发事件分析工作的最后一步是确定始发事件组的频率。

始发事件组的频率是组内各始发事件的频率之和,实际操作中,直接分析始发事件组频率或者分析每个始发事件频率然后相加都是合理的做法,这往往取决于可以参考的数据来源等详细的技术因素。

始发事件发生频率一般以 1/(堆·年)为单位。分析始发事件前需要首先明确核电厂处于所分析工况的时间比例。例如,反应堆有 90%时间处于额定工况,那么相关始发事件频率需要考虑是否应当乘以 90%(取决于频率来源),即

$$F_{a}=F_{a,100\%}\cdot A \tag{3-3}$$

式中 $F_{a,100\%}$——某个始发事件在假定全年都处于所分析的工况(如额定功率运行工况)下所计算获得的事件频率;

A——工况时间占比系数,表征该工况实际在一年中的比例。

对于已经投运较长时间的核电厂来说,可以根据核电厂的实际运行情况对 A 进行估算。一般来讲,除去核电厂商用第一年的数据,核电厂运行数个燃料周期后,即可对工况时间比例进行相对准确的估计。对于成熟的压水堆核电厂而言,这意味着 5~10 年的时间。

始发事件的频率分析方法总的来说可以分为两个大类:故障树-设备可靠性数据分析方法与核电厂运行数据直接分析方法。

故障树分析(fault tree analysis,FTA)是指通过搭建故障树的方式,以发生该始发事件为顶事件进行故障树建模分析,该方法与系统可靠性分析章节中介绍的故障树分析方法一致。两者的区别是此处采用故障树定量化始发事件频率,而系统可靠性分析中采用故障树定量化系统在一个特定时间区间内的失效概率。在采用故障树分析始发事件时,运行设备的任务时间以年为单位,备用设备任务时间为 24 小时。

另一种情况是始发事件本身就意味着某种特定类型的故障模式,如一回路大 LOCA 等,在这种情况下,往往可以使用一回路管道的可靠性数据进行计算。计算时需要注意数据含义与单位,频率表征的是事件发生次数的期望,而不是发生的概率,前者可以是大于或等于 0 的任意值,而后者只能大于或等于 0 小于 1。

这种情况下有

$$F_{a,100\%}=n\cdot\lambda_a\cdot 365\cdot 24\ \text{h/(堆·年)} \tag{3-4}$$

式中 n——设备的数量,如主泵的台数、阀门的数量、管道的长度或者节数等。

核电厂运行数据直接分析意味着不将始发事件通过故障树模型拆解为某些设备的特定故障模式,也不直接利用设备的故障率数据进行计算,采用这种方法的原因是某些始发事件难以拆解为具体的故障模式。典型的此类始发事件包括以下三种。

1. 失去厂外电[①]

失去厂外电事故的原因很多,例如核电厂主变压器故障、外电网的故障等。外电网非常复杂,不但设备、节点多而且相互支持,关系繁复,因此难以拆解为具体某段线路的某种故障模式。对于这种情况,可以根据某区域电网的运行历史直接获得该区域核电厂失去厂外电的频率。

2. 人误停堆

操纵员在核电厂运行过程中的某些不当操作可能触发停堆保护,目前的人员可靠性分析(HRA)方法难以对这种长期运行中人员的失误进行评价[②]。对于这种情况,一般可以采用相似核电厂的运行记录或者通用数据。

3. 汽轮机停机

核电厂蒸汽动力转换系统的系统配置以及操作过程比较复杂,对于汽轮机停机频率,或者采用通用始发事件频率,或者根据核电厂的运行记录进行分析,而不是使用故障树分析方法。主要原因是,汽轮机停机的原因多样,可能是操纵员的错误动作,可能是汽轮机本身或者其他设备的故障,抑或是多个设备运行偏差的共同作用。

采用经典统计算法通过核电厂运行记录分析获取的始发事件频率计算公式为

$$F_a=\frac{n}{T} \tag{3-5}$$

式中 T——搜集到的运行记录总年数,年;

n——核电厂运行记录中记录的始发事件发生次数,次。

无论是采用故障树-设备可靠性数据分析方法进行计算,还是从核电厂运行数据直接分析,从来源上来说,数据都可以分为通用数据与特征数据。通用数据是指通用设备可靠性数据库或者始发事件数据库,特征数据是指核电厂本身以及相似核电厂的运行数据。

通过设备可靠性进行始发事件频率分析采用的设备可靠性数据库与系统可靠性分析采用的数据库没有区别,读者可参看本书第5、第6章。

一般来讲,依靠核电厂本身以及相似核电厂的运行记录获得全部的始发事件频率是不可能的,可以想象即使概率安全分析工程师掌握了某核电厂40年的运行记录,而某始发事件发生了5次,即 $T=40$ 年,$n=5$ 次,那么这个始发事件的频率的经典估计值为0.125次/(堆·年),这对于始发事件频率而言是一个相当高的数了,而如果始发事件发生的次数少

① 失去厂外电事故中由外电网故障引发的部分,严格意义上可以归入外部事件,不过一般作为内部事件分析。

② 目前的人员可靠性分析方法主要针对的是运行人员在维修试验中的失误以及事故缓解中的失误,分别称之为A类、C类人误事件,详见本书第7章。

于 5 次,则通过经典估计方法很难获得高置信度的始发事件频率[①]。更大的可能性是,某些始发事件在这 40 年内根本没有发生,这就意味着经典估计方法完全无法使用了。

对于那些特定核电厂运行经验中完全没有发生的始发事件,一般只能采用通用数据,而对于那些产生了少数失效记录,但是这些失效记录又不足以通过经典估计方法获得高置信度数据时[②],可以采用贝叶斯方法。关于贝叶斯方法,本书的第 2 章以及后续的数据库章节都有介绍,在此不再详细介绍,但是读者可以简单地理解为将已有的通用数据与核电厂本身的经验相结合。贝叶斯方法既能够获得高置信度数据,又能够有效记录核电厂并不充分的运行经验,是目前比较受推崇的方法。

在利用通用的核电厂运行记录进行始发事件的频率分析过程中,无论是直接使用通用数据还是通过贝叶斯方法结合通用数据和特定核电厂运行经验,一定要求充分重视对参考记录的审查(review)与处理。审查内容主要包括相关运行经验对本核电厂的适用性,相关的故障是否有可能在本核电厂发生,使用相关核电厂的记录是否会导致对始发事件频率的明显高估,对于不适用的记录,应当从通用数据中删除,这里的删除是指,不考虑这些始发事件发生的次数,同时也不考虑这些核电厂提供的运行堆年数,具体的处理方式取决于分析人员的判断。

例如,EPRI 对美国核电厂失去厂外电频率进行分析时,就将美国的核电厂进行了详细的分类,分类依据以下两个方面:

(1)核电厂是否配置冗余的厂外电源;

(2)核电厂是否具备甩负荷到孤岛运行的能力[③]。

全部的核电厂被划分为四类,EPRI 基于四种类别核电厂的运行记录,给出了四套不同的丧失厂外电频率通用数据。

同样是在 EPRI 对核电厂失去厂外电频率进行分析中,部分核电厂由于特殊的外部气候环境条件,在全生命周期或者生命周期的某一个阶段出现了失去厂外电频率明显高于一般水平的情况,EPRI 的处理结果是同时删除了这些核电厂的运行堆年数贡献以及失去厂外电事件数记录。

对某反应堆进行始发事件分析时,往往需要对前面所述方法进行适当的组合,单靠某一数据来源或者方法进行分析往往是难以实现的。对于核电厂的每一个或者每一组始发事件,概率安全分析工程师需要根据手中掌握的可靠性数据库以及核电厂的运行记录情况选取适当的方法,故概率安全分析时应当明确列出每一始发事件组或始发事件频率的确定方法与数据来源,以利于后续修改与审查。

如所分析的核电厂有明确的参考核电厂,应当注意比较本核电厂始发事件频率与参考核电厂概率安全分析中的始发事件频率,当存在差异时,这些差异存在的原因应当是合理且可解释的。

---

① 关于置信度的问题可参见本书数据分析章节以及模型整合与定量化章节。

② 根据我国相关法规规范,这里的少数可以认为是 1~4 次。

③ 甩负荷到孤岛运行是指,在外电网丧失时,核电厂在不触发紧急停堆的前提下快速降低功率到发电量能够满足核电厂本身用电所需的低功率水平。

第4章　事故序列分析

概率安全分析的第一步是确定始发事件并进行分组,第二步是对每个始发事件组开展事故序列分析。事故序列分析是概率安全分析的重点及核心工作。对于特定始发事件的事故序列分析,一般需要关注以下几个问题:

(1)该始发事件的缓解需要什么安全功能?

(2)哪些系统能够执行这些功能?

(3)需要哪些人员干预?

(4)系统和人员干预的成功准则是什么?

(5)系统和功能响应的先后顺序是什么?

在始发事件组确定之后,接下来需要确定核电厂对每个始发事件组的响应,从而识别出可能导致堆芯损坏或始发事件组发生后通过缓解手段使核电厂处于安全状态的事故序列。因此,事故序列分析就是对每个始发事件组发生后核电厂特定的响应情景进行模化。事故序列分析的目标是确保核电厂系统和操纵员对始发事件的响应以恰当的方式反映在堆芯损坏频率的评价中,包括对操纵员动作、缓解系统和各种现象的模化,对核电厂特定相关性的反映,成功准则的确定,序列终态的定义等。事件序列模化的方法通常包括事件树方法、原因后果图方法及事件序列图方法。其中,事件树方法是最常用的方法。

事故序列分析主要包括三个相互关联的任务,即堆芯损坏定义、功能分析和系统成功准则以及事件序列建模。本章4.1节介绍堆芯损坏定义;4.2节介绍核电厂的安全功能,压水堆和钠冷快堆概率安全分析中考虑的安全功能及对应的缓解系统;4.3节介绍成功准则分析;4.4节介绍事件树分析法;4.5节介绍题头事件之间的相关性。

4.1　堆芯损坏的定义

对于一级概率安全分析而言,最基本的是防止堆芯损坏。因此,在开展事故序列分析之前,首先应明确堆芯损坏的定义。而堆芯损坏定义的目标是:以明确定义序列和系统成功准则的方式定义与堆芯损坏相对应的核电厂工况,以及那些代表成功终止假定事故情景的核电厂工况。

为实现该目标,必须了解用于定义堆芯损坏的堆芯物理特性对由风险模型确定的堆芯损坏频率的大小有重大影响。对堆芯损坏过于保守的定义将产生更高的堆芯损坏频率,更重要的是,将可能影响对单个部件的风险重要性排序。在核电厂设计中不能充分考虑稳健性的风险模型也会导致更高的损坏频率。

对成功终止事故序列的工况定义时也存在类似的担忧。使用过于保守的标准(例如,要求在满功率下启动的所有情景进行冷停堆以成功终止事故)可能会强烈影响模型结构,并使建模要求复杂化,从而无法明确显示设备风险。

保守性的可能来源是用于确定假定事故情景结果的分析工具。堆芯损坏的定义必须与可用的分析工具一致。

在不涉及堆芯损坏情况下释放的放射性物质足以触发场外应急响应时,这些序列依然需要分析。微小的放射性物质释放可能来自堆芯内的源项或一回路冷却剂中的放射性核素。

在选择用于确定堆芯损坏的核电厂参数和相关的可接受准则时,应使用确定堆芯损坏的尽可能符合实际的参数,并与当前的最佳实践一致。

对于轻水堆而言,当满足下列任一条件时,则定义为堆芯损坏:

(1)堆芯最大燃料温度接近 1 204 ℃;

(2)堆芯出口热电偶读数超过 649 ℃;

(3)堆芯峰值节点温度超过 982 ℃;

(4)冷却剂液位在活性燃料顶部以下。

对于压水堆而言,作为堆芯损坏的定义,已采用的度量堆芯损坏的具体准则如下:

(1)坍塌液位在一段延长的时间内持续在活性燃料的顶部以下;

(2)采用具有详细的堆芯模型的程序预计的堆芯峰值节点温度高于 1 204 ℃;

(3)采用具有简化堆芯模型(例如,单点堆芯模型,集总参数)的程序预计的堆芯燃料包壳表面峰值节点温度高于 982 ℃;

(4)采用具有简化堆芯模型的程序预计堆芯出口温度持续 30 min 高于 650 ℃。

在实际的工程分析中,经常采取间接的判别准则,只要堆芯长期裸露或超压,就认为是堆芯损坏。在全面分析时,情况会有所不同,如果堆芯开始裸露后,已不太可能采取缓解措施防止堆芯损坏,那么堆芯裸露就可以作为堆芯损坏的替代判据。

对于池式钠冷快堆而言,一般采用的度量堆芯损坏的具体准则为燃料包壳温度超过 800 ℃。

在实际的工程分析中,经常采取间接的判别准则,如果丧失全部冷阱或者丧失全部反应性控制手段,或者两层堆容器发生损伤则认为发生堆芯损坏。

描述表征堆芯损坏序列的工况对于概率安全分析也是必要的。经验证明,如果正在考虑进行二级概率安全分析,那么在开发一级概率安全分析模型时,应谨慎考虑一级概率安全分析和二级概率安全分析之间的接口。通常,这个界面是用核电厂损伤状态来表示的。即使未进行二级概率安全分析,损伤状态的表征也将为确定一级事故序列提供重要的依据(例如,哪些序列涉及安全壳成功隔离和安全壳排热)。

核电厂模型事件树的每个结束状态都定义了一个事故序列,该序列由一个始发事件引起,随后是各种核电厂系统和/或操纵员对事故做出响应的后续故障。由于系统/操纵员的成功和失败的特殊组合,每个事故序列都有一个唯一的“特征”。应根据事故进展和放射性物质释放明确评估每个导致堆芯损坏的事故序列。然而,由于可能存在许多这样的序列,因此对每个序列进行评估可能是不切实际的,因为这需要对每个事故序列进行热工水力分析和安全壳事件树定量化。因此,出于实际原因,一级序列通常会分组为不同的核电厂损伤状态或事故等级。每一个等级都包含这些序列,在这些序列中具有以下相似的特征:堆芯损坏的程度、燃料中裂变产物的释放、安全壳和安全壳系统的状态，以及缓解源项的可能性。核电厂损伤状态用作安全壳事件树的初始状态(类似于核电厂模型事件树的始发事件)。

4.2 核电厂的安全功能

始发事件发生后，为了能够及时缓解事件后果并将反应堆带入安全状态，需要与安全功能相关的系统按照事故进程相继响应。若安全系统响应失败，则可能导致堆芯损坏。因此，进行事件序列分析时，首先需要识别缓解始发事件所需安全功能和执行功能的系统。

4.2.1 核电厂三大安全功能

根据《核动力厂设计安全规定》(HAF 102—2016)：核动力厂的安全设计必须防止由反应堆堆芯或其他辐射源失控所引起有害后果的事故，并在一旦发生事故时减轻其后果；保证在设计中考虑的所有事故的放射性后果都低于相关限值，并保持在可合理达到的尽量低的水平；保证有严重放射性后果的事故发生的可能性极低，并尽最大可能减轻这种事故的放射性后果。

为确保核电厂的安全，核电厂所有的安全设施至少应发挥以下三大特定的安全功能(图4-1)：

(1)有效控制反应性；

(2)确保堆芯冷却；

(3)包容放射性产物。

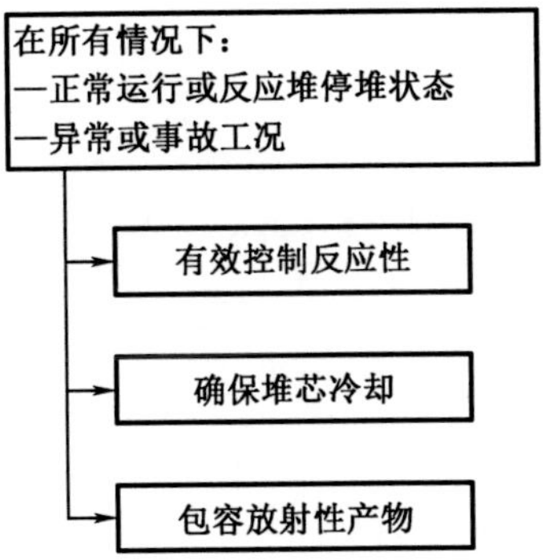

图4-1 核电厂三大安全功能

1. 控制反应性

核反应堆能以可控的方式实现自持式链式裂变反应。链式裂变反应的过程如下：中子与裂变物质作用，裂变物质的原子核通常分裂为两个中等质量数的核，又称为裂变碎片，同时产生两个以上新的裂变中子，并释放出能量。在适当的条件下，这些裂变中子又可能引起周围其他裂变核素的裂变，其反应过程如图4-2所示。若每次裂变反应的中子数大于引起核裂变所消耗的中子数，那么裂变反应就能不断地进行下去。这样的反应过程称作自持式链式裂变反应。

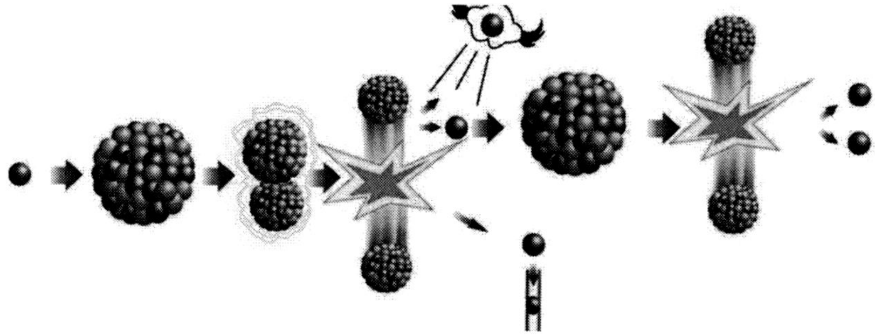

图 4-2 链式裂变反应示意图

由于每次裂变反应可以产生两个以上的裂变中子，因而理论上实现自持式链式裂变反应是可能的。但是，由于反应堆是由核燃料、冷却剂、慢化剂以及结构材料等组成的，所以不可避免地会有一部分中子将被非裂变材料吸收。同时，还有部分中子从反应堆中泄漏出去。因此，在反应堆中并不是全部的裂变中子都能引起新的核裂变反应。反应堆内自持式链式裂变反应的条件可以用有效增殖因数 k_{eff} 表示：

$$k_{eff}=\frac{\text{系统内中子的产生率}}{\text{系统内中子的总消失率(吸收+泄漏)}} \tag{4-1}$$

当 $k_{eff}=1$ 时，中子数是稳定的，反应堆功率也是稳定的，这种状态称为临界；当 $k_{eff}<1$ 时，中子数将不断减少，这种状态称为次临界；当 $k_{eff}>1$ 时，中子数将不断增加，反应堆功率不断上涨，这种状态称为超临界状态。

若 $k_{eff}\neq 1$，则反应堆内中子数量是变化的。通常用反应性表征反应堆临界状态的程度，反应性是无量纲量，其定义为

$$\rho=\frac{k_{eff}-1}{k_{eff}} \tag{4-2}$$

正反应性($\rho>0$)说明反应堆处于超临界状态，负反应性($\rho<0$)说明反应堆处于次临界状态。

在核电厂运行过程中，由于核燃料的不断消耗和裂变产物的不断积累，反应堆内的反应性会不断减小；此外，反应堆功率的变化也会引起反应性的变化。因此，反应堆的初始燃料装载量必须比维持临界所需的量多得多，使堆芯寿命初期具有足够的剩余反应性，以便在反应堆运行过程中补偿上述效应所引起的反应性损失。

为补偿反应堆的剩余反应性，在堆芯内必须引入适量的可随意调节的负反应性。这种受控的反应性可用于补偿堆芯长期运行所需的剩余反应性，也可用于调节反应堆功率的水平，使反应堆功率与所要求的负荷相适应。另外，它还可作为停堆的手段。实际上，所有能改变反应堆有效增殖因数的方法均可作为控制反应性的手段。例如，向堆芯中插入或由堆芯中抽出中子吸收体、改变反应堆的燃料富集度、改变中子泄漏，以及移动反射层等。其中，向堆芯中插入或由堆芯中抽出中子吸收体是最常见的一种方法。通常称中子吸收体为控制元件。

根据核电厂运行工况的不同可以把反应性控制分为以下三种类型。

(1)紧急停堆控制。当反应堆出现异常工况需要紧急停堆时,作为停堆用的控制元件必须具有快速引入负反应性的能力,使反应堆紧急停堆,并达到一定的停堆深度。这要求紧急停堆系统有极高的可靠性。

(2)功率调节。要求某些控制元件动作迅速,及时补偿由负荷变化、温度变化和变更功率水平所引起的微小的反应性瞬态变化。这要求在操作上既简单又灵活。

(3)补偿控制。补偿控制元件用于补偿燃耗、裂变产物积累所需的剩余反应性,也可用于改变堆内功率分布,以便获得更好的热工性能和更均匀的燃耗。这种控制元件的反应性当量大,并且其动作过程十分缓慢。

在压水堆中,一般通过控制棒、可燃毒物和可溶毒物来控制反应性。

(1)控制棒。控制棒,即可移动并插入堆芯、含有吸收材料的控制组件。控制棒按其作用可分为补偿棒、调节棒和安全棒三种。补偿棒用于补偿控制,调节棒用于功率控制,安全棒用于紧急停堆控制。

控制棒内的吸收材料具有很大的中子吸收截面,在压水堆中,一般采用银(80%)-铟(15%)-镉(5%)合金作为控制棒内的吸收材料。因为镉的热中子吸收截面很大,银和铟对于能量在超热能区的中子具有较大的共振吸收峰,因此银-铟-镉合金控制棒在比较宽的能量范围内是很好的中子吸收体。此外,控制棒材料还必须具有抗辐照、抗腐蚀和易于机械加工等良好性能。

(2)可燃毒物。反应堆初始燃料装载量决定了堆芯寿期的长短。为了增大堆芯的初始燃料装载量,通常在堆芯中装入中子吸收截面较大的物质,把它作为固定不动的控制棒装入堆芯,以补偿堆芯寿命初期的剩余反应性。这种物质称为可燃毒物。可燃毒物材料要求具有较大的中子吸收截面,并且在吸收中子后,其产物的吸收截面应尽可能地小。在堆芯寿期末,可燃毒物的残余量应尽可能少,以免影响堆芯的寿期。一般来说,可燃毒物选用的材料主要包括硼和钆,通常既可以掺加到燃料棒中和燃料混合在一起,也可以集中起来单独做成管状、板状或棒状元件插入燃料组件中。在压水堆中,应用最广泛的是硼玻璃。因为到堆芯寿期末时,硼基本被烧尽,而残留的玻璃吸收截面较小,对堆芯寿期影响不大。

(3)可溶毒物。可溶毒物是一种吸收中子能力很强的可以溶解在冷却剂中的物质。轻水堆往往以硼酸溶解在冷却剂内用作补偿控制。采用可溶毒物进行反应性控制,优点是毒物分布均匀和易于调节,缺点是向冷却剂增加或减少毒物量的速率十分缓慢,反应性引入的速率相当小。因此,此种方式只能补偿由燃耗、中毒和慢化剂温度变化等引起的缓慢的反应性变化。

在目前的压水堆中,一般通过在一回路冷却剂中加入可溶毒物来控制反应性。可溶毒物通常采用硼酸溶液。它能溶解于冷却剂中,化学性质和物理性质稳定,具有较大的中子吸收截面,且对堆芯结构部件无腐蚀性,也不吸附在堆芯部件上。

对于钠冷快堆来说,快中子增殖堆由于燃料的增殖使燃料的燃耗得到部分补偿,所以其所需的剩余反应性比热中子堆小得多。因此,钠冷快堆一般采用控制棒的方式来控制反应性。这就要求反应堆停堆系统必须具有很高的可靠性,并在系统设计时采取一系列安全措施。例如,限制每根可移动控制棒的反应性当量,以保证即使在发生反应性价值最大的一个控制棒组件完全抽出堆芯而又不能插入的卡棒事故时,也能使反应堆停闭,并且有足够的停堆裕量;通过连锁装置限制控制棒的提升速度,以便在由操纵员误操作或其他故障条件导致控制棒连续快速提升的情况下,限制反应性的引入速率。

中国实验快堆设置了两套独立的停堆系统:第一停堆系统包括补偿棒和调节棒,主要功能是安全停堆、功率调节、温度及燃耗补偿、换料以及由其他因素所引起的反应性偏差的补偿;第二停堆系统包括安全棒,主要功能是安全停堆。

2. 确保堆芯冷却

为了避免由于过热而导致燃料元件损坏,任何情况下都必须保证能够导出核燃料的释热,确保对堆芯的冷却。正常运行时,通过一回路冷却剂流动来冷却堆芯,而一回路冷却剂的热量最终通过蒸汽发生器传递给主给水系统,产生蒸汽推动汽轮机做功。反应堆停堆后,虽然堆芯内链式裂变反应被中止,但燃料元件中裂变产物的衰变会继续放出 β 和 γ 射线,射线与周围物质作用转化为热能,这称为衰变热。为防止损坏燃料元件包壳,应持续导出衰变热,直至反应堆处于安全稳定状态。

对于由反应堆换料时卸出的乏燃料组件,必须在反应堆燃料厂房的乏燃料水池中存放几个月,以释出乏燃料组件的剩余热量,并使短寿期放射性裂变产物自然衰减,降低放射性水平。

可通过 Wigner-Way 公式定量计算衰变热:

$$P_d(t)=0.062\,2P_0\left[t^{-0.2}-(t_0+t)^{-0.2}\right] \tag{4-3}$$

式中 $P_d(t)$——衰变功率;

P_0——停堆前的反应堆功率;

t_0——停堆前反应堆运行时间,s;

t——停堆后的时间,s。

如果一座反应堆已经在满功率下运行了 360 天,则由公式(4-3)可以得到如图 4-3 所示的曲线。从图中可以看出,即使在停堆后几个小时,衰变热产生的功率仍有额定功率的 1%。如果不提供适当的冷却,衰变热将引起堆内燃料元件的过热和燃料元件包壳的破损,导致放射性裂变产物的释放。

压水堆在失去正常冷却的事故工况下,一般包括以下四种导出堆芯热量的方法。

(1)蒸汽发生器的给水由辅助给水系统提供,产生的蒸汽通过蒸汽旁路系统排入大气。

(2)当一回路的温度和压力下降到一定值时,堆芯剩余发热由余热排出系统加以冷却。一回路处于大气压下时,还可以由反应堆换料水池冷却净化系统来排出余热。

(3)当蒸汽管道出现破口时,安注系统将向堆芯注入含硼水,以补偿由于堆芯过冷所丧失的冷却剂装量。

(4)当一回路系统出现破口时,堆芯产生的功率将由破口流出的液态或气态的冷却剂带到安全壳内,这时安全壳喷淋系统应动作,对流出的冷却剂进行循环冷却。

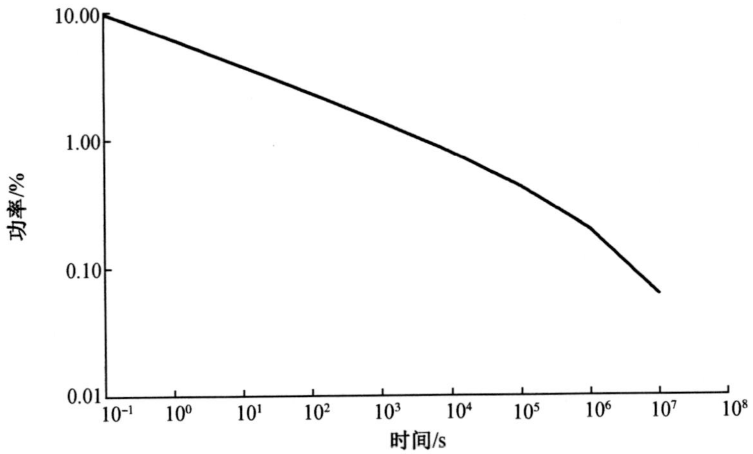

图 4-3 停堆后衰变热变化曲线

压水堆在核电厂各种运行工况下，对反应堆堆芯的冷却控制见表 4-1。

表 4-1 压水堆对反应堆堆芯的冷却控制

运行情况	系统或设备	热阱
正常运行	蒸汽发生器	正常给水 辅助给水及蒸汽旁路系统
机组停运	第一阶段:蒸汽发生器 第二阶段:余热排出系统	辅助给水及蒸汽旁路系统 设备冷却水系统、重要厂用水系统
事故工况	蒸汽发生器	辅助给水及蒸汽旁路系统
	余热排出系统	设备冷却水系统、重要厂用水系统
	安注系统	换料水箱、安注箱
	安全壳喷淋系统	换料水箱、设备冷却水系统、重要厂用水系统
乏燃料组件的冷却	反应堆换料水池及乏燃料冷却净化系统	设备冷却水系统、重要厂用水系统

对于池式钠冷快堆来说，在正常运行时，堆芯热量通过中间热交换器(IHX)传递给二回路主冷却剂系统(钠回路)，之后通过蒸汽发生器传递给三回路系统(水回路)，产生蒸汽推动汽轮机做功。在事故工况下，若不能通过蒸汽发生器将堆芯热量导出，则通过非能动的事故余热排出系统将反应堆剩余发热和蓄热排到最终热阱。

3. 包容放射性产物

反应堆在核裂变的过程中除释放巨大的能量之外，还伴随着大量放射性物质的生成。一般来说，在平衡态末期反应堆 1 W 热功率所对应的裂变产物的放射性约为 3.7×10^{10} Bq。在裂变产物中，有易从燃料芯块中溢出的惰性气体(如氪、氙)，也有易挥发的卤族同位素(如碘)，这些元素在堆内的累积情况见表 4-2 所示。

表 4-2 反应堆每 1 W 热功率产生的堆内放射性累积情况(平衡态末期)

同位素	半衰期	堆内累积放射性/Bq
^{83m}Kr	1.86 h	1.51×10^{8}
^{85m}Kr	4.4 h	4.74×10^{8}
^{85}Kr	10.76 a	9.58×10^{6}
^{87}Kr	76 min	8.51×10^{6}
^{88}Kr	2.8 h	1.17×10^{9}
^{131m}Xe	11.9 d	7.33×10^{6}
^{133m}Xe	52.6 h	5.07×10^{7}
^{133}Xe	5.31 d	2.05×10^{9}
^{135m}Xe	15.61 min	5.70×10^{8}
^{135}Xe	9.14 h	1.95×10^{9}
^{131}I	8.05 d	9.29×10^{8}
^{132}I	2.4 h	1.41×10^{9}
^{133}I	20.8 h	2.08×10^{9}
^{134}I	52.5 h	2.43×10^{9}
^{135}I	6.68 h	1.89×10^{9}

注:运行 22 000 h。

一座电功率 1 000 MW 的反应堆,其裂变产物的放射性将高达 10^{20} Bq。但是,98%以上的裂变产物可以保留在燃料陶瓷芯块内,只有不到 2%的氪、氙和碘等扩散到燃料芯块和燃料元件包壳之间的间隙内。

为避免放射性产物扩散到环境中,在核燃料和环境之间设置了多道屏障,运行时必须严密监视这些屏障的密封性,确保公众与环境免受放射性辐照的危害。

正常运行时,少数燃料元件包壳会出现轻微裂纹,少量裂变产物及活化产物将进入一些辅助系统内,以防止这些放射性产物直接释放至环境中。这些放射性产物主要以液态或气态的形式存在,可以通过以下方法加以控制:

(1)保持现场或厂房的相对负压,防止放射性气体或尘埃向其他区域扩散。

(2)通过放射性废气收集系统收集带放射性的气体,并传送到废气处理系统进行处理、贮存和监控。

(3)放射性废液经收集后,送至废液处理系统进行处理、贮存。通过取样分析达到环保部门要求的排放标准后,再向环境中监控排放。

对于压水堆核电厂,在事故工况下,下列系统或装置将参与各道放射性屏障功能的控制。

(1)第一道屏障:反应堆紧急停堆系统。

(2)第二道屏障:稳压器安全阀。

(3)第三道屏障:安全壳自动隔离;安全壳喷淋系统,降低安全壳内压和减少放射性碘;氢气复合装置,消除失水事故情况下产生的氢气,防止可能出现的氢爆;砂堆过滤器,防止安全壳超压;碘过滤器及核岛排气与疏水系统收集安全壳外泄的废液及废气,并重新送回安全壳。

对于池式钠冷快堆核电厂,事故工况下包容放射性产物的屏障包括:反应堆紧急停堆系统;反应堆主容器;反应堆保护容器,当反应堆主容器完整性受破坏时,对一回路钠的流出进行限制和约束,防止一回路放射性物质的外泄;反应堆容器超压保护系统,保护主容器和保护容器,防止超压,将多余气体排放至衰变罐中;安全壳系统,包容放射性产物。

4.2.2 典型压水堆概率安全分析中考虑的安全功能

压水堆核电厂主要由压水反应堆、反应堆冷却剂系统(简称一回路)、蒸汽和动力转换系统(简称二回路)、循环水系统、汽轮发电机、输配电系统及辅助系统组成。通常将一回路及其辅助系统、专设安全设施和厂房称为核岛。二回路及其辅助系统、厂房称为常规岛。压水堆的流程原理图如图 4-4 所示。

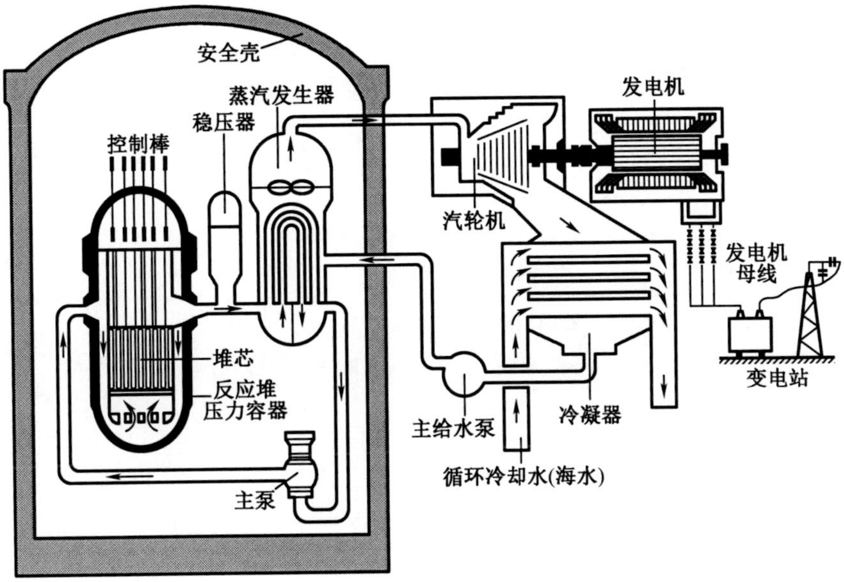

图 4-4 压水堆的流程原理图

典型压水堆概率安全分析中主要关注的安全功能包括以下几个方面。

1. 反应性控制

在事故工况下使反应堆尽快处于次临界状态。一般压水堆通过控制棒组件和化学补偿剂(浓硼酸溶液)实现反应堆停堆。压水堆满功率运行期间,控制棒组件和相应的驱动轴组件通过其各自的控制棒驱动机构处于完全抽出的位置。控制棒组件由反应堆保护系统信号触发,通过重力作用下插入堆芯,以降低堆芯功率;硼酸溶液在适当的信号触发下被注入堆芯,控制反应性。

2. 余热排出

反应堆停堆之后,堆芯还将继续产生衰变热,需要及时导出这些热量,避免出现堆芯损坏。堆芯热量的导出包括两个步骤:堆芯热量移至一回路;一回路热量移至二回路或安全壳,排出堆芯衰变热。

3. 一回路压力边界完整性

该功能是指在事故工况下防止主系统超压,维持一回路压力边界的完整性。一回路可由稳压器喷淋来降压,或者通过稳压器上的卸压阀和安全阀来防止主系统超压。

4. 一回路水装量的维持

在丧失冷却剂事故下需要防止由冷却剂的丧失而导致堆芯燃料元件裸露时间过久,从而引起包壳损伤。一般可通过安注箱,高、低压安注/再循环系统及化学和容积控制系统来完成。

5. 安全壳完整性

在事故工况下应确保安全壳的完整性不受威胁。一般可通过安全壳喷淋系统降低安全壳内的压力和温度。安全壳喷淋系统可以带出安全壳大气内的热量,同时也在设计基准事故和停堆期间作为安全相关的最终热阱带走热量。

典型压水堆核电厂在事件序列分析中所需考虑的安全功能和对应的安全系统见表 4-3。

表 4-3　典型压水堆核电厂在事故序列分析中所需考虑的安全功能和对应的安全系统

安全功能	安全系统
反应性控制	反应堆保护系统; 安注系统(高压安注部分); 化学和容积控制系统
余热排出	辅助给水系统; 安注系统(高压安注和低压安注部分)和反应堆冷却剂系统(稳压器安全阀); 余热排出系统
一回路压力边界完整性	反应堆冷却剂系统(稳压器安全阀及喷淋部分)
一回路水装量的维持	安注系统(包括高压安注、安注箱和低压安注)
安全壳完整性	安全壳喷淋系统

4.2.3　池式钠冷快堆概率安全分析中考虑的安全功能

池式钠冷快堆主要由一回路主冷却剂系统(钠回路)、二回路主冷却剂系统(钠回路)、蒸汽动力转换系统、循环水系统、汽轮发电机、输配电系统及辅助系统组成。采用二次钠系统是为了防止一次系统中的放射性钠与蒸汽发生器中的水发生可能的直接接触。钠系统的主要部件包括主容器、一次钠泵、中间热交换器、二次钠泵和蒸汽发生器;水系统的主要部件则和一般的压水堆核电厂没有多大的区别。池式钠冷快堆的原理图如图 4-5 所示。

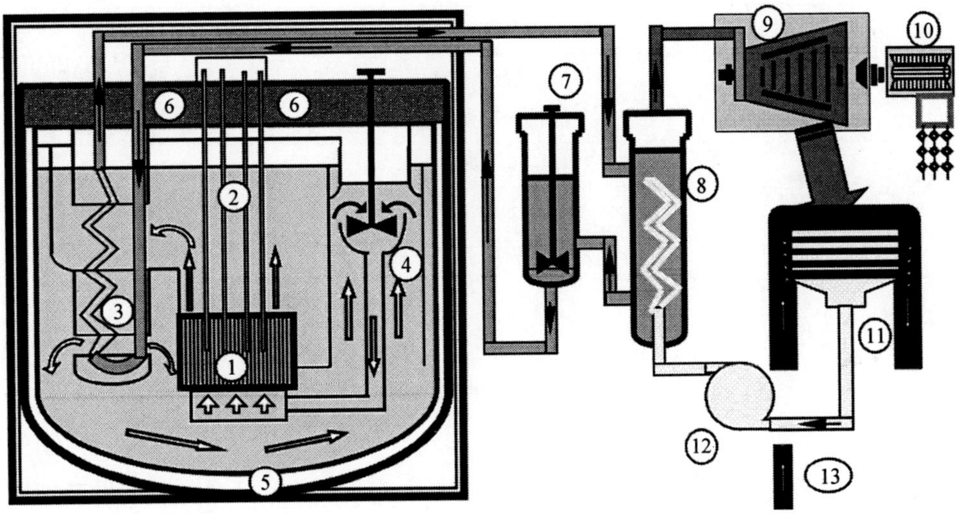

1—堆芯;2—控制棒;3—中间热交换器;4——次钠泵;5—主容器;6—覆盖气体;

7—二次钠泵;8—蒸汽发生器;9—汽轮机;10—发电机;11—冷凝器;12—给水泵;13—冷凝水。

图 4-5 池式钠冷快堆原理图

一般池式钠冷快堆在一级概率安全分析中,主要关注的安全功能包括以下几个方面。

1. 反应性控制

反应性控制的任务就是使反应堆在事故工况下尽快地处于次临界状态。池式钠冷快堆一般通过插入控制棒组件实现反应性控制。

2. 堆芯热量导出

反应堆停堆以后,堆芯还继续产生衰变热,若不及时导出这些热量,堆芯将会受损。堆芯热量的导出方式有两种:通过主热传输系统导出,或通过事故余热排出系统导出。若主热传输系统保持正常的排热能力,停堆后余热通过主热传输系统排出;而对于蒸汽发生器给水全部中断、失去厂外电等事故工况,则停堆后余热通过事故余热排出系统排出至最终热阱大气,保证燃料棒、堆内构件和反应堆容器处于可接受的温度限值范围内。

3. 一回路压力边界完整性

在事故工况下,通过防止主容器/保护容器超压,来维持一回路压力边界的完整性。主容器可由主容器超压保护系统来降压,保护容器可由保护容器超压保护系统来降压。超压保护系统可自动卸压,使容器保持在正常压力下工作,避免因容器超压造成的不安全因素。

4. 钠水反应防护

当发生钠水反应时,通过蒸汽发生器事故保护系统隔离破损蒸汽发生器,来防止事故进一步发展。

池式钠冷快堆在事故序列分析时所需考虑的安全功能和对应的系统见表 4-4。

表 4-4 池式钠冷快堆在事故序列分析时所需考虑的安全功能和对应的系统

安全功能	前沿系统
反应性控制	反应堆保护系统
堆芯热量导出	主热传输系统(一、二回路主冷却剂系统及蒸汽动力转换系统) 事故余热排出系统
一回路压力边界完整性	主容器超压保护系统 保护容器超压保护系统
钠水反应防护	蒸汽发生器事故保护系统

4.3 成功准则分析

成功准则分析是事故序列分析的重要部分,将影响一级概率安全分析的堆芯损坏频率的定量化结果以及最小割集的合理性。成功准则分析的目标是恰当地定义为缓解始发事件后果而采取的核电厂特定措施的成功与失败,包括为支持事件序列展开所必需的关键安全功能、支持系统、构筑物、部件和操纵员动作等的成功准则。

4.3.1 成功准则分析的内容

成功准则是在事件树中开发场景所需的最重要的信息之一。成功准则规定了所需的最低设备配置,确定了系统性能降级的影响,并为操纵员可用的每个替代成功路径定义了可用的恢复时间。

成功准则的确定必须基于试验、热工水力分析、其他机械分析和记录在案的专家知识来判断。

成功准则制定过于保守,以至于会对概率安全分析的结果产生不利影响时,应继续进行分析以改进这些成功准则。当现有的计算对概率安全分析模型的考虑不再保守时,也必须寻找特殊的工况。

成功准则分析应包括所有始发事件类别下所有前沿和支持系统的成功准则,以及作为人员可靠性分析输入的事故时间窗口信息。附件文件中应包括为概率安全分析成功准则所做的详细热工水力分析。

4.3.2 成功准则分析示例

支持成功准则定义的计算问题如下,这些成功准则在早期的压水堆概率安全分析中被证明是重要的:

(1)因为没有冷却导致的房间升温。

(2)失去给水后蒸汽发生器干燥的时间。

(3)主蒸汽隔离阀、蒸汽发生器安全阀、稳压器电动安全阀等丧失仪表空气后,本地蓄电池耗尽前的时间。

(4)在失去冷却水的情况下各种泵功能可用的能力,例如,润滑油温度是否稳定在安全温度下,是否可以将便携式鼓风机引导到润滑油冷却器上。

(5)稳压器安全阀在各种瞬态后移动的可能性,考虑稳压器蒸汽空间压缩的真实模型。

(6)各种特定工况下反应堆停堆后,给水储罐变空之前的时间。

(7)在各种设备工况和操纵员动作下的排水和给水控制行为。

(8)各种 LOCA 事故后安注泵的最低成功准则。

(9)各种工况下加压热冲击计算。

由于现实预算和进度限制,支持概率安全分析的工程分析建议遵循的方法步骤如下:

(1)在大多数情况下使用保守的安全分析;

(2)应用简单的分析为特别敏感的情景制定初步的、不太保守的成功准则;

(3)记录分析和假设;

(4)评估整个概率安全分析模型的频率的点估计值;

(5)审查结果以识别主要风险贡献者;

(6)根据需要修改分析,以获得真实准确的结果。

审查初步风险结果,以识别主要风险贡献因素。然后识别评价的不确定性,或进行更复杂的分析,以更好地判断成功准则的合理性。目标是定量地了解安全性,而不仅仅是定性结果。尽管工程分析本质上是"最佳估计"和确定性的,但无论分析多么复杂,都存在物理和分析上的不确定性。敏感性研究允许对这些不确定性以及与核电厂运行相关的变化进行评估。

4.4 事件树分析法

事件树分析法是一种逻辑演绎法,它在给定一个始发事件的情况下,分析此始发事件可能导致的各种事故序列的结果,从而定性和定量地评价系统的特性,并帮助分析者获得正确的事故序列逻辑关系。一般将在始发事件发生后执行事故保护功能的主要系统叫作前沿系统;给前沿系统和重要部件提供电源、冷却等支持功能的系统(如供电系统)叫作支持系统;在事故序列分析中确定要在事件树中进行"显式"(如果在故障树中分析,则对于事件树来说是"隐式"的)分析的系统或设备叫作题头事件。

4.4.1 事件树模型化方法

在目前的概率安全分析中有两种事件树分析方法:小事件树-大故障树方法;大事件树-小故障树方法。小事件树-大故障树方法最早是在 WASH-1400 报告中采用的方法,也是 NRC 推荐 PSA 中使用的方法。大事件树-小故障树方法是由美国新泽西州 Oyster Greek 核电厂中采用的方法。小事件树-大故障树方法和大事件树-小故障树方法在数学上是等价的,但现在的工程实践一般采用第一种方法,即在事件树中仅考虑前沿系统,而将支持系统放在故障树中考虑。

1. 小事件树-大故障树方法

在小事件树-大故障树方法中,事件树题头仅考虑前沿系统,对于事件树中出现的前沿系统的可靠性,则将利用故障树模型展开分析。例如供电系统、设备冷却水系统等这些支持系统,是不直接执行安全功能的,因此,根据小事件树-大故障树方法建立的事件树是不包括这些支持系统的。但这些支持系统的成功/失效将影响前沿系统的成功/失效,因此必须识别每个前沿系统对应的支持系统,进行相关性分析,并在前沿系统的故障树分析中考虑这些支持系统的影响。因而,分析前沿系统时形成的是一棵大故障树。小事件树方法产生的事件树是简洁的,便于对事故序列进行综合审查。

此外,在大故障树方法中,所有支持系统的相关性都在前沿系统中考虑。因此在大故障树中,对于共用的设备和支持系统需要利用相同的编码,可以通过计算程序自动完成对各种相关性的处理。

2. 大事件树-小故障树方法

大事件树-小故障树方法又称为显示法,所有支持系统的状态将明显地出现在事件树题头中,事件树题头有时还考虑基本事件及人员操作。

因此,在对事件树的各个序列进行故障树分析时,将在支持系统所定义的一组边界条件下进行前沿系统的故障树分析,求出分支概率。对每一组边界条件建立各个单独的故障树。

大事件树-小故障树方法的优点在于:在事件树中反映了相关性,与事件树相关联的故障树不包括支持系统的前沿系统故障树,因此故障树规模不大,对计算机程序的需求相对较低。每个事故序列发生频率计算也很简单,为相应各个分支概率的乘积。但这种方法也有很大的缺点:在事件树中建立正确的相关性较为困难,要求事件树分析人员具有丰富的经验;事件树的复杂程度随着支持系统数量和支持系统状态数量的增大而迅速增大;虽然故障树规模变小了,但故障树的数量却反而可能增加了。

4.4.2 事件树的建造

始发事件确定后,接下来就需要采用事件树方法分析核电厂对每组始发事件的响应,哪些系统需要投入,是否需要操纵员的干预,会不会造成堆芯损坏,等等。

事件树分析的步骤通常如下。

(1)根据所确定的每个始发事件组,识别其过渡到安全、稳定状态并防止堆芯损坏所必需的关键安全功能和执行功能的安全系统。确定了所需安全功能和安全系统以后,就需要识别在事故缓解过程中的操纵员干预行为。这些识别出的安全系统和操纵员动作即可作为事件树的题头事件。

(2)根据核电厂特定的系统设计、应急规程、异常规程及核电厂对始发事件的响应过程,建造事件树(可以先建造功能事件树,后建造系统事件树),事件树题头一般按照系统响应和操纵员动作时间的顺序进行排序。功能事件树题头表示某种安全功能,通过对功能事件树每个题头事件逐步分解和细化,最终得到系统事件树。

(3)简化事件树。为了简化事件树的结构,在保证逻辑正确的条件下是可以调整题头排序的。

(4)编制事件树分析报告，应描述事故序列分析过程，包括假设、分析方法和过程、模型描述以及定性分析结果等。

1. 事件树的示例

针对每个始发事件组均应建立一棵事件树。事件树的起点是始发事件，事件树序列终点是成功(安全稳定状态)或堆芯损坏。每棵事件树描述了核电厂对该组中最具代表性事件的响应。在定义核电厂响应时，只要实际预期对该事件有响应，则安全级系统和非安全级系统都予以考虑。此外，还需考虑预期要执行的规程化操纵员动作。

事件树顶事件用题头表示，每个题头可分为两个或更多分支，一般都使用双分支。一般而言，向下的分支表示较为不利的结果(如失效)。从始发事件到终态的一组持续的路径定义为一个事件序列。

图 4-6 给出了一棵事件树的示意图。

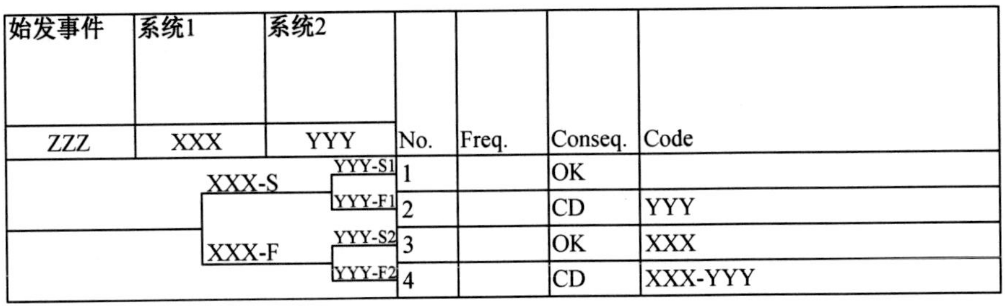

图 4-6 事件树示意图

(1)事件序列。在图 4-6 中，始发事件组编码为 ZZZ。该事件树包含两个题头事件，编码分别为 XXX 和 YYY，共有四个终态：其中两个终态是成功状态，标记为 OK；另外两个终态是堆芯损坏状态，标记为 CD。图中的 No. 表示序列编号，Freq. 表示序列的发生频率，Conseq. 表示序列的后果类别，Code 表示各个序列逻辑规则。

系统 1 失效标记为 XXX-F，由前沿系统故障树模化。系统 2 失效有两个条件，标记为 YYY-F1 和 YYY-F2。YYY-F1 是基于系统 1 成功的条件；YYY-F2 是基于系统 1 失效的条件。该事件树中有两个事件序列导致堆芯损坏，即序列 2 与序列 4。

事件序列 2 表示始发事件 ZZZ 发生后，系统 1 成功，系统 2 失效，导致堆芯损坏。事件序列 4 表示始发事件 ZZZ 发生后，系统 1 失效，系统 2 失效，导致堆芯损坏。

此处应注意，一般来说，不管题头事件的描述如何，题头中向上的分支为该题头的“成功”，向下的分支为该题头的“失效”。

在事件树方法中对系统采用了“两态”模型，即系统不是成功就是失效。但在核电厂实际运行中是存在中间状态的，即系统可能部分成功、部分失效。对于这种情况，在目前的事件树分析中，认为系统成功必须是完全成功；系统失效则当成全部失效。这样做的结果是偏保守的。

一般而言，在多棵事件树中，相同题头都指定了相同的编码。然后，在失效分支中也可能被标记,这些标记可能与题头编码不同。另外,基于始发事件的特性,或前面系统的状态,一个分支中一个题头的成功准则可能与其他分支中相同题头的成功准则不同,甚至同一棵事件树中也会不同。在这种情况下,在相同事件树的不同分支上,相同的题头可能有不同的标记。这些标记可称为“条件”。

(2)时间窗口。一级概率安全分析中,为了确定始发事件后各事故序列的发生频率,要为所模化的事故序列(包括相关的安全系统)规定一个合适的任务时间。任务时间的定义为:要求系统或设备为成功执行其功能而必须运行的时间。

一般而言,每棵堆芯损坏事件树都以 24 小时任务时间窗口模化,这是 PSA 公认的做法,即假设在该时间窗口内,事件序列将达到一个稳定状态,此时参数变化很慢。同时,假设大量多样的恢复操作(序列中不予考虑)能在时间窗口中实施以进一步缓解事故。

(3)终态。每个事件序列都需要指配一个终态,如图 4-6 右侧所示。这些终态可能是:

①成功——无堆芯损坏,无须进一步分析;

②堆芯损坏;

③转出——序列需调用另一棵事件树作进一步分析(这是为了便于分析并避免重复);

④继发事件——序列转至另一棵已经由另一棵事件树表示的事件(通常更为严重)。原则上,这与转出类相同。

(4)前沿系统与支持系统。出现在事件树题头中的系统称为前沿系统(如图 4-6 中的系统 1 和系统 2)。许多支持前沿系统的其他系统(如供电系统或设备冷却水系统),而且未出现在事件树题头中,这些系统称为支持系统。前沿系统与支持系统都以故障树模化。支持系统以前沿系统故障树的子树(基本事件)形式出现。

(5)成功准则。应明确事件树题头的成功准则,成功准则的来源主要包括:系统设计或事故分析的结论;热工水力分析;合理的工程判断。应确保事件树题头成功准则的支持性材料都可获得、可追溯。

(6)继发事件。在始发事件进程中,一些继发失效可能使事件转化成潜在的更具有挑战性的事件。在这种情况下,事件序列指配为一个终态,以表示该序列将在另外的事件树中继续展开。在压水堆中,考虑的典型继发失效包括:

①瞬态事件树中,蒸汽发生器大气释放阀或安全阀开启但不能回座的序列转入主蒸汽管道安全阀卡开事件树。

②瞬态事件树中,稳压器安全阀开启但不能回座的序列转入中破口 LOCA 事件树。

③主蒸汽管道破裂事件树中,发生蒸汽发生器喷放并随之引发蒸汽发生器传热管破裂的事件序列转入蒸汽发生器传热管破裂事件树。

2. 事件树的简化

虽然事件树题头的排序对事件序列分析的结果并非至关重要,但是对事件树的简洁性和分析效率是非常重要的。一般可以按照响应时间、功能和硬件相互关系来排序。

关于事件树题头的排序,一般条件下优先按照事故进展的时间顺序,但有时为了简化事件树的结构,在保证逻辑正确的条件下是可以调整题头排序的。实际建树过程中应结合响应时间、功能和硬件相互关系这两种方法对题头进行排序，这样做的目的是为了使事件树的分支合理且尽量少。

通常的做法是按照系统或操纵员对始发事件响应的先后时间顺序来排列题头事件，首先应列出最先响应的系统或操纵员动作，如反应堆保护系统，然后按时间顺序列出其他系统或操纵员动作。为了使事件树中无分叉点的数目最大化，简化事件树，可以对题头事件的先后顺序进行调整。但是这种调整需要考虑的原则包括一个题头事件必须是在其所依赖的所有事件发生后出现。例如余热排出系统可能需要安全壳喷淋系统的成功运行，这样，余热排出系统的题头就应在安全壳喷淋之后。对于操纵员动作来说，其在事件树中的排序必须是按时间进行的，因为该动作的失效概率是以直到此时间点以前的整个事件序列为条件计算的。

由于系统在功能和硬件上存在相互关系，因此题头的排序中需要特别考虑这类关系。如果一个系统的失效会导致另一个系统不能成功地执行其功能，则在事件序列中不需要考虑该系统的成功分支。如果一个给定的系统失效不影响事件序列的终态，则在该事件序列中也不需要考虑该系统的分支，从而简化事件树的规模。

举一个简单的例子，一个系统内包含四个阀门，分别标记为阀门 A、阀门 B、阀门 C 和阀门 D，其系统流程图如图 4-7 所示，采用事件树方法对该系统可用性进行分析。

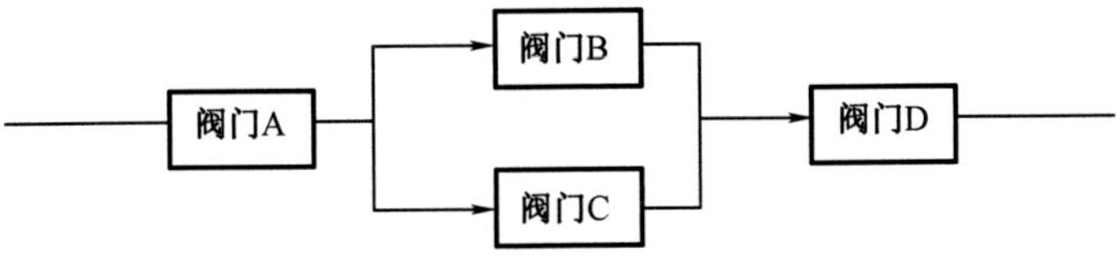

图 4-7　系统流程图

根据事件树建造流程，在不调整题头排序的情况下，该系统的事件树如图 4-8 所示；调整题头排序后，系统的事件树如图 4-9 所示。

由图 4-8 和图 4-9 可知，当在事件树中调整题头事件阀门 D 的排序之后，事件序列数量减少了，简化了事件树结构。

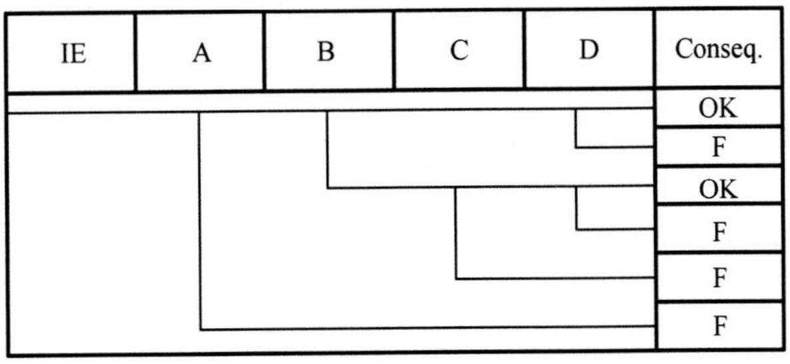

图 4-8　事件树

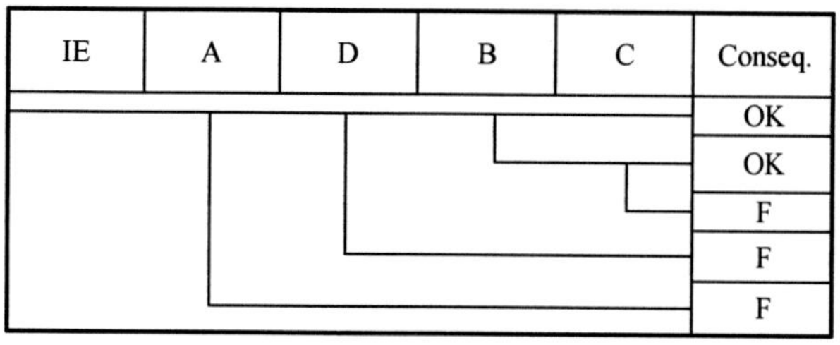

图 4-9 调整题头排序后的事件树

4.4.3 案例分析

1. 钠冷快堆

一个假想池式钠冷快堆核电厂,命名为 FR-1 号。该双环路池式钠冷快堆核电厂配备了相关的主要构筑物、系统和部件,包括 2 台一回路钠泵、4 台中间热交换器、双环路的二回路主冷却剂系统、蒸汽动力转换系统和双环路的事故余热排出系统,如图 4-10 所示。

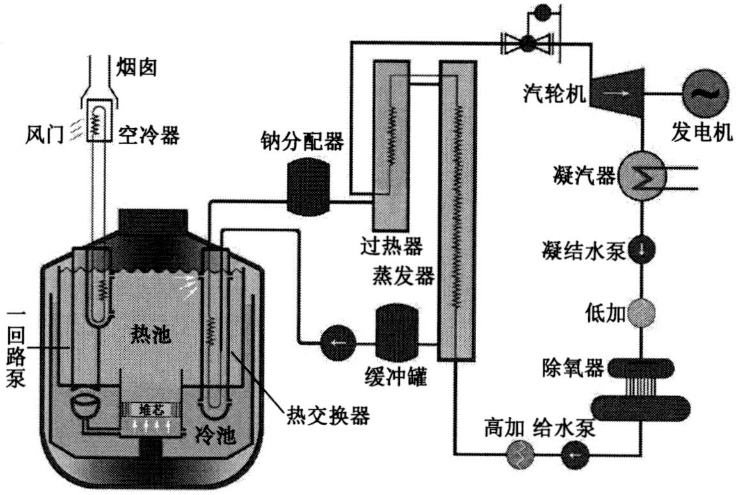

图 4-10 假想钠冷快堆核电厂 FR-1 号设计

一回路主冷却剂系统有两个并联的环路。每个环路有一台钠循环泵、两台中间热交换器和两条压力管道,它们均布置在反应堆主容器内,称为一体化池式结构。堆芯将热量传递给一回路主冷却剂系统,一回路主冷却剂系统通过中间热交换器将热量传递给二回路主冷却剂系统,而二回路主冷却剂系统通过蒸汽发生器将热量传递给蒸汽动力转换系统,产生蒸汽推动汽轮机做功,将热能转换成电能。二回路主冷却剂系统也采用两个并联的环路,每个环路包括一台钠循环泵、一台蒸汽发生器、一台缓冲罐和一台钠分配器。蒸汽动力转换系统设计与一般压水堆类似。

事故余热排出系统有两个独立并联的环路。每个环路包括一个位于堆容器内的独立热交换器、一个带闸门的空气热交换器和中间回路管道。除了空冷器的风门外,整个系统都采用了非能动设计。

在事故工况下，堆芯余热可通过一回路强迫循环传递给二回路，然后二回路将热量传递给蒸汽动力转换系统，最终余热通过循环水系统传递给最终热阱，即通过主热传输系统强迫循环排出堆芯余热，或者通过一回路冷却剂自然循环、事故余热排出系统中间回路钠自然循环、空冷器中空气自然对流的非能动方式排出反应堆的剩余发热，即通过自然循环排出堆芯余热。

本案例以反应性引入事故为例，介绍事故序列分析的过程。始发事件发生后，为了能及时缓解事件后果并将反应堆带入安全状态，需要与安全功能相关的系统即前沿系统按照事件的进展状况相继响应。若安全系统响应失败，将可能导致堆芯损坏。因此，进行事件序列分析时，首先需要识别缓解始发事件所需功能和执行功能的安全系统。

反应性引入是指由于补偿棒意外提升、调节棒意外提升、气泡进入和通过燃料组件等原因导致反应堆的反应性发生变化，从而触发反应堆停堆的这类始发事件。

对于反应性引入始发事件而言，需要考虑的安全功能和对应的安全系统主要包括：

(1)反应性控制。该功能通过反应堆保护系统信号触发控制棒掉落来实现。

(2)堆芯余热导出。该功能可通过主热传输系统(包括一回路主冷却剂系统、二回路主冷却剂系统和蒸汽动力转换系统)实现，若主热传输系统失效，则可通过事故余热排出系统排出堆芯余热。

图 4-11 是反应性引入始发事件情况下的功能事件树举例。图中 TOP 为反应性引入始发事件，它列在事件树的起始部分。RPS、MHC 和 DHRS 为题头事件，表示为缓解该事故而执行安全功能的系统。由于某个安全功能执行产生的各种事故序列依次列在事件树上，并且进行了自动编号和编码。

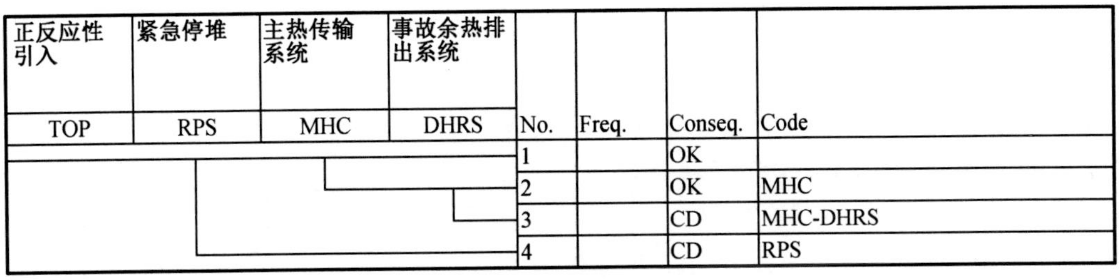

图 4-11　功能事件树举例

表中，序列 1、2 表示未发生堆芯损坏的序列。

序列 3 表示反应性引入始发事件发生后，有相应的信号触发反应堆自动停堆且停堆成功，但主热传输系统不能成功排出堆芯余热，事故余热排出系统也不能成功排出堆芯余热，认为发生堆芯损坏。

序列 4 表示反应性引入始发事件发生后，有相应的信号触发反应堆自动停堆，但停堆失败，认为发生堆芯损坏。

2. 压水堆

一个假想压水堆核电厂，命名为 NP-1 号，该四环路大型压水堆核电厂配备了相关的主要构筑物、系统和部件，包括 4 个蒸汽发生器、1 个稳压器、4 个反应堆冷却剂泵、1 个安全壳喷淋(CS)系统、安注(SI)系统、安注箱、辅助给水(AFW)系统、安全壳风扇冷却器(CFC)、换料水箱(RWST)和凝结水箱(CST),如图 4-12 所示。为了更易于分析核电厂,将会进行一些简化。特别是,对支持系统(如直流电源、仪表空气、供暖、通风、冷却,以及许多启动信号)没有给出设计信息。此外,为便于理解,对一些系统进行了简化。

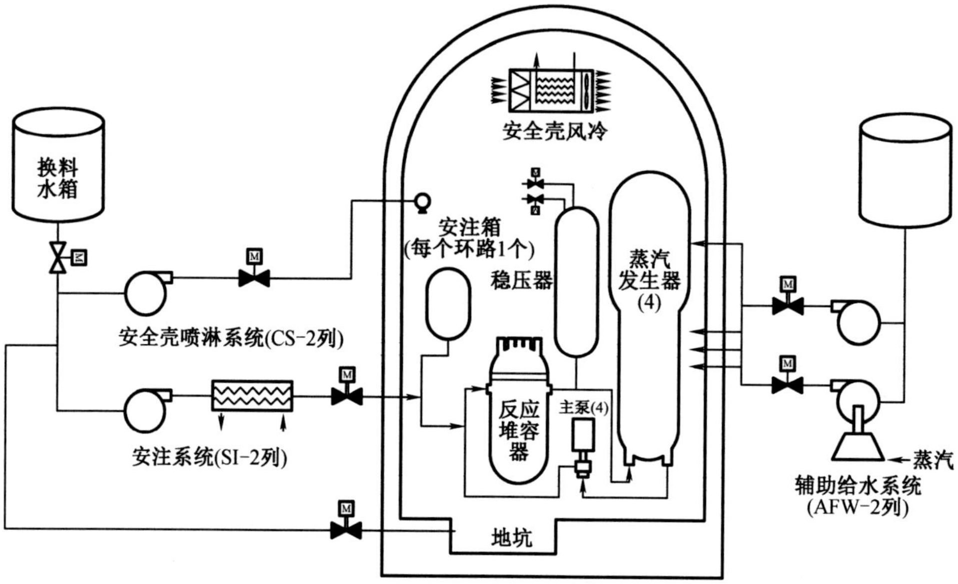

图 4-12　假想压水堆核电厂 NP-1 号设计

作为案例分析对象,安注系统只有两台泵,并不包括单独的高、低压系统。泵列包括吸入口、流道和相关阀门,在直接注入阶段从换料水箱吸水,换料水箱排空后则从安全壳地坑吸水。安注系统在每列中都包括热交换器,由设备冷却水提供冷却。此外,每个环路上还各有一台安注箱,当一回路压力低于设定值时,自动将含硼水注入一回路。图 4-13 是安注系统的流程图,并给出了主要的系统参数。

辅助给水系统有两台泵,其中一台通过交流电动机驱动,另一台通过蒸汽轮机驱动。每台泵可供应两个蒸汽发生器。请注意有个连接器可以使消防系统水能够泵送至蒸汽发生器。如果没有其他水源可用,这将是辅助给水系统的一个备用水源。图 4-14 是辅助给水系统的流程图,并给出了主要的系统参数。

安全壳喷淋系统有两台由交流电动机驱动的泵,泵列包括吸入口、流道和相关阀门。与安注系统一样,在直接喷淋阶段从换料水箱吸水,换料水箱排空后则从安全壳地坑吸水。图 4-15 是安全壳喷淋系统的流程图,并给出了主要的系统参数。压水堆核电厂中的安全壳喷淋系统通常是相对简单的系统,因此这个系统较其他系统更接近实际情况。需注意,与国内典型的压水堆核电厂不同的是,NP-1 号的安全壳喷淋系统和安注系统向再循环切换需操纵员手动操作才能完成。

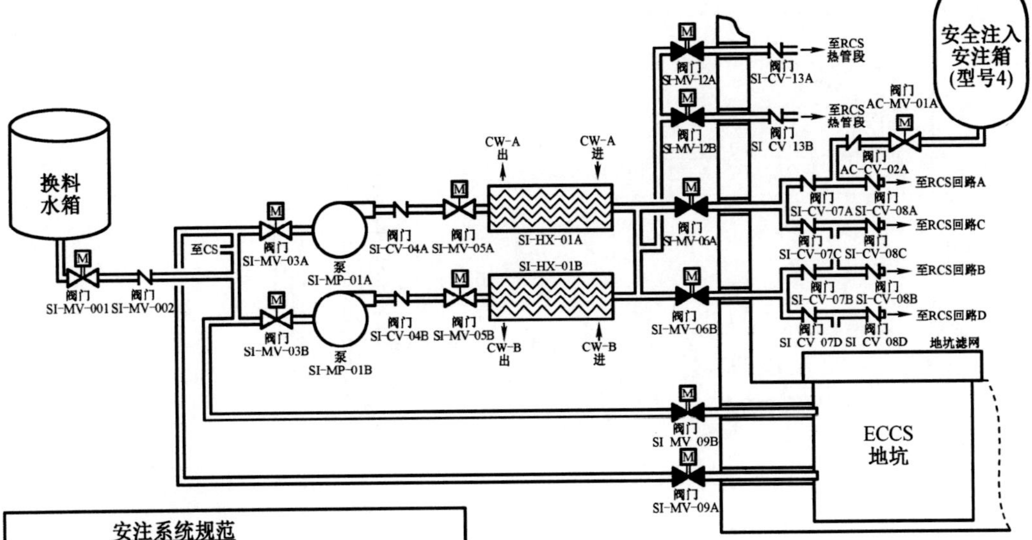

安注系统规范

- 一个足以防止堆芯损坏的泵例
- 每个泵1 135 m³/h
- 每个HX>衰变热
- 泵根据LOCA信号启动
- 阀门6A/B和7A/B根据LOCA信号开启
- RWST包含1 400 m³可用水
- 阀门SI MV 12A/B必须手动开启

图 4-13 安注系统流程图

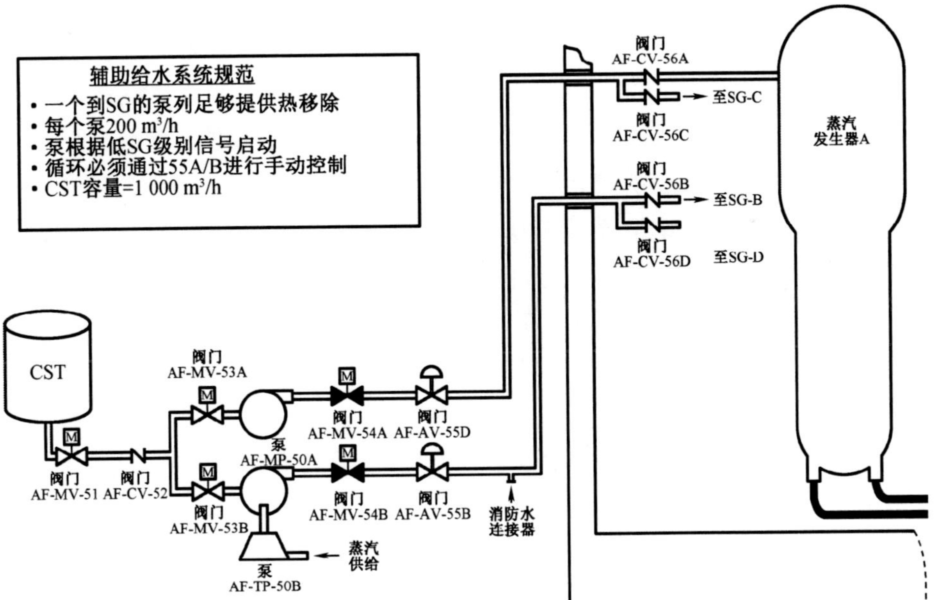

图 4-14 辅助给水系统流程图

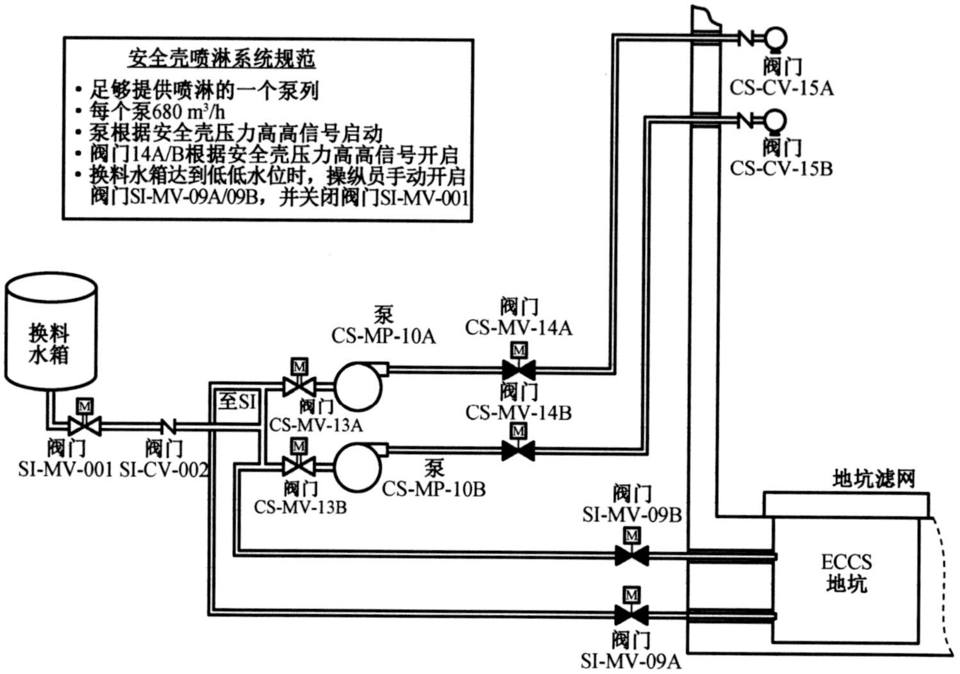

图 4-15　安全壳喷淋系统流程图

本案例分析以一回路大 LOCA 事故为例,简要阐述事故序列分析过程。始发事件发生后,为了能及时缓解事件后果并将反应堆带入安全状态,需要与安全功能相关的系统即前沿系统按照事件的进展状况相继响应。若安全系统响应失败,将可能导致堆芯损坏。因此,进行事件序列分析时,首先需要识别缓解始发事件所需功能和执行功能的安全系统。

对于大 LOCA 事故来说,破口尺寸较大,会导致堆芯具有较高的空泡率,即使没有控制棒的插入,反应堆也可以在短期内达到次临界。因此紧急停堆措施不是必要的。同时,始发事件已经破坏了一回路压力边界完整性。因此,对于大 LOCA 事故而言,所需考虑的安全功能和相应的安全系统主要包括:

(1)维持一回路系统冷却剂装量。如果不能维持,将直接导致堆芯裸露并熔化。在短期和中期阶段,该功能通过安注箱排水和安注泵从换料水箱直接注水,长期通过安全壳地坑再循环来实现。

(2)维持安全壳完整性。该功能通过安全壳喷淋系统和安全壳风扇冷却器来实现。安全壳喷淋系统和安全壳风扇冷却器的失效会导致安全壳内的温度、压力升高,使泵的入口产生气蚀,导致安注泵损坏和安全壳完整性丧失。

(3)堆芯的长期冷却。由于堆芯的热量通过破口流失的主冷却剂被带至安全壳,因此在失水事故的长期冷却阶段堆芯衰变热由安注系统热交换器带走。

确定了所需安全功能和安全系统以后,就需要识别在事故缓解过程中的操纵员干预行为。对于大 LOCA 事故而言,所有系统的初始启动都由自动信号触发。但是在换料水箱达到低低水位后,需手动切换到再循环。此外,在事故长期阶段,为避免堆芯内的硼结晶,在事故后 7 小时,需将安注切换到热段再循环。

为支持系统分析的顶事件定义和人员可靠性分析，需要确定安全功能/安全系统和人员干预的成功准则。成功准则确定后，还需根据瞬态分析规定出安全系统的任务时间。PSA 中任务时间通常采用 24 小时。

成功准则一般可以从系统设计手册或者确定论事故分析中得到，还可以通过特定的热工水力学计算得到。

根据上述分析，大 LOCA 事件树模型如图 4-16 所示：

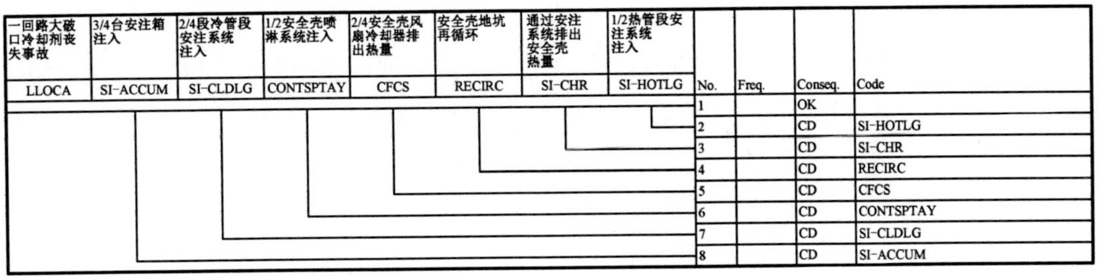

图 4-16 大 LOCA 事件树模型

4.5 题头事件之间的相关性

在核电厂的部件之间、系统之间存在着功能、硬件及人的因素等方面的相关性。这种相关性的存在会增加并发多重故障的概率，使得在设计中为提高核电厂功能的可用性及安全性而采取的多重性、多样性等措施的作用受到影响。

在研究核反应堆这样失效概率非常低的安全系统时，相关失效在风险的定量分析中是十分重要的，如果忽略了所谓的共因失效以及系统间的相互作用，则对风险的估计可能会差几个数量级。几乎在所有的概率安全分析中都必须考虑相关失效。概率安全分析中的相关性与相关故障分析就是对由这种相关性所造成的相关故障事件进行识别和评价。这在概率安全分析中是一项很关键的、很有意义的任务。实际上相关失效可以渗透于一级概率安全分析的各个环节，因此本节主要阐述事件树中应考虑的相关性，其他相关性分析将在第 8.1 节进行介绍。

4.5.1 相关性类型

相关性大致可以分为序列功能相关性、系统间相关性、人员动作相关性和部件失效相关性(共因)三类。

1. 序列功能相关性

序列功能相关性指一个系统或安全功能的状态对另一个系统或安全功能成功或失效的影响。这些相关性应在事件树建模过程中明确考虑，并需要特别注意考虑堆芯冷却系统和安全壳系统相互作用引起的相关性。例如一般压水堆中，安全壳喷淋系统的成功运行与否将导致余热排出系统的成功或失效。

此外,始发事件可能不仅会导致核电厂瞬态或事故,而且还会导致始发事件发生后需要运行的系统失效或降级,应在事件树建模过程中明确考虑。这类事件还包括与全部或部分丧失支持系统有关的事件,如丧失设备冷却水、丧失厂用水系统和丧失压缩空气系统,需要通过对每个事件建立特定的事件树来考虑这些始发事件引入的相关性。

2. 系统间相关性

系统间相关性包括功能相关性和实体相关性。在不同的系统故障树中通过使用相同的基本事件名或子树名以识别相同部件的失效模式或相同支持系统的失效模式,从而使系统间相关性明确包含在模型中。

功能相关性是由共享部件或是过程耦合造成设备之间的相关性。共享部件是指同一部件多个设备的相关性。如一个系统或部件组的功能依赖于另一系统或部件组的功能时,就会出现系统或部件之间的功能相关性。系统或部件之间可能出现的过程耦合主要体现在电气、冷却、气源和通风等支持系统上。

系统间存在两种类型的实体相关性。一种是始发事件的发生导致一个安全系统或部件失效,从而导致提供保护作用的某些安全系统或部件失效。如配电系统、仪表气或冷却水系统部分或全部丧失导致一个瞬态,并使得一个或多个所需的安全系统降级或失效。另一种是内部危害(火灾、水淹)或外部危害(极端环境条件,如地震或飞机撞击)能够引起一个始发事件,瞬态或 LOCA,并使提供保护作用的某些安全系统或部件失效。对于内部危害,安全系统失效可能引起管道突然移动、飞射物、喷射冲击,环境效应等。例如,管道破裂或容器破裂等情况导致的管道甩动、飞射物、水/蒸汽喷射冲击;温度或湿度上升导致的一些后果;保温层材料脱落阻塞再循环流动(LOCA 事故后)。

在系统分析中应给出相关性矩阵,说明前沿系统和支持系统之间的相关性。

3. 人员动作相关性

操纵员在维修、试验或校准时发生错误导致安全系统或部件不可用或失效,就会出现人员动作的相关性。当一个始发事件发生后,这些系统或部件将无法运行。事故后,同一事件序列中多个人误事件也可能存在相关性。例如传感器或仪表误标定,或可能影响冗余系统手动启动的诊断失误,在故障树中应作为单独的事件进行建模。

4. 部件失效相关性

部件失效相关性涉及的是在相同部件中出现的失效。这些失效可能是由设计、制造、安装、校准或运行缺陷造成的,通过共因失效方法对其进行处理。共因失效是由于某一个原因和一些不能显式表达的耦合机理两种因素同时出现导致的结果。共因失效分析过程中,要对共因事件进行识别和筛选,查找系统中可能导致部件失效的根本原因和是否存在耦合因素,从而确定共因事件组。然后通过建立共因事件模型对共因进行定量分析。部件失效相关性一般在故障树中考虑。

共因失效之所以重要,是因为它们会导致冗余部件的同时(或几乎同时,即在任务时间内)失效。因此,共因失效会降低通过增加冗余部件/列而获得的理论上最大可靠性增量。

4.5.2　相关性分析

在事件树分析中考虑的相关性及处理方式包括：

(1)应考虑始发事件对缓解系统能力的影响。此类相关性可通过对始发事件设置边界条件以体现始发事件导致的设备或系统不可用。

(2)应考虑安全功能的成功/失败对后续安全功能的影响，即前沿系统之间的相关性。若在事件树中排序靠前(即靠近始发事件)的题头事件成功/失败影响其后题头事件的成功/失败，则需在事件树模型中模化其影响。例如在丧失厂外电情况下，辅助给水电动泵的可用与否取决于应急柴油机是否可用。

(3)应考虑事故环境条件对缓解系统功能的影响(如温度、压力、水位、湿度等)。需要对由环境条件恶化导致的相关性进行分析，包括由管道破裂或容器破裂等情况导致的管道甩动、飞射物、水/蒸汽喷射冲击；由湿度或温度上升导致的一些后果；保温层材料脱落阻塞再循环流动(LOCA 事故后)。在事件树模型中应模化此类影响。

(4)在事件树中应模化与时间有关的相关性(即由于资源消耗、资源恢复及载荷变化等随事故进程而变化的事件)。

(5)典型的例子包括：①全厂断电/丧失厂外电序列，应考虑重要的分时间段的事件，包括交流电源的恢复；直流蓄电池的容量(与时间相关的放电量)；运行设备和控制室的环境条件(如房间冷却)。②对换料水箱的长期补水。

(6)若核电厂组态和维修活动在各个系统接入状态之间产生相关性，则应在事件树模型中定义并模化这些核电厂组态和系统接入状态，以反映这些相关性。例如，M310 型机组的设备冷却水系统和重要厂用水系统都各自有 4 台泵，正常时各自保持相同列的一台泵在运行，但是会定期切换。分析时需要假设设备冷却水系统某一台泵在运行，而重要厂用水系统在运泵就与设备冷却水的在运泵有关。

第5章　系统可靠性分析

5.1　概　　述

尽管系统一词频繁出现在社会生活和学术领域中，但不同的人在不同的场合往往赋予它不同的含义。长期以来，系统的概念定义和特征描述尚无统一规范的定论。一般将系统定义为由一些相互联系、相互制约的若干组成部分结合而成的、具有特定功能的一个有机整体（集合）。一般系统论创始人贝塔朗菲（Bertalanffy）将系统定义为“相互联系、相互作用的诸元素的综合体”。中国著名学者钱学森认为：系统是由相互作用、相互依赖的若干组成部分结合而成的，具有特定功能的有机整体，而且这个有机整体又是它从属的更大系统的组成部分。

由系统的定义可知，系统具有以下特性。

（1）系统是由若干要素（部分）组成的。这些要素可能是一些个体、元件、零件，也可能其本身就是一个系统（或称之为子系统）。例如，运算器、控制器、存储器、输入/输出设备组成了计算机的硬件系统，而硬件系统又是计算机系统的一个子系统。再如，一艘潜艇由推力系统、导航系统、船体系统和抽水系统等组成。

（2）系统是由相互作用的部件或子系统组成的。一个系统是其构成要素的集合，这些要素之间相互联系、相互制约。正是这种相互作用，使得系统并不简单地等于各部件或子系统的和。例如，钟表是由齿轮、发条、指针等零部件按一定的方式装配而成的，但一堆齿轮、发条、指针随意放在一起却不能构成钟表。还需要特别注意的是，如果组成系统的任何部件的物理性质改变了（如由于失效），那么该系统本身也将改变。例如，考虑一架有四台发动机的飞机，假定有一台发动机失效了，那么该系统状态将发生改变，如着陆特性会发生很大改变。

（3）系统是要完成一定功能的，或者说系统要有一定的目的性。系统的功能是指系统在与外部环境相互联系和相互作用中表现出来的性质、能力和功能。例如，信息系统的功能是进行信息的收集、传递、储存、加工、维护和使用，辅助决策者进行决策，帮助企业实现目标。当选择不同的系统特定性能时，就要采取相应的系统分析方法。例如，是不是对系统能否成功地完成某项任务感兴趣；是不是对系统是否发生某种偶然失效感兴趣；是不是对系统将会超过原来预料的投资感兴趣？显然若要对这三种情况进行正确的系统分析，就要使用不同的系统定义。

在系统定义中必须明确的最重要的一点是如何定义系统的边界。以放在桌子上的电话为例，把系统仅仅定义为电话本身（耳机、电线、底座）够不够？是否应包括外接的电线？是否包括插座？显然，在进行系统分析之前，必须明确给出系统外边界的定义。而这种外边界的确定必须部分地以对系统哪方面性能感兴趣为基础。系统边界定义应包含系统的物理边界和接口、能量边界和接口、信号边界和接口以及材料边界和接口。典型的边界示意图如图5-1所示。其中虚线框代表分析对象所属系统，方框内的A、B、C等各项代表分析对象，箭头表示作用方向，其上的字母表示接口类型。P表示物理接口，指具有直接的物理连接，如固定安装、接触、干涉等。E表示能量接口，包含动能、电能等。I表示信号接口，指通信指令、数据传递等。M表示材料接口，指气体、液体等材料交换。

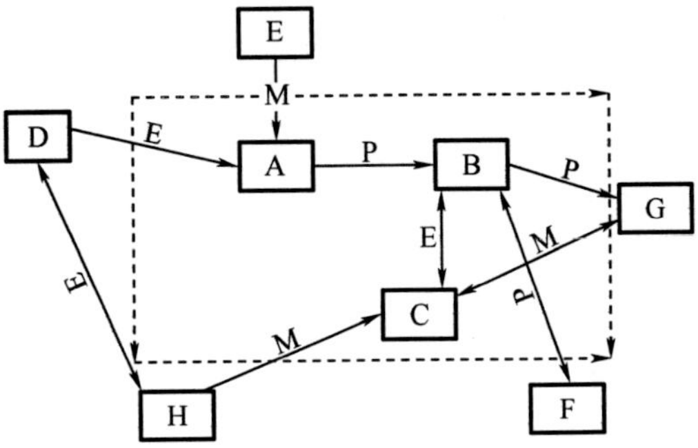

图5-1　边界示意图

在核电领域，由于核反应堆类型的不同，其所包含的核电厂系统也不同。对于压水堆而言，主要由压水反应堆、反应堆冷却剂系统(简称一回路)、蒸汽和动力转换系统(简称二回路)、循环水系统、发电机和输配电系统及其辅助系统组成。为保证反应堆的安全运行，核电厂还设置了一系列的核辅助系统和专设安全设施，例如，化学和容积控制系统、余热排出系统、设备冷却水系统、安注系统、安全壳喷淋系统，等等。

系统可靠性一般是指系统在规定的条件下和规定的时间内完成规定功能的能力。随着科学技术的进步与发展，系统的组成越来越复杂，多功能的系统大量出现，随之产生的系统可靠性问题也日益突出，研制高可靠性系统的难度也越来越大。系统可靠性是衡量系统设计优劣及质量高低的重要指标之一。系统越复杂，意味着其承载的信息量越大，重要性越高、功能越强、适用范围也就越广，若可靠性达不到规定的指标要求，则系统失效的可能性越大。一旦系统失效，其造成的损失也是巨大的，甚至是灾难性的。例如，反应堆事故工况下，若停堆系统不能成功使反应堆停闭，则可能导致堆芯损坏和放射性物质的释放。因此，如何快速、有效及准确地对系统可靠性进行评估与分析，正确估计系统的实际性能，减轻系统失效风险具有极其重要的现实意义。

从整体上看系统可靠性有多个衡量指标，一般对于可修复的系统和设备，通常用可靠度、平均故障间隔时间、平均修复时间、可用度、有效寿命和经济性等指标表示。而对于不可修复的系统，通常用可靠度、可靠寿命、故障率和平均失效前时间等指标表示。

研究系统可靠性具有非常重要的意义，可以防止或减少故障和事故的发生；降低系统的总费用(降低维修费等)；减少系统的停机时间，提高可用率；增强系统竞争力，提高经济性。

对于核电厂而言，通过系统可靠性分析可以识别系统失效模式和失效影响，以及导致系统失效的主要因素，加深对系统和系统内设备的了解，发现系统设计的薄弱环节，从而提出有效的系统优化建议,提高系统的可靠性和经济性。

在概率安全分析中,为了计算事故序列的频率,必须对事件树的每个分支点计算其成功概率和失败概率。这就需要对事件树分析中所确定的系统及其支持系统进行可靠性分析,即系统可靠性分析。系统可靠性分析的目标是确定并量化在始发事件分析和事件序列分析中所涉及的每个核电厂系统的失效原因,包括:确定系统级的成功准则、任务时间、操纵员动作的时间窗口和假设;识别可能影响系统不可用度或影响系统对事件序列贡献的人员差错和操纵员动作;评价系统的各种初始接入状态,使其达到确定堆芯损坏所需要的程度;识别并考虑系统之间的相关性和系统内部的相关性,并给出所确定的核电厂系统失效状态的发生概率,即系统的不可用度。

通常采用的系统可靠性分析方法包括: FMEA、可靠性框图(reliability block diagrams, RBD)、FTA、马尔可夫(Markov)方法及 GO 法。在核电厂概率安全分析中,一般采用 FTA 方法进行系统可靠性分析。本章主要对上述四种系统可靠性分析方法进行介绍,并对系统可靠性分析中采用的基本事件的类型及共因失效进行介绍。

5.2 FMEA 方法

5.2.1 概述

FMEA 是一个标准化的分析流程,除了用以识别始发事件外,在核电厂系统可靠性分析中也可用以识别系统潜在故障模式、故障原因及其对系统性能乃至核电厂安全的影响。此处的系统是指核电厂正常运行和成功缓解事故所需的各类系统,系统组成包括硬件和软件。

FMEA 最初起源于 20 世纪 50 年代的美国,用来分析飞机主操纵系统的失效,取得了良好的效果。20 世纪 60 年代后期,FMEA 开始应用于航天工业中系统部件的可靠性和安全性分析。目前,FMEA 已经广泛应用于航空航天、国防、汽车、电子、机械等产业。FMEA 在核能行业也得到了广泛的应用,FMEA 可用于识别核电厂始发事件及系统可靠性分析。

故障模式影响与危害性分析(failure mode effects and criticality analysis, FMECA)通过识别系统各种可能的失效模式,来确定每一种失效对系统功能或性能等要求的潜在影响,并按其影响的严重程度及其发生的概率对失效模式进行分类,识别设计上的薄弱环节,以便采取适当的设计改进措施,消除或减轻其影响。FMECA 一般为定性分析,也可进行一定的定量化。FMECA 本质上是 FMEA 与危害性分析的结合,其可视为 FMEA 的扩展,对 FMEA 所做的一般定性考虑均可应用于 FMECA。

FMEA 一般用来处理单个故障模式及其对系统的影响,分析时认为每个故障模式都是独立的,没有考虑相关性的影响,对系统来说则是没有考虑部件的共因失效。如果要考虑相关性,则需采用其他的可靠性分析方法,如故障树分析。因此,在概率安全分析中,一般将 FMEA 作为故障树分析的前一步工作,先对系统开展 FMEA,识别出所有影响系统功能或性能的故障模式,然后在 FMEA 基础上,开展故障树分析,简化故障树分析的工作。

对系统开展 FMEA 或 FMECA 的目的是为了识别对系统运行有不利影响的失效，为提高系统可靠性和安全性提供依据(设计改进措施或质量保证活动等)，同时为系统可维修性的改进提供支持。

5.2.2 FMEA 任务

FMEA 的分析步骤是首先将系统逐层分解为基本单元，即将系统自上而下分解为初始定义的各级层次，如子系统、设备及部件等。然后采用自下而上的方式，从最低层次的单元开始分析，分析故障模式对上一层次单元的影响，直至识别所有层次单元对系统的最终影响为止。最低层次决定了系统 FMEA 工作的详细程度，可以依据不同的分析目的来确定最低层次。

开展 FMEA 的基本任务如下。

1. 系统定义及任务

明确系统的功能、系统参数、运行环境和系统原理图或工艺流程图；明确系统的输入及输出；明确系统与其他系统的接口；明确系统在不同工况下的运行模式；了解系统所包含的子系统、设备以及系统所需的支持系统。

明确系统与其他系统之间的物理及功能接口，系统边界应反映设计和维修已定义的边界。在系统边界之外的系统和部件，分析时不予考虑。系统边界可按硬件或软件定义，也可按功能定义。系统功能较为复杂时，系统边界按功能定义，比按硬件或软件定义更能有效地限制其与其他系统之间的输入输出数量，简化其分析工作。

2. 确定分解程度

应明确系统分析的细化程度。如果对每个设备均细化至零部件，不仅工作过于烦琐，且没有数据的支持；若细化程度过于简单，则难以确认真正的失效原因，无法提供有效的改进建议。对于概率安全分析来说，系统最低层次一般取决于可靠性数据能支持的详细程度，因此系统 FMEA 分析一般分解至设备层级。

3. 系统功能框图

应根据系统的原理图，简化地画出系统功能框图，以表示系统内设备或子系统的串联或并联的关系。对包含不同运行模式的系统，可能需要对每个运行模式绘制不同的示意图。系统功能框图是进行 FMEA 的基础，其用来表示系统及系统各功能单元间的相互关系，以及系统和划分的每个层次的功能逻辑顺序。通过绘制功能框图，不仅对系统各组成部分所承担的任务功能一目了然，而且能够清晰地表示功能级间的关系。

4. 列举潜在的故障模式

识别故障模式的途径包括通过详细的功能分析来识别潜在的故障模式，参考类似功能和结构的物项的信息(如运行经验、故障记录等)，由供应商提供产品潜在的故障模式清单，或者参考通用或典型的故障模式清单。

应分析系统边界内所有的子系统、设备和部件，识别所有的故障模式，然后确定可能的故障原因以及对子系统和系统功能的影响。

5. 分析潜在的故障原因

故障原因分析的目的是找出每个故障模式产生的原因,进而采取针对性的有效改进措施,防止或减少故障模式发生的可能性。同一个故障模式可能有多个故障原因,一方面可以从导致部件发生功能故障模式或潜在故障模式的那些物理、化学或生物变化过程等找故障模式发生的直接原因;另一方面可以从外部因素(如其他部件的故障、使用、环境和人为因素等)找部件发生故障模式的间接原因。

6. 分析故障对系统的影响

应评估每个故障模式对系统单元的运行、功能和状态所造成的后果,也应考虑相关的维修活动影响。一般分为三个级别影响:局部影响、高一层影响和最终影响。

首先分析故障对本层次物项的影响,又称"局部影响",指的是故障模式对本层次物项的影响,识别局部影响的目的是对现有的可选措施或拟采取的纠正活动提供评判依据。其次分析故障对上一层次物项的使用、功能和状态的影响。最后分析故障模式对系统的影响。识别最终影响时,应通过对所有中间层的分析,来确定和评估可能的故障对系统的影响。最终影响可能是多重故障带来的,需要考虑冗余设计和备用工作模式等的影响。

7. 建立 FMEA 工作表

根据 FMEA 工作表的格式,将前面分析的内容填入对应的表格中。此项工作是 FMEA 工作的核心。

8. 改进措施分析

识别故障模式及其影响之后,应确定缓解该故障模式影响的措施。应说明针对每个故障模式的影响在设计与使用方面采取了哪些改进控制措施,以消除或减轻故障影响,以及提出将要采取的改进措施。例如采用冗余设计、预防性维修活动或预防性质量保证活动等等。如果难以确定各项措施的优先次序,则应进行危害性分析。

9. 故障检测方法

应明确每个故障模式的检测方式,包括设计上提供的故障自动检测手段,或在系统运行前制定的检查程序,或通过维修活动期间的检查。这些措施可在系统启动或运行过程中根据预定的间隔来执行。无论采取哪种方式,故障检测及指示应防止出现危险的运行情况。需要考虑在运行期间应对冗余设备进行单独检测,也应考虑设计缺陷将有多大可能、在何时何地被识别(如审查、分析、模拟或试验等)。例如,定期试验期间可以及时发现备用设备的失效。

10. 严酷度

严酷度用于评估故障模式对系统运行的影响程度。严酷度的分级取决于 FMEA 的目的和以下一些原因:监管当局和业界的要求、系统的功能特性,以及由故障引起的与系统特性有关的对用户及环境的可能影响等。

划分严酷度的目的是为改进措施排序提供依据,如有其他方式(如系统故障树分析)提供相应的依据,则 FMEA 工作表中可以不包含严酷度。下面将介绍两种严酷度的划分方式,见表 5-1 和表 5-2,仅供参考。

表 5-1 故障模式严酷度划分——第 1 种划分方式

类别	严酷度等级	描述
Ⅳ	灾难性的	系统主要功能丧失并导致系统及环境的严重损害和(或)人员受到严重伤害
Ⅲ	严重的	系统主要功能丧失并导致系统及环境的明显损害,但不导致人员受到严重伤害
Ⅱ	中等的	导致系统功能降级但不对系统有显著损害,不导致任何人员受到明显伤害
Ⅰ	轻度的	导致系统功能降级但不对系统造成损害,不导致人员伤害

表 5-2 故障模式严酷度划分——第 2 种划分方式

严酷度	判据	级别
无	无可见影响	1
极轻微	不影响系统实现其功能,不太可能被识别	2
轻微	不影响系统实现其功能,有可能被识别	3
较低	系统实现部分功能的性能下降,但仍可接受	4
低	系统实现主要功能的性能下降,但仍可接受	5
中等	系统丧失主要功能,但不影响核电厂安全或正常运行	6
高	系统丧失主要功能,可能影响核电厂安全或正常运行	7
非常高	系统丧失主要功能,且影响核电厂安全或正常运行	8
灾难性但有警告	系统丧失主要功能,且导致人员受到有明显健康效应的照射,或不满足其他核安全要求,但有相应信号或指示,仍有可缓解措施	9
灾难性且无警告	系统丧失主要功能,且导致人员受到有明显健康效应的照射,或不满足其他核安全要求,且没有相应信号或指示,无缓解措施或缓解措施失效的可能性较大	10

11. 故障模式发生频率或概率

FMEA 定量化分析时,或者评估故障模式的影响和危害性时,需要确定故障模式的发生频率或概率。

在确定频率或概率时,除了根据已有的故障率信息外,还可考虑运行条件(环境或应力等),在大部分情况下,部件的故障率随应力的增加成正比或指数上升。可通过以下几种方法获取故障率:从部件寿期试验得到数据;从通用数据库获取数据;从运行经验中得到故障数据;参考类似设备或部件的故障数据。在估算发生概率时,应考虑时间长度的影响,通常是设备或部件的质量保证期或预定的寿期。

5.2.3 FMEA 工作表

表 5-3 给出了 FMEA 工作表的示例,实际工作中可根据具体应用和项目要求对该表做适当的调整。

表 5-3 FMEA 工作表示例

物项及编码	功能说明	故障模式	故障模式代码	故障原因	局部影响	上一层影响	最终影响	故障检测方法	补偿措施	严酷度等级	发生频率或概率	备注

工作表中各栏的说明：

物项及编码与功能说明中描述分析对象的特征；

故障模式及故障模式代码中描述物项发生故障的可能方式；

故障原因中描述导致故障发生最可能的原因；

局部影响中详细描述故障模式对物项的影响；

上一层影响中简要描述故障模式对物项的上一层级物项的影响；

最终影响中简要描述故障模式对系统的影响；

故障检测方法中简要描述故障的检测方式，检测方法包括在役试验（自动检测）、运行或维修人员通过诊断规程发现故障等；

补偿措施中描述如何缓解故障模式的影响，如采用冗余设计或者预防性维修等方式；

严酷度等级中说明根据严酷度划分表得到的故障模式严酷度等级；

发生频率或概率中说明故障模式的发生率，若为频率，则其单位应与应用相匹配；

备注中应对有关内容进行说明，如异常情况或特殊的维修要求等。

5.2.4 危害性分析

危害性分析即分析每一个故障模式的严重类别以及该故障模式的发生概率，得出该故障模式所产生的影响（即危害度），并对危害度进行分类，以便全面地评价各种可能的故障模式影响，并采取相应的措施改进设计。危害性分析的目的是定量评价每个故障模式的影响程度以支持决策。危害性分析以 FMEA 为基础，是 FMEA 的扩展和补充。危害性评价方法主要包括两种：危害性矩阵法和风险优先数（risk priority number，RPN）法。

1. 危害性矩阵法

危害性矩阵主要用来确定和比较每一种故障模式的危害程度，从而支持改进措施优先顺序的确定。危害性矩阵是以严酷度类别为横坐标，以故障模式发生概率等级或危害性系数 C_j 为纵坐标的矩阵图。通过绘制危害性矩阵，能够确定和比较每一种故障模式的危害程度。危害性矩阵如图 5-2 所示。

发生概率常用的分级如下：

（1）危害性系数 1 或 E，不可能，$0 \leqslant P_i < 10^{-4}$；

（2）危害性系数 2 或 D，不大可能，$10^{-4} \leqslant P_i < 10^{-3}$；

（3）危害性系数 3 或 C，偶然的，$10^{-3} \leqslant P_i < 10^{-2}$；

（4）危害性系数 4 或 B，可能的，$10^{-2} \leqslant P_i < 10^{-1}$；

(5)危害性系数 5 或 A,经常的,$P_i \geqslant 10^{-1}$。

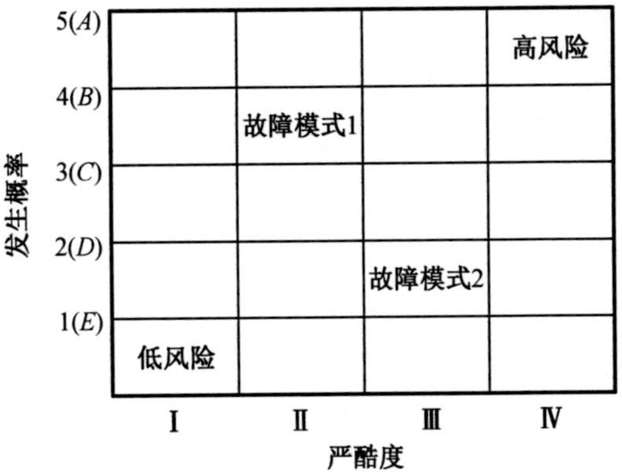

图 5-2 危害性矩阵

图 5-2 中故障模式 1 的发生概率大于故障模式 2,但后者的严酷度比前者高。若需要确定哪个故障模式的处理有更高的优先权,取决于严酷度、频率或概率等级的划分及排序原则。如果按线性的分级方式(对矩阵通常的建议),则故障模式 1 有更高的危害性。但在有些应用中可能以严酷度为第一原则,则故障模式 2 是更危险的故障模式。

危害性系数与条件故障率及运行时间有关,它可对部件在预定使用期中某种故障模式的风险作出更现实的评价。其计算公式如下:

$$C_{ij} = \lambda_j \alpha_i \beta_i t_j \tag{5-1}$$

式中 C_{ij}——部件 j 的故障模式 i 的危害性系数;

λ_j——部件 j 的故障率;

α_i——故障模式 i 在部件故障发生概率中所占的比例;

β_i——故障模式 i 发生情况下导致系统失效的条件概率;

t_j——部件 j 在 FMECA 预定的整个时间段内的运行时间。

有 m 个故障模式的部件 j 的危害性系数为

$$C_j = \sum_{i=1}^{m} \lambda_j \alpha_i \beta_i t_j \tag{5-2}$$

2. 风险优先数(RPN)法

风险优先数是一种危害性度量方法,一般的风险关系式为

$$R_{\mathrm{PN}} = SP \tag{5-3}$$

式中 S——严酷度等级的无量纲数;

P——发生概率,无量纲数。

若考虑故障的设计检测可能性,还应考虑另一个与故障检测相关的量 D(也是无量纲数)。这样风险关系式为

$$R_{\mathrm{PN}} = SOD \tag{5-4}$$

式中 O——设定时间段内故障模式发生概率(可以用表示级别的数值来代替实际数据);

D——检测率,表示在系统或用户受到影响之前识别并消除该故障的可能性。

检测率越高，代表检测成功概率越低，而检测成功概率低则导致了 RPN 值高，因此应分配更高的优先权处理该故障模式。

依据 RPN 的概念，RPN 可以确定故障模式缓解措施的优先权。对系统的所有故障模式按照 RPN 进行排序，高的 RPN 值具有高的优先权。除了 RPN 外，缓解措施的决策还受到故障模式严酷度的影响。也就是说，对于 RPN 类似或相同的故障模式，应首先处理严酷度高的故障模式。由于核安全的特殊性，对于严酷度等级 9、10 的故障模式，应确保其缓解措施的优先权。

表 5-4 和表 5-5 分别给出故障模式发生概率 O 及检测率 D 的划分依据。严酷度 S 的划分依据见表 5-2。

表 5-4　故障模式发生概率划分

概率	级别
$\leqslant 1.0\times10^{-5}$	1
$1.0\times10^{--5} \sim 1.0\times10^{-4}$	2
$1.0\times10^{-4} \sim 5.0\times10^{-4}$	3
$5.0\times10^{-4} \sim 1.0\times10^{-3}$	4
$1.0\times10^{-3} \sim 2.0\times10^{-3}$	5
$2.0\times10^{-3} \sim 5.0\times10^{-3}$	6
$5.0\times10^{-3} \sim 1.0\times10^{-2}$	7
$1.0\times10^{-2} \sim 2.0\times10^{-2}$	8
$2.0\times10^{-2} \sim 1.0\times10^{-1}$	9
$\geqslant 1.0\times10^{-1}$	10

表 5-5　故障模式检测率划分

检测可能性	级别划分准则：通过设计所能检测到的可能性	级别
肯定能检测到	通过设计，肯定能确保检测到潜在原因、机理及后续故障模式	1
非常高	通过设计，有很高的可能性检测到潜在原因、机理及后续故障模式	2
高	通过设计，有高的可能性检测到潜在原因、机理及后续故障模式	3
较高	通过设计，有较高的可能性检测到潜在原因、机理及后续故障模式	4
中等	通过设计，有一定的可能性检测到潜在原因、机理及后续故障模式	5
低	通过设计，有较低的可能性检测到潜在原因、机理及后续故障模式	6
非常低	通过设计，只有非常低的可能性检测到潜在原因、机理及后续故障模式	7
不大可能	通过设计，不大可能检测到潜在原因、机理及后续故障模式	8
很不可能	通过设计，极不可能检测到潜在原因、机理及后续故障模式	9
绝对不可能	通过设计，无法检测到潜在原因、机理及后续故障模式，或者无相应的设计	10

RPN 方法存在一定的缺陷,主要体现在以下方面:

(1)同一 RPN 值对应的因子组合不是唯一的;

(2)RPN 值对因子的变化比较敏感,当其他因子较大时,一个因子发生小的变化,比其他因子较小时相同的变化,其产生的影响要大很多;

(3)RPN 不能用来做线性比较。

综合上述,由于 RPN 比较可能造成误导,在根据 RPN 值得出结论并执行纠正性措施前,应对严酷度、发生概率和检测率进行审查。

5.2.5 应用示例

本节以钠冷快堆核电厂中的二回路钠分析监测系统为例,通过 FMECA,找出二回路钠分析监测系统设计中存在的潜在故障模式和危害性,进行分析,识别故障产生的原因、故障造成的影响,针对故障后果进行综合风险评价、提出补偿措施,将系统总体风险控制在可接受的水平。

1. 系统定义及系统功能框图

二回路钠分析监测系统的任务是监测二回路钠中杂质的含量。该系统的监测包括在线监测钠总杂质、总氧含量、取样分析。在线监测是通过监测设备——阻塞计、氧计监测二回路钠中总杂质和总氧含量,当含量超过警戒值时进行报警;取样分析是通过该系统的取样器,将系统内的钠样品转移至分析化学实验室,通过化学分析的方法分析样品中的氧、碳、氮、钙、铁、钾、氯等多种杂质的含量。

二回路钠分析监测系统是核电厂中的能量转换系统,二回路系统钠的质量监测系统。钠净化系统依据该系统监测值控制启动,而钠净化系统是二回路系统持续运行的保障。因此,二回路钠分析监测系统为二回路的辅助系统。

二回路钠分析监测系统的工作原理图如图 5-3 所示。在二回路两个循环中独立设置两套二回路钠分析监测系统。系统中的钠工艺间需要考虑钠隔离、钠泄漏、钠反应和事故排烟等安全要求。系统、设备及零部件应能承受所有运行工况和事故工况预计的静、动载荷及外部作用载荷,如地震和冲击波等。

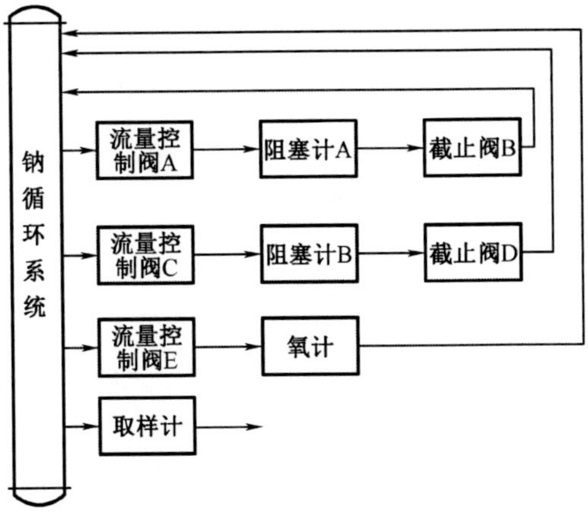

图 5-3 二回路钠分析监测系统的工作原理图

二回路钠分析监测系统功能应在安全可控的状态下实现,功能要求见表 5-6。

表 5-6　二回路钠分析监测系统功能要求

序号	功能	子功能	性能	指标
1	二回路钠在线监测	测量钠中总杂质含量	测量范围	120~220 ℃
			测量耗时	不少于 1 h/次
			测量频率	不少于 1 次/运行班次
2	二回路钠取样	获取二回路钠样本	取样量	10~20 g/埚,3 埚/次
			取样耗时	1 h
			取样频率	依分析要求而定
3	钠安全包容功能			

二回路钠分析监测系统物理、材料边界图如图 5-4 所示;信号、能量边界图如图 5-5 所示。

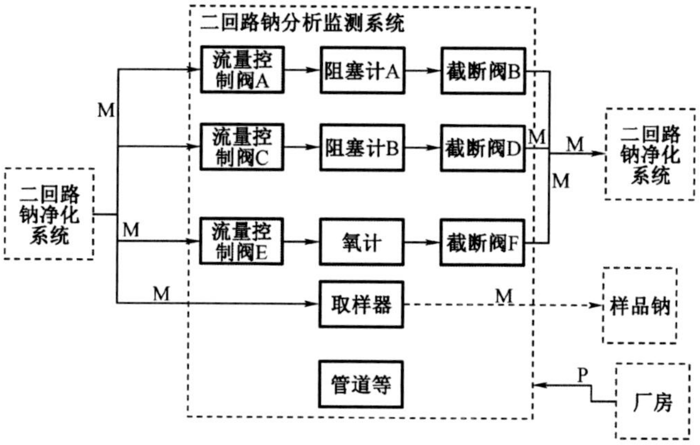

图 5-4　二回路钠分析监测系统物理、材料边界

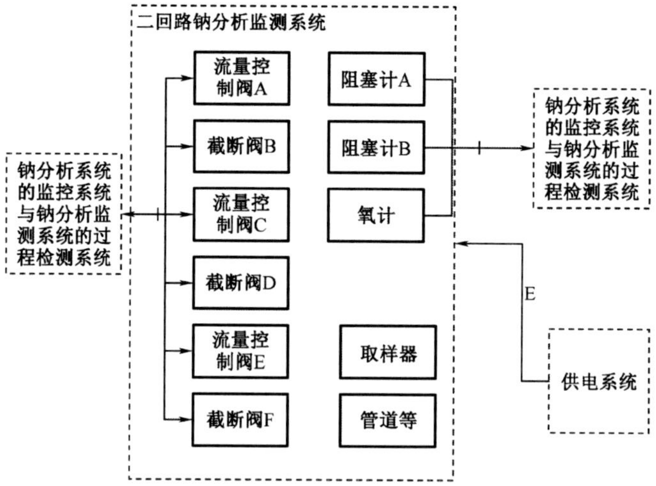

图 5-5　二回路钠分析监测系统信号、能量边界

二回路钠分析监测系统功能与结构对应关系如图 5-6 所示。

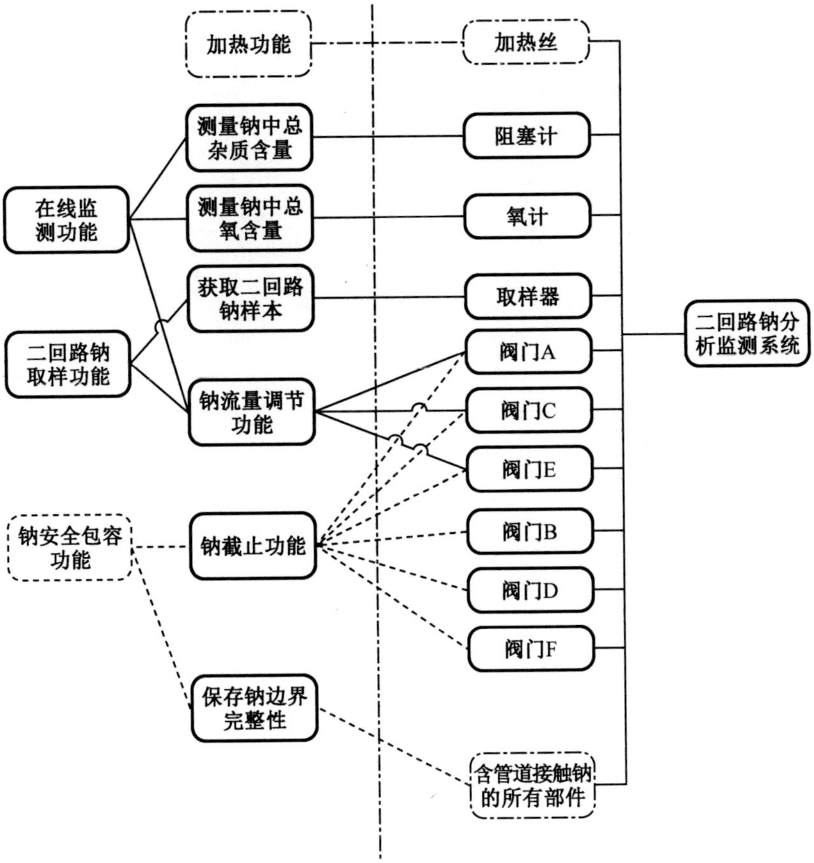

图 5-6　二回路钠分析监测系统功能与结构对应关系

2. 任务

二回路钠分析监测任务阶段分为:长期监测,核电厂正常运行时/核电厂启动前长期监测钠杂质含量;取样阶段,电厂运行中定期获取钠样品;备用。

针对二回路钠分析监测系统功能需求,确定该系统故障判据(表 5-7)。

表 5-7　二回路钠分析监测系统故障判据表

序号	功能	故障判据说明
1	测总杂质	不能正确(误差大于××单位)测量钠循环中的总杂质含量,测总杂质功能失效
2	测总氧	不能正确(误差大于××单位)测量钠循环中的总氧含量,测总氧功能失效
3	保持钠边界完整	产生钠泄漏(泄漏标准)
4	调节功能	无法控制通过检测系统的钠流量
5	取样功能	在需要对二回路钠取样时,无法获得对应环路钠样本
	…	

在确定的故障判据上，通过识别的故障模式，进行初步的核电厂的故障影响分析，并进一步确定相应的严酷度类别。初步确定可能故障影响关系（表 5-8）。

表 5-8　二回路钠分析监测系统故障影响关系表

序号	故障模式	电厂故障影响初步描述	严酷度类别
1	测总杂质丧失	可能导致手动停堆	8
2	测总杂质含量输出大	可能导致手动停堆	8
3	测总杂质含量输出小	二回路杂质超标	7
4	钠泄漏	轻微安全影响，造成电厂停堆	9
5	测总氧丧失	可能导致手动停堆	8
6	测总氧含量输出大	可能导致手动停堆	8
7	测总氧含量输出小	二回路杂质超标	7
8	不能取样	电厂基本无影响，但检测基准减少一项	2
9	无法调节流量	可造成测总杂质功能异常	5

3. FMECA 工作表

二回路钠分析监测系统设计 FMECA 工作表见表 5-9。

4. 结论和建议

根据完成的 FMECA 工作表具体内容，得出结论如下：

（1）严酷度高的故障模式清单见表 5-10；

（2）高风险的故障模式清单见表 5-11。

表 5-10　严酷度高（S:7~10）的故障模式清单

序号	功能或物项	故障模式	最终故障影响	故障检测方法	当前控制措施	严酷度类别	补偿措施	备注
无								

表 5-11　高风险的故障模式清单（RPN 得分从高到低排序在前 10%~20%的纳入）

序号	功能或物项	故障模式	最终故障影响	故障检测方法	当前控制措施	RPN 值	补偿措施	备注
1	钠样品受污染	手套箱失密封	无	自动检测	隔离手套箱	120	更换失密封件	

针对以上需要控制或降低的改善措施总结建议为：从严酷度和高风险的故障模式清单中可明显看出高风险的故障模式为手套箱失密封，针对手套箱失密封建议操纵员严格执行操作规范和要求。

表 5-9 二回路钠分析监测系统设计 FMECA 工作表

二回路钠分析监测系统部分设计 FMECA 工作表

功能	故障模式	故障原因	任务阶段与工作方式	故障影响			故障检测方法	当前控制措施	严酷度类别	故障模式概率等级	检测等级	RPN值	补偿措施	备注
				局部	相关系统	最终								
测量钠中总杂质含量	无数据输出	阻塞计故障	反应堆启动前	丧失在线测量钠中总杂质含量功能	钠净化系统失去开启停止判据	可能影响反应堆启动	自动检测	启动另外一台备用阻塞计	6	3	3	54		
测量钠中总杂质含量	无数据输出	阻塞计故障	反应堆运行中	丧失在线测量钠中总杂质含量功能	钠净化系统失去开启停止判据	可能导致手动停堆	自动检测	启动另外一台备用阻塞计	7	3	3	63		
测量钠中的氧含量	无数据输出	氧计故障	反应堆启动前	丧失在线测量钠中氧含量的功能	无	无	自动检测	启动另外一台备用氧计	6	3	3	54		
测量钠中的氧含量	无数据输出	氧计故障	反应堆运行中	丧失在线测量钠中氧含量的功能	无	无	自动检测	启动另外一台备用氧计	6	3	3	54		
测量钠中的碳含量	无数据输出	碳计故障	反应堆启动前	丧失在线测量钠中碳含量的功能	无	无	自动检测	启动另外一台备用碳计	6	3	3	54		
测量钠中的碳含量	无数据输出	碳计故障	反应堆运行中	丧失在线测量钠中碳含量的功能	无	无	自动检测	启动另外一台备用碳计	6	3	3	54		
二回路钠取样	不能得到样品	设备故障	反应堆启动前	丧失钠在线取样功能	无	可能影响反应堆启动	自动检测	无	6	3	3	54		
二回路钠取样	不能得到样品	设备故障	反应堆运行中	丧失钠在线取样功能	无	无	自动检测	无	6	3	3	54		

5.3 可靠性框图方法

5.3.1 概述

可靠性框图法以功能框图为基础,依靠方框和连线的布置,绘制出系统各个部分(或其组合)发生故障时对系统功能特性的影响,具有很强的逻辑直观性。

采用可靠性框图法,首先需要了解系统各单元之间以及单元与系统之间的物理关系和工作关系。必须了解系统中各单元之间在可靠性功能上的联系,以及这些单元功能对系统工作的影响;必须明确哪些单元正常工作,才能保证系统完成其预期的功能。其次根据单元失效与系统失效之间的逻辑关系,用可靠性框图来表示这种逻辑关系。最后将所建立的可靠性框图,转换成数学模型来表示系统可靠度。若已知框图中每个单元的工作概率或故障概率,则可求得整个系统的可靠度、不可靠度和系统平均故障间隔时间等可靠性指标。在 PSA 中,单元一般细化至设备级即可。

可靠性框图建模需满足以下基本假设:

(1)系统及其组成单元只有故障与正常两种状态,不存在第三种状态;

(2)系统内各单元的故障是相互独立的;

(3)系统的所有输入在规定极限范围内,即不考虑由于输入错误而引起系统故障的情况。

5.3.2 典型 RBD 模型

1. 串联模型

系统的所有组成单元中任一单元的故障都会导致整个系统故障的系统称为串联系统。串联系统可靠性模型是最常用和最简单的模型之一。设一个串联系统由 n 个单元组成,则其可靠性框图如图 5-7 所示。当 n 个单元全部正常工作时,系统正常工作,只要其中有一个单元失效,则系统失效。

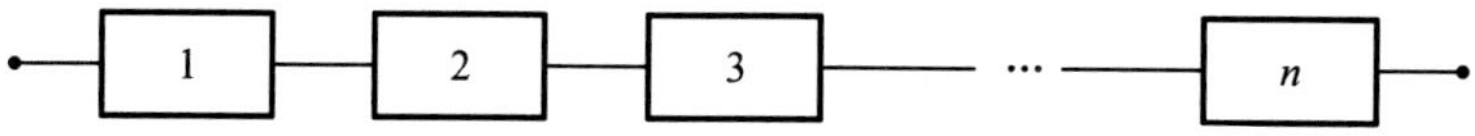

图 5-7 串联系统可靠性框图

假设各单元的故障是相互独立的,在串联系统中,系统的可靠度是各单元可靠度的乘积,则系统可靠度 $R_S(t)$ 为

$$R_S(t) = \prod_{i=1}^{n} R_i(t) \tag{5-5}$$

式中 $R_i(t)$——第 i 个单元的可靠度。

当各单元的寿命分布均为指数分布时,系统的寿命也服从指数分布,系统的故障率 λ_S 为系统中各单元的故障率 λ_i 之和,可表示为

$$\lambda_S = \sum_{i=1}^{n} \lambda_i \tag{5-6}$$

则系统可靠度可表示为

$$R_S(t) = \prod_{i=1}^{n} R_i(t) = \prod_{i=1}^{n} e^{-\lambda_i \cdot t} = e^{-\lambda_S \cdot t} \tag{5-7}$$

系统平均故障间隔时间为

$$M_{TBF_S} = \frac{1}{\sum_{i=1}^{n} \lambda_i} = \frac{1}{\lambda_S} \tag{5-8}$$

由此可知,串联系统的单元越多,系统的可靠度越低。由于串联系统的可靠度总是小于系统中任一单元的可靠度,因此提高最低可靠度单元的可靠性效果会较好。当各单元的可靠度一定时,串联的单元越多,系统的可靠度越低。因此,串联系统应尽可能简化设计,减少单元数,并尽可能提高每个单元的可靠度,以此来提高整个系统的可靠度。

2. 并联模型

当组成系统的所有单元都发生故障时,系统才发生故障的系统称为并联系统。设一个并联系统由 n 个单元组成,则其可靠性框图如图 5-8 所示。n 个单元中只要有一个单元能够正常工作,则系统正常工作;当 n 个单元全部故障时,则系统发生故障。

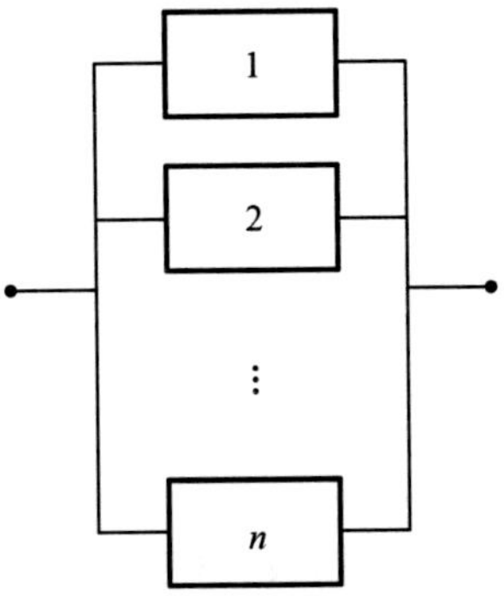

图 5-8 并联系统可靠性框图

并联系统可靠度 $R_S(t)$ 计算公式为

$$R_S(t) = 1 - \prod_{i=1}^{n} [1 - R_i(t)] \tag{5-9}$$

式中 $R_i(t)$——第 i 个单元的可靠度。

由上式可知,并联系统的可靠度高于任一单元的可靠度,在单元可靠度一定的情况下,并联的单元越多,系统可靠度越大。反之,当系统的可靠度一定时,并联的单元越多,对单元的可靠性要求越低。

若系统各单元的寿命分布为指数分布,则系统可靠度为

$$R_S(t) = 1 - \prod_{i=1}^{n} (1 - e^{-\lambda_i \cdot t}) \tag{5-10}$$

当系统包含 n 个相同的单元,即 $\lambda_i = \lambda$ 时,则

$$R_S(t)=1-(1-e^{-\lambda \cdot t})^n \tag{5-11}$$

系统平均故障间隔时间为

$$M_{TBF_S}=\frac{1}{\lambda}+\frac{1}{2\lambda}+\cdots+\frac{1}{n\lambda} \tag{5-12}$$

由上式可知,对于两个服从相同指数分布的单元组成的并联系统来说,其平均寿命比一个单元系统的寿命增加50%,而三个相同单元的并联系统的平均寿命仅比两个单元并联系统寿命增加33%,由此可知,随着并联单元数的增加,系统寿命的增加将逐渐减小,因此并联的单元不宜过多。

由于并联系统的可靠性高于系统内任一单元的可靠性,因此提高系统可靠性可以对系统内的单元添加并联单元,这也是一种冗余设计,但因为随着并联单元数的增加,系统寿命的增加将逐渐减小,因此不宜增加过多的并联单元。

3. 表决模型(r/n)

由 n 个单元组成的系统中,若有不小于 $r(1\leqslant r\leqslant n)$ 的单元正常工作时,系统就不会失效,这样的系统称为 r/n 表决系统。若 $r=1$ 时,即为并联系统;$r=n$ 时,则为串联系统。其可靠性框图如图5-9所示。

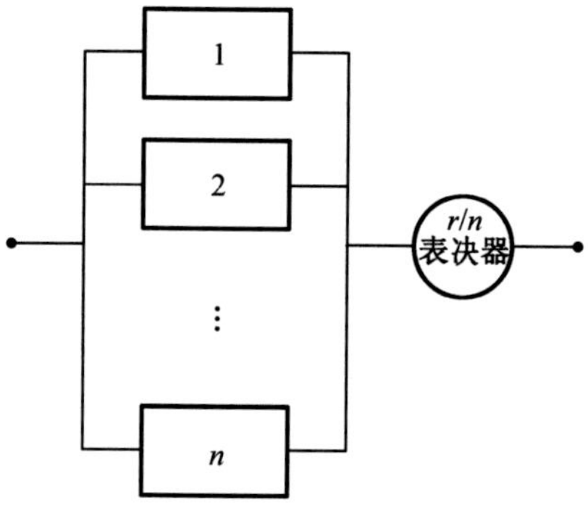

图5-9 表决系统可靠性框图

表决系统的可靠度 $R_S(t)$ 计算公式为

$$R_S(t)=\sum_{i=r}^{n} C_n^i R(t)^i[1-R(t)]^{n-i} \tag{5-13}$$

式中 $R(t)$——系统组成单元(各单元相同)的可靠度。

若各单元的寿命服从指数分布,且具有相同的失效率 λ 时,系统的平均故障间隔时间为

$$M_{TBF_S}=\frac{1}{\lambda}\sum_{i=r}^{n}\frac{1}{i} \tag{5-14}$$

4. 旁联模型

组成系统的 n 个单元,仅有一个单元工作,当工作单元失效时,通过转换装置转接到另一个单元继续工作,直到所有的单元都失效时系统才失效,这样的系统称为旁联系统,也叫冷储备系统。旁联系统可靠性框图如图5-10所示。

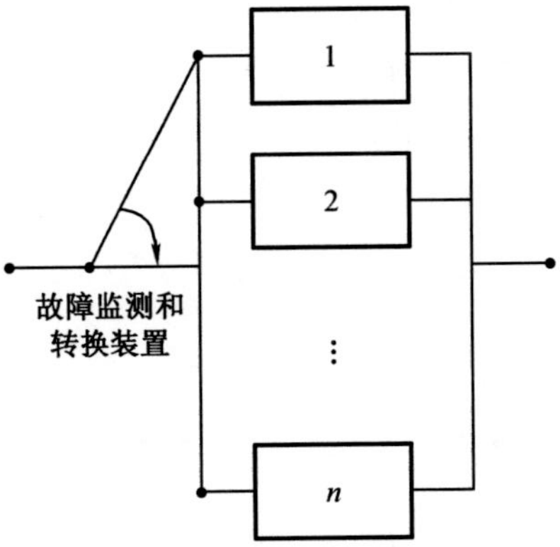

图 5-10　旁联系统可靠性框图

假设转换装置的可靠度为 1，n 个单元的寿命分别为随机变量 $T_1, T_2, \cdots, T_n$，则此种情况下系统的寿命为各单元寿命之和，即

$$T = \sum_{i=1}^{n} T_i \tag{5-15}$$

当各单元的寿命均服从相同的指数分布，且具有相同的失效率 λ 时，系统的可靠度为

$$R_S = \sum_{k=1}^{n-1} \frac{(\lambda t)^k}{k!} e^{-\lambda t} \tag{5-16}$$

此时系统的平均故障间隔时间为

$$M_{TBF_S} = \frac{n}{\lambda} \tag{5-17}$$

对对 n 个不同单元组成的旁联系统，系统可靠度及平均故障间隔时间为

$$R_S(t) = \sum_{k=1}^{n} \left(\prod_{\substack{i=1 \\ i \neq k}}^{n} \frac{\lambda_i}{\lambda_i - \lambda_k} e^{-\lambda_k t} \right) \tag{5-18}$$

$$M_{TBF_S} = \sum_{i=1}^{n} \frac{1}{\lambda_i} \tag{5-19}$$

5. 桥联模型

对于复杂系统，系统的某些功能冗余或替代工作方式的实现，采用的不是并联、表决或旁联模型，而是一种桥联的形式，又称为网络系统。桥联系统的数学模型建立起来较为复杂，不能建立通用的表达式，还需借助一些一般网络模型常用的分析方法来计算其系统可靠度。桥联系统的可靠性框图如图 5-11 所示。

(1) 布尔真值表法。布尔真值表法又称为穷举法，假设系统由 n 个单元组成，每个单元只有正常和失效两种状态，用 0 表示失效，用 1 表示正常。则 n 个单元构成的系统共有 2^n 个状态，在这 2^n 个状态中，当 n 较小时，可采用该方法列出系统的全部 2^n 个状态，计算每一种使系统正常的状态概率，这些概率之和即为系统的可靠度。

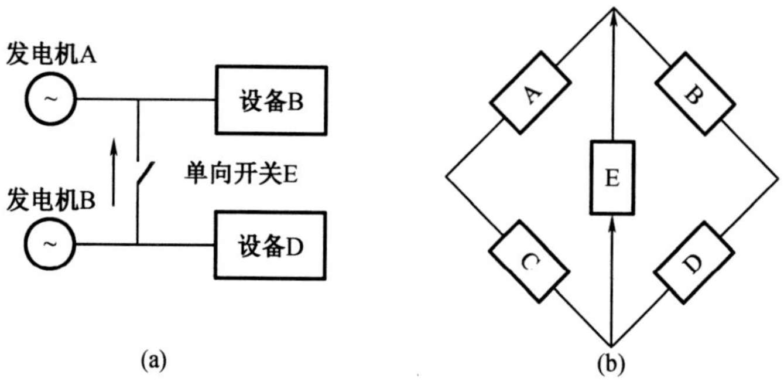

图 5-11　桥联系统的可靠性框图

(2)全概率分解法。将复杂桥联网络模型进行分解,化简为一般的串并联系统,然后应用概率公式计算其成功概率,此种方法称为全概率分解法。

假设 S 为系统正常事件,X 为单元正常状态,$\overline{X}$ 为单元非正常状态(失效状态),则系统的可靠度 R_S 为

$$R_S=P(X)P(S|X)+P(\overline{X})P(S|\overline{X}) \tag{5-20}$$

式中　$S|X$——在 X 正常情况下的正常事件;

$S|\overline{X}$——在 X 失效情况下的系统正常事件。

全概率分解法的关键是选择合适的单元进行展开,对于更为复杂的网络系统,可按此原理逐级分解,从而求出全系统的可靠度。

(3)最小路集法。网络系统由节点和节点间的连接线(弧或单元)连接而成,并假设弧(单元)和系统只有两种状态,正常或失效。路集是由网络中的部分单元组成的集合,当集合中的单元全部正常时,则网络系统正常,这样的集合称为路集。当路集中去掉一个单元时,将导致网络系统失效,则称此路集为最小路集。

布尔真值表法适用于简单的复杂系统,全概率分解法难以依靠计算机程序实现,所以系统可靠性一般采用最小路集法计算。

5.3.3　应用示例

假定二回路主冷却剂系统包含 4 个环路,每个环路的循环泵互相独立且完全相同,它们均服从指数分布,给定二回路主冷却剂系统可靠度 $R_S(100)=0.95$,求单个循环泵的平均故障前时间 MTTF。

解

$$R_S(100)=e^{-100\lambda_S}=e^{-100(4)\lambda}=0.95$$

或者

$$\lambda=\frac{-\ln 0.95}{400}=0.000\ 128$$

那么

$$M_{TTF}=\frac{1}{0.000\ 128}=7\ 812.5$$

一般来说，对于具有常数失效率的单元，有

$$M_{\mathrm{TTF_S}}=\frac{1}{\sum_{i=1}^{n}\lambda_i}=\frac{1}{\sum_{i=1}^{n}\frac{1}{M_{\mathrm{TTF}_i}}}$$

式中 M_{TTF_i}——第 i 个循环泵的故障前时间。

5.4 马尔可夫方法

5.4.1 概述

马尔可夫方法起源于俄国数学家安德烈·马尔可夫对成链的试验序列的研究。1907年马尔可夫发现某些随机事件的第 N 次试验结果常决定于它的前一次($N-1$ 次)试验结果，马尔可夫假定各次转移过程中的转移概率无后效性，用以对物理学中的布朗运动作出数学描述；1923年由美国数学家诺伯特·维纳提出连续轨道的马尔可夫过程的严格数学结构；20世纪三四十年代由柯尔莫戈罗夫、费勒、德布林、莱维和杜布等人建立了马尔可夫过程的一般理论，并把时间序列转移概率的链式称为马尔可夫链。

在实际工程中，系统除正常和故障状态之外，往往存在降级运行的状态，且单元的故障也不是绝对独立的，如一个部件的故障会增加其他部件的负载，从而增加系统的故障率；或者一些常见原因会导致系统中一个或更多部件的失效，从而增加系统的失效率；或者部件故障后及时修理，使得系统能恢复到之前运行的状态；或者某些部件的维修采用的是公共的维修资源，即部件的维修次数还取决于其他部件的维修状况。而马尔可夫方法特别适用于对运行模式比较复杂的存在多状态的可修系统进行可靠性建模，因此上述这些情况均可采用马尔可夫方法建模。

马尔可夫模型有如下几个特点：

(1)考虑维修；

(2)存在负载共享或诱导失效；

(3)存在共因失效或独立失效；

(4)部件的失效存在先后顺序；

(5)维修时存在公共维修资源；

(6)一个任务剖面包含多个任务阶段，存在阶段性任务需求；

(7)系统的状态与时序有关。

马尔可夫方法认为系统由多种状态构成。例如，系统的一个可能状态是所有的组成单元都能正常运行；而另一个可能的状态是系统降级运行，即有一个单元故障，其他组成单元能够正常工作。马尔可夫方法的基本假设为系统从一种状态到另一种状态的转移概率仅与系统的当前状态相关，而与系统之前的状态无关；组成系统的各单元的寿命分布、故障后修理时间分布，以及其他出现的有关分布均为指数分布，并且与这些分布有关的随机变量都相互独立。将系统从一种状态到另一种状态的转移用失效率表示。

假设$\{X(t),t\geqslant 0\}$是取值在$S=\{0,1,\cdots\}$或$S=\{0,1,\cdots,N\}$上的随机过程。若在任意自然数n及任意n个时刻点$0\leqslant t_1<t_2<\cdots<t_n$均有

$$P\{X(t_n)=i_n\mid X(t_1)=i_1,X(t_2)=i_2,\cdots,X(t_{n-1})=i_{n-1}\}=P\{X(t_n)=i_n\mid X(t_{n-1})=i_{n-1}\} \tag{5-21}$$

式中,$i_1,i_2,\cdots,i_n\in S$,且等式两端的条件概率都有意义,则称$\{X(t),t\geqslant 0\}$为离散状态空间S上的连续时间马尔可夫过程。

若对任意t和u,均有$P\{X(t+u)=j\mid X(u)=i\}=p_{ij}(t)$与$u$无关,则称$\{X(t),t\geqslant 0\}$为齐次马尔可夫过程,其中,$i,j\in S$。

对于固定的$i,j\in S$,函数$P_{ij}(t)$称为从状态i到状态j的转移概率函数,$\boldsymbol{P}(t)=[P_{ij}(t)]$称为转移概率矩阵。

马尔可夫方法基于系统运行状态进行可靠性建模,而每一个单元状态的变化都会引起系统状态的变化,所以马尔可夫模型的复杂程度和系统包含的单元数密切相关,一般系统包含的状态数理论上可以为2^n(n为系统包含单元的数量),所以当系统较复杂时,用马尔可夫方法建模会相当复杂。当然,实际的状态数量跟建模的方法和技术有关。

5.4.2 马尔可夫方法建模步骤

马尔可夫方法的建模步骤一般包括:

(1)定义系统状态。若系统由n个单元组成,每个单元至少包含两种状态,即工作或失效,根据每个单元的状态,定义系统可能的状态,并画出系统状态转移图;

(2)求转移概率矩阵或计算系统处于每个状态的概率。根据系统状态转移图和转移概率函数,计算系统处于每个状态的概率;

(3)计算系统可靠度。根据系统状态定义,计算系统处于成功状态的总概率,即为系统可靠度。

假定一个系统共有$N+1$个状态,其中状态$0,1,\cdots,K$是系统的工作状态,$K+1,\cdots,N$是系统的故障状态。记$E=\{0,1,\cdots,N\}$,$W=\{0,1,\cdots,K\}$和$F=\{K+1,K+2,\cdots,N\}$。令$X(t)$表示时刻t系统的状态。$P_j(t)=P\{X(t)=j\}$,$j\in E$表示t时刻系统处于状态j的概率。

则系统的可靠度为

$$R(t)=\sum_{j\in W}P_j(t) \tag{5-22}$$

式中 $P_j(t)$,$j\in W$——下列微分方程组的解:

$$\begin{cases}\boldsymbol{P}'(t)=\boldsymbol{P}(t)\boldsymbol{A}\\ \text{初始条件 }\boldsymbol{P}(0)\end{cases}$$

其中,$\boldsymbol{A}=\{a_{ij}\}$为转移概率矩阵。

5.4.3 系统状态转移图

1. 单部件不可修系统

模型假设:系统由一个部件组成,部件寿命 X 服从指数分布 $e(\lambda)$。

定义系统状态:状态 0,部件工作(系统正常);状态 1,部件故障(系统故障)。则系统状态转移图如图 5-12 所示。

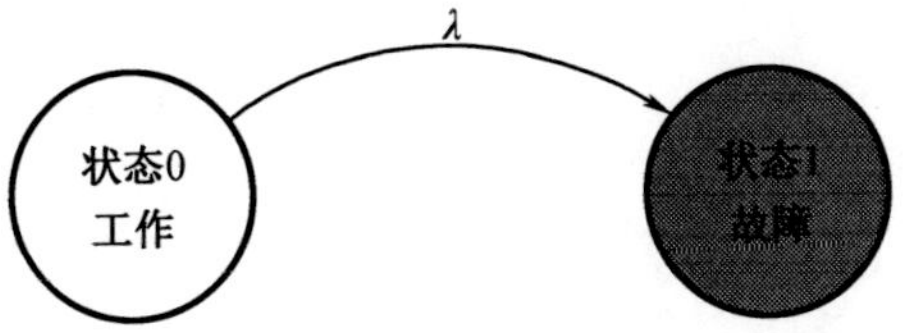

图 5-12 单部件不可修系统状态转移图

2. 单部件可修系统

模型假设:系统由一个部件组成。部件寿命 X 服从指数分布 $e(\lambda)$,部件故障后的修理时间 Y 服从指数分布 $e(\mu)$,部件故障后修复如新。

定义系统状态:状态 0,部件工作(系统正常);状态 1,部件维修(系统故障)。则系统状态转移图如图 5-13 所示。

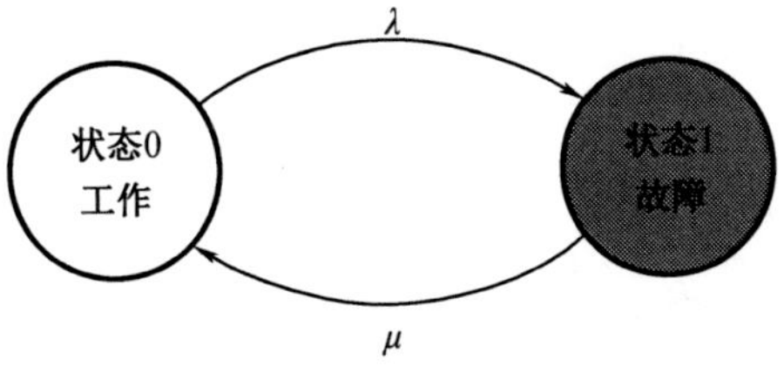

图 5-13 单部件可修系统状态转移图

3. 可修串联系统

模型假设:n 个部件组成的串联系统。第 i 个部件的寿命 X_i 服从指数分布 $e(\lambda_i)$,故障后的修理时间 Y_i 服从指数分布 $e(\mu_i)$,部件故障后修复如新。并假定所有随机变量相互独立。

定义系统状态:状态 0,n 个部件都正常,系统正常;状态 i,第 $i(i=1,\cdots,n)$ 个部件故障,其他部件正常,系统故障。则系统状态转移图如图 5-14 所示。

4. 可修并联系统(1 个修理工)

模型假设:n 个部件组成的并联系统,每个部件的寿命分布均为相同的指数分布 $e(\lambda)$,故障后的修理时间均服从指数分布 $e(\mu)$。只有 1 个修理工,修理工一次只能修一个部件,其他故障部件待修。部件故障后修复如新,并继续使用。

定义系统状态:状态 j,系统中有 j 个部件故障(包括正在修理的部件),$j=0,1,\cdots,n$。则系统状态转移图如图 5-15 所示。

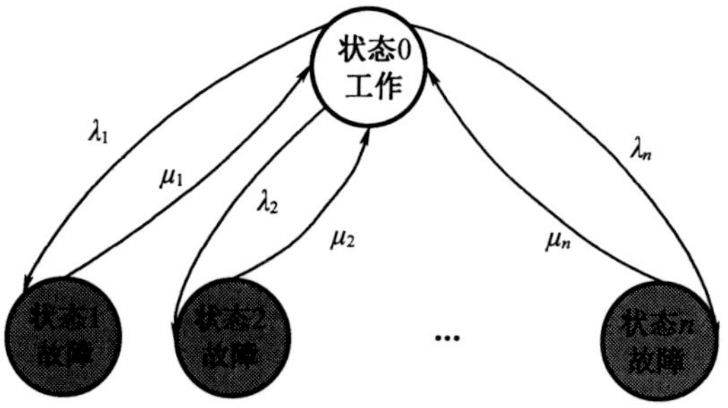

图 5-14　可修串联系统状态转移图

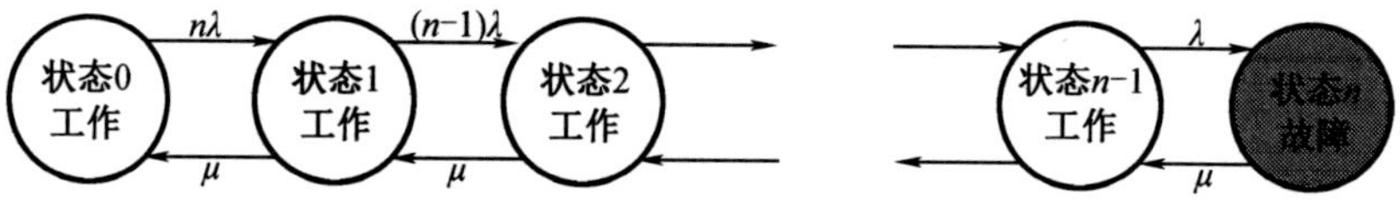

图 5-15　可修并联系统状态转移图(1 个修理工)

5. 可修并联系统(2 个修理工)

模型假设:n 个部件组成的并联系统,每个部件故障率均为 λ,修复率均为 μ。有 2 个修理工,每个修理工一次只能修一个部件,其他故障部件待修。部件故障后修复如新,并继续使用。

定义系统状态:状态 j,系统中有 j 个部件故障(包括正在修理的部件),$j=0,1,\cdots,n$。则系统状态转移图如图 5-16 所示。

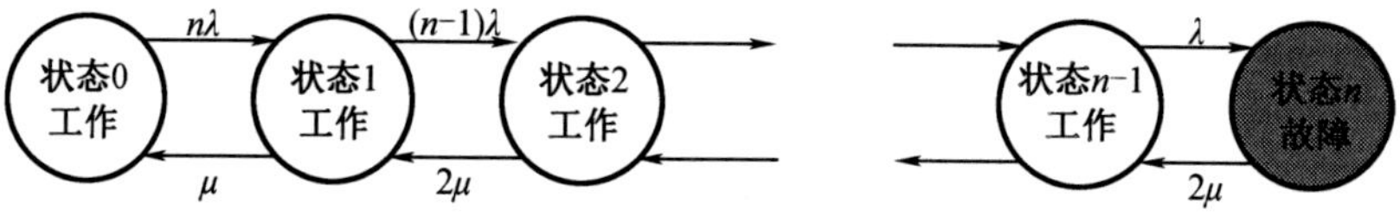

图 5-16　可修并联系统状态转移图(2 个修理工)

5.4.4　应用示例

假设一个由具有两个同样的独立冗余部件构成的系统,这两个部件任何一个故障都不会干扰另一个正常部件的运行。冗余部件具有恒定的故障率 λ 和修复率 μ。

定义系统的状态:

状态 0:两个部件都工作;

状态 1:两个部件中一个故障,一个正常工作;

状态 2:两个部件都发生故障。

系统转移状态图如图 5-17 所示。

图 5-17 系统转移状态图

则得到转移概率矩阵如图 5-18 所示。转移概率矩阵的每行元素和为零。

在 $t+\Delta t$ 时刻的系统状态

$$\text{在 } t \text{ 时刻的系统状态}\quad \begin{matrix} & 0 & 1 & 2 \\ 0 \\ 1 \\ 2 \end{matrix}\begin{pmatrix} -2\lambda & 2\lambda & 0 \\ 0 & -\lambda & \lambda \\ 0 & 0 & 0 \end{pmatrix}$$

图 5-18 转移概率矩阵

初始条件 $\boldsymbol{P}(0)=(1,0,0)$，利用计算机程序解微分方程组。

另一种表示法可用于建立系统特性的概率方程。首先写出系统 $t+\Delta t$ 时刻的状态概率和系统在 t 时刻的状态概率关系的差分方程：

$$P_0(t+\Delta t)=P_0(t)[1-2\lambda \mathrm{d}t]$$
$$P_1(t+\Delta t)=P_0(t)[2\lambda \mathrm{d}t]+P_1(t)[1-\lambda \mathrm{d}t]$$
$$P_2(t+\Delta t)=P_1(t)[\lambda \mathrm{d}t]+P_2(t) \tag{5-23}$$

然后将该方程组右边乘式打开并重新整理为概率 $P_0(t)$、$P_1(t)$ 和 $P_2(t)$ 的导数形式：

$$\frac{P_0(t+\Delta t)-P_0(t)}{\mathrm{d}t}=P_0(t)[-2\lambda]$$

$$\frac{P_1(t+\Delta t)-P_1(t)}{\mathrm{d}t}=P_0(t)[2\lambda]+P_1(t)[-\lambda]$$

$$\frac{P_2(t+\Delta t)-P_2(t)}{\mathrm{d}t}=P_1(t)[\lambda]$$

改为矩阵形式，上述方程组可写为

$$\boldsymbol{P}'(t)=\boldsymbol{BP}(t) \tag{5-24}$$

其中矩阵 $\boldsymbol{B}$ 为

$$\begin{bmatrix} -2\lambda & 0 & 0 \\ 2\lambda & -\lambda & 0 \\ 0 & \lambda & 0 \end{bmatrix}$$

然后利用计算机程序解微分方程组。

系统的可靠度为 $R(t)=P_0(t)+P_1(t)$。

5.5 GO 法

GO 法一般以成功为考虑问题的出发点，通过设备或部件的 GO 符号直接从原理图转换为 GO 模型图，然后采用 GO 法程序计算所分析系统的各种状态的发生概率，主要用于评估系统的可靠度或可用度，适用于有多状态和有时序的复杂系统的可靠性分析。

GO 法最初在 20 世纪 60 年代中期由美国 kaman 科学公司提出，用来解决复杂系统的可靠性问题。最初用于核武器和核导弹系统的可靠性和安全性，70 年代后期，在美国电力研究所的资助下，GO 法被应用于核电站系统的安全性和可靠性领域。80 年代初期，kaman 科学公司完成了对三哩岛电站 2 号机组的紧急停堆系统的分析，证实了 GO 法分析和模拟核电站系统的能力。

5.5.1 名词术语和符号

GO 法中用操作符表示系统中单元功能和单元输入、输出信号之间的逻辑关系，用信号流连接操作符，表示具体的物流（例如电流，液流）或者逻辑上的进程。GO 法中有许多不同类型的标准操作符，一定类型的操作符代表一定的单元功能，相应的，有规定的单元数据要求有规定的运算规则。例如两状态单元操作符，可以代表阀门，阀门有打开和关闭二种状态，它的数据要求是阀门处于这二种状态的概率值。阀门打开时输入信号能通过，因此有输入时，就有输出，而阀门关闭时输入不能通过，就没有输出，由输入信号的状态和阀门的状态来决定输出信号的状态。下面详细介绍 GO 法中常用的操作符。

1. 两状态单元（图 5-19）

两状态部件操作符用来对“好/坏”两状态的部件建模。包括一个输入和一个输出，以及部件处于“好”状态的概率 P，则输出信号的概率 $R(t)$ 与输入信号的概率 $S(t)$ 的关系为

$$R(t)=P\cdot S(t) \tag{5-25}$$

2. 信号发生器（图 5-20）

信号发生器操作符仅有一个输出信号线，通常用于在一个时间点产生信号，也可以产生连续的信号。一般来说，不同的信号发生器产生的信号是相互独立的。

3. 或门（图 5-21）

或门操作符包含多个输入和一个输出，输出信号的概率是至少一个输入 S_i 的概率。

$$R(t)=1-\prod_{i=0}^{n}\left[1-P(S_i)\right] \tag{5-26}$$

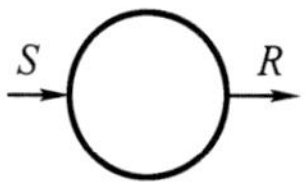

图 5-19 两状态单元

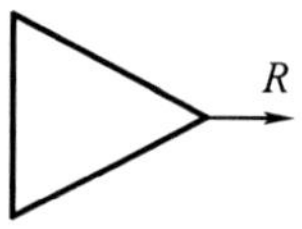

图 5-20 信号发生器

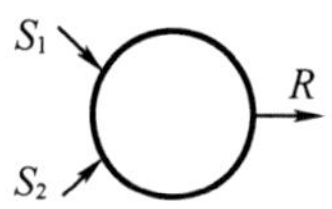

图 5-21 或门

4. 与门(图 5-22)

与门操作符包含多个输入和一个输出,输出信号的概率是所有输入信号的概率。

$$R(t)=\prod_{i=0}^{n}P(S_i) \tag{5-27}$$

5. 常开阀门(图 5-23)

常开阀门操作符包含一个主输入、一个分支输入和一个输出。需要给定成功处理概率 P_g 和初始概率 P_b,输出信号概率为

$$\begin{cases}R(t)=S(t)\cdot O(t)\\O(t_1)=1-P_b\\O(t)=O(t')[1-P(t)\cdot P_g]\end{cases}$$

式中 $O(t_1)$——初始状态下阀门开启概率;

$O(t')$——阀门在 t 时刻之前处于开状态的概率。

常开阀门操作符用来对处于常开状态,在分支输入信号的作用下关闭的阀门进行建模。常闭阀门也可用此进行建模,但概率计算公式不一样。

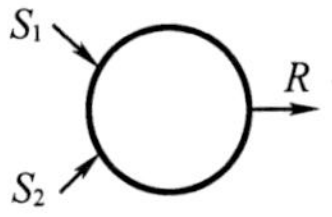

图 5-22 与门

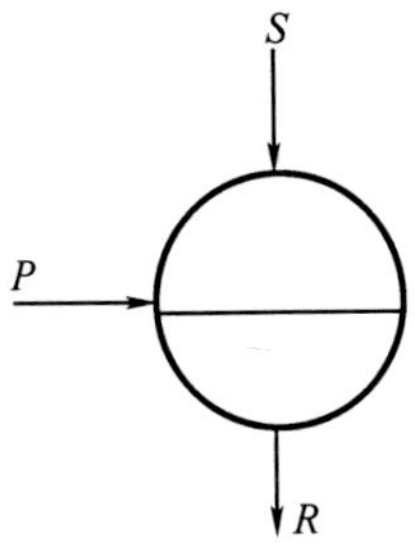

图 5-23 常开阀门

6. 常闭阀门(图 5-24)

常闭阀门操作符包含一个主输入、一个分支输入和一个输出。需要给定成功处理概率 P_g 和初始概率 P_b,输出信号概率为

$$\begin{cases}R(t)=S(t)\cdot O(t)\\O(t_1)=1-P_b\\O(t)=O(t')+[1-O(t')]P(t)\cdot P_g\end{cases} \tag{5-28}$$

常闭操作符用来对处于常闭状态,在分支输入信号的作用下打开的阀门进行建模。常开阀门也可用此进行建模,但概率计算公式不一样。

7. 部件启动故障(图 5-25)

两部件启动故障操作符用来对部件在分支输入信号作用下启动时的故障状态进行建模。包括一个主输入、多个分支输入和一个输出。需要给定单位时间内的故障率 λ,假定其与时间无关。输出信号概率为

$$R(t)=S(t)\cdot\exp\left\{-\lambda\cdot\sum_{i}\sum_{i_k\leqslant t}P_i(t_k)\cdot\min\left[1,\frac{S(t_k)}{S(t)}\right]\right\} \tag{5-29}$$

分支输入信号表示持续的时间,其时间度量单位必须与 λ 表示的单位一致。

8. 打开和关闭动作(图 5-26)

打开和关闭动作操作符包含一个主输入、两个分支输入和一个输出。需要给定成功打开的概率 P_0 及成功关闭的概率 P_c。

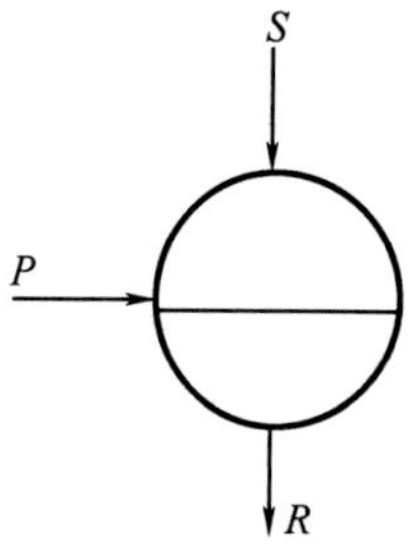

图 5-24 常闭阀门

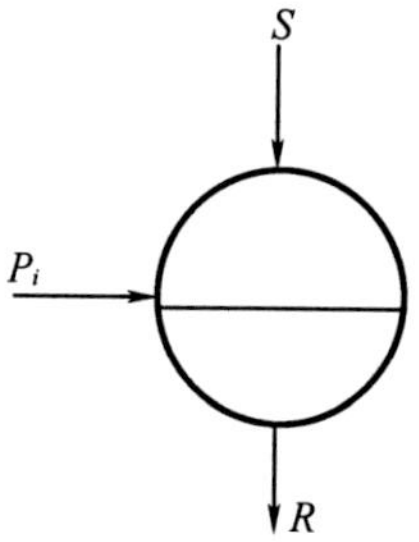

图 5-25 部件启动故障

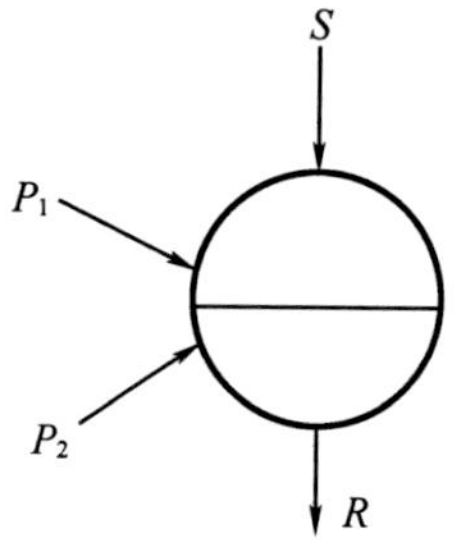

图 5-26 打开和关闭动作

若信号 P_1 到达,则完成打开动作,输出信号概率为

$$R(t)=S(t)\cdot\{O(t')+[1-O(t')]\cdot P_1(t)\cdot P_0\} \tag{5-30}$$

若信号 P_2 到达,则完成关闭动作,输出信号概率为

$$R(t)=S(t)\cdot O(t')\cdot[1-P_2(t)\cdot P_c] \tag{5-31}$$

9. 开状态阀门的故障(图 5-27)

开状态阀门的故障操作符包含一个主输入、多个分支输入和一个输出,表示在一个分支输入信号作用下,可能发生故障的处于开状态阀门的模型。需要给定单位时间内的故障率 λ,假定其与时间无关,输出信号概率为

$$R(t)=S(t)\cdot\exp\left\{-\lambda\cdot\sum_{i}\sum_{i_k\leqslant t}P_i(t_k)\right\} \tag{5-32}$$

10. 闭状态的阀门故障(图 5-28)

闭状态阀门的故障操作符包含一个主输入、多个分支输入和一个输出,表示在一个分支输入信号作用下,可能发生故障的处于闭状态阀门的模型。需要给定单位时间内的故障率 λ,假定其与时间无关,输出信号概率为

$$R(t)=S(t)\left\{1-\exp\left[-\lambda\cdot\sum_{i}\sum_{i_k\leqslant t}P_i(t_k)\right]\right\} \tag{5-33}$$

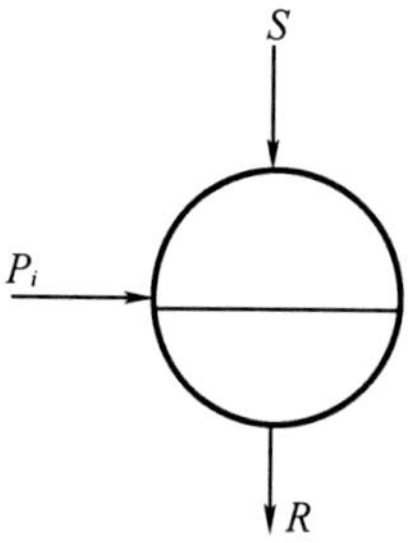

图 5-27 开状态阀门

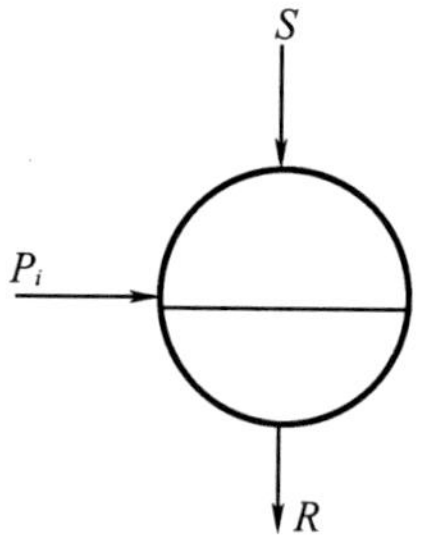

图 5-28 闭状态阀门

11. 信号

信号线表示系统单元输入和输出信号以及单元之间的关系,信号线连接 GO 操作符生

成 GO 模型。信号代表一定物理量或信息，信号的属性是状态值和状态概率。例如在简单的两状态系统中，状态值 1 代表成功，状态值 2 代表故障，处于成功和故障状态的概率分别为 $P(1)$ 和 $P(2)$，且有 $P(1)+P(2)=1$。GO 法可用于多状态系统，用 $0,1,\cdots,N$ 整数状态值代表 $(N+1)$ 个状态。状态值 0 代表提前状态，状态值 $1,\cdots,N-1$ 表示多种成功状态，最大状态值 N 表示故障，相应状态值的概率为 $P(0),P(1),\cdots,P(N)$，满足 $\sum P(I)=1(I=0\sim N)$。对于有时序的系统，$0-N$ 个状态值可以称为时间点，用以代表一系列给定的具体时间值。

5.5.2 建模方法

从系统原理图、流程图或工艺图等出发，通过对系统内单元选择相应的操作符以及通过信号线建立单元的输入、输出及单元之间的联系，得到整个系统的 GO 图。建模应遵循以下原则：

(1)应该明确定义系统的成功事件，即终止信号；

(2)系统流程总是从信号发生器开始，到终止信号结束；

(3)应明确定义系统操作的时间点，用来表示运行状态改变的时序；

(4)操作符之间应通过信号线直接相连接。

建立的 GO 图必须满足以下条件：

(1)GO 图中操作符必须标明编号和类型且编号唯一；

(2)GO 图中的操作符的输入信号必是另一操作符的输出信号，所有信号必须编号；

(3)GO 图中的信号流从输入操作符开始通到代表系统输出的信号流，形成信号流序列，不能有循环；

(4)GO 图中应该有输入操作符。

建立 GO 图后，输入所有操作符的数据。从输入操作符开始根据下一个操作符的运算规则进行运算，得到其输出信号的状态和概率，逐个按信号序列进行运算直至得到系统的一组输出信号。

GO 法整个建模分析过程如下：

1. 系统信息收集

收集需要分析的系统的信息，包括系统范围和系统内包含的部件，画出系统的原理图、流程图或工程图，了解系统的功能、运行和操作过程。

2. 定义边界

根据收集的系统信息，明确系统的边界，包括系统的输入和输出，系统和其他系统的接口，包括物理上和功能上的接口。

3. 确定成功准则

成功准则是系统保持正常运行所需的最小输出信号集合，例如，在有 3 路输出的流体系统中，可以规定 1 路或 2 路输出存在时，系统就能正常运行，作为成功准则。

4. 建立 GO 图

将系统原理图中的元件、部件或子系统用操作符表示，操作符应包含系统中的所有主要单元，并按单元的功能确定操作符的类型。然后根据系统单元之间的功能，用信号线连接操作符，一般从输入操作符开始，以成功为导向画出信号线，直到系统的输出信号即终止信号。

5. 输入数据

GO 图建成后，需要明确系统所有单元的状态概率数据，然后按操作符编号输入相应数据，由操作符类型确定所需数据格式，数据可直接输入程序或生成输入数据文件。

6. GO 法运算

生成 GO 图和数据后，从输入操作符开始，按操作符的运算规则，逐步运算至系统的输出信号。GO 法运算通常通过编制程序完成，简单系统也可以由人工来进行。

7. 系统评价

通过 GO 法运算结果和系统成功准则得到系统的可靠度和可用度，根据系统的功能和要求对系统进行评价，识别薄弱环节，为系统设计改进提供建议。

在分析过程中，根据具体分析对象的不同，有可能不完全按照上面的步骤，上述步骤只是说明最一般的情况。

5.5.3 应用示例

以中国实验快堆(CEFR)电气系统为例，说明 GO 法的应用过程。CEFR 厂用电力系统由厂用电母线 WB11、WB21 及其负载组成。在正常情况下，由主外电源分别向 WB11、WB21 两段母线供电，主外电源通过主接线、主变压器、厂用母线供电。当主变压器输出故障时，反应堆自动停堆，发电机停止发电。主外电源丧失后，厂内用户自动切换到辅助(备用)外电源供电。其中辅助外电源来自原子能院变电站，它将 6 kV 升压变为 10 kV 后分两段送到 CEFR 厂内供电系统使用，辅助外电源的可靠性参数由原子能院提供。而主外电网的可靠性参数由良乡网提供。在正常情况下，由 WB11、WB21 母线为 CEFR 应急电源系统(母线 W1A、W2A)、正常电源系统(母线 W5A、W6A)和非核级钠电加热器(供电母线 W3H、W4H)等供电。

CEFR 的应急电源系统为 W1A 和 W2A 母线，在 WB11 和 WB21 母线失电后或者 T1A、T2A 变压器故障导致 W1A 和 W2A 失电时，柴油发电机将自动启动为其供电。应急母线 W1A、W2A 的主要负载有一回路钠泵、核级钠电加热器(母线 W1H、W2H)、不间断电源(母线 W1D、W2D)、主控制室电源(母线 W3D、W4D)、交流不间断电源(母线 W1U、W3U、W5U、W7U、W2U、W4U、W6U、W8U)。

CEFR 的直流不间断电源由 W1D、W2D 母线组成，其中 W1D 母线为不间断电源Ⅰ段、W2D 为不间断电源Ⅱ段母线。正常时，由应急母线(母线 W1A、W2A)供电，其负载为蓄电池组(G3B、G4B)。在应急母线失电时，由蓄电池供电，其负载为应急交流不间断可靠电源(母线 W1U、W3U、W5U、W7U、W2U、W4U、W6U、W8U)。失去应急电源的情况下，蓄电池能最多能供给 1 小时的电力。

交流不间断可靠电源由 W1U、W3U、W5U、W7U 和 W2U、W4U、W6U、W8U 所组成。在正常情况下它们分别由应急交流母线 W1A、W2A 供电，在应急母线失电后，它们由直流 220V 母线经逆变器后供电。其中 W1U、W3U、W5U、W7U 为Ⅰ段，分别为保护系统Ⅰ列 A、

B、C 通道、核测系统Ⅰ列 A、B、C 通道和一环路风门控制系统供电；W2U、W4U、W6U、W8U 为Ⅱ段，分别为保护系统Ⅱ列 A、B、C 通道、核测系统Ⅱ列 A、B、C 通道和二环路风门控制系统供电。

正常电源系统由 W5A、W6A 母线所组成，正常电源系统的电源由 WB11、WB21 分别经过 T5A、T6A 变压器组成。正常电源系统母线的主要负载由 W7A 母线、W8A 母线、W9A 母线、W10A 母线组成。其中 W9A 母线、W10A 母线分别供给二回路钠泵电源及其他非安全级系统的供电。W7A 母线、W8A 母线分别供给棒控系统、核功率调节系统电源及其他非安全级系统的供电。

中国实验快堆供电系统原理图如图 5-29 所示。

根据中国实验快堆的供电系统设计，建立 GO 图，如图 5-30 所示。

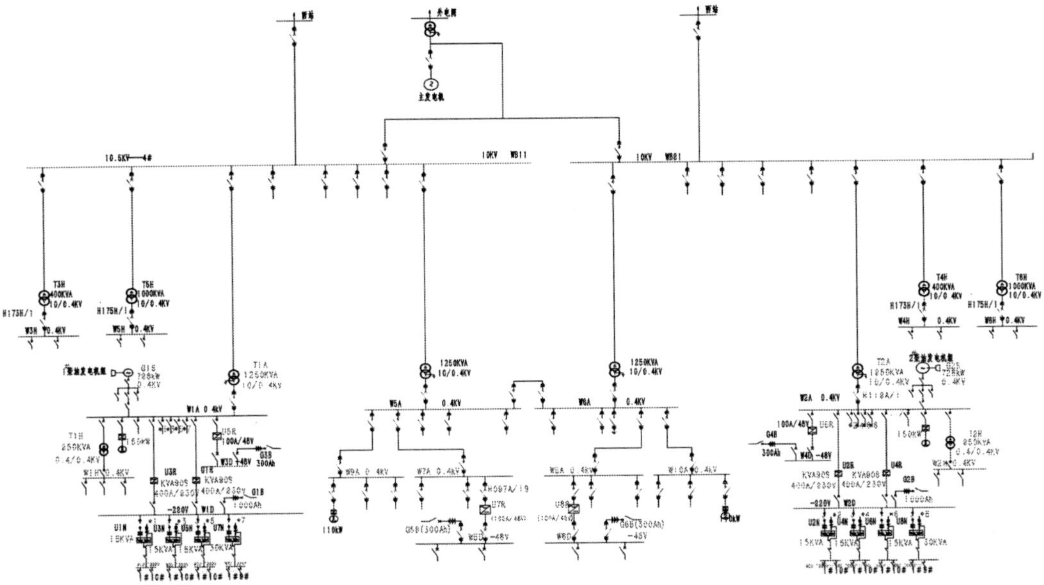

图 5-29 中国实验快堆供电系统原理图

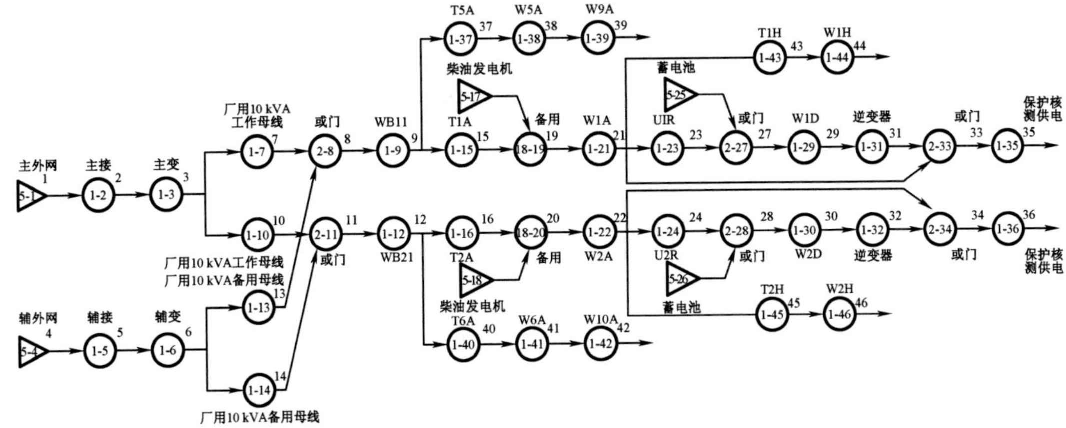

图 5-30 中国实验快堆供电系统 GO 图

图中共有 42 个操作符,42 个信号流。其中从良乡来的经 CEFR 主变的 35kV 主电源,以及从原子能院变电站来的 10kV 备用电源为系统的输入,它们用输入型操作符类型 1 代表,它们都是可修单元,系统以主电源供电为主,当主电源失去后,自动切换到辅助电源,由于不考虑切换时间,所以信号流 13 和 14 为热备用,即与信号流 7、10 为或的关系。

信号流 3 分两路分别送入操作符 7 和 10,它表示主电源经过主变压器之后分两路送到厂用电母线的两段。同样,信号流 6 分两路分别送入操作符 13 和 14,它表示备用电源经过主变压器之后分两路送到厂用电母线的两段。

供电系统图中的主变压器、辅助变压器、主接线,辅接线,母线都是可修单元,用类型 1 操作符来代表。

信号流 9、12 分别代表母线 WB11、WB21 的供电输出,算出信号流 9、12 的可靠性参数,即可求出 WB11、WB21 母线的可靠性参数。如此依据上节对系统的分析,沿着信号流的方向往下依次建立系统 GO 图,就可得到整个供电系统的 GO 图。

根据 GO 图、GO 法运算程序以及可靠性数据,计算得到 CEFR 供电系统的可靠性,如表 5-12 所示。

表 5-12　CEFR 供电系统的可靠性计算结果

母线	描述	平均故障概率(/需求)
WB11	厂用 10 kV 高压母线 I 段	1.17×10^{-5}
WB21	厂用 10 kV 高压母线 II 段	1.17×10^{-5}
W1A	0.4 kV 应急交流母线 I 段	2.68×10^{-5}
W2A	0.4 kV 应急交流母线 II 段	2.68×10^{-5}
W1U、W3U、W5U、W7U	220 应急交流不间断可靠母线 I 段	5.92×10^{-6}
W2U、W4U、W6U、W8U	220 应急交流不间断可靠母线 II 段	5.92×10^{-6}
W9A	0.4 kV 正常交流母线 I 段	4.24×10^{-4}
W10A	0.4 kV 正常交流母线 II 段	4.24×10^{-4}
W1H	核级电加热供电母线 I 段	3.57×10^{-5}
W2H	核级电加热供电母线 II 段	3.57×10^{-5}

5.6　故障树分析方法

故障树分析方法最早由美国贝尔实验室提出,应用于民兵导弹发射控制系统可靠性研究中。1965 年波音公司在系统安全年会上正式发表了成果报告,引起了科技界人士的重视和应用。1974 年,在 NRC 资助下,美国麻省理工学院物理学教授 N. Rasmussen 领导的一个研究组织发表了美国商用核电站概率风险评价报告 WASH-1400 草案,起到了里程碑的作用。该研究报告的主要方法论就是事件树-故障树分析法。我国从 1978 年就开始紧跟美国先进水平进行了这种技术的研究和应用,在国家七五、八五科技攻关项目中,均采用了基于事件树-故障树的 PSA 技术,对广东大亚湾核电站和秦山核电站进行了概率安全评价。故障树分析方法应用广泛,包括航空航天、核能行业、国防工业、海上石油开采和运输系统,等等。

故障树分析方法是较为适用于大型复杂系统安全性与可靠性分析的有效方法,它以图形的方式表明“系统是怎样失效的”。它是一种适用于设计人员,运行人员和管理人员有效地进行系统分析的方法。故障树分析是把系统不希望发生的事件(失效状态)作为故障树的顶事件,用规定的逻辑符号表示,然后找出导致这一不希望事件发生的全部因素,它们是处于过渡状态的中间事件,并由此逐步深入分析,追踪找出造成下一级事件发生的全部直接因素,直到找出事件的基本原因,即故障树的底事件。分析中这些事件由相应符号表示,并用适当的逻辑门把顶事件、中间事件和底事件联结成树形图,这种树形图称为故障树。以故障树为工具对系统故障进行评价的方法称为故障树分析法,简称 FTA 法。在系统建模中应考虑系统试验、维修和人因失误、共因故障以及系统相互作用等因素,其中,人因失误在第 7 章中介绍,相关性考虑在第 6 章中介绍。

故障树分析的主要特点包括:能够模化设备故障、人员失误和系统失效之间复杂的交互关系;能够有效地处理设备和系统间的相关性(如公共的支持系统);通过系统化的方式分析问题,逻辑性较强;故障树模型的灵活性使得模型拓展和再开发更加容易;故既能进行定性分析,也能定量计算出系统的故障概率及其可靠性参数,为改进和评价系统的安全性和可靠性提供定量的依据。

故障树分析的主要目的包括:识别所有可能发生的故障模式和原因,找出系统失效的途径;计算系统失效的发生概率;发现可靠性和安全性薄弱环节,采取改进措施,以提高系统的可靠性和安全性;发生重大故障或事故后,故障树分析是故障调查的一种有效手段,可以系统而全面地分析事故;故障树分析结果可用于指导故障诊断,改进运行和维修方案等。

5.6.1 基本概念

1. 事件及其符号

在故障树中包含各种类型的事件,下面将分别进行介绍。

(1)顶事件。顶事件是指系统不希望发生的事件(如系统不能完成其功能),是所有事件联合发生作用的结果事件。顶事件位于故障树的顶端,是所分析的故障树中逻辑门的输出事件而不是输入事件。故障树的顶事件是事件树分析中确定出的系统失效状态。顶事件用图 5-31 所示的符号表示。

(2)底事件。底事件是导致其他事件的根本原因事件,是故障树中不能进一步分解或无须再探明的事件。底事件位于故障树的底端,因此总是某个逻辑门的输入事件而不是输出事件。底事件包括基本事件和待发展事件(又称未探明事件)。

(3)中间事件。中间事件是位于底事件和顶事件之间的中间结果事件,它既是某个逻辑门的输出事件,同时又是另一个逻辑门的输入事件。中间事件用图 5-32 所示的符号表示。

（4）基本事件。基本事件是指在故障树模型中，由于达到了合适的分解限度而不需要进一步展开的事件。它的失效数据和失效分布是已知的，或者已经有过统计计或试验的结果。基本事件用图 5-33 所示的符号表示。

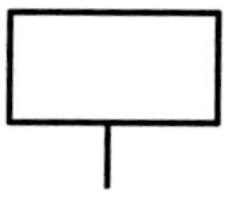

图 5-31　顶事件

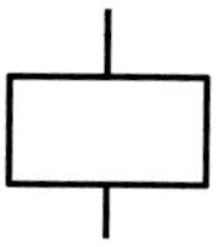

图 5-32　中间事件

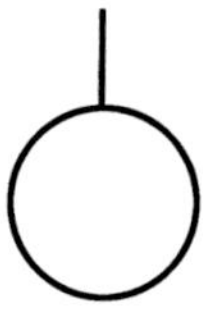

图 5-33　基本事件

（5）待发展事件（未探明事件）。待发展事件是指原则上应进一步探明其原因，但由于某种原因暂时不必或暂时不能探明其原因的底事件。它只是一个假定的一次失效事件，当有了足够的信息或需要时，可以将待发展事件进一步展开。例如，在支持系统信息不全时，可将支持系统的失效处理成一个待发展事件。待有了足够的信息后，可针对支持系统单独建树。待发展事件用图 5-34 所示的符号表示。

（6）房形事件。房形事件是指在某一工作条件下，必然发生或者必然不发生的特殊事件。房形事件又称为触发事件或者开关事件。房形事件用图 5-35 所示的符号表示。

（7）条件事件。条件事件是指描述逻辑门起作用的具体限制的特殊事件，一般与逻辑门连用，当条件事件发生时，逻辑门的输入才有效，输出才有结果。条件事件用图 5-36 所示的符号表示。

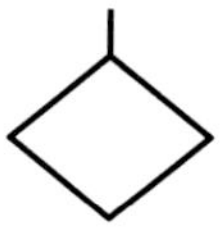

图 5-34　待发展事件

图 5-35　房形事件

图 5-36　条件事件

2. 逻辑门及其符号

在故障树中，逻辑门用来描述事件之间的逻辑因果关系。逻辑门包括“与门”“或门”“表决门”等。一个逻辑门可以有多个输入事件，但只能有一个输出事件。

（1）或门。或门表示所有输入事件中，至少有一个输入事件发生时，或门的输出事件就发生。或门的输出事件可以是任意的中间事件或顶事件，输入事件可以是基本事件、中间事件、待发展事件、房形事件或这些事件的组合。或门用图 5-37 所示的符号表示。

（2）与门。与门表示当且仅当所有输入事件均发生时，与门的输出事件才发生。与门的输出事件可以是任意的中间事件或顶事件，输入事件可以是基本事件、中间事件、待发展事件、房形事件或这些事件的组合。与门用图 5-38 所示的符号表示。

（3）非门。非门表示输出事件是输入事件的对立事件，即输入事件不发生时，输出事件才发生。非门仅有一个输入，用图 5-39 所示的符号表示。

图 5-37 或门

图 5-38 与门

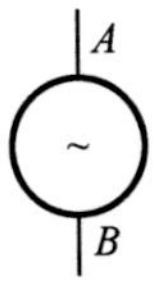

图 5-39 非门

(4)非或门。非或门表示当且仅当所有输入事件均不发生时,输出事件才发生。非或门用图 5-40 所示的符号表示。

(5)非与门。非与门表示在所有输入事件中,至少有一个输入事件不发生时,输出事件才发生。非与门用图 5-41 所示的符号表示。

(6)表决门(r/n)。表决门表示在 n 个输入事件中,至少有任意 $r(r\leqslant n)$ 个或 r 个以上的事件发生时,输出事件才发生。如,2/4 表决门,表示其中任意 2 个输入事件或 3 个输入事件或 4 个输入事件发生时,输出事件都将会发生。当 $r=1$ 时,表决门类似于一个或门;当 $r=n$ 时,表决门类似于一个与门。表决门用图 5-42 所示的符号表示。

图 5-40 非或门

图 5-41 非与门

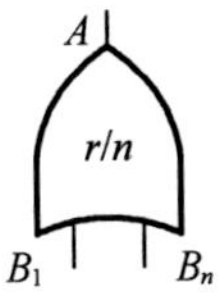

图 5-42 表决门

(7)异或门。异或门表示或门中的输入事件是互斥的,仅当一个输入事件发生而其他输入事件均不发生时,输出事件才发生。异或门用图 5-43 所示的符号表示。

(8)禁门。禁门表示当且仅当禁门打开的条件满足时,输入事件的发生才导致输出事件的发生。禁门一般用来描述非正常工作条件下发生的事件,其限制条件应在符号中表明,通常用来分析二次故障、外界条件或部件的使用条件等。禁门用图 5-44 所示的符号表示。

图 5-43 异或门

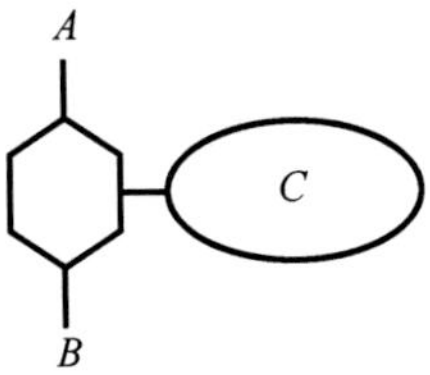

图 5-44 禁门

(9)转移门。在故障树中,经常出现条件完全相同或同一个故障事件在不同位置出现的情况,为了避免重复绘制故障树和简化故障树图,可以使用转移门。转移门用如图 5-45 所示的符号表示,用来指明子树的位置及连接关系。转移符号是配对使用的,一个转入符号和一个转出符号是一对,在一对三角形中需标出同一编码。图 5-45 是转入符号,表示转到该代号所指的子树,图 5-46 是转出符号,表示从该代号的转入符号转到这里来。

图 5-45 转移门(转入)

图 5-46 转移门(转出)

3. 割集

割集表示导致顶事件发生的若干底事件的集合,如果这些底事件都发生将导致顶事件发生。

4. 最小割集

最小割集表示底事件数量不能再减少的割集,即在该最小割集中任意去掉一个底事件之后,剩下的底事件集合就不是割集。一个最小割集代表引起故障树顶事件发生的一种故障模式。

5.6.2 故障树的输入

在故障树中最底层的事件就是基本事件,而基本事件又是故障树的最基础的输入,通过基本事件与可靠性数据链接,得到基本事件的概率,然后根据故障树模型开展逻辑计算得到顶事件的不可用度。因此,本节对基本事件进行详细介绍。

1. 基本事件的分类

基本事件是表示设备或功能的一种失效模式,在故障树中基本事件是最底层的事件,即故障树逻辑发展到基本事件就终止,不再继续往下进一步发展。在 PSA 模型中,包含两种不同类型的基本事件:概率基本事件和频率基本事件。

概率基本事件可以指定不同的可靠性模型,其值为不可用度 Q,$0 \leqslant Q \leqslant 1$。概率基本事件通常包括:部件或系统在按需求启动或改变状态时发生的独立故障或共因故障;部件或系统在一段规定时间内维持连续运行或提供所需功能时发生的独立故障或共因故障;由于退出运行进行维修而使设备不能完成其所要求的功能;由于处于试验模式而使设备不能完成其所要求的功能;未能恢复某一功能或系统(如未能恢复厂外电源);未能在规定期限内恢复某一部件、系统或功能。

频率基本事件通常用来模化始发事件,其值为频率 F,$0 \leqslant F$。

2. 可靠性模型

在 PSA 模型中,设备的失效与不可用是以基本事件的形式表示的。对于不同的设备,根据其运行、试验及维修等条件的不同,会为其对应的基本事件选取合适的可靠性模型。可靠性模型是指一套可以反映基本事件可靠性特性的数学公式。典型的可靠性特性有:T 时刻不可用度 $Q(T)$;长期稳态平均不可用度 Q_{mean};T 时刻无条件失效强度 $W(T)$。

每个可靠性模型的数学公式中包含一个或多个参数,通常使用的可靠性参数(其详细定义见第 6 章)包括:需求失效概率 q;失效率 λ(或 r);频率 f;修复率 μ;修复时间 T_R(MTTR);测试周期 T_I;首次测试时间 T_F;任务时间 T_M。

典型的可靠性模型包括：

(1)可修模型，设备失效能够被立即检测到并可以被修复；

(2)定期试验模型，设备失效只能在试验时才能被检测到；

(3)概率型，设备的失效概率不依赖于设备运行的时间；

(4)任务时间模型，一个设备必须在固定的时间段内工作而且在这段时间内不能被修复；

(5)不可维修模型，针对在运行过程中不能被修复的设备；

上述5个可靠性模型的详细介绍如下：

(1)连续检测、可修模型。此模型假设设备失效过程和修复过程均服从指数分布，即失效率和修复率是常数。设备的不可用度可以通过下式进行计算：

$$Q(t)=\frac{\lambda}{\lambda+\mu}\left[1-e^{-(\lambda+\mu)t}\right] \tag{5-34}$$

$$\mu=\frac{1}{T_{R}} \tag{5-35}$$

这种传统模型适用大多故障树分析程序和很多其他类型的可靠性分析。它的可用度从0迅速增加趋于稳态值。

q是当设备进入维修故障过程中其可用度在时间为0时的值。q在大多数情况下不会使用，当它使用时，模型的不可用度如下：

$$Q(t)=q\cdot e^{-(\lambda+\mu)t}+\frac{\lambda}{\lambda+\mu}\left[1-e^{-(\lambda+\mu)t}\right] \tag{5-36}$$

如果$q>0$，可用度会迅速下降趋于0。

长期稳态平均不可用度计算公式为

$$Q_{mean}=\frac{\lambda}{\lambda+\mu} \tag{5-37}$$

T时刻无条件失效强度$W(T)$：

$$W(t)=\lambda\left[1-Q(t)\right] \tag{5-38}$$

(2)定期试验模型。定期试验模型是PSA分析中最复杂的模型。它最简化的形式值只包含失效率和试验间隔，它对应周期性测试的传统模型。试验模型需要的参数如下。

需要参数：λ, T_{I}；

可选参数：q, T_{R}, T_{F}。

模型假设失效过程服从指数分布(失效率为常数)。

为了简化这个模型，首先给出表达式只与需求参数(失效率、测试间隔)相关，不可用度如下：

$$Q(t)=1-e^{-\lambda(t-T_i)} \quad T_i=0, T_{I}, 2T_{I} \tag{5-39}$$

如果T_{F}(第一次测试时间)给定，那么试验的时间点为

$$T_i=0, T_{F}, T_{F}+T_{I}, T_{F}+2T_{I}, \cdots$$

一个完整的测试循环的平均不可用度为

$$Q_{\text{mean}} = \frac{1}{T_{\mathrm{I}}}\int_0^{T_{\mathrm{I}}} Q(t)\,\mathrm{d}t = 1 - \frac{1}{\lambda T_{\mathrm{I}}}(1 - \mathrm{e}^{-\lambda T_{\mathrm{I}}}) \tag{5-40}$$

这个模型假定维修时间可以忽略(严格地说 $T_{\mathrm{R}}=0$)。如果不行,可以增加一个可选参数 T_{R},维修对不可用度也有贡献。

如果设备在试验中失效了,维修工作假定直接进行;维修工作需要花费的时间为 T_{R}。则包含维修时间 T_{R} 的维修模型设备不可用度可用下式计算:

$$Q(t)=1-\mathrm{e}^{-\lambda t} \quad t<T_{\mathrm{F}} \tag{5-41}$$

$$Q(t)=Q(T_{\mathrm{I}})=1-\mathrm{e}^{-\lambda T_{\mathrm{I}}} \quad t=T_{\mathrm{F}}+nT_{\mathrm{I}} \tag{5-42}$$

$$Q(t)=Q(T_{\mathrm{I}})+[1-Q(T_{\mathrm{I}})][1-\mathrm{e}^{-\lambda(t-T_{\mathrm{I}})}] \quad T_{\mathrm{I}}<t<T_{\mathrm{I}}+T_{\mathrm{R}} \tag{5-43}$$

$$Q(t)=1-\mathrm{e}^{-\lambda(t-T_{\mathrm{I}})} \quad T_{\mathrm{I}}+T_{\mathrm{R}}<\mathrm{t}<2T_{\mathrm{I}} \tag{5-44}$$

考虑了维修之后,长期稳态平均不可用度为

$$Q_{\text{mean}}=1-\frac{1}{\lambda T_{\mathrm{I}}}(1-\mathrm{e}^{-\lambda T_{\mathrm{I}}})+(1-\mathrm{e}^{-\lambda T_{\mathrm{I}}})\frac{T_{\mathrm{R}}}{T_{\mathrm{I}}} \tag{5-45}$$

当加入可选参数 q 之后,q 不受定期试验的影响,不可用度为

$$Q(t)=1-(1-q)\mathrm{e}^{-\lambda t}t<T_{\mathrm{F}} \tag{5-46}$$

$$Q(t)=Q(T_{\mathrm{I}})=1-(1-q)\mathrm{e}^{-\lambda T_{\mathrm{I}}} \quad t=T_{\mathrm{F}}+nT_{\mathrm{I}} \tag{5-47}$$

$$Q(t)=Q(T_{\mathrm{I}})+[1-Q(T_{\mathrm{I}})][1-(1-q)\mathrm{e}^{-\lambda(t-T_{\mathrm{I}})}] \quad T_{\mathrm{I}}<t<T_{\mathrm{I}}+T_{\mathrm{R}} \tag{5-48}$$

$$Q(t)=1-(1-q)\mathrm{e}^{-\lambda(t-T_{\mathrm{I}})} \quad T_{\mathrm{I}}+T_{\mathrm{R}}<t<2T_{\mathrm{I}} \tag{5-49}$$

长期稳态平均不可用度为

$$Q_{\text{mean}}=1-\frac{1}{\lambda T_{\mathrm{I}}}(1-q)(1-\mathrm{e}^{-\lambda T_{\mathrm{I}}})+[1-(1-q)\mathrm{e}^{-\lambda T_{\mathrm{I}}}]\frac{\mathrm{T}_R}{T_{\mathrm{I}}} \tag{5-50}$$

上述所有情况的 T 时刻无条件失效强度 $W(T)$ 为

$$W(t)=\lambda[1-Q(t)] \tag{5-51}$$

(3)概率/不可用度为常数的模型。这种模型很简单,但是应用极为广泛,多用于“需求失效”。通常用于设备或系统需要改变状态的模型中。该模型与时间无关,不可用度、长时间平均不可用度的数学表达式为

$$Q(t)=q \tag{5-52}$$

$$Q=q \tag{5-53}$$

T 时刻无条件失效强度 $W(T)$ 为

$$W(t)=0 \tag{5-54}$$

(4)任务时间模型。它是由失效率和固定的任务时间确定的,需要的参数如下。

需要参数:λ,T_{M};

可选参数:q。

设备不可用度为

$$Q(t)=1-(1-q)\mathrm{e}^{-\lambda T_{\mathrm{M}}}(=\text{常数}) \tag{5-55}$$

平均不可用度为

$$Q_{mean}=1-(1-q)e^{-\lambda T_M}(=常数) \tag{5-56}$$

T 时刻无条件失效强度 $W(T)$ 为

$$W(t)=0 \tag{5-57}$$

(5)频率模型。该模型用于服从泊松分布的基本事件,事件的发生频率是一个常数,其不可用度为

$$Q(t)=0 \tag{5-58}$$

$$Q=0 \tag{5-59}$$

T 时刻无条件失效强度 $W(T)$ 为

$$W(t)=f \tag{5-60}$$

此模型通常仅用于始发事件,该类始发事件一般用于事件树,但也可作为基本事件出现在故障树中。

(6)不可修模型。传统的不可修模型是指数失效模型,需要的参数如下。

需要参数:$\lambda(r)$;

可选参数:q。

这个模型需要任务分析时间 T,不含可选参数的公式如下:

$$Q(t)=1-e^{-\lambda t} \tag{5-61}$$

当加入可选参数后,当 $t=0$ 时,即为需求失效概率:

$$Q(t)=1-(1-q)e^{-\lambda t} \tag{5-62}$$

此模型不能用于计算长期稳态平均不可用度,因为此不可用度趋于1。

T 时刻无条件失效强度 $W(T)$ 为

$$W(t)=\lambda[1-Q(t)] \tag{5-63}$$

在 PSA 分析中,一般用到的可靠性模型包括概率型、任务时间模型及定期试验模型。

3. 失效模式

在进行系统可靠性分析时,应尽可能包含全部失效模式,并以与可用的数据和模型相一致的详细程度考虑其失效模式。一般在 PSA 分析中常用的失效模式如表5-13所示。

表5-13 PSA分析中常用的失效模式

序号	编码	中文名称	定义	类型
1	FS(fail to start)	启动失效	当要求设备启动时,设备不能启动。适用于启动后连续运行的能动设备,如泵、风机等	需求失效
2	FR(fail to run)	运行失效	在规定的任务时间内,设备不能连续运行	运行失效
3	FO(fail to open)	不能打开	设备不能运动至要求开启的位置,如阀门	需求失效
4	FC(fail to close)	不能关闭	设备不能运动至要求关闭的位置	需求失效
5	SO(spurious operation)	误动作	设备因各种原因导致错误的动作,如阀门误打开/关闭	运行失效

表 5-13(续)

序号	编码	中文名称	定义	类型
6	IL(internal leakage)	内漏	设备内部泄漏	运行失效
7	EL(external leakage)	外漏	设备外部泄漏,不能保持边界的完整性	运行失效
8	PG(plug)	堵塞	阻止设备内的流体沿要求的方向流动	运行失效
9	RU(rupture)	破裂	设备边界出现破口,导致流体泄漏	运行失效

4. 共因事件

(1)共因失效的定义。共因失效的定义依赖于对相关事件的理解,下面阐述相关事件的定义。如果满足下式,则事件 A 和 B 是相关的:

$$P(A\cap B)=P(B|A)P(A)=P(A|B)P(B)\neq P(A)P(B) \tag{5-64}$$

式中 $P(X)$——事件 X 的发生概率。

由于相关性的存在,一般来说,$P(A\cap B)>P(A)P(B)$。如果 A 和 B 表示安全系统的失效,那么两个系统都失效的实际概率将大于假定 A 和 B 独立计算得到的概率。也就是说,相关性失效将会降低安全系统的冗余性。相关性可分为内在相关性和外在相关性。

内在相关性是指一个设备的功能状态受另一个设备功能状态的影响。包括以下三个方面:功能需求相关性,即一个设备的功能状态决定另一个设备的功能状态;功能输入相关性,即一个设备功能状态依赖另一个设备的功能状态;串联失效,即一个设备的失效导致另一个设备的失效。

通过组合上述三类内在相关性,可以得到其他类型的内在相关性。如共享设备的相关性,几个部件在功能上依赖于相同的部件。通常在系统模型中将明确模化已知的内在相关性。

外在相关性是指不是系统内在固有的功能特征的相关性。这类相关性的来源和形成机理通常来自系统外部。包括下面两类:一类为实体/环境,指所处的环境类似;另一类为人因相关性,指人机交互造成。

共因失效是指同时或在很短时间间隔内,由共同原因造成的多个部件(两个或两个以上)一起发生失效。导致共因失效的原因包括相同的设计、相同的制造工艺、相同的环境(温度、湿度等)下运行、调试或维修、外部事件,等等。共因失效会导致用于提高电厂某些功能可用度(如冷却剂注射)的冗余设计失效。

构成共因失效需满足以下两个条件:由共同的根原因造成的设备失效;由一定的根原因通过一定的耦合机理对多个设备形成相似的情形而导致的设备失效。

(2)共因事件的分类。共因事件可以从以下三个方面进行分类:失效原因、耦合机理和预防机制。

共因事件按失效原因的分类如图 5-47 所示。失效原因可归纳为 7 大类。

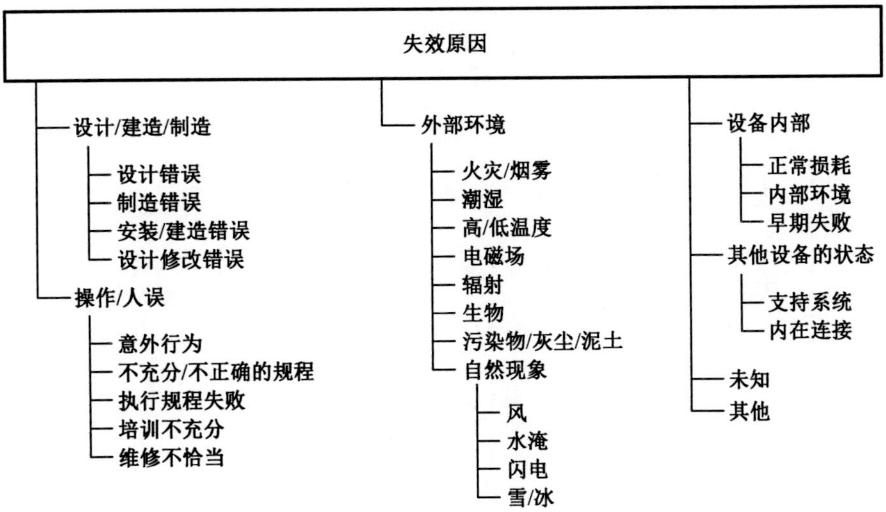

图 5-47　共因事件按失效原因分类

共因事件按耦合机理的分类如图 5-48 所示。包括硬件质量、设计、维修、操作和环境 5 个分类。

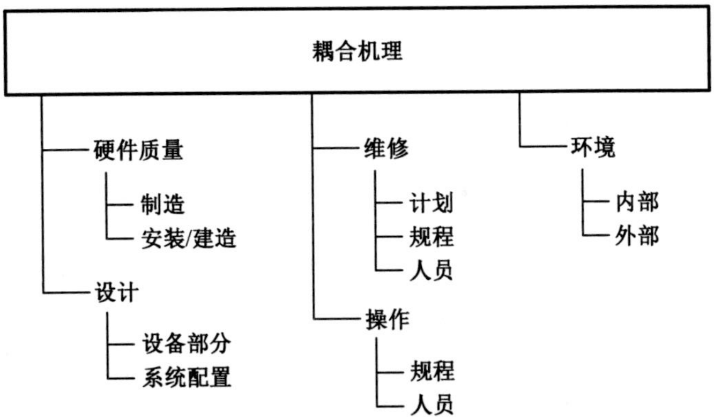

图 5-48　共因事件按耦合机理分类

共因事件按预防机制的分类如图 5-49 所示。可以通过功能屏障、实体屏障、监测/认知、维修人员和计划、多样性和设备识别 6 个方面的改进来预防共因失效事件的发生。

(3)共因失效的原则。部件共因失效对安全系统的不可用度贡献较大，根据以往的 PSA 分析经验，共因失效往往是导致系统失效的主要故障模式，因此，在进行系统分析时，应开展共因失效分析，并遵循以下原则：

①不考虑系统之间的共因失效，即两个系统中都包含相同的电动泵，但建模时不要求对这两台电动泵考虑共因失效。若相同部件确定属于同一系统边界内，则应考虑共因失效，如有些核电厂的余热排出系统入口隔离阀在系统编码上分属于余热排出系统和反应堆冷却剂系统，但它们均在余热排出系统分析边界内，则需要考虑它们的共因失效；

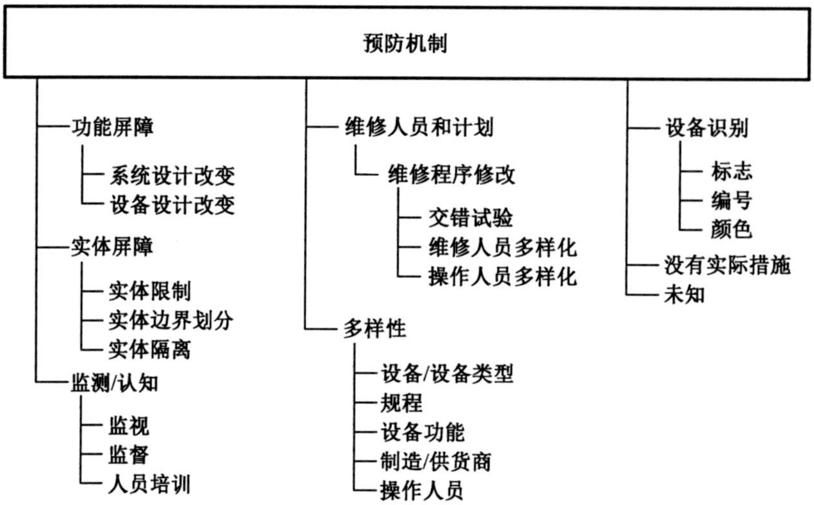

图 5-49　共因事件按预防机制分类

②应采用有逻辑的系统的方法来确定共因失效组，并考虑部件在以下方面的相似性：工作条件，环境，设计或制造商以及维修。

③需考虑共因失效的部件包括但不限于电动阀、泵、安全阀、气动阀、电磁阀、逆止阀、柴油发电机、蓄电池、逆变器和蓄电池充电器、断路器等；

④一般来说，在同一系统边界内，互为冗余的相同部件应考虑共因失效。

⑤在同一个系统边界内，一般将具有相同结构、相同参数、相同工作原理、相同功能的若干部件归为一个共因失效组。

目前，在 PSA 分析中采用的共因失效数据来自 NUREG/CR-5497 中的共因数据，若核电厂有特定数据支持，则共因失效数据可采用特定数据。

在 RS 软件中通过建立共因组可以自动计算共因失效，但 RS 软件一般最多只考虑四阶共因，更高阶不予考虑。

(4)共因失效参数。在 PSA 分析中，共因失效定量化分析方法一般包括：α 因子模型法，β 因子模型法，多希腊字母(multiple Greek letter，MGL)模型法。下面将分别对这三种方法进行介绍。

①β 因子模型。β 因子模型是最简单的模型，它将部件的独立故障与共因组内所有部件的共因故障区分开。其通用计算公式为

$$Q_k=(1-\beta)Q_{tot}\quad k=1 \tag{5-65}$$

$$Q_k=0\quad 1<k<m \tag{5-66}$$

$$Q_k=\beta Q_{tot}\quad k=m \tag{5-67}$$

式中　Q_k——k 阶共因失效的不可用度，即包含 k 个部件的共因组的不可用度；

Q_{tot}——共因事件组内每个基本事件的不可用度；

m——共因组内包含的基本事件数量。

因此，对于包含 4 个部件的共因组来说，其不可用度计算公式为

$$Q_1=(1-\beta)Q_{tot} \tag{5-68}$$

$$Q_2 = 0 \tag{5-69}$$

$$Q_3 = 0 \tag{5-70}$$

$$Q_4 = \beta Q_{\text{tot}} \tag{5-71}$$

②α 因子模型。α 因子模型通用计算公式为

$$Q_k = \frac{k}{\binom{m-1}{k-1}} \frac{\alpha_k}{\alpha_{\text{tot}}} Q_{\text{tot}} \tag{5-72}$$

$$\alpha_{\text{tot}} = \sum_{k=1}^{m} k\alpha_k \tag{5-73}$$

对于包含 4 个部件的共因组来说,其不可用度计算公式为

$$Q_1 = \frac{\alpha_1}{\alpha_{\text{tot}}} Q_{\text{tot}} \tag{5-74}$$

$$Q_2 = \frac{2}{3} \frac{\alpha_2}{\alpha_{\text{tot}}} Q_{\text{tot}} \tag{5-75}$$

$$Q_3 = \frac{\alpha_3}{\alpha_{\text{tot}}} Q_{\text{tot}} \tag{5-76}$$

$$Q_4 = 4 \frac{\alpha_4}{\alpha_{\text{tot}}} Q_{\text{tot}} \tag{5-77}$$

③多希腊字母模型。多希腊字母模型是β 因子模型的一个扩展。该方法引入除β 因子以外的其他参数,以区分影响一个更高阶数冗余系统中更多部件的共因事件。

MGL 参数由一组失效份额组成,用于量化假定在一个部件失效已发生的情况下,一个部件的共因失效与相同共因组中其他部件共有的所有可能方式的条件概率。

对于一个有 m 个冗余部件的系统和每个给定的根原因,定义了 m 个不同参数。为了简化,通常仅使用前三个参数。

MGL 模型的前三个参数如下。

β:某个部件失效的共因部分与其他 1 个或更多部件共有的条件概率;

γ:与 1 个或更多部件共有的某个部件失效的共因部分与除了第 1 个以外的其他 2 个或更多部件共有的条件概率;

δ:与 2 个或更多部件共有的某个部件失效的共因部分与除了第 1 个以外的其他 3 个或更多部件共有的条件概率。

MGL 模型的通用计算公式为

$$Q_k = \frac{1}{\binom{m-1}{k-1}} \left(\prod_{i=1}^{k} \rho_i \right) (1 - \rho_{k+1}) Q_{\text{tot}} \tag{5-78}$$

$$\rho_1 = 1, \rho_2 = \beta, \rho_3 = \gamma, \ldots, \rho_{m+1} = 0 \tag{5-79}$$

对于包含 4 个部件的共因组来说,其不可用度计算公式为

$$Q_1 = (1-\beta) Q_{tot} \tag{5-80}$$

$$Q_2 = \frac{1}{3}\beta(1-\gamma) Q_{tot} \tag{5-81}$$

$$Q_3 = \frac{1}{3}\beta\gamma(1-\delta) Q_{tot} \tag{5-82}$$

$$Q_4 = \beta\gamma\delta Q_{tot} \tag{5-83}$$

MGL 模型与 α 模型参数是有关的,可以按下列换算公式进行转换:

对于 2 阶共因组

$$\beta = \frac{2\alpha_2}{\alpha_1+\alpha_2} \tag{5-84}$$

对于 3 阶共因组

$$\beta = \frac{2\alpha_2+3\alpha_3}{\alpha_1+2\alpha_2+3\alpha_3}$$

$$\gamma = \frac{3\alpha_3}{2\alpha_2+3\alpha_3} \tag{5-85}$$

对于 4 阶共因组

$$\beta = \frac{2\alpha_2+3\alpha_3+4\alpha_4}{\alpha_1+2\alpha_2+3\alpha_3+4\alpha_4}$$

$$\gamma = \frac{3\alpha_3+4\alpha_4}{2\alpha_2+3\alpha_3+4\alpha_4}$$

$$\delta = \frac{4\alpha_4}{3\alpha_3+4\alpha_4} \tag{5-86}$$

5.6.3 故障树分析步骤

故障树分析过程实际上也是加深对系统了解的过程,分析人员从整体角度出发,找到系统各种潜在失效对系统功能的影响途径和程度,并以故障树图的形式建立起各种失效事件的联系。故障树分析的步骤如下。

1. 熟悉系统

选定系统后,需要收集并熟悉系统说明书、设计资料(如管道与仪表图、工艺流程图等)、运行规程、维修规程等,充分了解系统的设计、系统的功能、结构原理、运行情况及系统的边界定义等,应根据系统原理图画出简要的用于建树的流程图。还需根据系统的功能任务确定系统的失效判据,并找出导致失效的全部直接原因。

2. 确定顶事件

顶事件是系统不希望发生的事件,对于同一个系统来说,可能包含不同的顶事件。在 PSA 分析中,通常根据事件树分析中对事件序列的热工水力学分析,确定事件树题头事件的成功准则,然后转换成对系统失效的定义,从而确定系统故障树的顶事件。在不同的事件树中可能涉及同一个系统,但其故障树的顶事件(或者说顶事件的失败准则)有可能是不同的。因此顶事件的确定必须与事件树分析和事故序列的进展过程相一致。

3. FMEA 分析

通过 FMEA 分析,识别故障模式和影响,为构建故障树逻辑提供输入。应保证对系统范围内的所有设备进行了 FMEA 分析,以确定每个设备的每个失效模式是否会导致某一级别的系统失效。

4. 建立故障树

建立故障树就是找出系统顶事件和导致顶事件发生的所有可能因素之间的逻辑因果关系,并将这种关系用各种逻辑门符号链接起来,形成故障树图。通过建立故障树了解系统的失效逻辑关系,找出导致系统顶事件发生的所有基本事件或基本事件组合,以评估系统安全性或可靠性,识别系统设计的薄弱环节并提供改进建议。

5. 定性分析

定性分析是定量分析的基础,其目的是找出导致系统顶事件发生的原因事件或原因事件的组合,识别顶事件发生的所有失效模式,找出故障树的所有最小割集。通过最小割集分析,发现系统的薄弱环节,以便改进设计,还可用于指导故障诊断,改进运行和维修方案等。

6. 定量分析

定量分析的主要目的是在得出故障树的所有最小割集之后,若确定了所有底事件的发生概率,则可以得到顶事件的发生概率,从而对系统的安全性、可靠性和风险性做出定量化的评估。

7. 结论和改进建议

根据定性和定量分析的结果,识别系统的薄弱环节,找出系统的潜在风险因素,同时考虑经济性等因素,提出降低系统故障风险、提高系统可靠性的改进建议。

5.6.4 故障树简化原则

对于复杂系统,故障树非常庞大,为了尽量简化故障树,减小其规模,在建树过程中,需要作出一些必要的合理假设,包括:

(1)仅当流体系统的流动分支路径可能对系统有严重影响或造成系统故障时,该分支才加以考虑。通常,若分支管道直径小于主流管道直径的 1/3,该分支路径可忽略;

(2)若某个部件的各个失效模式的总失效概率比对系统由同样影响的同一列中的其他部件的最高失效概率至少低两个数量级,则在模型中可以不考虑该部件的失效;

(3)若某个部件的一个或多个失效模式对总的失效率或失效概率的贡献小于这个部件的总失效率或总失效概率的 1%,且对系统运行影响是相同的,则在模型中可不考虑这些失效模式;

(4)若部件在事故工况下收到自动信号后会使其返回到运行状态,则事故前部件处于错误位置这种失效模式可不予考虑。

5.6.5 故障树定性分析

故障树定性分析主要是找出导致顶事件发生的所有可能的失效模式,即找出故障树的全部最小割集。全部最小割集的集合又称为系统的失效谱,对于给定的故障树,它是唯一确定的。因此,通过对失效谱的分析,可识别出系统的薄弱环节,找出提高系统可靠性的途径。

故障树定性分析的步骤包括：对已建造完成的故障树，进行规范化和简化处理；根据故障树的结构，求出故障树的所有最小割集。

求解最小割集的方法很多，常用的包括下行法、上行法、逐步代入法（前两者的结合）和二元决策图法。下面主要介绍下行法和上行法。

1. 下行法

下行法的基本原则是根据逻辑门的性质来推导最小割集，即对每个输出事件，若其下是或门，则将该或门的每一个输入事件各自排成一行；若其下是与门，则将该与门下的所有输入事件排在同一行。下行法的特点是利用“或门只增加割集个数，不增加割集阶数；与门只增加割集阶数，不增加割集个数”，沿故障树从顶事件自上而下，依次将上层事件转换为下层事件。

下行法的具体步骤包括：

（1）从顶事件开始，从上向下逐级进行，按顺序将门的输出事件置换为输入事件（该事件对下一级门而言是输出事件），然后再将其置换为下一级门的输入事件；

（2）对每一个输出事件重复上述步骤，直到所有事件均为底事件才结束；

（3）去掉各行中多余的重复行和多余的重复事件，所得每一行的底事件的集合均为故障树的一个割集；

（4）根据最小割集定义，将所有割集相互比较，运用布尔逻辑运算规则的吸收律去掉被包含的割集，剩下的即是故障树的全部最小割集。

例如：针对顶事件 G1 构造的故障树如图 5-50 所示。

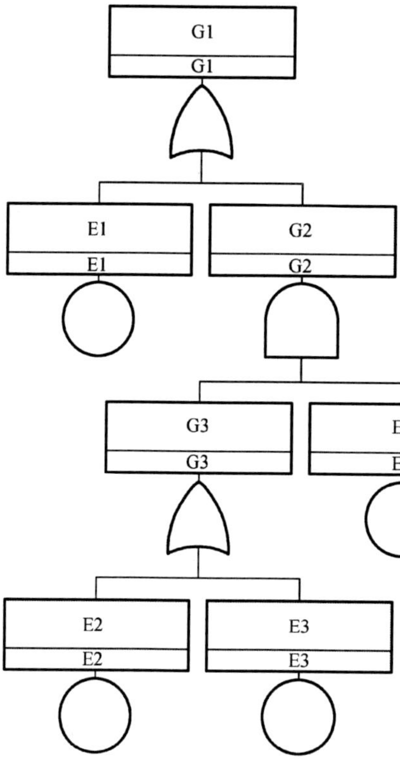

图 5-50　故障树案例

计算最小割集的步骤如图 5-51 所示。

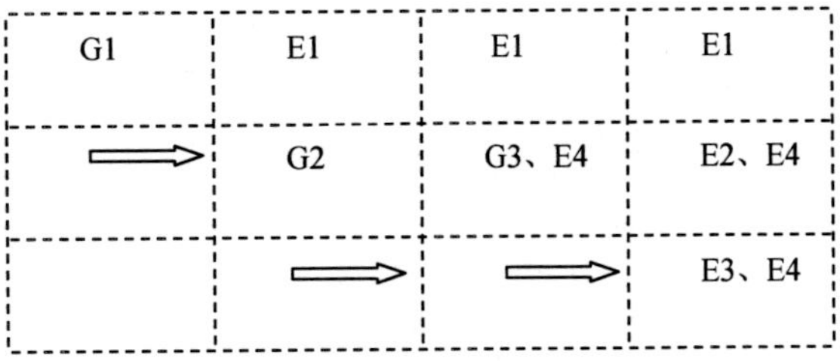

图 5-51 最小割集的计算步骤

分析结果为,顶事件 G1 定性分析的最小割集有 3 个,其中一阶最小割集有{E1},二阶最小割集有{E2,E4},{E3,E4}。

2. 上行法

上行法从底事件开始,自下而上逐步地进行事件集合运算。其基本原则是将或门的输出事件表示为或门下的各输入事件的并(布尔和),将与门的输出事件表示为与门下的输入事件的交(布尔积)。上行法的特点是自下而上,用底事件替换上一层门的输出事件,每置换一步同时根据布尔的吸收律进行简化运算,如此类推将所有输出事件均用底事件置换完毕,便得到顶事件的底事件积之和表达式。

上行法的具体步骤包括:

(1)将或门输出事件表示为输入事件的并(布尔和);

(2)将与门输出事件表示为输入事件的交(布尔积);

(3)这样向上层层代入,在逐步代入过程中(或者最后),按照布尔代数吸收律和等幂律来化简,将顶事件表示成底事件积之和的最简式。其中每一积项对应于故障树的一个最小割集,全部积项即是故障树的所有最小割集。

例如:针对顶事件 G1 构造的故障树如图 5-50 所示,计算最小割集的步骤如下:

步骤 1:G3=E2+E3

步骤 2:G2=G3E4=E2E4+E3E4

步骤 3:G1=E1+G2=E1+E2E4+E3E4

分析结果为,顶事件 G1 定性分析的最小割集有 3 个,其中一阶最小割集有{E1},二阶最小割集有{E2,E4},{E3,E4}。

5.6.6 故障树定量分析

故障树定量分析的目的是利用底事件发生概率,计算得到顶事件发生概率,从而确定系统的可靠性;计算每个最小割集的发生概率,以便根据贡献最大的最小割集来更有针对性地提出改进系统设计的建议,提高系统的可靠性和安全性;对底事件进行重要度分析,确定每个底事件的发生对顶事件发生的贡献程度,以便对部件的可靠性设计提出合理的建议;对底事件进行敏感性分析,确定底事件的发生概率变化对顶事件发生概率变化的影响程度,以识别出哪些部件的可靠性提高对系统可靠性的提高最有效。重要度分析、敏感性分析和不确定性分析方法在第 8 章中介绍。

故障树的定量分析的步骤包括：

(1)根据各底事件的可靠性参数及可靠性模型计算各底事件的发生概率；

(2)根据底事件的发生概率计算各最小割集的发生概率；

(3)根据各最小割集的发生概率计算顶事件的发生概率；

(4)根据故障树顶事件的发生概率函数及底事件发生概率计算底事件(或割集)的重要度。

定量分析方法包括近似计算法和精确计算法两种。近似计算法有容斥近似法、独立近似法等。精确计算法有容斥定理法、不交布尔代数法、二元决策图法等。鉴于精确计算法的计算量大,并且底事件发生概率值存在较大的不确定性,由此,在实际工作中采用近似计算法即可满足工程上的要求。

最小割集之间是相交的,即有重复事件,因此,顶事件发生概率必须用容斥公式进行计算。容斥定理的一般计算公式为

$$P(T) = P\left(\sum_{i=1}^{k} \mathrm{MCS}_i\right) \tag{5-87}$$

$$P\left(\sum_{i=1}^{k} B_i\right) = \sum_{i=1}^{k} P(B_i) - \sum_{1\leqslant i<j\leqslant k} P(B_i)P(B_j) + \sum_{1\leqslant i<j<j\leqslant k} P(B_i)P(B_j)P(B_l) + \cdots + (-1)^{k-1}P(B_1)P(B_2)\cdots P(B_k)$$

对于一个包含 k 个最小割集的清单,如果要求解最小割集清单的定量化结果,精确计算法需要的计算项数量是 2^k-1。考虑到单个割集的发生概率远小于 1,因此,可以采用近似计算法。

例如,$k=3$ 时,近似计算法如下。

一阶近似

$$P(A+B+C)=P(A)+P(B)+P(C)$$

二阶近似

$$P(A+B+C)=P(A)+P(B)+P(C)-P(AB)-P(BC)-P(AC)$$

故障树定量分析可以量化系统可靠性,并通过对最小割集发生概率进行排序,找出对系统可靠性影响较大的最小割集,通过重要度分析,找出对系统可靠性影响较大的部件。结合这两项分析结果,可识别对系统可靠性影响较大的薄弱环节。定量分析在应用时具有以下优势：

(1)有利于加强系统运行监测,优化维修策略,提高电厂人员工作效率；

(2)为系统设计改进或系统运行后的优化改造提供依据,提高优化方案的针对性和有效性；

(3)识别出具有重要影响的部件,可以通过提高这些部件的可靠性或采购时明确部件要求等方式来提高系统的可靠性。

5.6.7 故障树分析软件— Risk Spectrum

目前国际上广泛使用的故障树分析工具是 Risk Specturm(简称 RS)程序。RS 采用了 RSAT(Risk-Spectrum analysis tools)分析引擎,该引擎运算速度之快位居世界前列。而最小割集分析则是基于 RSMCS(Risk-Spectrum minimal cut sets)运算法则的一个改进版本。RS 软件无须人为干预,可自动计算,并且运行稳定快速。

RSMCS 算法是一个自上而下的“下行法”运算法则,采用了体现故障树特点的最优化结构。RSMCS 目前改进的最小割集分析方法具有以下的主要特征。

(1)改进了程序的代码结构,以便程序的维护和更深层次的开发;

(2)提高了“下行法”运算法则的效率;

(3)改进了处理事件树的能力,能够用于处理单个事件序列的顶事件和全部后果的顶事件;

(4)对于事件序列顶事件,可以用于建立故障树结构的内部事件序列,并自动连接所有的故障树,包括事件序列及成功逻辑门。

5.6.8 应用示例

本节以一个简化系统为例说明故障树分析的使用,图 5-52 为系统流程简图。

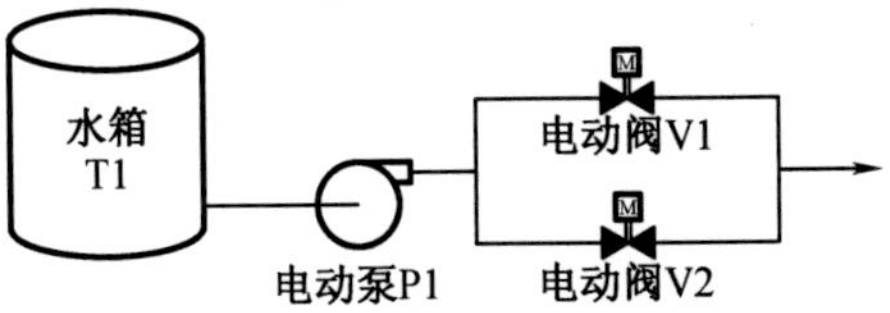

图 5-52 一个简单系统的流程简图

该系统包括一个水箱、一台电动泵和两个并联的常闭电动阀。其成功准则为:在操纵员手动启动系统后,两个阀门中至少一个必须处于开启状态,泵必须启动并运行 24 小时。

下面对系统运维和支持系统的设计进行说明,假设需要进行维修的唯一设备是泵,且泵 P1、阀门 V1 和阀门 V2 的电源各不相同。并且为了逐步深入,先暂时不考虑共因失效。图 5-53 给出了该系统的故障树图。请注意水箱的失效(事件 T1)、泵的失效、阀门的失效或者操纵员未能启动系统(事件 OP)是导致系统失效的独立故障。其中表示通过阀门流量不足失效的事件用“与门”跟分别表示阀门 V1 或阀门 V2 失效的事件相连接,说明两个阀门都必须失效才能导致顶事件失效。

对该故障树进行求解,可以得到如下 15 个最小割集,其中一阶割集有 6 个,二阶割集有 9 个:

(1){T1};

(2){P1 FTS};

(3){P1 MNT};

(4) {P1 FTR};

(5) {P1 PWR};

(6) {OP};

(7) {V1 FTO, V2 FTO};

(8) {V1 FTO, V2 FS};

(9) {V1 FTO, V2 PWR};

(10) {V1 FS, V2 FTO};

(11) {V1 FS, V2 FS};

(12) {V1 FS , V2 PWR};

(13) {V1 PWR, V2 FTO};

(14) {V1 PWR, V2 FS};

(15) {V1 PWR, V2 PWR}。

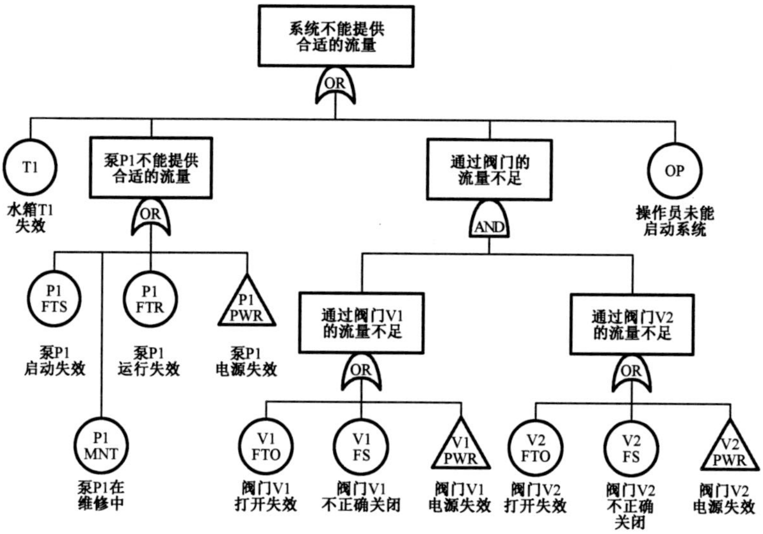

图 5-53 简单系统的故障树图

第6章　数据分析

6.1　概　　述

数据分析是核电厂开展PSA工作的重要基础，是进行核电厂安全分析的依据，是核电厂定量化风险的前提。数据分析对于保证PSA模型的质量以及确保PSA分析结果的合理性具有基础性的意义。PSA定量化所需要的数据类型主要包括始发事件频率、设备需求失效概率、设备备用失效率、设备运行失效率、试验和维修不可用度、共因失效参数及人员失误概率等，其中共因失效参数已在5.6节中进行了介绍，人员失误概率将在第7章中介绍，此处不再赘述。

PSA分析中一个核心的问题是数据的可用性。PSA数据的来源主要是通用数据和电厂特定数据。数据完全适用的情况很少出现，因此需要通过分析和判断来选择每种情况下最佳的数据源。当然最好使用电厂特定数据代替通用数据，但是即便核电厂已运行了多年，电厂特定数据也可能稀缺，只能通过采用一些方法和通用数据结合起来使用。但应尽可能最大限度地使用电厂特定数据，并与通用数据进行比较，在电厂特定数据较少时，可利用贝叶斯方法组合这两种数据源，得到一组新的更适用的数据。对于新建核电厂，特别是没有类似电厂可供参考的电厂，在使用通用数据时应进行适用性的判断。

频率极低的始发事件或低失效概率的设备，在通用数据库中数据可能很稀少，甚至没有，因此在PSA中所使用的数据必须通过综合判断赋值，但应确保用于进行数值估计判断的基础是可以接受的。

PSA数据分析主要有三方面的工作：

(1)数据收集，即收集、解释和记录用于PSA使用的有关数据，包括失效的定义、确定部件的边界和失效严重程度的分类等基本工作，确定典型数据源和当前数据源，收集和解释通用数据库，收集特定电厂的数据并进行必要的筛选；

(2)数据处理，根据收集的数据进行参数估计，确定始发事件频率、设备启动失效概率、设备运行失效率、不可用度和设备失效后的恢复时间等参数，并给出该估计的不确定性分析；

(3)数据的正确使用，即在PSA工作中如何正确使用所评价的参数。

数据分析的目的是提供可靠性参数估计值和不确定性参数，支持PSA模型中始发事件和基本事件的发生概率或频率的确定。数据分析应保证：

(1)可靠性参数如实反映电厂配置和运行情况，无论是以电厂特定数据还是以通用数据为基础进行评估；

(2)考虑了因试验、维护或维修导致的系统或设备不可用；

(3)理解掌握数据的不确定性，并正确考虑。

6.2 数据类型

概率安全分析考虑了各种可能的事故序列。事故序列从一个对电厂安全构成威胁的始发事件开始,然后需要一个或多个备用安全系统,其他正常运行的系统必须继续运行,以确保不会发生严重的不可预期的后果。要使系统失效从而导致情景不可控制,必须有一些设备出现故障或不可用。PSA 模型中代表这些故障或不可用模式的逻辑事件被称为基本事件。

由于导致始发事件或设备故障发生的过程复杂,因此无法准确预测何时会发生始发事件或设备故障。因此,始发事件和基本事件被建模为随机过程的结果。

因此,数据分析任务的第一步是确定适当的概率模型来表示始发事件或基本事件。这些模型通常有一个或多个参数。下一个主要步骤是估计这些参数的值,这一估计基于最适用和可用的数据。选择数据源,以适当的形式提取数据,并用它来估计这些参数的值,这部分内容将在 6.3 节和 6.4 节分别进行介绍。

基本事件通常分为需求失效、备用失效、运行失效(成功启动后)、不可用(因为试验或维修)等。

通常 PSA 模型中涉及的事件和参数如表 6-1 所示。

表 6-1 PSA 中考虑的事件及参数

始发事件	需求失效	备用失效	运行失效	试验维修不可用
典型事件				
始发事件	备用设备需求失效	备用设备改变状态失效	设备运行失效或任务期间设备改变状态	需求时系统不可用或不在线
参数				
λ,事件频率	p,需求失效概率	λ,备用失效率	λ,运行失效率	q,不可用度
评估参数所需的数据				
事件数量 x; 总时间 t	失效次数 x; 需求次数 n	失效次数 x; 总备用时间 t	失效次数 x; 总运行时间 t	试验或维修不可用时间 t; 电厂要求该设备或系统列应该在线运行的总时间 T

注:此处列出的数据是参数评估的最小需求。更多详细数据的需求取决于模型假设。

6.2.1 始发事件频率

1. 示例

在核电厂 PSA 中,始发事件是指干扰核电厂稳定运行,从而引发异常事件的任何事件,例如,核电厂内的瞬态或LOCA。始发事件开始于一系列挑战电厂控制和安全系统的事件。这些系统的故障可能会导致堆芯损坏,并向环境释放放射性。然而,在估计始发事件的频率时,考虑电厂对始发事件的潜在响应是不相关的。

下面是一些引自Poloski、Atwood等人的数据集的示例,利用这些数据集可以计算此类始发事件频率。

例1 非计划停堆

从1987—1995年,美国一座商业核电站共发生34起非计划停堆事故。它在1987年1月3日开始进入临界状态,总共经历了64 651个临界小时,或者7.38临界年。

例2 停堆期间,失去厂外电

1986—1996年间,美国商业核电站在停堆期间共发生了80次失去厂外电事件。在此期间,核电厂共经历了455.5年的反应堆停堆。

例3 穿墙管道泄漏

在世界范围内的压水堆(累计3 362年运行经验)的大直径管道,共发生一次穿墙管道泄漏事件。

上述这些例子有几个共同特点。首先,它们涉及发生的许多事件、暴露时间或事件可能发生的时间。下一小节将介绍一个简单的概率模型,该模型将在时间上产生随机事件。此外,在上述每个示例中,在任何事件之后都会采取纠正措施,以便系统随后恢复运行(系统是可修复的)。这意味着记录的运行历史由一系列随机事件组成,这些事件被总结为某个固定时间内的事件计数。这类数据将指导我们进行特定类型的分析,见6.4节。

这些事件可能是一般PSA的始发事件(例1)、停堆PSA的始发事件(例2)、非能动系统中的故障(例3,它正好是PSA中的始发事件)。本文将采用概率建模的观点,其中不确定的事实不是事件的结果,而是事件在时间上随机发生的方式。反应堆停堆始发事件是此类事件的典型例子,但并不是唯一的例子。

暴露时间是事件可能发生的时间长度。在例1中,暴露时间为反应堆临界年,因为只有当反应堆处于功率运行时,才能发生反应堆停堆。因为只考虑一个核电厂,“临界年”可以作为“反应堆临界年”的简写。在例2中,感兴趣的事件是反应堆停堆期间失去厂外电。因此,暴露时间必须是研究期间的反应堆停堆年数。在例3中,使用反应堆日历年,主要是因为无法轻易获得更详细的全球数据。因此,该模型假设,在运行和停堆期间,大直径管道可能以相同的概率出现裂纹。该模型也不考虑不同核电厂之间的差异,例如核电厂大直径管道总长度的差异。

数据也可以分解成更小的部分。例如,可以对每个日历年的始发事件数据进行汇总,并分别报告1987—1995年间每年的事件计数和暴露时间。

2. 概率模型

此处给出了有关物理过程的假设,以及对可以观测到的数据类型的描述。

根据Thompson研究,一般假设事件计数为泊松分布,而泊松过程的一般假设如下:

(1)事件在任何指定的短暴露时间周期内发生的概率大致与时间周期的长度成正比。换句话说,事件频率为$\lambda>0$,那么在短曝露时间的间隔Δt内,事件发生的概率为$\lambda\Delta t$。

(2)事件不会完全同时发生。

(3)不连续暴露时间段内事件的发生在统计学上是独立的。

在上述假设下,某一固定曝露时间 t 内的事件出现次数 X 是一个泊松分布随机变量 $\mu=\lambda t$:

$$\Pr(X=x)=e^{-\mu}\mu^{x}/x! \tag{6-1}$$

其中参数 λ 就是频率。为了更清楚地说明,通常这样描述,即例 1 中的"始发事件频率"、例 3 中的"穿墙管道裂缝发生频率"等。由于固定时间内的事件计数是无单位数量,因此平均发生次数 μ 也是无单位的。然而,频率 λ 取决于测量时间的单位。换言之,频率 λ 的单位是每单位时间,例如 l/年或 l/反应堆临界小时。

这个模型叫作泊松过程。它非常简单,因为它完全由暴露时间 t 和一个未知参数 λ 指定。假设(1)意味着 λ 不随时间变化,既不是单调的趋势,也不是周期性的,也不以任何其他方式变化。假设(2)说,完全同时的事件不会发生。它们能发生的唯一方式(除了难以置信的巧合)是某种同步机制存在——共因失效。因此,假设(2)的解释是不发生共因失效事件。假设(3)说,过去的历史并不影响现在。特别是,昨天发生的一个事件并不能使明天发生另一个事件的可能性增加或减少。这说明这些事件不倾向于成堆发生,但也不倾向于系统地间隔和均匀地分开发生。

如上所述,因共因失效导致事件同时发生违反了假设(2)。但是,一些常见的共因失效机制并不完全使得事件同时发生。相反,第二个事件可能在第一个事件之后很快发生,作为共因失效的稍微延迟的结果。在这种情况下,违反了假设(3),因为一个事件的发生增加了紧接着发生第二个事件的可能性。不管怎样,共因失效事件违反了泊松过程的假设,违反了假设(2)或假设(3)。

3. 评估参数 λ 所需的数据

根据泊松模型,估计参数 λ 只需要两条信息:总暴露时间 t 和该事件发生的累积数量 x。

6.2.2 需求失效概率

需求失效是指设备需要改变状态时其状态未能成功改变。

1. 示例

例 1 高压安注系统启动失效

据 Grant 等人的数据,1987—1993 年在 23 个沸水反应堆中,高压安注系统 HPCI 有 59 次意外尝试启动。系统未能根据其中 5 次启动需求而成功启动。故障通常是不稳定的启动,需要操纵员手动操作。这些要求发生在 113.94 反应堆临界年期间。

例 2 隔离阀失效

Nickolaus 等人 1992 年审查了大约 45 个气动和电动隔离阀故障的原因。一些主要原因是腐蚀、仪表漂移以及仪表和控制电路中的湿气。其他原因包括仪表空气系统中的污染和腐蚀产物以及系统中的碎屑。这些都是不使用阀门时可能出现的情况。

例 3 应急柴油发电机启动失效

应急柴油发电机在安全母线非计划失去供电工况下启动。应急柴油发电机每月需进行一次启动试验，启动试验在反应堆运行期间开展。此外，每次维修后应急柴油发电机需要进行调试。记录核电厂 18 个月的运行时间内应急柴油发电机需求失效次数以及启动失效次数。

2. 概率模型

这类数据模型一般假设失效数量为二项分布。二项分布的假设可以表述为一个是有关物理过程的假设，一个是有关可观察数据的假设：

(1)对于每次需求，结果都是一个概率为 p 的失效，和一个概率为 $1-p$ 的成功。对于所有的需求，这个概率 p 是一样的。

(2)不同需求失效的发生在统计上是独立的；也就是说，一个需求的失效概率不受其他需求的影响。

在这些假设下，在一定数量 n 的需求中，失效的随机数量 X 具有二项(n,p)分布：

$$\Pr(X=x)=\binom{n}{x}p^{x}(1-p)^{n-x} \tag{6-2}$$

$$x=0,\cdots,n$$

$$\binom{n}{x}=\frac{n!}{x!\ (n-x)!}$$

这个分布有两个参数，n 和 p，其中只有后者是未知的(尽管 n 可能并不总是被确切地知道，但它在本章中被视为已知)。

3. 评估参数 p 所需的数据

假设二项式模型是合适的，那么任何合理的 p 估计只需要两条信息：在数据周期内的需求数量 n，以及失效的数量 x。

6.2.3 备用失效率

假设系统(通常是设备)在系统处于备用状态时已经转变为失效状态，这种转变是在一个随机的时间以恒定的转变率发生的。这种潜在的失效状态确定了系统在下一次需求时将失效。但是，这种情况直到下一次检查、试验或实际需求时才会发现。备用失效与需求失效是对系统/设备无法改变状态的不同的表达。

1. 概率模型

该数据模型的基本假设是向失效状态的转变是随机发生的。必须区分两种设置：

(1)数据，使我们能够估计 λ 的历史运行经验；

(2)在 PSA 中的应用，λ 主要用于评估设备在需求时失效的概率。

(1)数据的概率模型。

习惯上只考虑最简单的模型。

①假设系统在 t 时刻是运行的，系统在从 t 到 $t+\Delta t$ 的短时间周期内的失效概率与曝露时间的长度成正比。此概率不依赖于周期的开始时间 t 或其他任何东西。

②不同系统或一个系统在不同备用时间内的失效是相互独立的。

这里提到的时间可以是计划的试验或计划外的需求。

假设①与第 6.2.1 节中的泊松过程基本相同。这意味着有一个比例常数 λ 满足：

$$\lambda \Delta t = \Pr(t<T\leqslant t+\Delta t \mid T>t) \tag{6-3}$$

其中，T 是系统发生故障的随机时间，那么在 t 时刻观测到系统失败的概率是

$$\Pr(\text{在 } t \text{ 时刻系统处于失效状态}) = 1-e^{-\lambda t} \tag{6-4}$$

式中，参数 λ 称为备用失效率。之所以这样命名，是表示当系统处于备用状态等待下一个需求时出现失效的情况。

(2)在 PSA 中应用的模型。

该数据模型在 PSA 中主要用于评估非计划需求下的失效概率。为此，我们假设存在周期性试验，并且在试验周期内随机出现计划外的需求，需求失效的概率近似等于：

$$p \approx \lambda t_{\text{test}}/2 \tag{6-5}$$

式中 λ——备用失效率；

t_{test}——试验之间的时间间隔。

一个更精确的表达式是在试验间隔内所有可能的需求时间上取平均值：

$$P = \frac{1}{t_{\text{test}}}\int_0^{t_{\text{test}}}(1-e^{-\lambda t})\,ds = 1-(1-e^{-\lambda t_{\text{test}}})/(\lambda t_{\text{test}}) \tag{6-6}$$

这个方程用公式(6-5)近似，可以用二阶泰勒展开来验证：

$$\exp(-\lambda t) = 1+(-\lambda t)+(-\lambda t)^2/2! \tag{6-7}$$

2. 评估参数 λ 所需的数据

假设备用失效率模型成立。如果备用时间都相似，那么评估参数 λ 只需要两条信息：失效次数 x，以及相应的总备用时间 t。反之，如果备用时间变化很大，则应分别记录失效和成功的总备用时间。

6.2.4 运行失效率

当一个设备失效时，若它在较短的时间内能够被修复或更换并恢复运行，那么这个设备是可修复的。而本节中考虑不连续运行的设备或系统。它们偶尔会被要求启动，然后执行一些任务。如果在任务中失效，它们是不可修复的，也就是说，它们不能很快修复或更换。有两点值得澄清：

(1)有些失效可以恢复。在造成任务失败的意义上，它们不会被建模为失效。然而，不可恢复的失效会导致任务失败。

(2)只要有足够的时间，几乎任何系统都能修复。但是，在执行任务期间，没有足够的时间。因为设备或系统不能在时间限制内被修复，所以称为“不可修复”。

1. 示例

下面是两个系统在任务期间运行失效的示例。

例 1 应急柴油发电机运行失效

Grant 等人 1999 年在 844 个要求应急柴油发电机运行 30 分钟或更长时间的任务中，在

首个 30 分钟内大约有 11 个不可修复的运行失效。此计数是近似的,因为有些失效时间没有给出,只能推断。

例 2 辅助给水系统汽轮机组运行失效

Poloski 等人 1998 年在辅助给水系统汽轮机组的 583 个非计划需求中,机组有 2 次运行失效,机组运行时间为 371 小时。这些信息来自许可证持有者的事件报告(license event report,LER),只有 17%的 LER 报告了机组的运行情况。371 小时的总运行时间是根据 LER 中的运行时间推断得出的。

2. 概率模型

本节中几乎所有的观测时间都是在失效前确定的。上一节的例子说明了这一点。因此,无法观察到失效时间的完全分布。在例 1 中,没有给出关于前 30 分钟后失效次数分布的信息。在例 2 中,平均运行时间仅为 38 分钟,大多数 AFW 任务持续时间不到 1 小时。在这种情况下,指数分布仅限于观察到的时间段,是一个简单的、合理的近似可观测部分的分布。

关于物理过程有两个假设:

(1)假设 t 时刻之前没有失效发生,在 $t+\Delta t$ 的短时间段内发生失效的概率与曝露时间的长短成正比。概率不依赖于周期的开始时间 t 或其他任何东西。

(2)不同系统或一个系统在不同任务期间的故障是相互独立的。

假设(1)意味着失效时间是参数 λ 的指数分布。参数 λ 的解释是,如果系统处于运行状态,在下一个短的时间间隔内的失效概率约为 $\lambda\Delta t$:

$$\lambda\Delta t = \Pr(t < T \leqslant t+\Delta t \mid T > t) \tag{6-8}$$

此处 T 是失效之前的随机时间。当这样定义时,λ 被称为失效率或运行失效率。注意,对于可修复系统和不可修复系统,λ 的定义是不同的,即使它用相同的希腊字母表示,在两种情况下都称为"失效率"。

比较运行失效和备用失效两种模型具有一定的指导意义。物理过程基本上是相同的,但两个模型的观测数据不同。也就是说,假设一和假设二两个部分大致一致,除了小的措辞差异。然而,运行失效的时间是可以观察到的,而转变为备用失效的时间则永远不知道。

3. 评估参数 λ 所需的数据

假设失效时间服从指数分布,那么,对 λ 的任何合理估计只需要两条信息:总运行时间 t 和运行失效次数 x。

6.2.5 试验和维修不可用度

试验维修不可用度是指由于试验或预防性维修和修正性维修行动导致设备、系统列处于离线不可用状态。

1. 示例

例 1 化学和容积控制系统试验维修不可用

核电厂中化学和容积控制系统有两列,在 15 个日历月内发生各种化学和容积控制系统列停运。Atwood 和 Engelhardt 于 2003 年给出了每个月的停机时间。

2. 概率模型

假设的基础模型是一个交替更新过程。在任何时候,系统都处于两种状态之一:“向上”或“向下”,在我们的应用程序中对应于可用或停运。最初,系统是可用的,它在一个随机时间 Y_1 内保持可用;然后停运,在一个随机时间 Z_1 内保持停运。然后在一段时间 Y_2 内可用,然后在一段时间 Z_2 内停运,以此类推。其假设如下:

(1)随机变量 Y_i 有一个以有限平均值连续的分布。随机变量 Z_j 也是。

(2)所有的随机变量都是相互独立的。

停运时间的总和 $\sum Z_j$ 是总停机时间。所有时间的总和 $\sum Y_i + \sum Z_j$ 是曝露时间(系统应该可用的时间)。不要求系统可用的时间不计入可用时间或停运时间。

3. 评估参数 q 所需的数据

不可用度 q 可以从这两种数据中进行估计:设备或系统列的实际离线试验或维修时间,以及要求其在线的总时间。

6.3 数据收集

PSA 的参数估计中利用核电厂特定数据,可产生反映核电厂实际运行经验的风险评估。特定核电厂的数据分析还允许将核电厂设备性能与行业平均水平进行比较。特定核电厂的数据分析能识别出性能低于行业平均水平的设备或系统。它还可以识别出比行业平均水平性能更好的设备或系统。

电厂特定数据分析所需的原始失效数据取决于分析范围。该范围可以包括始发事件、设备失效事件和由于试验或维修的不可用。核电厂可获得的每种类型事件的原始数据的来源很多。例如,始发事件的原始数据的典型来源包括电厂内部失效记录(如紧急停堆事件或异常事件报告)、操纵员日志、LER、每月运行报告或记录。设备失效信息的典型来源包括 LER、电厂内部失效记录(如失效报告,故障报告或异常事件报告)、维修记录(如维修工作单和工作请求记录)、电厂日志(如控制室日志和设备历史日志)、数据库(如设备性能和信息交换系统/核电厂可靠性数据系统)、每月运行报告/记录、试验规程、操作规程、设备需求或运行时间记录。维修信息可以从电厂日志和维修工作单中获得。

为了获得第 6.2 节和第 6.4 节中描述的参数估计模型中使用的简化数据,需要对原始数据进行简化。原始数据的简化包括对于同类型设备数据、失效发生时电厂的运行模式以及事件的严重性等问题的考虑。

本节描述了收集和简化原始数据的过程,以生成用于 PSA 的核电厂特定数据。由于核电厂以不同的方式收集和记录原始数据,本节所述的过程是通用的,但对于收集和简化用于 PSA 的数据是足够的。

第 6.3.1 节、第 6.3.2 节分别介绍了为计算始发事件频率、设备失效数据所需数据的简化过程。根据第 6.2 节和第 6.4 节提供的指导,将在该过程中获得的简化数据组合起来,以获得量化 PSA 模型所需的参数。

6.3.1 始发事件数据

在第 6.4 节中提供的评估电厂特定始发事件频率的方法所需的数据包括始发事件的数量和这些事件发生的时间段。本节提供了收集所需数据的指南。

1. 始发事件分类

核电厂 PSA 中的始发事件分类取决于核电厂的运行模式。对于功率运行，关注的事件通常是反应堆紧急停堆，但也包括非计划的强制停堆。功率运行期间的典型始发事件包括各类核电厂瞬态和丧失冷却剂事故。若零功率或低功率跳闸在满功率运行期间不会发生，则该事件在功率运行 PSA 中不作为有效的始发事件。但是，如果低功率事件可以在满功率期间发生，则应将其视为满功率时的有效始发事件。对于停堆运行模式，反应堆已经处于次临界状态，因此始发事件有所不同。停堆 PSA 中建模的典型始发事件包括失去衰变热排出事件、反应性引入事件和 LOCA 或排水事件。

PSA 的标准做法是，根据对核电厂某些系统的影响以及对事故缓解所需的核电厂其他系统的要求，将始发事件分类。典型始发事件类别包括失去厂外电、失去给水、主蒸汽隔离阀关闭、大 LOCA、中 LOCA 和小 LOCA。EPRI 于 1982 年，INEEL 于 1999 年给出了核电厂满功率时发生的典型瞬态事故列表。1999 年 Staple 等人给出了沸水反应堆在低功率和停堆工况下考虑的典型始发事件，1993 年 Chu 等人给出了压水堆在低功率和停堆工况下考虑的典型始发事件。

2. 数据窗口

收集始发事件数据的时间段应尽可能宽。一般来说，应考虑核电厂运行所有年份的数据。但是，可以对数据进行筛选以排除不具代表性的事件（请参阅下一节）。一般实践中使用的一种筛选技术是排除第一年不具有代表性的运行数据。

由于核电厂设计和运行的改进，电厂事件的数量会随着时间的推移而减少，因此希望数据反映最新的运行经验。这可以通过只考虑最近几年的运行数据来实现。或者，分析师可以对数据进行趋势分析。

3. 始发事件数据分配和筛选

为了将核电厂特定事件数据分配到电厂 PSA 中建模的始发事件类别中，有必要确定电厂的状态，包括事件发生时的功率水平以及事件对电厂系统的影响。这些信息通常可在原始数据源中获得，这些原始数据源可用于识别始发事件（即 LER、紧急停堆报告和月度运行报告）。

对于在功率运行期间发生的始发事件，关注的事件是导致反应堆跳闸或强制停堆的事件。为了将这些事件分配到适当的始发事件类别，数据分析员必须检查在反应堆跳闸/停堆之前和之后的事件序列。导致一系列事件并最终导致自动或手动停堆或计划外停堆的核电厂初始故障用于对事件进行分类。例如，一次核电厂停堆可能是由主蒸汽隔离阀的误关闭引起的，该事件被识别为主蒸汽隔离阀关闭瞬态。另一个事件可能由冷凝器真空损失引起，从而导致主蒸汽隔离阀关闭。此事件也可归入主蒸汽隔离阀关闭瞬态类别，除非在电厂响应中发现一些显著差异。

始发事件数据分析也可用于帮助确定实际导致电厂跳闸的事件之后的事件的条件概率。这方面的例子包括反应堆保护系统的故障导致的未能紧急停堆的预期瞬态(anticipated transient without scram,ATWS),以及安全阀卡在开启位置导致瞬态诱发的失水事故。

有可能从数据分析中排除一些导致核电厂紧急停堆(或停堆运行模式期间的丧失排热)的事件。排除始发事件数据的一个可接受的原因涉及为降低反应堆紧急停堆频率而进行的设计或运行变更,这可能降低反应堆紧急停堆频率。电厂设计或运行的此类变更可以消除过去发生的故障。例如,由于给水控制系统的设计,电厂可能经历了大量丧失给水事件。因此,电厂可能已经用一种新的、更可靠的设计取代了给水控制器,这种设计可以消除由于控制器故障而造成的给水丧失。因此,数据分析员可以从统计数据中消除由旧给水控制器故障引发的过去事件。

电厂设计或运行的变化也会影响事件的分类。以下示例,见 EPRI TR-100381,说明了这一点。某些沸水堆的主蒸汽隔离阀容器水位关闭设定值已从 2 级降低至 1 级,因此,导致主蒸汽隔离阀关闭的始发事件在设计变更实施前后可能有所不同,主蒸汽隔离阀关闭事件的总历史计数可能对电厂的当前条件无效。处理此类设计变更的一种方法是,在设计变更前消除由于产生低容器水位信号而导致主蒸汽隔离阀关闭的所有事件。这种方法具有减少样本量的不良影响。另一种方法是回顾过去的事件,以确定主蒸汽隔离阀是否已在修订的关闭设置点到位的情况下关闭。然而,从现有信息中可能很难确定这一点。

4. 时间的选择

为了估计在任何核电厂运行模式下发生的始发事件的频率,适当的暴露时间是与收集始发事件数据的时间段相对应的运行日历年数。在日历年的基础上表示始发事件的频率,允许在一致和平均的基础上评估每种模式的风险。

然而,可能有必要根据电厂处于特定运行模式的时间来生成始发事件频率。例如,功率运行期间的始发事件通常用每临界年的事件表示(一个临界年代表 8 760 小时的反应堆临界时间)。由于一般始发事件频率通常以每临界年的事件表示,因此需要在同一单元中计算电厂特定频率,以便使用贝叶斯技术将这两个值结合起来。为了确定功率运行始发事件频率,电厂特定频率可以表述为每日历年发生的事件数除以反应堆在该时间段内处于功率运行的时间份额。该份额称为临界系数,可根据控制室日志或记录簿确定,其中也记录了每种运行模式下的停留时间。或者一般频率可除以平均临界系数(以 NUREG/CR-5750 报告的数据为 0.75),以获得相同单位表示的一般数据作为电厂特定数据(即每个日历年的事件)。例如,假设一个事件平均每年发生 1.6 次,并且某个特定核电厂的临界系数为 0.8(即反应堆在 80%的时间内处于临界状态)。然后,与临界年单位相关的事件是 2 个事件/临界年(1.6 个事件/日历年除以 0.8 个临界年/日历年)。

6.3.2 设备失效数据

包含核电站设备运行记录的原始数据源通常记录了核电站寿命期间数万个设备故障。记录可以多种形式保存,包括维修工单的纸质版或计算机化文件。最有用的原始数据源提供了受影响的特定设备、观察到的问题和采取的操作的信息。为了根据这些记录中的数据计算特定核电厂的设备失效率和不可用度,数据分析员必须识别导致设备功能失效的故障,并确定相应的需求数量或运行时间。本节介绍此过程以及提取必要数据所需的一些实际问题。

1. 数据识别

评估电厂特定设备失效率的第一步是确定将要分析的设备及其失效模式。此步骤通常与其他 PSA 分析员(通常是建立系统模型(如故障树)的分析员)协作完成。这种协调是至关重要的,因为它只对 PSA 模型中出现的设备及其失效模式进行设备数据分析,并确定设备边界的定义。

值得注意的是,在核电厂历史上,极其可靠的设备可能从未出现过故障。由于缺乏失效历史,因此很难估计真实的失效率或概率。可靠的设备通常可以通过检查通用数据库中的失效率来识别。然而,分析员在使用这些数据时要小心,因为通常可靠的设备在特定的核电厂可能不可靠。此外,常常不可能使用现有的核电厂记录来识别某些设备的需求或运行时间(例如,继电器的需求数量)。

表 6-2 PSA 中的典型失效模式定义给出了 PSA 中常用的典型失效模式,可以为核电厂将失效事件分配至具体失效模式时提供参照。

表 6-2 PSA 中的典型失效模式定义

序号	失效模式	编码	定义及应用范围
1	内漏	IL	设备内部出现泄漏
2	外漏	EL	存储液、气、汽体的设备边界不能保持完整
3	拒开	FO	设备未能运动到开启位置,与“拒关”相反
4	拒关	FC	设备未能运动到闭合位置。适用于闭合是该设备完成功能必须环节的设备;阀门为“拒关”;对于接触器为“拒合”
5	误动作	SA	设备在没有要求的情况下改变状态,如阀门的误动作
6	运行中卡死	FA	设备未能运动到一个要求的新位置,如调节阀门未动作到位
7	运行失效	FW	非转动设备在处于运行时产生的没必要继续分类的失效
8	启动失效	FS	当要求启动时设备不能启动,适用于所有通过启动并连续运动(转动、移动)来实现功能的设备
9	运转失效	FR	在要求的任务时间内,设备不能连续运转。适用于所有通过连续运转来完成其功能的设备
10	堵塞	GP	非设备正常运行引起的,以任一方式阻止沿要求方向的流动
11	功能丧失	FF	在要求的任务时间内,设备丧失其既定功能
12	卡开	FP	设备开启后不能闭合。适用于安全阀,指阀门由于压力开启后不能闭合
13	过水卡开	FL	设备开启后通过液体时不能闭合

表6-3给出了核电厂设备类边界定义的示例,仅供参考。

表6-3 设备类边界定义示例

序号	设备类	设备类边界定义
1	电动泵	包括泵本体、电动机、联轴器、润滑或冷却系统、本地测量仪表。 以泵的进出口接管嘴为界(以法兰或焊缝为分界点)
2	汽动泵	包括泵本体、汽轮机、联轴器、调速控制器、蒸汽排放阀、润滑或冷却系统、本地测量仪表。 以泵的进出口接管嘴为界(以法兰或焊缝为分界点)
3	柴油机泵	包括泵本体、柴油机、联轴器、润滑或冷却系统、本地测量仪表。 以泵的进出口接管嘴为界(以法兰或焊缝为分界点)
4	电动阀	阀门本体以及所包含的所有子部件。包括阀门、阀门驱动部分(电机、联轴器等)但不包括给驱动装置供电的电源。 从阀门本体到与其他设备相连接的第一道焊缝或法兰
5	气动阀	阀门本体以及所包含的所有子部件。包括阀门、阀门操作机构但不包括气源、控制操作装置。 从阀门本体到与其他设备相连接的第一道焊缝或法兰
6	电磁阀	阀门本体以及所包含的所有子部件,包括阀门、阀门操作机构。 从阀门本体到与其他设备相连接的第一道焊缝或法兰
7	先导式安全阀	阀门本体以及所包含的所有子部件。 从阀门本体到与其他设备相连接的第一道焊缝或法兰
8	弹簧加载式安全阀	阀门本体以及所包含的所有子部件。 从阀门本体到与其他设备相连接的第一道焊缝或法兰
9	逆止阀	包括阀门本体以及包含的所有子部件。 从阀门本体到其与其他设备相连接的第一道焊缝或法兰
10	手动阀	包括阀门本体以及包含的所有子部件。 从阀门本体到其与其他设备相连接的第一道焊缝或法兰
11	应急柴油发电机组	包括柴油机、发电机、柴油机与发电机之间的联轴节、发电机直至母线端子排。 柴油机本体;发电机本体;耦合装置;机油系统;启动系统;冷却水系统;调速及控制系统;励磁系统;供电系统(蓄电池、硅整流器等)
12	其他柴油发电机组	包括柴油机、发电机、柴油机与发电机之间的联轴节、发电机直至母线端子排。 柴油机本体;发电机本体;耦合装置;机油系统;启动系统;冷却水系统;调速及控制系统;励磁系统;供电系统(蓄电池、硅整流器等)
13	小汽轮发电机组	包括汽轮机、发电机、汽轮机与发电机之间的联轴节、发电机直至母线端子排。 汽轮机本体;发电机本体;调速控制器;蒸汽排放阀;润滑或冷却系统;本地测量仪表
14	控制棒驱动机构电源系统电动发电机组	包括两台电动机发电机组,以及安装在箱子里的电压调节器、260 V供电的断路器屏、控制屏和一些必要的电缆连接件

表 6-3(续 1)

序号	设备类	设备类边界定义
15	电路断路器	包括电路断路器本体以及所包含的所有子部件。 以其输入输出接线端子为界(包括接线端子本身)
16	停堆断路器	包括停堆断路器本体以及所包含的所有子部件。 以其输入输出接线端子为界(包括接线端子本身)
17	母线	包括母线本体,导体部分、绝缘部分和支撑部分
18	蓄电池组	包括蓄电池本体以及所包含的所有子部件。 以蓄电池与其充电电源及与用户相连接的接线端子(其端子包括在内)为界
19	电池充电器	包括电池充电器本体以及所包含的所有子部件(其接线端子包括在内)
20	逆变器	包括逆变器本体以及所包含的所有子部件(其接线端子包括在内)
21	继电器	包括继电器本体以及所包含的所有子部件。 以其输入输出接线端子为界(包括接线端子本身)
22	过滤器	过滤器本体以及所包含的所有子部件。 从过滤器本身到与各工艺流体相连接的进出口管嘴(包括管嘴本身)连接法兰或第一个焊缝
23	旋转滤网	包括滤网、电机、减速机构、高压冲洗管线、润滑油回路,进口处截至拦污栅(不包含拦污栅),出口为循环水泵(不包含循环水泵)
24	地坑滤网	包括地坑滤网本体
25	孔板	包括孔板本体。 包括孔板压力边界内的部分
26	板式热交换器	包括热交换器本体以及所包含的所有子部件。 从热交换器本身到其与冷热两侧相连接的进出口管嘴,以其连接法兰或焊缝为界
27	管式热交换器	包括热交换器本体以及所包含的所有子部件。 从热交换器本身到其与冷热两侧相连接的进出口管嘴,以其连接法兰或焊缝为界
28	水箱	包括水箱本体及其所包含的所有子部件。 以其与水(气)或其他介质回路的接管嘴为界(到第一个法兰或焊缝)
29	储气罐	包括储气罐本体及相关的释放阀。 以其与其他介质回路的接管嘴为界(到第一个法兰或焊缝)
30	变压器	包括继电器本体以及所包含的所有子部件。 连接变压器与电力电线、母线之间的绝缘子(包括绝缘子本身)
31	传感器/变送器	包括传感器和变送器本体及电缆端子
32	风机	包括风机本体及其电机、联轴器、润滑或冷却系统。 以空气进出口的连接管嘴为界(管嘴本身包括在内)

表 6-3(续 2)

序号	设备类	设备类边界定义
33	冷冻机组	包括压缩机、电机、润滑或冷却系统
34	空气压缩机组	包括空气压缩机本体及其电机、联轴器、润滑或冷却系统。从空气压缩机到与被压缩介质相连接的输入输出管嘴(包括管嘴)
35	空气干燥器	包括空气干燥器本体
36	控制棒及驱动机构	包括控制棒、导向管、线圈、固定和活动棘爪、操作装置(RAM、RGL、IAAR)

(1)数据窗口。

在足够的时间段内选择特定核电厂的数据,以提供具有统计意义的结果。最好使用来自整个核电厂历史的数据,因为它们受随机变化的影响较小。以下来自 EPRI TR-100381(1992 年)的示例说明了达到可接受样本量所需的数据量。

在没有失效的情况下,统计的样本量可以用 95%置信上限来衡量。为确定 95%置信限值为 IE-03/h 的失效率,总体所需的累积运行时间为 3 000 小时,为确定 95%置信限值为 IE-04/h,需要 30 000 小时。因此,如果通用数据中一个失效率被认为是相对较低的,那么在对通用值产生影响之前,应该先收集大量的运行时间。

当记录失效时,统计样本量可以通过 5%到 95%的置信区间来衡量。这会随着失效次数的增加而减少。对于泊松分布,从 5%到 95%的范围约为 10 个中有 2 个失效。因此,对于大于 2 次的失效,样本与误差因子为 3 的对数正态分布非常相似。因此,对于一组设备,与典型的通用数据库相比,2 个或更多的失效总数是一个合理的样本。这对于二项式分布也是成立的,因为当参数 p 的量级为 10^{-3} 时,它近似于泊松分布。这些考虑因素可用于建立合理的数据收集时间框架。假设通用数据中需求概率是 10^{-3} 量级,这里同类设备有四个,在每月一次的 ISI 试验中每个设备大约有一次需求。要得到两个失效,我们预计需要约 $2/p$ 的需求,或者 2 000 次需求。每年有 48 次需求,因此需要 41 年的数据来产生这一具有统计意义的数据。这说明了确保所有需求都计算在内的重要性,也说明了如果可能的话增加同类设备数量的重要性。

(2)数据汇集。

对于为数据分析选择的设备及其失效模式列表,系统分析员必须从数据窗口期间生成的原始数据源中检索每个设备的所有失效、维修和试验记录。所需记录通常根据设备识别号获得。由于设备边界可以包括多个部件,因此所需的记录可以保存在多个标识号下。但是,对于某些设备,不同部件的数据记录可能都保存在相同的识别号下。因此,有必要列出设备边界定义中包含的所有部件的标识号。

由于设备故障通常很少发生,因此最好将来自多个设备的数据集中起来,以获得更大的数据库。例如,通常将单个系统中的类似泵分组为一个类别,而通常将不同系统的泵分组为不同类别(尽管可以将具有相似特性的不同系统的泵分组为一个类别)。任何设备分组都需要仔细考虑其设计的相似性(例如尺寸或制造商)、运行频率、环境运行条件(如温度、湿度和辐射)、运行模式(如待机与正常运行或间歇运行)以及所携带的介质(如空气、纯净水或含硼水)。

2. 事件筛选和严重程度分类

特定设备的原始数据将包含一些与正在分析的设备失效模式无关的事件,这些事件可以从进一步的分析中筛选出来。其中一些事件应包含在数据评估中的设备失效内。设备失效的类型将决定如何对它们进行分类,并随后用于生成所需的设备失效数据。以下提供了事件筛选和分类指南。

(1)事件筛选。

确定核电厂特定数据时的一个考虑因素是,是否对核电厂或其设备进行了设计变更,从而使一些历史数据失效。例如,更改流量控制器的类型可能会影响特定涡轮驱动泵的运行,使涡轮驱动泵事件的总历史计数对于电厂的当前状况无效,通常,设计变更前的涡轮驱动泵数据将从数据分析中删除。然而,这会产生减少样本量的不良影响。另一种方法是调查设计变更前后的事件比例是否确实存在显著差异,而不是所有的故障都会因设计变更而失效,这种情况下在设计变更实施之前的历史数据可能具有部分有效性,并可以包含在数据分析中。

对设计变更的考虑就是一个例子,说明可以而且应该对数据进行审查。其他原因也可以用于数据审查,如果它们是可以实现的和有效的。例如,从电厂运行的第一年中筛除数据并不少见,因为它代表了在电厂磨合期间发生的故障。然而,任何数据审查都应谨慎,以避免丢失重要信息和产生偏见(筛除第一年的数据实际上使结果不那么有偏见)。

(2)事件严重程度分类。

按严重程度设备失效事件通常分为以下三种:

①灾难性故障;

②降级故障;

③初期故障。

灾难性故障需要对设备进行某种修理或更换,以恢复设备的可运行性。属于灾难性故障的事件用于计算特定核电厂的设备失效率和需求失效概率。临界运行期间发生灾难性故障的信息也用于计算维修停机不可用度。

降级故障可导致系统或列不满足 PSA 建模中的成功准则。初期故障是指设备在性能上没有明显的降级,但有发展成失效的迹象。两者之间的区别通常是严重的。属于初期或降级故障的事件通常用于计算特定核电厂的维修不可用度。尽管降级和初期故障通常会导致纠正措施,但纠正措施可能会或可能不会使设备无法执行其功能。例如,如果系统运行需要打开阀门,对常开阀门的操作器进行维修不会导致阀门不可用。这说明从事件记录中确定纠正措施将妨碍的设备运行模式的重要性。

有时,事件信息不清楚和不完整,以至于无法对设备故障事件的严重程度进行明确的分类。在这种情况下,数据分析员面临着一项困难的任务,即决定是否将故障称为失效。

区分故障的严重程度尤其重要。灾难性故障和降级故障模式的概率之间的差异可能非常显著,特别是在处理很少发生故障的高可靠性设备时。在估计失效率方面,无失效和一次失效之间的差异远大于10次和11次失效之间的差异。因此,数据分析员在对可能发生的少数故障进行分类时必须小心。在缺乏足够信息的情况下,倾向于保守地将此类事件记录为灾难性故障。只要对PSA最终结果的影响不显著,这是合理的。对于数据分析员的判断对PSA的结果很重要的情况,可以将其明确纳入PSA的量化,作为不确定性来源。

3. 设备数据分配

这里给出了将电厂特定事件分配给各相关设备失效模式的指南。包括分配由试验和维修操作导致设备或系统不可用的事件。这个分配过程的目标是将每个事件报告与PSA模型的一个或多个基本事件关联起来。这要求用特定设备标识事件报告,确定事件的严重程度,将事件与适当的设备失效模式关联。

在事件报告中使用设备标识号通常足以将事件分配给特定设备。事件的描述还可以指导数据分析员建立特定的设备失效模式(即故障树中的基本事件),或者在某些情况下,建立故障树中的特定门。然而,为了进行正确的分配,通常需要对事件原因进行彻底的审查,同时了解故障树基本事件的边界。例如,与涉及480 V母线断电的特定电动阀(motor operation valve,MOV)标识的事件报告应与母线不可用而不是MOV关联。如果事件是MOV或其断路器的本身故障,则它与MOV本身相关。

如前所述,在将事件分配到特定设备失效模式时,事件的严重程度非常重要。灾难性的设备故障通常会导致设备在修复过程中长时间不可用。因此,涉及灾难性故障的事件必须计入估算设备运行失效和估算因维修导致的不可用。降级和初期故障用于计算电厂特定维修不可用性。一些降级故障可能导致足够的降级,使其无法满足所需的成功准则(例如当需要500 gpm才能成功时,泵的流量降低到300 gpm①)。在这种情况下,降级故障也应作为设备运行失效。

(1)设备失效数据分配。

由于与维修事件相关的报告的多样性,将事件报告分配到特定PSA模型事件可能是一个主观过程。以下是一些帮助执行设备失效事件分配的基本规则。这些基本规则中的大多数已在EPRI TR-100381(1992年)中确定并公布。附加指南基于PSA和NRC数据分析员的经验。

①对于备用设备,如泵、柴油发电机和风机,PSA模型通常分为启动失效和运行失效模式。为了将历史维修事件与不同的基本事件类型相关联,了解每个失效模式的定义非常重要。例如,如果故障树基本事件表示泵无法启动,则通常就是这样。然而,在PSA中将"柴油发电机未能启动"定义为包括未能启动或在启动成功的情况下第一个小时内出现故障并不罕见。无论使用什么定义,都必须进行事件分配以匹配它们。

②如第6.2节所述,有两种方法可以模化启动失效:需求失效模型和备用失效模型。在需求失效模型中,设备已准备好运行,但由于某种原因,在需求时不会启动或改变状态。在

---

① 1 gpm = 0.227 m^3/h。

备用失效模型中,设备已发展成一种未经确认的状态,在需要时将阻止其启动。查看原始数据时,很难确定一个组件是在需求时或需求之前出现故障。在这种情况下,任何一种模型都可以使用。需求失效模型提供了更高的失效概率。

③当设备处于备用模式时显示的灾难性或降级故障,并导致维修操作,将在该设备的维修事件导致的不可用中考虑。如果故障在设备执行其任务时也可能发生,则也应将其视为设备失效。例如,备用泵的外部泄漏量超过允许值,需要对泵进行隔离才能对其进行维修,从而导致泵因维修而不可用。

④备用设备在实际设备需求期间发生启动(或运行)灾难性故障,计入对应的失效模式。类似地,若试验时与设备在非计划需求期间所经历的工况非常相似,在试验期间的启动失效(或运行失效)也应该包括在评估该设备失效模式中。

⑤不足以妨碍设备执行其功能的降级故障不包括在设备失效中。也就是说,组件的失效必须与 PSA 模型中的失效定义相匹配。例如,如果 500 gpm 足以满足泵的功能,并且泵在至少等于 PSA 模型所需的任务时间内继续供应该流量,则由泵中的振动导致泵仅输送 500 gpm 而不是 600 gpm 的额定流量不是失效事件。然而,此类故障将包括在维修的不可用中,因为其影响是诱发维修活动。

如果在短时间内发现降级故障,分析员无法确定设备在其任务时间内是否成功。在这种情况下,分析员可以尝试推断退化率,以确定设备在其任务期间的某个时候是否满足其失效准则。例如,在试验过程中,泵会缓慢漏油,如果泄漏率使泵在 PSA 中模拟的所需泵运行时间内润滑油耗尽,则该事件被视为泵无法继续运行。

⑥如果系统被需求就会发生故障的降级情况被视为失效。例如,如果操纵员发现泵的润滑油箱中没有油,泵可能已经启动(除非有联锁装置阻止泵在低油位下启动),但可能不会长时间运行。无论哪种情况,此事件都将被视为启动失效。

⑦如果事件报告确定设备 A 的失效是在 PSA 中显式建模的另一个设备 B 的失效的结果,则该事件与设备 B 有关,而与设备 A 无关。例如,如果滤网单独建模,则不应将吸入滤网堵塞导致的泵失效分配为泵失效。

在这些情况下,设备边界的清晰识别是一个重要因素。例如,确定因安全驱动信号失效导致应急泵失效的事件的分配取决于驱动逻辑是包含在泵边界中,还是在模型中被视为独立的事件。通常,与安全驱动信号相关的设备不包括在泵边界定义中,该事件不应被视为泵失效。但是,如果安全驱动信号包含在泵边界中,那么信号命令失效应作为泵的失效模式包括在内。

⑧如果设备边界包含冗余部件,则应将冗余部件降级或故障状态的事件排除在失效事件之外。例如,如果一台柴油发电机有两台冗余的气动马达,并包含在柴油发电机的边界定义中,则一台气动马达的失效将不算作柴油发电机的失效。此示例说明了设备边界的粗略定义如何导致无法解释的设备的某些降级状态。

⑨如果在试验过程中记录的设备失效或需求失效在后续试验中无法重复,则可能不将其作为潜在失效记录在内。同样,可快速恢复的事件也可能不被视为潜在失效(恢复不应包括在 PSA 模型中)。满足上述任一情况的事件是否应被视为失效,取决于设备在其必须

运行的时间窗口方面的成功准则。例如,MOV 的误闭合可以防止从特定系统向堆芯注入冷却剂。然而事件记录可能表明,在所有此类事件中,在冷却剂液位降至不可接受的水平之前,阀门很快被重新打开。在这种情况下,该事件不应被视为 MOV 的失效事件。

⑩同一设备在短时间间隔内的连续故障应算作单一故障。同样,在维修后试验期间,如果设备的故障与维修或维修试图纠正的早期故障有关,则应视为原始故障的延续,并应予以忽略。连续的故障是没有执行适当的维修来修复初始问题,并且设备仍处于故障状态。

⑪如果在试验、维修和仪器校准后,由人为错误导致的试验失效明确包含在系统模型中,则这些事件不应作为设备硬件失效事件包含在内。此类事件通常使用人的可靠性分析方法进行量化。然而,某些 PSA 并没有在模型中明确包含这些人为错误。在这种情况下,应将人为相关的失误影响纳入适当的设备失效率或概率。

⑫不应包括一个不符合技术规范,但不会导致 PSA 意义上的灾难性故障的事件,但它可能导致维修不可用。例如,柴油发电机在 10 秒内无法启动和带载失效可能是出于监管目的的可上报的故障。然而,在 PSA 的意义上,如果柴油机在 10 秒内没有加载,则不是失效,此"故障"对电厂缓解始发事件的能力没有明显影响。然而,这种故障需要维修以减少快速加载失效。

⑬在异常环境条件下发生的失效应与在正常条件下发生的失效分开。这些失效可以识别系统之间的重要相互作用,以及应在 PSA 中说明的失效阈值。一般来说,PSA 假设设备在恶劣条件下发生失效。在这种假设下,可以不考虑恶劣环境中的实际失效事件。例如,如果在 PSA 模型中明确地建模了暖通空调相关性,并且在这些条件下始终假设该设备发生失效,那么在丧失供暖、通风或空调(HVAC)系统之后,应从数据分析中筛除电气设备的实际失效。然而,如果在相同的恶劣环境下也有许多设备成功,那么在这些条件下的设备失效概率可以在 PSA 模型中根据恶劣环境的发生来计算和使用。

(2)不可用数据分配。

不可用性主要是由维修活动引起的,但也可能是由定期监督活动期间进行的试验引起的。这些不可用的贡献可以包含在设备、段或列级的系统模型中。此外,试验和维修不可用,或计划内和计划外不可用的独立基本事件可以包含在系统模型中。在数据分析中,必须进行不可用数据的分配,以匹配系统模型中的基本事件。在分配事件以确定由试验和维修而导致的不可用时,以下指南非常有用。这些基本规则摘自 EPRI TR-100381(1992 年)以及 PSA 和 NRC 数据分析员的经验。

①维修事件必须造成设备无法按照 PSA 中的模型执行其功能,以作为设备或系统列不可用。例如,阀门锁定在打开位置的情况下,对常开 MOV(在其任务时间内要求保持打开状态的 MOV)进行的维修不是感兴趣的事件。类似地,涉及 MOV 的一些电气维修的事件(不需要将其从系统成功运行所需的位置移动)也不是感兴趣的事件。然而,无论是哪种情况,如果由于任何原因需要关闭阀门,那么这两个事件都会引起注意。

②某些试验程序可能导致设备、列或系统不可用。例如,通过试验路径对系统进行全流量试验可能需要禁用常闭安注阀,以防止意外注入。在试验期间,安注阀将不可用。然

而,系统通常有逻辑,即使系统正在被试验,它也会启动系统。在这种情况下,试验不会导致系统不可用。需要对试验程序和系统驱动逻辑知识进行审查,以确定试验是否会导致设备、列或系统不可用。

③如果维修报告显示,由于支持系统的维修活动,导致一列或多列前沿系统不可用,则不可用仅与支持系统相关。

④如果在支持系统上进行维修时,也在其支持的前沿系统上进行维修,如果两个维修活动不总是一起进行,则应将前沿系统的不可用计算在内。

⑤如果一个设备上的不可用实际上是由 PSA 模型中包含的另一个设备上的维修活动造成的,则不可用仅与第二个设备相关。例如,如果明确地模拟了泵对房间冷却器的相关性,则由于对房间冷却器的维修而宣布的泵不可用应仅作为对房间冷却器的维修包括在内。另一个例子是,如果维修导致泵的吸入源不可用(例如对供给罐的维修),则最好将其建模为源不可用,而不是泵。如果源与其他泵共用,则绝对需要将事件分配给源不可用。一般来说,维修不可用的分配应与设备边界和系统建模一致。

⑥系统模型中设备的不可用可能是由于未包含在任何系统模型中的设备的维修引起的。在这种情况下,该事件应该作为所有建模设备的不可用而包含在模型中。例如,泵组排水阀的维修可能不在 PSA 中建模,但应作为整个泵组不可用的一个因素包括在内,因为它可能导致泵组的隔离。

⑦冗余设备(系统内和系统间)的同时停机时间应反映电厂的实际经验。对于某些系统,可用的冗余度可能高于技术规范限制的冗余度。在这种情况下,可同时对三列中的两列进行维修。PSA 中双设备维修事件的建模应与电厂的实际经验一致。请注意,由于技术规范中允许的停运时间限制,当两列进行检修时,检修不可用可能更低。

⑧核电厂的维修数据很可能包含计划维修和强制维修。大多数维修事件都是强制类型的。如果 PSA 分别对两种类型的维修进行建模,并且可以在数据中区分这两种类型,则应分别记录。

⑨在某些情况下,事件报告中可能会记录多个维修活动。当这种情况发生时,必须在尽可能高的设备级别上考虑每个单独的维修活动。例如,如果泵的吸入阀或排出阀需要维修,则泵在工作期间会被标记出来。如前所述,维修不可用应与阀门相关。如果在这次维修大修期间,对泵进行了一些小的维修,则整个维修大修可记录为泵维修事件。维修的持续时间是从标记第一个设备到标记最后一个设备之间的时间。

但是,如果维修不可用是在系统列的 PSA 中建模的,则应包括任何设备的所有维修活动。在这种情况下,列中任何设备的每次维修事件都包括在内。如果在维修事件期间标记了多个设备,则维修的持续时间将是从标记第一个设备到标记最后一个设备之间的时间。

⑩在分配维修事件时,必须考虑 PSA 模型中模化的功能相关性。例如,如果将冷冻水泵和它所支持的暖通空调制冷机一起取出进行维修,则只有冷冻水泵被视为无法进行维修。PSA 模型中两个设备之间的功能相关性将导致在维修冷冻水泵时无法使用冷却器。

⑪应定义收集数据的时间窗口中的冷停堆周期。停机期间进行的维修不包括在功率运行期间设备不可用中。

⑫在为核电机组共享的系统或设备分配维修事件时，需要特别注意，根据两个机组的状态，与共享系统相关的技术规范可能有所不同，PSA 模型可包括此类基本事件，以说明系统不可用对各机组运行模式的相关性。在这种情况下，应分配维修事件以匹配这些事件定义。

4. 设备暴露评估

前面几节讨论的数据识别和分配过程是识别与每个设备失效模式相关的事件数。为了获得设备失效概率和失效率，还需要估计设备的运行暴露。术语"暴露"是指在考虑失效率时设备运行时间，以及在考虑失效概率时需求（或循环）的数量。

暴露数据通常是通过审查核电厂文件来发现的，例如，基于试验程序和对设备功能（备用、正常运行等）和系统配置的了解。在某些情况下，一个运行时间记录提供了关于设备运行累积时间的信息。

暴露数据的研究涉及许多判断和假设。这里提供的指导有时会给出曝露数据的近似值，这可能与实际经验相差很大。尽管通常与暴露数据相关联的不确定性范围比失效数据的范围小得多，但在某些情况下，暴露和失效的不确定性的综合影响对失效率或概率的估计有重大影响。

以下各节概述了估算每个设备的需求数量和运行时间的过程。本指南大部分摘自 EPRITR-100381（1992 年）。

（1）时间相关的暴露。

设备的运行或曝露时间取决于设备是否正常工作或处于备用状态。对于需要在特定电厂模式下连续运行的设备，可以通过将其与在该电厂模式下花费的时间直接关联来轻松确定运行时间。

有些电厂系统，有时被称为交替或间歇运行系统，有多个冗余列，其中只有这些列的一个子集需要在任何时候运行。核电厂的一般做法是，在规定的时间间隔内运行的列和备用的列交替运行。从一列到另一列的运行以及转换时间通常记录在控制室或其他日志中。然而，由于系统中不同列的泵通常被组合在一起进行数据分析，因此无须精确记录单个泵的运行时间。相反，只需要评估泵作为一个整体的暴露时间。例如。如果三台泵中的两台在特定的电厂模式下正常运行，则该泵组的总运行时间是电厂在该模式下所用日历时间的两倍。

对于备用系统中的设备，运行时间通常由试验期间系统运行的时间给定。请注意，在评估失效和暴露数据时，包含试验数据的一个重要标准是，试验应模拟意外需求中所需的设备操作。试验周期可记录在控制室日志或其他日志中。还可以通过将失效数据收集期间每个试验的设备类、试验频率和试验持续时间的乘积相加来估计设备类试验期间的运行时间。应该注意的是，对于大多数核电厂和大多数设备，试验期间的累积运行时间相对较短。

一些在正常功率运行期间处于备用状态的系统也可在其他运行模式下使用。例如，在停堆期间，沸水堆和压水堆中的余热排出（RHR）系统是运行的。类似地，备用系统可在功率运行期间用于特殊目的，例如，沸水反应堆中的 RHR 系统可用于提高或降低池水位限值。因此,除了试验期间的运行时间外,还应包括这些运行模式期间的运行时间。如果这些模式中的任何失效与系统的安全功能相关(例如,整个 RHR 泵的运行历史可能是相关的,因为当使用 RHR 系统应对事故时,泵必须运行),在这种情况下,备用系统的启停次数可记录在控制室日志中,或者,如果要求该设备在停堆期间连续运行,则可以通过将其直接与在该电厂模式下花费的时间联系起来,轻松确定运行时间。

(2)需求相关的暴露。

为了评估设备启动或改变状态的失效概率,必须评估设备经历的需求数量。虽然这看起来是一个简单的过程,但实际上,需求的数量往往是最难准确计算的参数之一。其应包括来自所有贡献者的设备需求,可以包括试验、自动和手动操作以及纠正性维修的贡献。下面解释从每种类型的需求中计算需求数量的方法。

①试验需求。

周期性试验是备用系统中设备需求的重要来源。核电厂的监督试验和所需频率按照技术规格书执行。然而,有些核电厂可能进行比技术规格书要求的更频繁的试验。

在评估失效和暴露数据时包含试验数据的一个重要标准是,试验应模拟在非计划需求中需要的设备操作。

监督程序确定每次试验时必须改变状态的设备。对于与系统相关的每项监督试验,重要的是确定运行的设备、试验期间系统的不可用(如适用)以及试验的频率和持续时间。泵的功能试验通常需要阀门和泵的操作,是阀门需求信息的重要来源。忽略对其他设备的试验对设备的需求可能导致对需求总数的显著低估。单个部件的试验需求数量可根据控制室或试验日志中记录的实际试验数量确定,或根据试验频率进行估计。

应注意的是,该试验可能不是设备边界内所有部件的有效试验。例如,在手动启动设备的试验期间,设备电路的自动启动部分将不进行试验。对于柴油发电机等设备,启动发动机但不将断路器闭合在母线上的试验不是柴油发电机提供必要负载能力的真正试验。请注意,如果设备边界中包含子部件,则该子部件不会与设备的其余部分一起试验,最好将其作为单独的设备进行分析。

②自动和手动操作。

设备的实际计划外需求应包含在需求计数中。对于备用安全系统设备,一些非计划需求可以追溯到自动启动信号(实际和虚假信号)的出现。这些信号包括紧急堆芯冷却系统(ECCS)启动信号、汽轮机跳闸信号、失去厂外电信号和反应堆紧急停堆信号。不同的设备组可以由不同的信号或信号组启动,这取决于它们的功能和所处的系统。通过对核电厂的了解,可以识别每个信号可启动的设备信息。例如,沸水堆中的所有低压 ECCS 泵都可以通过 ECCS 信号启动,但 ECCS 注入通道中的电动阀在打开之前需要额外的低压容器压力信号。有关实际或虚假信号出现的历史次数的信息应可以从设备记录中获得,如每月运行报告或控制室日志。

此外,在核电厂运行期间,系统或设备可能会手动启动。上面在运行时间贡献者的讨论中引用的两个例子也与此相关。第一种情况是系统列交替处于运行和备用状态。切换运行列的行为导致对设备的需求。第二种情况涉及使用备用系统执行特殊功能。例如,沸水反应堆中的 RHR 系统可用于提高或降低池水位限值。这些特殊用途也会导致设备需求。在这两种情况下,备用系统的启动和关闭时间可记录在控制室或其他类型的日志中。

最后,为应对不利的核电厂工况而手动驱动系统是暴露评估中需要考虑的非计划需求的另一个来源。此类需求的发生通常记录在 LER、控制室日志和月度运行报告中。

③纠正性维修。

维修可能会以多种方式导致对设备的需求。在维修活动开始之前,操作和维修人员通过禁用和标记适当的设备,使维修活动对人员和系统都是安全的。这就需要一些设备改变状态,从而产生需求。

在许多情况下,对不属于纠正性维修主题的设备提出了需求。最明显的需求发生在设备返回服务时。在维修之后将设备恢复至服务之前,通常会对设备和功能循环中的其他设备执行完整的功能检查。纠正性维修对设备的需求量,是通过对特定设备的维修次数以及识别哪些其他设备可能需要改变状态来完成功能试验来获得的。注意,根据 ASME PSA 标准(ASME 2002)中的指南,维修后试验的要求应排除在维修设备的暴露评估之外。

维修引起的需求的另一个例子是试验冗余列。如果某些系统中的设备出现故障,技术规范可能要求在维修前检查冗余设备的可运行性,以确保它们可供使用。在许多情况下,需要增加此类冗余设备的监督试验频率。一个典型的例子反映在应急柴油发电机的技术规范中。这些要求需要包含在数据分析中。

如上述讨论所示,暴露数据的研究涉及许多判断和假设。尽管通常与失效数据相比,与暴露数据相关的误差或不确定性范围很小,在某些情况下,暴露和失效的不确定性的综合影响对失效率的估计有重大影响。数据分析员在使用此类估计时应考虑一定程度的不确定性。

5. 不可用时间

在确定导致设备、列或系统不可用的维修事件后,确定在每个事件期间设备不可用的时间。不可用时间是设备从服务中移除到实际恢复到服务之间的时间。在许多情况下,维修工单将通过识别设备的一个或多个标记的日期和时间来提供这些信息。使用这些时间来确定不可用时间可能有点保守,因为修复可能在设备被声明标记之前完成。

某些维修工单可能包含给定设备的多个标记。如果设备在这些时间段之间是可运行的,则不可用是每个时间段的单个不可用时间的总和。但是,如果设备在两个时间段之间不可运行,则不可用时间从第一个标记开始,到最后一个标记结束。

遗憾的是,不可用的实际时间可能不会记录在维修工单表格中。在许多情况下,记录的时间可能反映了对维修活动所需时间的预先估计,可能表示完成任务所需的工时,而不是日历时间,或者可能包括完成文书工作所需的时间。

当维修工单中未规定不可用时间时,应检查其他核电厂文件,以获取该信息。维修活动信息可以记录在其他文档中,如操作员日志或设备运行日志。例如,安全相关设备的维修活动将启动技术规范中规定的运行限制条件(LCO)时钟,并应记录在某些地方,通常是控制室日志中,还应记录功能恢复的时间。但并非所有的维修事件都会导致 LCO,因此时间信息可能不可用。

当无法对维修事件的开始和结束时间进行可靠估计时，一种方法是要求电厂维修和操作人员根据设备的维修法案提供不可用时间范围的估计值；另一种方法是使用一些维修事件提供的数据来估计其他事件的不可用。

6.4 数据处理

PSA 中事故序列定量化主要是分析始发事件和基本事件的最小割集。始发事件频率和基本事件的概率通过逻辑关系传播，以获得不希望的最终状态的估计频率，例如堆芯损坏。数据处理就是对始发事件频率、基本事件的概率涉及的参数进行估计。此外，参数估计中的不确定性必须量化，并且必须以允许量化最终估计中的不确定性的方式进行量化。

参数估计的两种方法分别是贝叶斯方法和频率论方法（又称经典估计法）。这两种方法均利用概率分布来描述随机结果的行为，例如始发事件的随机数量或启动失效的随机数量。但这两种方法处理未知参数不确定性的方式不同。

在贝叶斯方法中，概率是一种不确定性的度量，一种置信度的量化。采用贝叶斯方法对不确定性进行逻辑一致性修正，使"置信度是合理的"，不仅仅是个别观点。在该方法中，每个未知参数被赋予一个初始先验概率分布。这个概率分布用来表征在已有信息的证明下，未知参数的真值在哪个区间的可能性更大，在哪个区间的可能性更小。基于数据，利用贝叶斯定理更新了参数的先验信息，最终使用参数的后验分布来量化参数的最终不确定性，它是以观测数据为条件的。

频率论方法是完全不同的。随机事件的概率被定义为大量试验中发生的事件与时间的比。概率分布仅用于随机量，即可能的数据值。概率分布从不被用来描述参数，因为参数不是随机的。当量化一个估计参数的不确定性时，采用频率论方法会提出如下问题："在类似的条件下，可能还生成了哪些数据集？从一个数据集到另一个数据集，参数估计会有多大的变化？对于任何一个数据集，估计的参数离真实参数可能有多远？"频率论方法忽略有关参数值的任何先验或附加信息。

统计学家们就哪种方法更可取展开了激烈的争论。在估计 PSA 的参数时，贝叶斯方法显然更有效，有两个原因。首先，来自可靠设备的数据通常是稀缺的，观测到的失效很少甚至为零。在这种情况下，利用其他信息来源是合理的。贝叶斯方法提供了一种融合先验信息的机制。其次，贝叶斯框架允许通过逻辑模型直接传播基本事件的不确定性，从而获得不希望的最终状态频率的不确定性。为此，它为每个未知参数分配一个概率分布，从每个参数中抽取一个随机样本，并构造出对应于不希望的最终状态的频率的样本。除了粗近似之外，频率论方法还不能处理这种复杂的不确定性传播。

然而，即使在 PSA 中，频率论方法也有其用途。1980 年 Box 写道："根据当前数据，抽样理论（频率论方法）可用于研究和确定最终考虑的模型，但需要贝叶斯理论根据考虑的模型的充分性来估计参数。"这一观点与当前的 PSA 实践相一致。频率论方法的主要用途是对数据进行初步检查，以检查模型假设的正确性，决定使用哪种模式。例如，频率论方法可以帮助分析人员决定数据集是否可以合并，或者是否存在趋势。在这种情况下，拟合优度检验和统计数据计算是常用的频率论方法工具,然后采用贝叶斯方法对参数进行估计。此外,频率论估计往往比贝叶斯估计更简单,因此对于粗近似计算是有用的。表 6-4 总结了以上几点。

表 6-4 PSA 中贝叶斯方法和频率论方法的比较

	频率论方法	贝叶斯方法
概率解释	多次假设重复后的长期频率	不确定性的度量,置信度的量化
未知参数	恒定,固定	常数,但指定概率分布,衡量当前的置信状态
数据	随机的(在被观察之前)	中间计算随机,修正(被观察后)的最终结论
典型估计	极大似然估计(MLE),置信区间	贝叶斯后验均值,可信区间
参数的 90%置信区间的解释	如果生成了许多数据集,则生成的置信区间的 90%将包含真实参数。但不清楚置信区间是否是 90%中的一个	相信该参数在置信区间的概率是 9 : 1
PSA 中的应用	检查模型假设; 提供快速估计,无须确定和判断先验分布	结合来自不同来源的数据,如先验分布; 通过故障树和事件树模型传播不确定性

6.4.1 始发事件频率数据处理

始发事件频率指单位时间内发生事件的次数,表示为 λ。数据由时间 t 中的 x 个观测事件组成,其中 x 是一个大于 0 的整数,t 是大于 0 的某段时间。注意,t 被认为是非随机的,而 x 是随机生成的。用大写字母表示随机变量,小写字母表示数量。在生成数据之前,始发事件的随机数量将用 X 表示。对于任何特定的数量 x,在时间 t 内发生 x 个始发事件的概率为

$$\Pr(X=x)=e^{-\lambda t}(\lambda t)^{x}/x! \qquad (6-9)$$

参数估计的方法将通过以下假设数据集来说明。

例 1 丧失热阱始发事件

在过去的六年中(在此期间反应堆有 42 800 小时处于临界状态),一座压水堆发生了一次丧失热阱始发事件。估计反应堆处于临界状态时此类始发事件的频率 λ。

1. 采用频率论或经典估计方法

(1)点估计。

最常用的频率论估计方法是极大似然估计。它是通过取由式(6-10)给出的似然值,并将其作为 λ 的函数来实现的。$\hat{\lambda}$ 称为 λ 的极大似然估计值:

$$\hat{\lambda}=x/t \qquad (6-10)$$

这个公式简单而直观:观察到的事件数除以观察到的时间段。这种简单性是极大似然估计的特点。$\hat{\lambda}$ 符号用于表示极大似然估计是根据数据计算的估计值,而不是真实的、未知

的 λ。

根据例 1,$x=1$,$t=42\ 800$ 小时。λ 的似然函数图如图 6-1 所示。

当 $\lambda=1/42\ 800=2.3\times10^{-5}$ 时,似然值最大。因此,估计的核电厂始发事件频率为

$$\hat{\lambda}=\frac{1}{42\ 800}=2.3\times10^{-5}\ \text{次/临界小时}$$

将小时转换为年,42 800/8 760=4.89 临界年,则

$$\hat{\lambda}=\frac{1}{4.89}=0.20\ \text{次/临界年}$$

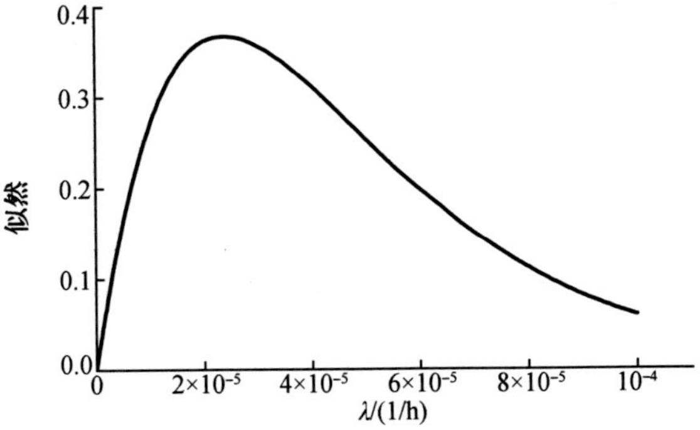

图 6-1　λ 的似然函数图

在上面的例子中,最后的答案是用几个有效数字表示的。这反映了所有估计中固有的不确定性。事实上,有时甚至连第一个有效数字都不清楚。但是,在中间计算期间,将显示和使用更有效的数字。这可防止计算过程中累积舍入误差。

还可以组合或汇集来自多个独立过程的数据,每个过程具有相同的频率 λ。特别是,假设时间 t_i 内观察到第 i 个泊松过程,从而产生观察到的计数 X_i。事件发生的总数为 $x=\sum_i x_i$,曝露时间为 $t=\sum_i t_i$,则频率 λ 计算公式如下:

$$\hat{\lambda}=\frac{x}{t}=\frac{\sum_i x_i}{\sum_i t_i} \tag{6-11}$$

例如,如果使用不同年份获得的计数来估计该频率,则估计值是这些年内总计数与总暴露时间的比值。

(2)估计值的标准差。

事件计数是随机的,换言之,如果在同一年内观察同一类型的核电厂,由于随机性,可能会发生不同数量的事件。同样地,同一座核电厂在不同的六年期内可能产生不同的计数。

对于服从泊松分布的随机变量 X,均值和方差相同,$E(X)=\text{var}(X)=\lambda t$。因此,$X$ 的标准差是 $(\lambda t)^{1/2}$,则 $\hat{\lambda}=x/t$ 的估计标准差是

$$\frac{(\hat{\lambda}t)^{\frac{1}{2}}}{t}=\left(\frac{\hat{\lambda}}{t}\right)^{\frac{1}{2}}=x^{1/2}/t \tag{6-12}$$

$\hat{\lambda}$ 的估计标准差也称为 λ 的标准差。

因此,例 1 中 λ 的标准差为 1/4. 89=0. 20 次/(堆·年)。

当数据集较大时,有时使用标准差进行快速逼近。在这种情况下,MLE 是近似正态的,并且 95%的置信区间由 MLE±2E(标准差)给出。当数据集较大时,这种近似适用于几乎任何参数的极大似然估计。但是,对于事件频率,可以找到下面所述的确切的置信区间。

(3)λ 的置信区间。

对于(1-α)置信区间,或等价于 100(1-α)%置信区间,下限为

$$\lambda_{\mathrm{conf},\alpha/2}=\frac{\chi^2_{\alpha/2}(2x)}{2t} \tag{6-13}$$

如果 $x=0$,令 $\lambda_{\mathrm{conf},\alpha/2}=0$,则此公式没有意义。

同样,上限是

$$\lambda_{\mathrm{conf},1-\alpha/2}=\frac{\chi^2_{1-\alpha/2}(2x+2)}{2t} \tag{6-14}$$

请注意,在 $x=0$ 的情况下置信上限是有意义的,观察到事件没有发生将提供一些关于 λ 可能有多大的信息,而不是关于它可能有多小的信息,这是合理的。

上面的公式是以 α 为单位的。例如,设置 $\alpha=0.1$ 给出了 90%置信区间的公式。上述公式包括自由度为 $2x$ 的卡方分布的 5%百分位数和自由度为($2x+2$)的卡方分布的 95%百分位数。

由此得到的置信区间是保守的,因为实际置信水平不小于 100(1-α)%的标准水平,但可能更大。这种保守性是基于离散数据的置信区间所固有的。

在频率论方法中,λ 是固定的,数据是随机的。因此,极大似然估计和置信限值都是随机的。对于大多数数据集的 MLE,$\hat{\lambda}$ 将接近 λ 的真值,置信区间将包含 λ。然而,有时 MLE 将远离 λ,90%置信区间将不包含 λ。

2. 采用贝叶斯估计方法

贝叶斯估计方法是根据贝叶斯定理进行统计推断的方法。这种方法假设被估计参数的不确定性服从某种分布,将关于未知参数的先验信息与样本信息结合,再根据贝叶斯公式,得出该参数的后验信息,然后根据后验信息去推断未知参数。因此,该方法是基于假设的先验分布、给定假设情况下观察到不同数据的概率以及观察到的数据本身而得出的。

贝叶斯理论的基本观点是任何待估计参数都可以看作是一个随机变量,应该用一个概率分布去描述该参数的未知状况。因此,将这个概率分布称为先验分布,简称 Prior。而后验分布是在综合了先验和样本的信息后,对参数作出的比先验分布更合理的估计,后验简称 Posterior。

根据上述贝叶斯定理,此公式可简化为

$$P(A|B)=P(A\cap B)/P(B)=P(B|A)P(A)/P(B)=P(A)P(B|A)/P(B)$$

将 $P(A)$称为"先验概率",即在 B 事件发生之前,对 A 事件发生概率的主观推测。$P(A|B)$称为"后验概率",即在 B 事件发生之后,对 A 事件发生概率的重新评估。$P(B|A)/P(B)$是试验抽样得到的结果,称为"似然函数",又称调整因子,使得对 A 事件的预估概率更接近真实

概率。

因此,条件概率可以理解为

$$后验概率=先验概率\times似然函数$$

综上所述,参数的后验分布与其先验分布和试验结果的似然函数之积成正比。通常似然函数比较容易求得,而贝叶斯方法的关键是如何选取合理的先验分布。

图 6-2 展示了后验分布如何随着数据集的变化而变化。这个数字是基于离散先验和三个假设数据集得出的,其中 $t=10\ 000$ h 时 $x=1$,$t=100\ 000$ h 时 $x=10$,$t=500\ 000$ h 时 $x=50$。注意,每个数据集都有 $\hat{\lambda}=\dfrac{x}{t}=1\times10^{-4}$ 个事件/小时。图中显示了三个数据集对应的先验分布和三个后验分布。

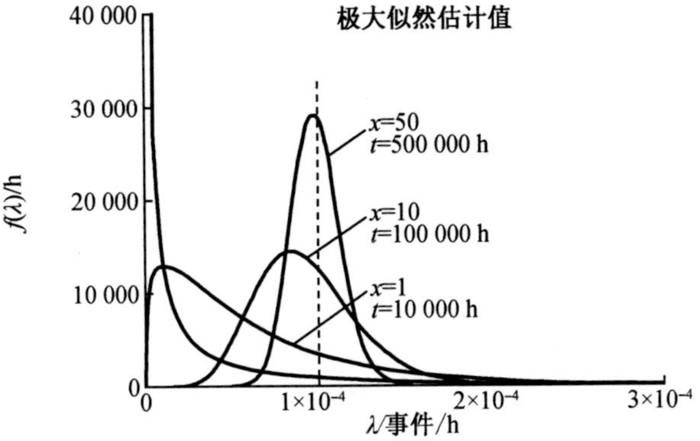

图 6-2 对应于三个数据集的先验分布和后验分布

对于一个小数据集,后验分布在一定程度上与前验分布相似。随着数据集越来越大,有几种模式是显而易见的:

①由于数据贡献了主导信息,后验分布越来越偏离先验分布;

②后验分布变得更加集中,对参数有更好的了解,不确定性更小;

③后验分布越来越接近极大似然估计值 $\hat{\lambda}$。

(1)选择先验分布。

下面的小节考虑使用各种可能的先验分布估计 λ。最简单的先验分布是离散的,后验可以很容易计算,例如,通过电子表格。然后比较简单的先验分布是共轭先验,这个先验与最大似然估计巧妙地结合在一起给出可由简单公式计算的后验分布。最后,考虑了最常见的先验分布,这种情况下的后验分布只能通过数值积分或随机抽样得到。

先验分布应能准确反映未知参数的先验知识或信息。然而,量化信息并不容易。大多数人可以更容易地用分布的百分位数来思考,而不是用时刻来思考。他们还提供从多个方向看情况的建议,以确保先验的信息在内部是一致的,并已被准确量化。需要注意的是:

①当心零值。如果先验表明 λ 的值是不可能的,那么再多的数据也无法克服这一点。

②谨防人们的思维方式造成的认知偏差。

③不要产生过窄的先验分布。

④确保用于生成先验分布的信息与估计问题相关。

⑤在评估不能直接观察到的参数时要小心。

⑥谨防保守主义。现实主义是理想主义，而不是保守主义。

(2)离散先验估计。

当先验分布是离散的，计算可以很容易地在电子表格中执行。贝叶斯估计的新手可以通过这里给出的一些例子，了解工作过程，以及后验分布是如何依赖于先验和数据的。

假设参数取 m 个可能值中的一个，$\lambda_1,\cdots,\lambda_m$。概率分布函数用 λ 表示，$f(\lambda_i)=\Pr(\lambda_i)$。这个概率量化了先验信息。

然后，观察到一些信息，用贝叶斯定理表示

$$f(\lambda_i \mid E)=\frac{f(\lambda_i)L(E\mid\lambda_i)}{\sum_{j=1}^{m}L(E\mid\lambda_j)f(\lambda_j)} \tag{6-15}$$

式中 $f(\lambda_i|E)$——后验分布；

$f(\lambda_i)$——先验分布；

$L(E|\lambda_i)$——似然函数。

注意，式(6-15)中的分母，即 E 的总概率，只是一个标准化常数。所以，贝叶斯定理的一个更简单的形式是

$$f(\lambda_i|E)\propto f(\lambda_i)L(E|\lambda_i) \tag{6-16}$$

当信息是泊松过程在运行时间 t 上产生 x 失效时，似然函数为

$$L(E|\lambda_i)=\mathrm{e}^{-\lambda_i t}\frac{(\lambda_i t)^x}{x!} \tag{6-17}$$

(3)共轭先验估计。

若频率的共轭先验分布为 Gamma(α,β)分布，其后验分布也为 Gamma 分布，Gamma(α,β)分布的概率密度函数为

$$f(\lambda)=\frac{\beta^{\alpha}}{\Gamma(\alpha)}\lambda^{\alpha-1}\mathrm{e}^{-\beta\lambda} \tag{6-18}$$

则均值为 α/β，方差为 α/β^2。

式中 α——形状参数，无量纲；

β——尺度参数，单位是时间。

λ 的后验分布是 Gamma$(\alpha+x,\beta+t)$，即后验分布的参数为

$$\alpha_{\text{post}}=\alpha_{\text{prior}}+x \tag{6-19}$$

$$\beta_{\text{post}}=\beta_{\text{prior}}+t \tag{6-20}$$

则后验均值为

$$\lambda_{\text{Bayes}}=\frac{\alpha+x}{\beta+t} \tag{6-21}$$

方差为

$$\mathrm{Var}=\frac{\alpha+x}{(\beta+t)^2} \tag{6-21}$$

贝叶斯区间估计为

$$\lambda_{\text{Bayes},5\%}=\frac{\chi^2_{\alpha/2}(2\alpha+2x)}{2(\beta+t)} \tag{6-22}$$

$$\lambda_{\text{Bayes},95\%}=\frac{\chi^2_{1-\alpha/2}(2\alpha+2x)}{2(\beta+t)} \tag{6-23}$$

以上公式中 α、β 均为 Gamma 先验分布中的参数。

(4)可能的共轭先验。

①信息先验。

先验分布必须来自数据源而不是当前的数据。在构建先验分布之前使用数据可能很有诱惑力,但必须抵制这种诱惑。先验分布被命名为"Prior"的原因是:它们反映的信息不是来自当前数据。理想情况下,通用数据提供了先验信息。

②无信息先验。

Jeffreys 无信息先验目的是尽可能传递稀缺的先验知识或信息,这样就可以让数据自圆其说。当未知参数的真实值不可知,可采用此无信息先验方法。当具有不同认知的人可能对先验分布提出质疑时,它也很有用。一些作者使用"相关先验"而不是"非信息先验",这表明先验是一个标准的默认值。

利用泊松数据,如果 Gamma 分布的形状参数取 $\alpha=1/2$,参数 β 取零,则得到 Jeffreys 非信息先验。忽略公式(6-15)前面的常数,得到与 $\lambda^{-1/2}$ 成比例的函数,如图 6-3 所示。尽管这个函数被解释为密度函数,但这是一个不恰当的分布,因为从 0 到∞的积分是无穷的。

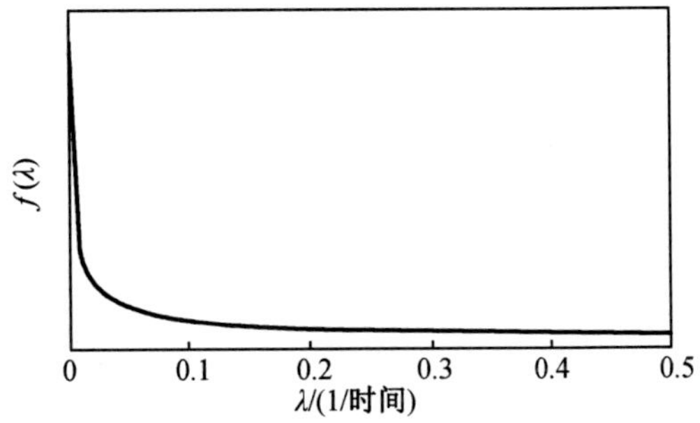

图 6-3 始发事件频率的 Jeffreys 无信息先验分布

假设我们有一些中值先验值 m,也就是说,λ 的先验分布满足 $\Pr(\lambda<m)=\Pr(\lambda>m)$,即

$$\Pr(0<\lambda<m)=\Pr(\infty>\lambda>m)$$

从 0 到 m 的间隔比从 m 到∞的间隔短。因此,m 的左边的先验密度应该大于右边的先验密度。图 6-3 所示的密度具有这种特性。

假设数据由时间 t 中的 x 个事件组成,更新公式为

$$\alpha_{\text{post}}=x+1/2$$

$$\beta_{\text{post}}=t+0 \tag{6-24}$$

也就是说,λ 的贝叶斯后验分布是 Gamma$(x+1/2,t+0)$。

贝叶斯估计的置信区间为

$$\lambda_{\text{Bayes},0.05}=\frac{\chi^2_{0.05}(2x+1)}{2t} \tag{6-25}$$

$$\lambda_{\text{Bayes},0.95}=\frac{\chi^2_{0.95}(2x+1)}{2t} \tag{6-26}$$

与频率论估计的置信区间

$$\lambda_{\text{conf},0.05}=\frac{\chi^2_{0.05}(2x)}{2t}$$

$$\lambda_{\text{conf},0.95}=\frac{\chi^2_{0.95}(2x+2)}{2t} \tag{6-27}$$

相比,两个置信区间仅在自由度上有差别,且差别不大。这是 Jeffreys 先验为“无信息”的基本意义。频率论估计置信下限和置信上限自由度分别为 $2x$ 和 $2x+2$。贝叶斯估计的置信下限和置信上限自由度均为 $2x+1$。点估计置信区间比 Jeffreys 置信区间宽,这反映了离散数据置信区间的保守性。然而,置信限值和 Jeffreys 限值之间的相似性表明,使用 Jeffreys 先验的结果将类似于使用频率论方法的结果,即根本不使用先验信息。

③约束无信息先验。

这个先验是信息先验和 Jeffreys 先验之间的折衷。约束无信息先验的均值使用先验信息,但离散度被定义为与少量信息相对应。约束无信息先验并没有得到广泛的应用。

对于泊松数据,约束无信息先验是 Gamma 分布,其平均值由先验信息给出,形状参数=1/2,即

$$\alpha_{\text{prior}}=1/2$$

$$\alpha_{\text{prior}}\text{ 满足 }\alpha_{\text{prior}}/\beta_{\text{prior}}=\text{prior 均值}$$

6.4.2 需求失效概率数据处理

1. 频率论或经典估计方法

(1)点估计。

最常用的频率论估计方法是极大似然估计。它是通过取由公式(6-28)给出的似然值,并将其作为 p 的函数来实现的。$\hat{p}$ 称为 p 的极大似然估计值。

$$\Pr(X=x)=\binom{n}{x}p^x(1-p)^{n-x} \tag{6-28}$$

令导数等于零,则 p 的极大似然估计值 $\hat{p}=x/n$,即观察到的失效数量除以观察到的需求数量。

(2)标准差。

失效数量是随机的。观察到一个数量的失效,但如果重复需求,则可能观察到一个不同数量的失效。因此,估计量是随机的,而计算出来的估计值就是它这次所取的值。考虑到数据是随机的,即 $\hat{p}=X/n$。估计量的标准差是 $\sqrt{p(1-p)/n}$,则 $\hat{p}$ 的标准差是 $\sqrt{\hat{p}(1-\hat{p})/n}$。

(3)p 的置信区间。

在频率论方法中,p 是固定的,数量是随机的。因此极大似然估计和置信限值都是随机的。对于大多数数据集,极大似然估计值 $\hat{p}$ 接近 p 的真实值,置信区间中包含 p。然而,有时候最大似然估计值与 p 相差甚远,有时(不到 10%)90%置信区间将不包含 p。

p 的置信区间可以用 Beta 分布的百分位数来表示。如前所述,Beta 分布族包括许多定义在 0 到 l 范围内的分布,包括均匀分布、钟形分布和 U 形分布。

100(1-α)%置信区间的下限和上限计算公式如下:

$$p_{\mathrm{conf},\alpha/2}=\mathrm{Beta}_{\alpha/2}(x,n-x+1)$$
$$p_{\mathrm{conf},1-\alpha/2}=\mathrm{Beta}_{1-\alpha/2}(x+1,n-x) \tag{6-29}$$

若 $x=0$,Beta 分布的下限没有意义,令 $p_{\mathrm{conf},\alpha/2}=0$;若 $x=n$,Beta 分布的上限没有意义,令 $p_{\mathrm{conf},1-\alpha/2}=1$。

2. 贝叶斯估计方法

(1)离散先验估计。

假设参数 p 取 m 个可能值 $p_1,\cdots p_m$ 中的一个,贝叶斯公式为

$$f(p_i|E)=\frac{f(p_i)L(E|p_i)}{\sum_{j=1}^{m}L(E|p_j)f(p_j)} \tag{6-30}$$

似然函数为

$$L(E|p)=\binom{n}{x}p_i^x(1-p_i)^{n-x} \tag{6-31}$$

(2)Beta 先验分布。

需求失效概率的先验分布一般为 Beta 分布,Beta 分布是二项分布的共轭族。

Beta 分布的概率密度函数为

$$f(p)=\frac{\Gamma(\alpha+\beta)}{\Gamma(\alpha)\Gamma(\beta)}p^{\alpha-1}(1-p)^{\beta-1} \tag{6-32}$$

对于大多数应用,前面的 Gamma 函数可以忽略,它仅用来计算得到一个常数来确保概率密度的和为 1。因此概率密度函数的主要特征为

$$f(p)\propto p^{\alpha-1}(1-p)^{\beta-1} \tag{6-33}$$

分布的参数 α 和 β 均大于 0,因此均值和方差的计算公式分别如下。

均值:

$$\mu=\frac{\alpha}{\alpha+\beta} \tag{6-34}$$

方差:

$$\mathrm{Var}=\frac{\alpha\beta}{(\alpha+\beta)^2(\alpha+\beta+1)}=\mu(1-\mu)(\alpha+\beta+1) \tag{6-35}$$

Beta 分布取决于参数 α、β,是(0,1)之间的分布,随着 α、β 的变化,它可以呈现如钟形、J 形、L 形及 U 形。若 $\alpha<1$,p 的指数是负的,概率密度是无界的,类似 $p\to0$;若 $\beta<1$,概率密度

是无界的，类似 $p\to1$；若 $\alpha>1,\beta>1$，则概率密度分布大致呈钟形。

根据贝叶斯定理，后验分布与先验分布相关，则

$$f_{\text{post}}\propto \Pr(X=x\mid p)f_{\text{prior}}(p) \tag{6-36}$$

Beta 分布是二项分布的共轭族，由 Beta 先验分布和样本信息得到的后验分布也是 Beta 分布。因此，将 Beta 分布与二项式相结合得到：

$$f_{\text{post}}\propto p^{x}(1-p)^{n-x}p^{\alpha-1}(1-p)^{\beta-1}\propto p^{x+\alpha-1}(1-p)^{n-x}+\beta-1 \tag{6-37}$$

后验均值为

$$p_{\text{Bays}}=\frac{x+\alpha}{n+\alpha+\beta} \tag{6-38}$$

后验分布的两个参数为

$$\alpha_{\text{post}}=\alpha_{\text{prior}}+x$$
$$\beta_{\text{post}}=\beta_{\text{prior}}+(n-x) \tag{6-39}$$

式中　x——累计需求失效次数；

n——累计需求次数。

则贝叶斯区间估计为

$$p_{\text{Bayes},5\%}=\frac{x+\alpha}{(x+\alpha)+(n-x+\beta)F_{0.95}(2n-2x+2\beta,2x+2\alpha)}$$

$$p_{\text{Bayes},95\%}=\frac{x+\alpha}{(x+\alpha)+(n-x+\beta)/F_{0.95}(2n-2x+2\beta,2x+2\alpha)} \tag{6-40}$$

(3)对数正态分布。

对数正态分布是从 0 到∞的分布，因此需求失效概率的分布不完全是对数正态分布，因为需求失效概率不能大于 1。如果采用对数正态分布作为先验分布，必须先计算先验 $\Pr(p>1)$的值。若此概率非常小，则误差可以被忽略；若此概率太大，则误差不能被忽略，即使软件接受对数正态分布，并通过某种方式处理大于 1 的值，然而实际的分布并不是对数正态分布。它是截断的对数正态分布，或者是峰值在 1 的对数正态分布，具有不同的均值和不同的百分位数。这时，分析者有两种选择：承认并解释这一点，或者选取其他的先验分布。

通用数据库中对数正态分布一般会给出分布的均值、90%置信区间的上下限值和误差因子 E_{F}。

$$E_{\text{F}}=\frac{\lambda_{\text{med}}}{\lambda_{5\%}}=\frac{\lambda_{95\%}}{\lambda_{\text{med}}}$$

即

$$E_{\text{F}}=\sqrt{\frac{\lambda_{95\%}}{\lambda_{5\%}}} \tag{6-41}$$

式中　λ_{med}——中位值。

若采用对数正态分布作为先验分布，可先将对数正态分布转换为 Beta 分布，然后按上述 Beta 分布的方法求出后验分布。

在转换过程中使这两种分布在两个关键点(均值和 95%分位值)上重合，找到满足上述

条件的 Beta 分布参数 α 和 β,即完成了将先验分布的对数正态分布转换为 Beta 分布的工作。

(4)无信息先验分布。

如果没有合适的通用数据作为先验数据,可以选取无信息先验分布来计算。

基于 Jeffreys 无信息先验分布为 Beta(1/2,1/2),其概率密度函数如图 6-4 所示,它不是均匀分布的,在区间(0,1)的两端急剧上升。

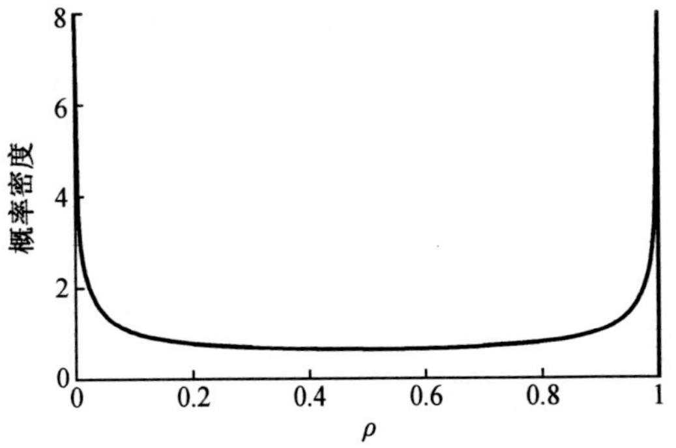

图 6-4 Jeffreys 无信息先验分布

尽管均匀分布有时也会用于模化无信息先验分布,但选择 Jeffreys 无信息先验分布是有理论依据的。均匀分布直观地认为两次需求中有一次失败,若要证实这一观点所需的样本量过大。而 Jeffreys 无信息先验分布认为一次需求可能有一半失败的概率。

因此,基于 Jeffreys 无信息先验分布,后验分布为 Beta(x+1/2,n-x+1/2)。后验分布的均值为(x+1/2)/(n+1),其方差和 Bayes 区间估计可代入式(6-40)求得,一般结果与经典的置信区间较接近,只是略窄一些。

6.4.3 备用失效率数据处理

每个需求对应一个备用时间。唯一可以观察到的是系统在备用期结束时是否出现失效。系统在 t 时刻失效的概率为

$$p=1-e^{-\lambda t} \tag{6-42}$$

假设在 n 个需求上观察到 x 个失效。对于任何一个失效,定义备用时间 t_i,$i=1,\cdots,x$。对于任何一个成功,用 s_j 表示,$j=1,\cdots,n-x$。所有这些数字原则上都是可观测的。因此,似然函数为

$$\prod_{j=1}^{n-x} e^{-\lambda s_j} \prod_{i=1}^{x} (1-e^{-\lambda t_i}) \tag{6-43}$$

这种似然函数将通过以下两种不同的方式来处理。首先,将考虑一个简单的案例。其次,将采用一个近似的似然函数。

首先,考虑一个简单的特殊案例,当所有备用时间是相等的,比如说,等于某个数 t。如果所有的需求都是相同时间间隔的试验需求,则会发生这种情况。在这种情况下,需求失效的概率对于每个需求都是相同的。因此,n 个需求中的失效次数是二项式分布(n,p)。根

据 6.4.1 节的分析方法，由贝叶斯或频率论估计方法求得 p，之后将 p 的计算转变为求 λ 的计算，由式(6-42)可得

$$\lambda=-\ln(1-p)/t \tag{6-44}$$

可以近似为

$$\lambda\approx p/t \tag{6-45}$$

如果 p 很小(<0.1)，则 λ 的最大似然估计近似为

$$\hat{p}/t=x/nt \tag{6-46}$$

上面的简单方法假设所有的备用时间都是相等的。如果备用时间近似相等，或者几乎相等，则使用上述方法是合适的。反之，若备用时间相差很大，可以采用以下方式。根据概率的精确近似式(6-36)，可得

$$1-\exp(-\lambda t_i)\approx\lambda t_i \tag{6-47}$$

这是一阶泰勒近似，当 λt_i 非常小时是有效的，误差是$(\lambda t_i)^2$。二阶近似为

$$1-\exp(-\lambda t_i)\approx\lambda t_i\exp(-\lambda t_i/2) \tag{6-48}$$

6.4.4 运行失效率数据处理

1. 频率论和经典估计方法

假设因为任务 n 个系统正在运行(相当于假设一个系统为 n 个任务运行)，x 个运行的系统在时间 $t_l,\cdots,t_x$ 内发生失效，剩余的 $n-x$ 个系统成功，并且系统在时间 $s_1,\cdots,s_{n-x}$ 内停运。t 表示失效时间，s 表示完成任务时间。似然函数是失效的时间密度函数，对于失效的系统，乘以没有失效的概率。对于成功的系统，有

$$\prod_{i=1}^{x}f(t_i)\prod_{j=1}^{n-x}1-F(t) \tag{6-49}$$

根据 6.2.4 节中介绍的模型，假定失效率 λ 为常数，所有系统的失效率相同。因此，失效时间呈指数分布，有

$$f(t)=\lambda e^{-\lambda t} \tag{6-50}$$

累积分布函数为

$$F(t)=1-e^{-\lambda t} \tag{6-51}$$

在时间 s 内没有失效的概率是 $1-F(s)$，将这些值代入似然函数的一般表达式，得到

$$\begin{aligned}\prod_{i=1}^{x}[\lambda\exp(-\lambda t_i)]\prod_{j=1}^{n-x}\exp(-\lambda s_j)&=\lambda\exp\left[-\lambda\left(\sum_{i=1}^{x}t_i+\sum_{j=1}^{n-x}s_j\right)\right]\\&=\lambda^x\exp(-\lambda t)\end{aligned} \tag{6-52}$$

式中　t——总运行时间，$t=\sum t_i+\sum s_j$。

时间 t 内 x 个失效的泊松概率为

$$\exp(-\lambda t)\lambda^x t^x/x!$$

泊松概率的计算与 6.2.4 节一样。因此，任何只要求似然倍数的统计分析在此处和 6.2.4 节是相同的，特别当 λ 的最大似然估计值是 x/t 时。

微妙的区别在于这里的 $\sum t_i$ 是随机生成的，所以 t 是随机生成的(尽管大多数系统在

执行任务时不会失效,但 t 的随机部分相对较小)。另外,这里的似然函数不是概率,而是密度和概率的组合。

一个系统在 t 时间内失效的概率为

$$p=1-\exp(-\lambda t) \tag{6-53}$$

当所有任务时间等于 s 时,在 s 之前系统失效的概率为

$$p=F(s)=1-e^{-\lambda s} \tag{6-54}$$

λ 的置信下限和上限为

$$\begin{aligned}\lambda_{\mathrm{conf},0.05}&=-\ln(1-p_{\mathrm{conf},0.05})/t\\ \lambda_{\mathrm{conf},0.95}&=-\ln(1-p_{\mathrm{conf},0.95})/t\end{aligned} \tag{6-55}$$

2. 贝叶斯估计方法

对于运行失效率,通用数据库大部分假设为对数正态分布或者 Gamma 分布。若无可参考的先验数据源,则可以采用无信息先验分布进行贝叶斯估计。下面将介绍根据以上三种分布进行的贝叶斯估计方法。

(1) Gamma 先验分布。

若失效率的先验分布为 Gamma(α,β) 分布,其后验分布也为 Gamma 分布。

Gamma(α,β) 分布的概率密度函数为

$$f(\lambda)=\frac{\beta^{\alpha}}{\Gamma(\alpha)}\lambda^{\alpha-1}e^{-\beta\lambda} \tag{6-56}$$

则均值为 α/β,方差为 α/β^2。

α 称为形状参数,无量纲;β 称为尺度参数,单位是时间。则 λ 的后验分布是 Gamma$(\alpha+N,\beta+T)$,即后验分布的参数为

$$\begin{aligned}\alpha_{\mathrm{post}}&=\alpha_{\mathrm{prior}}+N\\ \beta_{\mathrm{post}}&=\beta_{\mathrm{prior}}+T\end{aligned} \tag{6-57}$$

式中 N——设备处于运行期间的累计运行失效次数;

T——设备处于运行期间的累计运行小时数。

则后验均值为

$$\lambda_{\mathrm{Bayes}}=\frac{\alpha+N}{\beta+T} \tag{6-58}$$

方差为

$$\mathrm{Var}=\frac{\alpha+N}{(\beta+T)^2} \tag{6-59}$$

贝叶斯区间估计为

$$\begin{aligned}\lambda_{\mathrm{Bayes},5\%}&=\frac{\chi^2_{\alpha/2}(2\alpha+2N)}{2(\beta+T)}\\ \lambda_{\mathrm{Bayes},95\%}&=\frac{\chi^2_{1-\alpha/2}(2\alpha+2N)}{2(\beta+T)}\end{aligned} \tag{6-60}$$

以上公式中 α、β 均为 Gamma 先验分布中的参数。

(2)对数正态分布。

通用数据库中对数正态分布一般会给出分布的均值、90%置信区间的上下限值和误差因子 E_F。

$$E_F=\frac{\lambda_{med}}{\lambda_{5\%}}=\frac{\lambda_{95\%}}{\lambda_{med}} \tag{6-61}$$

即

$$E_F=\sqrt{\frac{\lambda_{95\%}}{\lambda_{5\%}}} \tag{6-62}$$

式中 λ_{med}——中位值。

若采用对数正态分布作为先验分布,计算时,先将对数正态分布转换为 Gamma 分布,然后利用上一小节所述的 Gamma 先验分布方法得到后验分布。

在转换过程中使这两种分布在两个关键点(均值和 95%分位点)上重合,找到满足上述条件 Gamma 分布参数 α 和 β,即完成了将先验分布的对数正态分布转换为 Gamma 分布的工作。

(3)无信息先验分布。

如果没有合适的通用数据作为先验数据,可以选取无信息先验分布来计算。这里主要介绍基于 Jeffreys 的无信息先验分布 Gamma(1/2,0),则后验均值为

$$\lambda_{Bayes}=\frac{N+1/2}{T} \tag{6-63}$$

贝叶斯区间估计为

$$\lambda_{Bayes,5\%}=\frac{\chi^2_{0.05,2N+1}}{2T}$$

$$\lambda_{Bayes,95\%}=\frac{\chi^2_{0.95,2N+1}}{2T} \tag{6-64}$$

6.4.5 试验和维修不可用度数据处理

采用频率论方法估算该参数。p 表示设备或系统列的试验或维修不可用度,$t_1,t_2,\cdots,t_n$ 为设备或系统列因某次试验或维修而导致的实际不可用时间,t 为电厂要求该设备或系统列应该在线运行的总时间,则

$$p=\frac{(t_1+t_2+\cdots+t_n)}{t} \tag{6-65}$$

6.5 通用数据库

在世界范围内，各个国家和核工业界开发了大量设备可靠性数据库，本节将对这些可靠性数据库进行简要介绍。

6.5.1 美国可靠性数据库

在1975年WASH-1400报告发表之后，核电厂可靠性数据库的研究得到了空前的重视，大量的可靠性数据在核电厂得到广泛收集。美国能源局(Department of Energy, DOE)、核安全管理委员会国家标准协会(American National Standards Institute, ANSI)、工业委员会及电力研究协会(Electric Power Research Institute, EPRI)等研究机构相继建立了核电厂可靠性数据收集平台或出版了核电厂可靠性数据库，下面将对这些可靠性数据收集平台及可靠性数据库进行介绍。

设备性能和信息交换(EPIX)系统是NRC为了得到高质量的、电站特定的可靠性和可用性信息而建立的可靠性数据收集平台，要求核工业界报告有重大风险的系统和设备的可靠性信息给EPIX系统。EPIX系统由美国核电运行研究所开发，是一个基于网络的设备工程和失效数据库，1997年初投入使用，包括了1987年以来的数据报告。EPIX系统可以共享在NRC维修导则(10CFR50.65)的范围中所选设备的工程和失效信息，提供了会导致反应堆功率下降的设备的失效信息，同时它也提供少数会引起重大风险的电站设备的失效率和可靠性信息。

为了满足NRC进行通用和电站特定评价、支持PSA和风险预测管理应用的需求，NRC开发了可靠性和可用性数据系统(RADS)。将来自EPIX系统和美国核电运行研究所(INPO)的安全系统性能指示器(SSPI)系统的数据，连同来自其他数据源(如核电厂执照事件报告和运行月报)的信息全部输入到RADS中。对于沸水堆和压水堆核电厂的主要设备，这些数据均是可用的。利用RADS可以得到的可靠性参数有需求失效概率、运行失效率(通常考虑连续运行设备的失效率)、离现维修不可用度(计划维修和非计划维修)和可靠性参数的时间趋向。

NRC还出版了大量核电行业通用数据库，主要包括：

(1)NUREG-1150严重事故风险研究通用数据库(1990年)。

该数据库根据WASH-1400(NRC 1975)等多个基础数据库的信息进行开发，包括部件失效率与始发事件频率，并以对数正态分布的形式给出了均值和误差因子。由于它是基于之前的若干PSA工作和其他通用数据库，因此不能直接代表实际运行数据的分析结果。

(2)NUREG/CR-5496核电厂丧失场外电事件评估：1980—1996年(1998年)。

该报告分析了1980—1996年间美国商用核电厂丧失厂外电始发事件频率及恢复时间数据，给出了其名义频率与上下界。该研究是基于持许可证者的事件报告(LER)，而LER只包含核电厂中应上报的数据，这一尺度又各不相同，且该报告分析的事件截止于1996年，因此不足以代表1996年以后的实际运行经验。

(3)NUREG/CR-5750 美国核电厂始发事件频率:1987—1995 年(1999 年)。

该报告分析了美国国内核电厂的始发事件频率,该报告主要基于 1987—1995 年间的 LER 所反映的运行经验。报告给出了名义频率与上下界。对于某些事件(如 LOCA),报告采用了 LER 以外的国内外运行经验,并参考其他信息源评估始发事件频率。由于报告分析的事件截止于 1995 年,因此不足以代表 1995 年以后的实际运行经验。

(4)NUREG/CR-5500 系统可靠性研究报告。

该报告自 1998 年至 2002 年先后出版了 11 卷,基于运行经验评估了系统的不可靠性,并与基于 PRA 与 IPE 数据进行的评估相比较,确定了数据的趋势与模式,洞察了系统的失效与失效机理。其研究信息来自 LER 与核电厂可靠性数据系统(NPRDS),二者均有局限性。报告分析的事件截止于 1997 年,因此不足以代表 1997 年以后的实际运行经验。

(5)NUREG-1715 部件性能研究。

该报告在 2000—2001 年间出版了 4 卷,分别分析了涡轮泵、电动泵、气控阀、电控阀的部件性能,评估了其在系统中的不可靠性,与 PSA 和 IPE 的评估结果进行了比较,确定了数据的趋势与模式,洞察了部件性能与失效机理。其研究信息来自 LER 与核电厂可靠性数据系统,二者均有局限性。报告分析的事件截止于 1998 年,因此不足以代表 1998 年以后的实际运行经验。

(6)NUREG/CR-6928 美国商用核电站部件与始发事件行业平均性能。

由美国 NRC 基于对美国 103 座在运核电厂的研究开发,包含四类事件:部件不可靠、部件不可用、系统特殊事件概率、始发事件频率。报告于 2007 年发布,可反映 2000 年前后的行业水平,相对较新。该报告是当前核电厂 PSA 工作中经常参考的可靠性数据库。

(7)NUREG/CR-6890 核电厂丧失厂外电风险评价 1986—2004 年(2005 年)。

该报告是对之前美国商业核电厂丧失厂外电事件和全厂断电(SBO)导致的堆芯损坏风险分析报告的更新。该报告收集了核电厂 1986—2004 年间的丧失厂外电数据并对这些数据进行了分析。对功率运行和停堆期间的丧失厂外电频率和持续时间进行了评估,发现近些年功率运行期间丧失厂外电频率明显降低,而持续时间有所增加。报告中还提供了对丧失厂外电频率的工程分析。

美国能源局也出版了若干核电行业通用数据库,包括:

(1)EGG-SSRE-9639 部件表面泄漏与断裂频率评估(1991 年)。

该报告基于对核电经验(NPE)数据库中全面搜索 LER 报告所得的数据,评估了诸如管道、阀门、泵与凸缘等部件的表面泄漏与断裂频率。前述 NPE 数据库涵盖范围为 1960 年 9 月至 1990 年 6 月,数据库可能不足以代表当前实际的运行经验。而 LER 只包含核电厂中应上报的数据,这一尺度又各不相同。

(2)EGG-SSRE-8875 轻水堆与钠冷堆 PRA 部件失效通用数据库。

该数据库由爱达荷国家工程实验室开发,按照部件的工作流体分为四个类别:机械部件(水或蒸汽)、机械部件(液态钠)、机械部件(气体)、电气部件。分析的事件截止于 1990 年,数据库可能不足以代表当前核电厂的实际运行经验。

1989 年 EPRI 出版的先进轻水堆用户需求文件中包含了一份用于先进轻水堆的 PSA

工作的可靠性数据库。该数据库中梳理了数个数据源并汇总了其中典型的失效率与事件概率数据,基于对数据源与期望的先进轻水堆设计的适用性判断,为每个设备类核失效模式选取了最佳估计值。然而,本数据库中只粗略地说明了获取最佳估计值的原理,并未给出具体的不确定性边界或概率密度函数。

6.5.2 欧洲可靠性数据库

可靠性数据手册 T-Book 于 20 世纪 80 年代初期被开发并应用于瑞典的核电站设计。该手册提供了用于北欧核电站安全分析中部件可靠性计算所需的失效数据,其第 3 版是基于 12 座瑞典核电站和 2 座芬兰核电站约 110 堆·年的运行经验统计的。

始发事件频率手册 I-Book(以下简称 I 手册)汇集了北欧核电站内发生的始发事件,数据反映了直到 1994 年的 215 堆·年的运行经验。1993 年发行的第一版 I 手册中识别了始发事件组并确定了其频率。在第二版中加进了两座芬兰核电站的运行经验。I 手册中包含了进行趋势分析的统计模型的发展。

1978 年法国电力公司(EDF)建立并投运了核电厂可靠性数据收集(SRDF)系统,最初仅用于压水堆核电厂 6 个机组的数据收集,在 1983 年扩展到其他类型的反应堆(包括凤凰增殖堆),增加了 12 个新机组的数据收集。近期,欧洲(法国也参与其中)建立了更大型、广泛的可靠性性数据库系统(ERDS),已经将 SRDF 系统中的数据库作为其中的一个部分。

6.5.3 中国可靠性数据库

在中国,一些建成并已有运行经验的商运压水堆核电站也纷纷开发了本电站的可靠性数据库平台,例如大亚湾核电站设备可靠性数据库(GNPRDS/PERD)、秦山一期设备可靠性数据库(QERDS)、秦山二期可靠性数据库(Q2RDS)和田湾可靠性数据库(TRDS)等。

为推动概率安全分析技术在我国核安全领域中的应用,提高核电厂安全水平和核安全监管效率,国家核安全局要求中国各核电厂营运单位开展核电厂设备可靠性数据采集工作,并按要求定期报送数据。国家核安全局委托环境保护部核与辐射安全中心建立了中国核电厂 PSA 设备可靠性数据库平台,并负责上报数据的处理及发布,目前已出版了《中国核电厂设备可靠性数据报告(2022 版)》。该报告给出了我国压水堆在运核电厂商运至 2021 年底,共 45 台机组 44 个常用设备类的可靠性数据统计,包含大约 423 堆·年的运行经验,以及 7 个安全重要系统列的不可用数据统计。并在此基础上,结合美国 NUREG/CR-6928 (2007 年出版)通用数据源,利用适当的数据处理方法给出了中国压水堆运行核电厂 PSA 通用数据。

6.5.4 其他可靠性数据库

除了上述提到的数据库,还有一些非官方组织及其他国家也出版了若干可靠性通用数据库,包括:

(1)EQE 国际公司出版的轻水堆通用数据库(PLG 数据库)。

EQE 国际公司开发了轻水堆通用数据库(之前被称为 Pickard,Lowe 与 Garrick 数据库或 PLG 数据库)，用来支持需要同时进行点估计与不确定性分析的 PSA 与可靠性分析。数据库中包含了对特定电厂的部件数量、需求、运行时间、失效数和维修事件的统计数据，也包含了对全美电厂的始发事件、共因失效以及火灾和水淹事件的事件分析。作为对这些真实信息的补充，也提供了给予已出版的通用可靠性数据源的参数估计。

(2)科学应用国际公司出版的商用核电站 PSA 应用通用专有数据库。

科学应用国际公司开发了一套用于商用核电厂 PSA 的通用专利数据库，通过梳理并列举了他们开展的 PSA 工作中所有基本事件与部件失效，确定了部件与其失效模式的数据范围。数据库中的部件按照通用类别分组，而不是按照系统或用途的特性。某些部件的失效模式被归并来反映可用数据。例如，气动阀的开启失效与关闭失效被合并为操作失效一种失效模式。科学应用国际公司数据库中给出了所有部件的边界定义。

6.6 反应堆可靠性数据库

可靠性数据是 PSA 工作的重要基础，对确保核电厂 PSA 模型以及相应分析结果的准确性和合理性具有重要意义。为了使 PSA 工作如实地反映核电厂的特点，确保分析的有效性，在分析过程中就必须使用核电厂的特定数据，因此各核电厂需要开发一个能够提供设备可靠性数据的数据库系统。

反应堆可靠性数据库是核电厂设备可靠性数据收集、管理和分析的信息系统，是可靠性应用研究的前提和基础。开发反应堆可靠性数据库的主要目的是为了进一步提高电厂的安全运行水平和设备管理水平，为核电厂 PSA 分析和开展以可靠性为中心的维修管理(reliability-centred maintenance，RCM)提供基本的数据支持。建立和开发反应堆可靠性数据库也是核电厂有效开展设备管理的一项重要工作，收集和分析电厂设备的可靠性数据同时还可以为核电厂的系统和部件可靠性评价、电厂定期安全评价、预防性维修、纠正性维修、电厂技术改造和更新、备品备件优化管理以及为核电厂的老化与寿期管理等活动提供有用的数据支持。

反应堆可靠性数据库一般包括三部分的内容：数据源、计算程序和应用。数据源涉及设备的工程信息、运行信息、失效记录等。计算程序以参考核电厂数据库为基础，同时考虑到设备的失效历史记录和当前运行情况，计算出可靠性参数库。应用部分根据可靠性参数库和设备的当前运行情况，对 Living PSA、机组风险管理、RCM 和电厂改进等提出建议。设备可靠性数据库的开发，涉及可靠性工程、软件工程、数据分析和处理、数据采集及录入等一系列的工作。

开发反应堆可靠性数据库的主要作用如下：

(1)给出核电厂概率安全分析用的可靠性参数。

可靠性数据库通常提供始发事件频率、需求失效概率、备用失效率、平均维修时间及累计运行时间等可靠性参数。为电站概率安全分析提供可靠性参数，还可为建立设备历史档案、备品备件优化管理、设备运行变化趋势分析、瞬态分析、RCM 等方面提供数据源。

(2)自动收集反应堆数据并进行数据处理。

将反应堆数据库所需要的维修、运行、工程信息的数据采集过程与核电站实际的运行过程、维修过程、改造过程相结合,有关信息在产生的同时即转入数据库记录下来。不需要专门的数据采集人员,使收集电站数据的费用及人员降低到最低限度。同时确保了数据的实时性、准确性。

(3)作为核电厂信息管理系统的重要组成部分。

反应堆数据库可以与电站信息管理系统及内部局域网相结合,所有数据的收集和传输均通过网络完成,消除了文件传递所需要的大量时间及可能产生的错误,使其成为真正的实时数据库,为 Living PSA 的实现提供数据基础。同时,反应堆各运行部门可以随时通过网络对数据库进行访问,查询有关数据,为数据库应用于现场工作提供了条件。

反应堆数据库系统的一般功能模块至少应包括如下内容。

(1)系统管理:包括模块管理、用户管理、用户授权、修改密码等功能。

(2)设备及设备类:包括设备选取、设备分类、选取设备的失效模式等功能。

(3)历史数据:包括机组运行状态/设备运行状态/失效/试验/维修/变更数据等。

(4)年度累计数据:统计各个设备(类)在各个运行年度的各种可靠性数据。

(5)电厂特定数据:计算各个设备(类)的各种电厂特定可靠性参数。

(6)通用数据:包括通用数据的选取、对电厂特定数据进行贝叶斯处理等功能。

(7)提供给 PSA 的数据:由一些查询和报表组成的各种可靠性参数。

(8)提供给 RCM 的数据:由一些查询和报表组成的各种可靠性参数。

6.7 大数据技术

译著《大数据时代》(英国 ViktorMayer-Schonberger, Kenneth Cukier 著)和《驾驭大数据》(美国 Bill Franks 等著),以及《大数据》(中国徐子沛等著)等几本大数据相关著作引起了广泛的关注。有人认为,大数据技术是一场新的革命。许多国家已将大数据作为国家发展战略,而且大数据的研究与应用已经在互联网、商业智能、咨询与服务以及医疗服务、零售业、金融业、通信等行业显现,并产生了巨大的社会价值和产业空间。毫无疑问,大数据时代已经来临,它正在悄悄地改变着人们的行为与思维。同时,大数据也为传统统计学带来了新的挑战与变革。

6.7.1 基本概念

2008 年 9 月,美国《自然》(*Nature*)杂志专刊——*The next google*,第一次正式提出“大数据”概念。2011 年 2 月 1 日,《科学》(*Science*)杂志专刊——*Dealing with data*,通过社会调查的方式,第一次综合分析了大数据对人们生活造成的影响,详细描述了人类面临的“数据困境”。2011 年 5 月,麦肯锡研究院发布报告——*Big data: The next frontier for innovation, competition, and productivity*,第一次给大数据做出相对清晰的定义:“大数据是指其大小超出了常规数据库工具获取、储存、管理和分析能力的数据集,具有海量的数据规模、快速的数据流转、多样的数据类型和低价值密度等四大特征。”

研究机构 Gartner 将大数据定义为：需要新处理模式才能具有更强的决策力、洞察发现力和流程优化能力来适应海量、高增长率和多样化的信息资产。

IBM 提出，大数据具有 4V 的特点：

(1)价值高(value)，大数据有巨大的潜在价值，但同其呈几何指数爆发式增长相比，某一对象或模块数据的价值密度较低，这无疑给我们开发海量数据增加了难度和成本。

(2)体量大(volume)，从 2013 年至 2020 年，人类的数据规模扩大 50 倍，每年产生的数据量将增长到 44 万亿 GB，相当于美国国家图书馆数据量的数百万倍，且每 18 个月翻一番。

(3)速度快(velocity)，随着现代感测、互联网、计算机技术的发展，数据生成、储存、分析、处理的速度远远超出人们的想象，这是大数据区别于传统数据或小数据的显著特征。

(4)种类多(variety)，大数据与传统数据相比，数据来源广、维度多、类型杂，各种机器仪表在自动产生数据的同时，人自身的生活行为也在不断创造数据；不仅有企业组织内部的业务数据，还有海量相关的外部数据。

大数据技术的战略意义不在于掌握庞大的数据信息，而在于对这些含有意义的数据进行专业化处理。换而言之，如果把大数据比作一种产业，那么这种产业实现盈利的关键，在于提高对数据的“加工能力”，通过“加工”实现数据的“增值”。

大数据技术是指从各种各样类型的巨量数据中，快速获得有价值信息的技术。解决大数据问题的核心是大数据技术。目前所说的“大数据”不仅指数据本身的规模，也包括采集数据的工具、平台和数据分析系统。大数据研发目的是发展大数据技术并将其应用到相关领域，通过解决巨量数据处理问题促进其突破性发展。因此，大数据时代带来的挑战不仅体现在如何处理巨量数据从中获取有价值的信息，也体现在如何加强大数据技术研发，抢占时代发展的前沿。

大数据技术描述了一种新一代技术和构架，用于以很经济的方式，以高速的捕获、发现和分析技术，从各种超大规模的数据中提取价值，而且未来急剧增长的数据迫切需要寻求新的处理技术手段。

6.7.2 大数据技术的方案和思想

从技术上看，大数据与云计算的关系就像一枚硬币的正反面一样密不可分。大数据必然无法用单台的计算机进行处理，必须采用分布式架构。它的特色在于对海量数据进行分布式数据挖掘。但它必须依托云计算的分布式处理、分布式数据库和云存储、虚拟化技术。大数据需要特殊的技术，以有效地处理大量的容忍经过时间内的数据。适用于大数据的技术，包括大规模并行处理(MPP)数据库、数据挖掘、分布式文件系统、分布式数据库、云计算平台、互联网和可扩展的存储系统。

(1)数据挖掘。

图像化是将机器语言翻译给人看，而数据挖掘就是机器的母语。分割、集群、孤立点分析还有各种各样五花八门的算法让我们精炼数据，挖掘价值。这些算法一定要能够应付大数据的量，同时还要具有很高的处理速度。

(2)存储数据库。

存储数据库(in-memory databases)让信息快速流通,大数据分析经常会用存储数据库来快速处理大量记录的数据流通。比方说,它可以对某个全国性的连锁店某天的销售记录进行分析,得出某些特征进而根据某种规则及时为消费者提供奖励回馈。

但传统的关系型数据库严格的设计定式、为保证强一致性而放弃性能、可扩展性差等问题在大数据分析中被逐渐暴露。随之而来,NoSQL数据存储模型开始风行。NoSQL,也有人理解为Not Only SQL,并不是一种特定的数据存储模型,它是一类非关系型数据库的统称。其特点是没有固定的数据表模式、可以分布式和水平扩展。NoSQL并不是单纯的反对关系型数据库,而是对其的扩展,并针对缺点进行补充。典型的NoSQL数据存储模型有文档存储、键-值存储、图存储、对象数据库、列存储等。

NoSQL数据库是一种建立在云平台的新型数据处理模式,NoSQL在很多情况下又叫作云数据库。由于其处理数据的模式完全是分布于各种低成本服务器和存储磁盘,因此它可以帮助网页和各种交互性应用快速处理过程中的海量数据。

(3)分布式计算。

分布式计算结合了NoSQL与实时分析技术,如果想要同时处理实时分析与NoSQL数据功能,那么你就需要分布式计算技术。分布式技术结合了一系列技术,可以对海量数据进行实时分析。更重要的是,它所使用的硬件非常便宜,因而让这种技术的普及变成可能。SGI的Sunny Sundstrom解释说,通过对那些看起来没什么关联和组织的数据进行分析,我们可以获得很多有价值的结果。比如说可以分发现一些新的模式或者新的行为。运用分布式计算技术,银行可以从消费者的一些消费行为和模式中识别网上交易的欺诈行为。

云计算也是分布式计算的一种,指的是通过网络"云"将巨大的数据计算处理程序分解成无数个小程序,然后,通过多部服务器组成的系统进行处理和分析这些小程序得到结果并返回给用户。云计算早期,简单地说,就是简单的分布式计算,解决任务分发,并进行计算结果的合并。因而,云计算又称为网格计算。通过这项技术,可以在很短的时间内(几秒钟)完成对数以万计的数据的处理,从而达到强大的网络服务。

(4)大数据处理核心技术——Hadoop。

大数据不同于传统类型的数据,它可能由TB甚至PB级信息组成,既包括结构化数据,也包括文本、多媒体等非结构化数据。这些数据类型缺乏一致性,使得标准存储技术无法对大数据进行有效存储,而且我们也难以使用传统的服务器和SAN方法来有效地存储和处理庞大的数据量。这些都决定了"大数据"需要不同的处理方法,而Hadoop目前正是广泛应用的大数据处理技术。Hadoop是一个基于Java的分布式密集数据处理和数据分析的软件框架。该框架在很大程度上受Google在2004年白皮书中阐述的MapReduce的技术启发。

6.7.3 大数据技术的应用

大数据无处不在,应用于各个行业,包括金融、汽车、餐饮、电信、制造、能源、体能和娱乐等领域都已经融入了大数据的印迹。下面介绍几个简单的应用示例。

(1)医疗行业。

Seton Healthcare 是采用 IBM 最新沃森技术医疗保健内容分析预测的首个客户。该技术允许企业找到大量病人相关的临床医疗信息,通过大数据处理,更好地分析病人的信息。

在加拿大多伦多的一家医院,针对早产儿,每秒钟有超过 3 000 次的数据读取。通过这些数据分析,医院能够提前知道哪些早产儿出现问题并且有针对性地采取措施,避免早产儿夭折。

(2)能源行业。

智能电网现在欧洲已经做到了终端,也就是所谓的智能电表。在德国,为了鼓励利用太阳能,会在家庭安装太阳能,除了卖电给你,当你的太阳能有多余电的时候还可以买回来。通过电网每隔五分钟或十分钟收集一次数据,收集来的这些数据可以用来预测客户的用电习惯等,从而推断出在未来 2~3 个月时间里,整个电网大概需要多少电。有了这个预测后,就可以向发电或者供电企业购买一定数量的电。因为电像期货一样,如果提前买就会比较便宜,买现货就比较贵。通过这个预测后,可以降低采购成本。

维斯塔斯风力系统,依靠的是 BigInsights 软件和 IBM 超级计算机,然后对气象数据进行分析,找出安装风力涡轮机和整个风电场最佳的地点。利用大数据技术,以往需要数周的分析工作,现在仅需要不足 1 小时便可完成。

(3)通信行业。

中国移动通过大数据分析,对企业运营的全业务进行针对性的监控、预警、跟踪。系统在第一时间自动捕捉市场变化,再以最快捷的方式推送给指定负责人,使他在最短时间内获知市场行情。

电信业者透过数以千万计的客户资料,能分析出多种使用者行为和趋势,卖给需要的企业,这是全新的资源经济。

大数据技术对各行各业的渗透,大大推动了社会生产和生活,未来必将产生重大而深远的影响。

6.7.4 大数据技术在可靠性数据分析的应用

大数据技术在可靠性数据方面的应用主要包括如下内容。

(1)基于大数据、人工智能技术,开发核电厂可靠性数据库系统,可实现电厂设备状态的实时监控、收集与统计、实时传输;

(2)通过大数据管理和分析技术,完成电厂设备数据的大数据集中管理,实现数据安全高效存储、快速查询计算和深层分析;

(3)将人工智能技术应用于核电厂设备的故障诊断与预测,基于以往的历史数据分析汇总预测未来的设备状态;

(4)实现智能分析,根据各种需求或条件的变化自动生成报表或提示。

第7章 人员可靠性分析

随着科技的发展,系统及设备自身的安全与效益得到不断提高,人-机系统的可靠性和安全性愈来愈取决于人的可靠性。据统计,20%~90%的系统失效与人有关,其中直接或间接引发事故的比率为70%~90%,这其中包括许多重大灾难事故,如印度Bhopal化工厂毒气泄漏、三哩岛核电站事故、切尔诺贝利核电站事故、挑战者航天飞机失事等。如何将人的失误对于风险的后果考虑进去,及如何揭示系统的薄弱环节,在事故发生之前加以防范,便成为亟待解决的重要问题。而这些都以详尽和准确的人员可靠性分析为基础。本章介绍人因失误的危害,人因可靠性分析技术的发展情况,讲解PSA中人因数据的处理方法。

人员可靠性分析(human reliability analysis,HRA)的研究开始于20世纪50年代。20世纪50年代末已经有人开始探讨人为差错对系统可靠性的影响。此后,随着工业生产尤其是核工业的发展,安全性问题越来越突出,HRA逐渐得到重视和发展。80年代是HRA发展的黄金时期,在某种程度上,这或多或少与1979年发生的美国三哩岛核电站事故有关。这个时期提出的一些方法在人为差错机理分析和认知过程建模等方面普遍存在一些不足,它们着重利用结构化建模和数学计算等方式追求“精确”的分析结果。因此,很多研究人员将这一时期出现的HRA方法称为第一代HRA方法,如人的认知可靠性(HCR)模型、SLIM等。

90年代之后,陆续出现了一些新方法。相对于第一代HRA方法,这些方法的一个共同的特点是在分析过程中建立了人的认知过程模型,试图从认知方面着手,通过分析环境条件、操作员本身和设备自身状态等人为差错诱因来描述人为差错的产生机理。基于这一点,这段时间出现的方法称为第二代HRA方法,如ATHEANA、CREAM、SPAR-H等。

人员可靠性分析是以人因工程、系统分析、认知科学、概率统计、行为科学等学科为理论基础,对人的行为的可靠性进行定性与定量分析和评价,以分析、预测、减少与预防人的失误为研究目标。人员可靠性分析又称为人因分析。人的失误是指人未能精确地、恰当地、充分地、可接受地完成所规定的绩效标准范围内的动作,又称为人因失误、人员失误或人误等。

HRA将人员失误主要分为以下3类。

(1)A类:始发事件发生前影响了系统或设备可用性的人员动作,能导致系统或设备的潜在不可用,包括维护、校验、测试等,一般在故障树中考虑。又称始发事件前人误事件;

(2)B类:引起始发事件的人员动作,一般在始发事件频率中考虑。又称引起始发事件的人误事件;

(3)C类:在响应始发事件中而进行的人员动作,在事故处理过程中发生的人因失误,包括诊断、决策及操作。HRA分析中重点考虑的人员动作,一般在事件树或故障树中考虑。又称始发事件后人误事件。

本章主要介绍核电厂人因分析发展的历史、人员可靠性分析方法及其在核电厂中的应用。

7.1 人员可靠性分析方法综述

7.1.1 方法概述

HRA 的方法发展很快,种类也较多,有些已在 HRA 中正式得到应用,有些仅是提出作为 HRA 的可选择方法。表 7-1 汇总了部分重要方法的主要特点与资料来源。

表 7-1 人因分析方法一览

序号	全称	来源	评价
1	THREP 人误率预测技术	NUREG/CR1728	迄今为止最系统的人因可靠性分析方法,具有更好的数据收集条件,在应用于事故下的规则性失误分析时可以获得信赖的结果,有完整的表格,可以量化人因失误
2	OAT 操作员动作树	NUREG/CR3010	早期开发的一种方法,用于诊断或时间有关的情况,可以用于操纵员的决策分析,仅用于粗略分析
3	AIPA 事故引发与进展分析	GA/AI3617,Vol. Ⅱ UC-77	用于与响应时间相关的情况,用于估算在高温气冷堆运行中的操纵员响应概率,类似于时间可靠性相关(TRC)模型,对行为形成因子(PSF)的修正考虑较少
4	HCR 人的认知可靠性模型	NUS-4531	适用于诊断的决策行为的评价,将人的行为进行简化的处理后,再考虑一个不完全独立于时间的人因失误率(HEP)
5	PC 成对比较法	NUREG/CR-2743	适用于诊断的决策行为的评价,将人的行为进行简化的处理后,再考虑一个不完全独立于时间的 HEP
6	DNE 直接数字估计法	NUREG/CR-2743	要求有较好的参考数值,不适用完全的 HRA 情况,需要在多位专家中进行有效的讨论
7	SLIM 成功似然指数法	NUREG/CR 3518	是一种专家判断的技术,有较好的灵活性和理论基础,但无法验证,不过分强调外界可观察的错误而选用较确切的失误概率值,不考虑 PSF 的相互作用

表 7-1(续 1)

序号	全称	来源	评价
8	STAHR 社会-技术人的 可靠性分析法	NUREG/CR-4022	依赖于主观推测和心理分析结合的方法,可以考虑比较复杂的,更为仔细的 PSF 问题,一般在 PSA 中不采用,具有较强的灵敏度分析能力,利用影响图进行技术上的分析,而社会分析是指对影响图中技术因素影响的分析
9	CM 混合矩阵法		用于分析在初因事件诊断中的混淆错误,对专家判断的依赖程度比较强,是一种定性的分析方法
10	MAPPS 维修个人行为模型	NUREG/CR-3625	是一种较适合于 PSA 方法中有关维修工作的分析,技术性较强,结果较难理解
11	MSFM 多序失效模型	NUREG/CR-3837	是一种以维修为导向的计算机软件模型,提供满足 PSA 应用的维修活动的数据,该方法本身是一种事件树的模拟,为分析人员提供有用的信息
12	SHARP 系统化的人的行为 可靠性分析程序	EPRI NP-3583	美国电力研究院进行人因分析的标准步骤,可使分析结果更加系统化,条理化
13	INTENT 估计人决策失误的方法	Reliability Engineering & System Safety, Vol. 35, 1992	适合进行操纵员决策失误的评价方法,一种类似于人员失误概率预测技术(THERP)的方法,它可更广泛地描述人的授权错误,可对意向性失误的概率定量化
14	CONGENT 认知事件树系统	RCG-HFRU-10026	是对 THERP 中 HRA 事件树的一种扩展,可描述几种认知失误,对认知失误的分类基于 SRK 框架和过失、疏忽及错误的组合
15	ATHEANA 人误分析技术	NUREG/CR-6350	提出了迫使失误情景的概念,当前最新的 HRA 方法之一,其成熟性尚未证实,且缺乏可用数据
16	CREAM 认知可靠性与失误分析方法	Holloagel, Cognitive Reliability and Error Analysis Method, Elsevier Science Ltd, 1998	基于认知心理学 HRA 最新方法,当前最新的 HRA 方法之一,使用较为复杂,可操作性尚待强化

表 7-1(续 2)

序号	全称	来源	评价
17	SPAR-H 标准电厂风险分析模型 人员可靠性分析方法	NUREG/CR-6883	适用于情景环境条件较差的环境中; 定义了 8 个 PSF 表征情景环境; 目前最新的 HRA 方法之一; 已经用于低功率和停堆工况下的人员可靠性分析

不管是第一代还是第二代 HRA 方法,对于大部分方法,首先都需要熟悉电站和系统,了解有关的人误事件。其次,通过调查,进行任务分析,一般都采用事件树。不同的是第一代 HRA 方法一般采用二叉树逻辑来描述人的行为(成功或失败),而第二代方法不采用二叉树逻辑。再次,对人员失误进行量化,这里不同的方法有不同的量化方式,但是一般都会考虑 PSF 因子的影响,有些方法还会考虑相关性的影响。最后,将结果应用到 PSA 中。

人员可靠性评价的目的在于,提供事故序列中所定义的人员动作有一个合理可信的人误概率值,同时为系统可靠性的改善提供决策参考。由于人员行为的多样性和高度复杂性,故不存在一种对任何行为模式都适用的可靠性分析方法。第 7.3 节中将介绍较为常用且较为成熟的人员可靠性分析方法 THERP、HCR 及 NRC 目前最新的 HRA 方法之一 SPAR-H。

7.1.2 HRA 方法的不足

虽然这些方法对 HRA 的发展和应用起到了良好的推动作用,但正如许多 HRA 专家所评论的那样,它们均存在诸多不足。

(1)使用 HRA 事件树的两分法逻辑(成功与失败)不能真实、全面地描述人的行为现象,因人在对系统的动态响应过程中,可能有多种选择方式,其优化价值不同。同时,人的认知失败产生的失误行为的形式多种多样,其对风险的后果不同,决不能用简单的“失败”概括。

(2)缺乏充分的数据。人的可靠性数据的缺乏是一个严重的、长期未决的而困惑至今的老问题,这与数据收集方式和人的心理状态有很大关系。这些数据对于复杂系统中人的行为的定量化预测具有重要意义,它应包括与时间相关的和与时间不相关的人误数据。

(3)多依赖专家判断。由于缺乏在复杂系统中人在真实运行环境下或培训模拟机上的人员失误数据,只能采取弥补性质的模型(如时间相关性模型)和/或专家判断作为 HRA 的基础。专家判断法的使用难以显示出专家群体水平的一致性,并且预测的正确性和准确性受到很大的主观因素影响。

(4)缺乏对模拟机数据修正的一致认同 使用来自模拟机的数据,对专家判断的人的绩效数据进行修正必须得到足够的重视,但是模拟机实验并不能完全反映真实的运行环境,如何修正来自模拟机的数据以反映真实环境下的人的绩效一直是一个有待研究的课题。

(5)HRA 方法的正确性与准确性难以验证。HRA 的各种方法,对于真实环境下的人的可靠性的预测的正确性几乎无法得到证明。特别是非常规任务中人的可靠性评价的正确性更是一个难题,例如与时间相关的误诊断、误决策的概率。

(6)HRA 方法缺乏心理学基础,一些 HRA 方法/模型中缺乏对人的认知行为及心理过程的探索和研究;另一方面,尽管认知模型类型颇多,但难以找到与工程实际的结合点。

(7) 缺乏对重要的行为形成因子的恰当考虑和处理,即使在较好的 HRA 方法中,一些重要的行为形成因子也没有给予充分的考虑,例如组织管理的方法和态度、文化差异、社会背景和不科学行为等,在处理方法上也缺乏一致性和可比性。

7.1.3 HRA 的发展趋势

HRA 方法的模型是以多种学科为基础而建立的,着重研究产生人的行为的情景及它们是如何影响人的行为的,因此,笔者认为 HRA 将沿着下列方向发展。

(1)建立多种学科相结合的干扰信号图形事件描述。通过干扰信号图形的操纵员事件树,分析各个节点处的人的事物机理和可能的事物模式。

(2)建立人的信息处理理论上的人的行为通用模型,即带有反馈的序贯式行为模型。该模型的研究重点是结合系统的实际运行经验和数据,探究和查找人的认知不同阶段的诱发失误环境与它如何通过人的失误机理产生人的非安全动作,并给出定量分析的方法。

(3)循环式的人的行为模型。即假设人的任何行为都是在意向或事件的驱动下产生的,人的动作过程不是事先规定而是依赖于当时情景条件建造出来的,这些动作之间高度相关。

(4)建立人因数据库。目前的单纯数字式数据或数字加简要条件式数据,不能满足人因分析者对数据所描述的人误的理解和对该数据的有效使用,因此,需研究和使用能保持失误因素间原始基本关系的新型数据。

(5)人的行为机理研究。对此,虽以 Reason 1990 年的著作 Human Error 为里程碑而进入一个新的阶段 ,但其后无多少具有实质性进展的成果问世。人的行为机理研究应建立在个体、群体和组织行为的基础上,系统地研究人的行为特性、行为模式、失误源、控制管理、失误形态等,完善和拓展人的行为机理研究的内涵。

7.2 THERP 方法

HRA 的第一次国际学术会议于 1964 年 8 月在美国新墨西哥州的新墨西哥大学召开,会上提出了 THERP 的初步模型。1975 年,美国完成了 WASH-1400(US NRC,1975)报告,即第一个核电站 PSA 报告。第一次在系统安全分析中包含了 HRA 分析,所采用的方法为 THERP 方法。1980 年 THERP 被编成人员可靠性分析手册草稿本,作为核电厂风险分析中 HRA 的基础。这套方法问世以来,已被美国等多个国家广泛用于核电站、石化工业、大型武器系统等领域的风险评价之中。

THERP 是一种人为差错率计算法,它是在系统发生故障时,为了避免事故的潜在影响发生,计算操纵员采取必要措施时发生失误的概率。

7.2.1　THERP 方法描述

用 THERP 方法完成人的失误概率定量化计算包括 4 个阶段：系统熟悉阶段；定性分析阶段；定量分析阶段；应用阶段，共 10 个步骤，如图 7-1 所示。

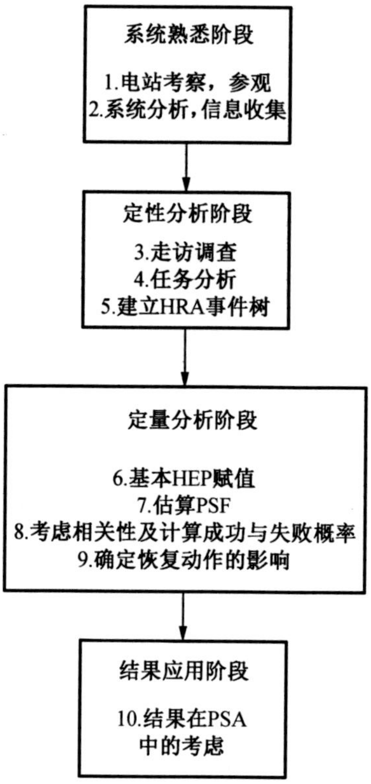

图 7-1　人员可靠性分析中 THERP 应用过程示意图

1. 系统熟悉阶段

该阶段对系统的考察访谈与资料收集，需完成以下任务：了解核电站 PSA 事件树和故障树中有关的人的失误事件；了解与基本事件有关的人员任务；人进行此项任务时的边界条件，包括控制室的特点、系统的总体布置、行政管理系统、任务的时间要求、工作人员的指定职能技术要求、报警症状、恢复因子等。

2. 定性分析阶段

(1)任务分析。

了解人员每项任务的内容并将它分解为相应的一系列相连贯的动作或子任务序列；找出人-机系统相互作用的界面；判断人在完成任务时所产生的失误的类别，对于分解得到的每一项子任务，必须同时查明以下几点：

①动作实施的设备或仪表；

②要求操作人员的动作；

③可能潜在的人员失误；

④控制器、显示器、操纵阀的位置等。

当任务是由不同的人员完成时，还需了解人员之间的监督关系对人员动作失误的恢复关系。

(2) HRA 事件树的建造。

建造 HRA 事件树的一般规则。HRA 事件树是在人员任务分析的基础上，以两状态事件树的形式描述，以时间为序的人的各项行为与活动的过程。一般情况下，用人员可靠性事件树进行人的失误分析时，每一个分支节点上都只存在两种决策可能，即进行此项操作时失败或成功的两种可能性。建树的有关规则如下：

①用大写字母（如 A）表示某一项子任务失败和它的失败概率，相应的小写字母（如 a）则表示该项子任务成功和它的成功概率；

②位于 HRA 事件树各序列末尾的字母 S 和 F 分别表示人员完成任务的成功和失败；

③HRA 事件树的每个节点上有两个分支，左侧的分支表示成功，右侧的分支表示失败，对于表示系统中硬件状态的分支点，从左至右按照失误的严重状态予以排列；

④对于极小概率的分支事件可以从事件树中删去，并忽略恢复因子的影响；

⑤在 HRA 事件树中，将相依的人员动作事件合并为一个子任务分支；

⑥对于 HRA 事件树中的失败或成功节点，如果事件树中的一个支路已鉴别出其分析任务为成功或失败，这一个节点不再进一步分解。

图 7-2 所示为 HRA 事件树示意图。

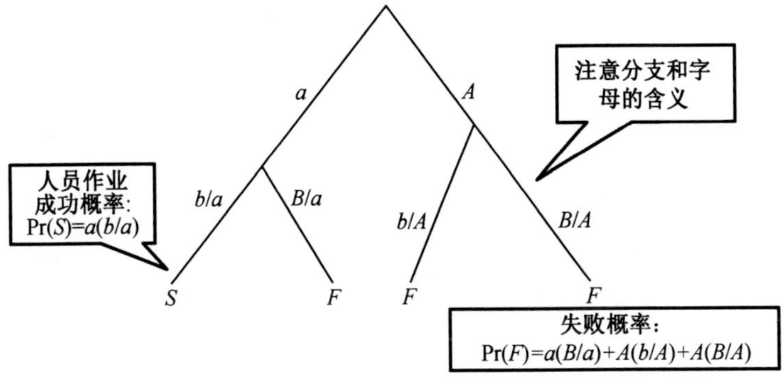

图 7-2 HRA 事件树示意图

3. 定量分析阶段

PSF 与任务相关性修正

在 HRA 事件树中，某一项子任务的失败概率（如 A）由基本 HEP（BHEP）表示。它依据该项子任务的动作类型，由相关的 THERP 表格查找而得。但由于在 HRA 事件树中，人的失误概率因人员差异有很大差别。因此，为了得到在 HRA 事件树中子任务的实际概率 HEP，必须用 PSF 进行修正。一般而言，修正可用以下通式表示：$HEP = BHEP(PSF)_1(PSF)_2\cdots$，HRA 事件树的每一项子任务之间可能具有相关性，按照 Swain 手册提供的方法，可将任务之间的相关情况分成 5 类：完全相关（CD）、高相关（HD）、中相关（MD）、低相关（LD）、零相关（ZD），相

应的人误概率的计算公式为

$$
\begin{aligned}
&\mathrm{CD}, P(B/A)=1 \\
&\mathrm{HD}, P(B/A)=\frac{1+P(B)}{2} \\
&\mathrm{MD}, P(B/A)=\frac{1+6P(B)}{7} \\
&\mathrm{LD}, P(B/A)=\frac{1+19P(B)}{20} \\
&\mathrm{ZD}, P(B/A)=P(B)
\end{aligned}
\tag{7-1}
$$

7.2.2 THERP 的特性

THERP 为人员分析者提供了大量用于确定人员操作失效的数据,用于评价人员的操作失效比较方便。但应注意,THERP 由查表量化所得的值仅为单一操纵员的失误率。人员可靠性分析往往需要模拟整个运行班组的行为,因此,在使用 THERP 时需另外考虑运行班组成员之间的相关性,否则所得的结果将过于保守。同时,THERP 使用行为修正因子,其 PSF 的影响也由查表的方式决定。这些数据常由分析人员主观选择,因此,其结果有不确定性。虽然 THERP 存在一些不足之处,但它仍是较成熟、使用较普遍的人员可靠性分析方法。

THERP 的优点在于提供了 HRA 事件树和基本 HEP 数据库,因而人员可靠性分析者在了解系统及运行班组的状况后,就可利用 THERP 模式查表量化人员失误。

7.3 HCR 方法

HCR 模型是众多人因分析方法中应用比较广泛的方法,在分析人的可靠性时,以认知心理学为基础,着重研究人在应急情景下的动态认知过程,包括探查、诊断、决策等意向行为,探究人的失误机理并建立模型。由于 THERP 主要是描述与时间无关的人因失误,而现代的人-机系统常常与人的认知判断有关,人的认知可靠性模型法就是为了评价运行班组未能在有限的时间内完成动作的概率而开发的。HCR 方法是考虑对时间变量进行规范化以后的可靠性模型,即规范化时间与人员不能响应概率之间的关系。它是由 Bill Hannaman 提出的。

人的认知可靠性包含以下内容:

(1)指出人的可靠性分析必须利用任务分析方法分析;

(2)人的认知过程行为分类可以分为技能型、规则型和知识型三种;

(3)确定执行响应任务的中值时间;

(4)调整任务响应中值时间以说明绩效因子;

(5)对于每一行为,确定系统时间窗口,在时间窗口内行为必须完成;

(6)得到规范化时间值,基于这个时间,可以得到一组不响应概率和时间-可靠性曲线。

HCR 模型提出了人的认知行为类型的三种假定,即技能型、规则型和知识型。根据核电厂模拟器的实验结果可以得到相应的三条时间-事故不响应概率曲线，其中时间是实际响应时间与完成操作的中值时间之比所得到的归一化时间。这三条曲线可以用三参数威布尔分布（或对数正态分布）来拟合。

7.3.1 HCR 方法描述

HCR 有两个很重要的基本假设。

基本假设Ⅰ：它认为所有的人员动作的行为类别可以根据图 7-3 所示的逻辑，依据是否为例行的工作、规程的情况及训练的程度等，分为技能型、规则型及知识型等 3 种。

(1) 技能型：如操作员经过很好的培训，有完成任务的动机，清楚地了解任务并具有完成任务的经验，这类行为可以划归为技能型。这类行为的重要特点是不需要操作员对显示信息进行解释，而是下意识地对信息给予反应操作。

(2) 规则型：如操作员在过渡工况响应条件下，能够清楚地理解其所需运用的运行规程，则这类行为应划归为规则型。它与技能行为的主要不同点是来自对实践的了解或掌握程度。

(3) 知识型：如不符合上述两类状况或操作员必须理解电厂状态条件，解释一些仪表的读数或做出某种困难的诊断时，这类行为应归划为知识型。这类行为的特点是操作员必须依靠自己的知识经验进行分析诊断和制定决策。

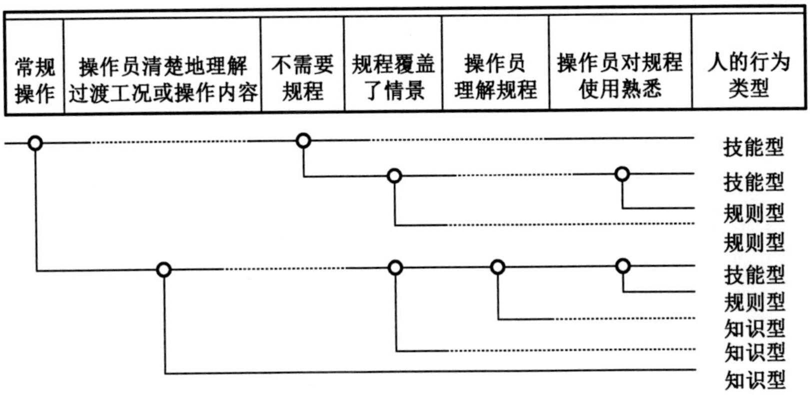

图 7-3 人的行为类型分类

基本假设Ⅱ：它认为每一种行为类型的失误概率，仅与允许时间（t）和执行时间（$T_{1/2}$）的比值有关，且遵从三参数威布尔分布。根据此假设，HCR 模式由模拟机训练所收集的数据归纳得到如下的公式：

$$P = e^{-\left(\frac{\frac{t}{T_{1/2}} - \gamma}{\alpha}\right)^{\beta}} \tag{7-2}$$

式中 α、β、γ——由数据归纳而得与行为类别有关的参数，α 表示尺度参数（特征响应时），β 表示形状参数，γ 表示位置参数（最小响应时），它们服从威布尔分布。

由于每个运行班组的执行时间可能因各类情况而有所不同，故在使用公式之前要进行修正。在 HCR 模式中所考虑的关键行为形成因子有 3 个，训练(K_1)、心理压力(K_2)及人机界面(K_3)，修正的公式表示如下：

$$T_{1/2}=T_{1/2,n}(1+K_1)(1+K_2)(1+K_3) \tag{7-3}$$

式中 $T_{1/2,n}$——一般状况(如模拟机训练)的执行时间。

α、β、γ、K_1、K_2 及 K_3 可以通过查表获得，详见表 7-2、表 7-3。

表 7-2 行为类型参数表

行为类型	α	β	γ
技能型(SKILL)	0.407	1.2	0.7
规则型(RULE)	0.601	0.9	0.6
知识型(KNOWLEDGE)	0.791	0.8	0.5

表 7-3 修正参数取值表

操作员经验	K_1
1. 专家，受过很好的训练	-0.22
2. 平均训练水平	0.00
3. 新手，最低训练水平	0.44
心理压力	K_2
1. 严重应激情景	0.44
2. 潜在应激情景/高工作负荷	0.28
3. 最佳应激情况/正常	0.00
4. 低度应激/放松情况	0.28
人机界面	K_3
1. 优秀	-0.22
2. 良好	0.00
3. 中等(一般)	0.44
4. 较差	0.78
5. 极差	0.92

应用 HCR 方法没有固定的先后步骤，但必须执行以下步骤(其先后顺序仅供参考)：

(1)决定允许时间：在决定使用 HCR 模式量化人员动作之前，已认定此动作与时间有关。由于允许时间的长短对量化结果有决定性影响。因此，必须和系统分析员或有关安全分析专家讨论，并了解决定允许时间的依据。

(2)决定行为类别：根据图 7-3 所示的逻辑，判定人员动作类别，再从表 7-2 中选取 α、β、γ 等参数的取值。

(3)决定一般执行时间:经由访谈或模拟机的经验,获得一般状况下运行人员对系统状况的反应情形;也可根据规程的步骤,判定运行人员动作所需的时间。

(4)决定修正因子:由访谈结果、事件的急迫性与重要性及对控制室盘面的观察,根据表7-3决定 K_1、K_2、K_3 等3个修正因子的值,并将其代入公式(7-2)中,修正一般执行时间,得到较符合实际的执行时间。

(5)量化失误概率:将以上步骤所得的允许时间、修正后的执行时间及根据行为类型决定的参数,代入公式(7-1)中量化人员失误概率。

7.3.2 HCR 的特性

与其他人员可靠性分析方法相比,HCR 方法具有以下优点:

(1)现代的人-机系统常常与人的认知判断有关,而 HCR 法就是为了评价运行班组未能在有限时间内完成动作的概率而开发的。

(2)HCR 模型的建立考虑了人员间的耦合性。

(3)HCR 适用于诊断决策行为的评价。

(4)由于 HCR 首先使用了模拟机的实验手段,较为客观地深入到人员失误的内在机理研究领域。

同时,HCR 方法也存在一些不足:

(1)人的决策过程往往是综合利用各种能力的过程,很多情况下难以将其明确地划分为技能型、规则型或知识型,而这种划分理论上的依据也不足。

(2)威布尔分布中的3个参数来源于模拟机试验,它受到班组成员的知识水平、模拟机界面、人的应激水平等条件因素的影响,这也限制了 HCR 模型的实际应用。

(3)HCR 模型中的 $T_{1/2}$ 值往往需要专家判断确定,这增加了模型的不确定性。

7.4 THERP+HCR 方法

通过前述内容可知,THERP 和 HCR 这两种方法有着各自的侧重点,THERP 重点处理与时间无关的序列动作,而 HCR 重点处理与时间密切相关的认知行为。在核电站中,当一个需要操作员响应并干预的事故发生后,操作员首先要根据各种信息,如报警、显示、记录等对事故进行诊断,并根据诊断进入相关事故规程,按规程的要求实施具体的操作干预。因此操作员的行为包括感知、诊断和操作3个阶段。若只用 THERP 方法,则可能使人误事件中的“诊断步骤”度量过于粗糙;若只用 HCR 方法,对于具体操作,又不如 THERP 方法可反映出各类操作的不同失误特征。因此较好的方法是将 THERP 和 HCR 结合起来,在诊断阶段,用 HCR 方法对该阶段可能的人员响应失效概率进行评价,而对于感知和操作阶段可能的失误用 THERP 方法评价,两者相互补充,密切联系,共同构成一个有机整体。

以 THERP+HCR 方法在C类人误行为分析应用为例进行简单的说明。

由图7-4可知,该人误行为的概率为

$$P=P_1+P_2+P_3=p_1+(1-p_1)p_2+(1-p_1)(1-p_2)p_3 \tag{7-4}$$

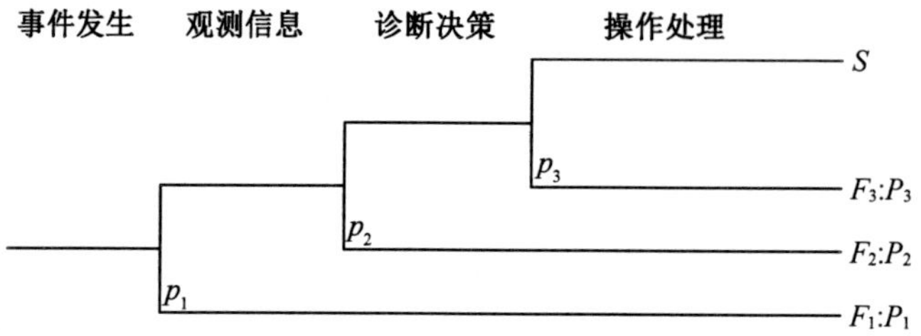

图 7-4　C 类人误行为的基本模式

对于 p_1 和 p_3 采用 THERP 方法，对于 p_2 采用 HCR 方法。

由图 7-5 可知，在实际分析时，HCR 方法中的允许操作员诊断的时间为 T_d。THERP 方法中的操作时间为 T_a。

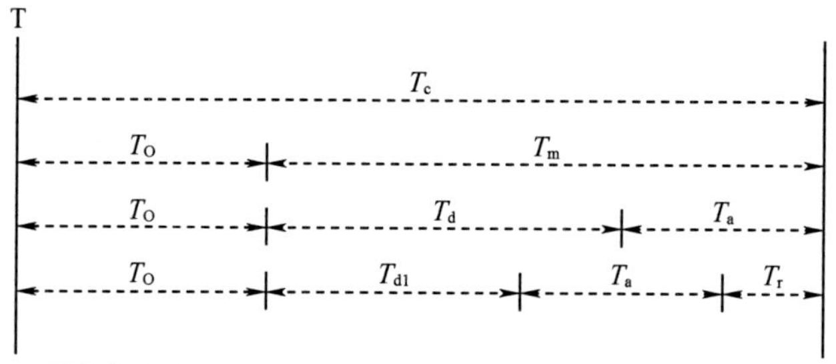

T_c—最大允许时间；T_O—异常事件觉察时间；T_m—任务时间，$T_m=T_c-T_O$；
T_a—操作时间；T_{d1}—诊断实际所用时间；T_d—诊断允许时间，$T_d=T_m-T_a$；
T_r—冗余时间，$T_r=T_m-(T_{d1}+T_a)$。

图 7-5　C 类人误行为的时间分割函数

7.5　SPAR-H 方法

SPAR-H 方法是由美国 Idaho 国家实验室于 2005 年发布的，是通过进行模拟机实验总结归纳而得出的。实验过程包括数据（时间、工作、对话等）的记录以及与实验人员的交谈分析等。该方法考虑了 8 种影响因素，将人员动作分为诊断和执行两部分，并分别采取不同的固定值，同时该方法对于情景环境要求不高，简单实用，尤其适合新建电站。该方法也加入了低功率和停堆的模型，适用于低功率和停堆工况下的人员可靠性分析。

7.5.1　SPAR-H 方法描述

1. 人员行为模型

在大量处理认知问题的行为科学资源中，人员行为模型受到了广泛讨论。针对 SPAR-H 方法的认知和行为反应模型是根据早期的认知科学方法开发的，这些模型通常被称为人员行为的信息处理方法。大多数人员行为信息处理模型都包含知觉和感性成分、记忆、感觉储存，工作记忆，检索策略，长期记忆和决策制定。

SPAR-H 模型将刺激-反应和信息处理方法相结合。这是因为 HRA 分析人员需要考虑诊断和计划,并考虑操纵员成功实施那些经常通过程序来识别的行动的可能性。基于诊断(如信息处理)和行动(如反应)之间的区别,人们设计了单独的诊断和行动工作表,这两种工作表使用了不同的概率计算方法。

SPAR-H 还承认了环境因子对诊断和行动的影响。例如,在行为形成因子的评价中,分析人员指出,交互作用是否难以分析是由误导性标志、复杂程度、时间相关性和不可用或故障设备的组合影响决定的。

表 7-4 展示了 SPAR-H 中使用的操作因子,这些操作因子能够映射到前述信息和行动模型中。这些操作因子能够与人员行为模型直接关联。表内显示了行为的诸多方面以及它们与 PSF 的关系。

表 7-4 SPAR-H 中的操作因子

流入和知觉	工作记忆/短期记忆	处理和长期记忆	反应
存在[6,3](是否有信号?)和机会(是否有人能接受信号?)	有限容量[5] * 串行处理 * 只对短时间表现良好[2,3,5](20 秒)	培训[4](模型,解决问题,行动) • 学习	培训(行动)[4] * 现有行动模型 * 练习和技巧
人的感觉限制[2,5,7]	需要一定量的注意力[2,3,4,5,7]	经验[4](模型,解决问题,行动) • 学习	经验[4](行动) * 练习和技巧 * 现有行动模型
感觉形式[6,5](言语,图表/符号,文本) • 拟声的 • 图像的 • 动觉的	训练[2,3,5,7] 生理和精神健康[7]	文化[8](社会的,组织的,人际的,(组员)) • 学习	合适可用的控制[6]
干扰[6,5,4,7](信号,噪声)		理解力/认知技巧[3,4,1,5,7](决策,解决问题)	人员行动限制[6,7](体力和感觉敏度) 人员工程学控制[6,3] 的复杂程度
		干扰因素[6,2,3,7](注意力分散)	环境恶化[2,3,6]
		可用时间[1,3]	与可用时间相对的反应时间[1]
		生理和精神健康[7]	

注:每个条目后的数字指向表格末尾的 PSF 列表。1. 可用时间;2. 压力;3. 复杂程度;4. 经验和培训;5. 规程(包括工作辅助规程);6. 人机界面;7. 职责适宜性;8. 工作程序。

总的来说,SPAR-H 模型是与人员信息处理的数学模型相对的,用于指导分析的结构模型。SPAR-H 基础信息处理模型能够对人员表现信息处理模型的关键部分的概念化产生帮助,该事实是心理学原理的反映。将该模型作为开端的目的在于,在进行 SPAR-H 分析时,对人员行为关键因素进行解释和整合。

2. 任务类型

SPAR-H 方法将操纵员的行为分成“诊断”和“执行”两部分,计划、团队内部交流或者是任务完成过程中的资源分配都被认为是执行部分。“诊断”部分则包括解释和决策制定。诊断任务一般与目前的状况的理解,计划和排序,确定合适的行动步骤有关。当确定任务是否包含有大量的诊断活动后,需要考虑操作者是否需要消耗精神来观察或者解释现存的信息、确定信息的意义、思考可能的原因、决定解决方法等。“执行”部分包含操作设备、进行排序、执行等,例如启动泵,进行校准或测试,响应警报采取行动以及根据核电站规程或工作指令进行其他活动。

3. PSF 与定量化

许多 HRA 方法都在 HEP 估算方面使用 PSF 信息。总体来说,PSF 分析增强了 HRA 分析的现实程度。PSF 分析的背景和分辨率应当足够明确和清晰,以便对潜在影响进行识别。在历史上,PSF 在 HRA 中的第一次应用内容为修正 THERP 记录的基础故障率。在设定 PSF 等级时,分析人员从操纵员的角度对 PSF 进行估计。也就是说,分析人员将会从操纵员的角度对某一情景或一定情景范围内的诊断或行动的复杂程度进行评价,而不是从分析人员的角度来评价整体复杂程度。

SPAR-H 定量化分析过程相对简单。对于诊断错误和动作执行错误,SPAR-H 分别考虑 8 个绩效形成因子对其影响。分析人员需根据情况给出 8 个 PSF 的取值,乘以一个固定的基本概率值,得到修正后的取值。对于诊断错误和动作执行错误,其基本概率是不同的。一般认为诊断部分失误概率大于动作执行部分概率。由于 PSF 对诊断和动作执行的影响机制不同,PSF 影响取值也会有所不同。表 7-5 中列出了 SPAR-H 中 8 个 PSF 对诊断和动作执行的取值选择。

表 7-5 正常工况下 8 个 PSF

PSFs	等级	诊断-系数	执行-系数
可用时间	时间不足	$P=1$	$P=1$
	仅够用的时间(约 $2/3T$)	10	10
	一般时间(T)	1	1
	额外时间($1T\sim2T$,>30 min)	0.1	0.1
	充足的时间(>$2T$,>30 min)	0.01	0.01
压力	高	5	5
	中	2	2
	低	1	1

表 7-5(续)

PSFs	等级	诊断-系数	执行-系数
复杂度	高	5	5
	中	2	2
	一般	1	1
	低	0.1	-
经验/培训	低	10	3
	一般	1	1
	优秀	0.5	0.5
规程	不可用	50	50
	不完整	20	20
	不好	5	5
	一般	1	1
	好	0.5	—
人机交互界面	极端低劣	50	50
	低劣	10	10
	一般	1	1
	好	0.5	0.5
职责适宜	不适合	$P=1$	$P=1$
	低	5	5
	一般	1	1
工序	不好	2	5
	一般	1	1
	好	0.8	0.5

8 个 PSF 定义如下：

(1)可用时间指操纵员或工作人员用于对异常事件进行诊断和行动的一定量的时间。缺少时间会对操纵员清楚思考和考虑替代选项的能力产生影响。缺少时间还可能影响操纵员的执行能力。根据活动类型是诊断还是行动,乘子略有不同。

(2)压力(以及激励水平)已被广义定义,并且用于对人员表现的负面和正面驱动力进行描述。SPAR-H 方法中用到的压力指不良条件的水平和增加操纵员完成任务难度的情况。压力包括精神压力,过大的工作负荷或生理压力(如不同环境因素施加的压力等)。压力包括注意力范围变窄或肌张力等方面,并包括与事件重要程度有关的一般理解能力或紧张程度。

(3)复杂程度指在给定环境下执行任务的难度。复杂程度考虑到了任务和执行任务的环境两方面。要执行的任务越难,发生人因失误的可能性就越大。同样,任务越模糊不清,发生人因失误的可能性就越大。复杂程度还考虑到了需求的脑力,比如进行心算,对记忆力的要求，对系统运作的基础模型进行理解，并且依赖于知识而非训练或实践。复杂程度还指所需的生理条件，诸如因运动模式复杂而难以做出的肢体动作。

（4）经验/培训指任务相关的操纵员所拥有的经验和所受的培训。在这一方面，个人或全体人员的工作年限，以及操纵员/全体人员是否受过相应事故类型的训练，从训练相关的时间，以及与任务和情境相关的系统，都包括在考虑范围内。另一个考虑因素是情境是否新颖或独特（例如，不管是在训练中还是操作设置中，全体人员或个人是否曾经处理过类似的情况）。

（5）规程针对考虑中的任务的正规操作规程的存在及使用。在事件调查中，在规程方面，常见的问题包括对于某一特定控制序列，规程给出了错误信息或给出的信息不充分。另一个常见问题为步骤模糊。根据活动类别是诊断还是行动，PSF 水平略有不同。在规程之间存在多项要求对一个任务或一组任务进行转换的情况下，SPAR-H 建议分析人员根据复杂程度对 PSF 进行相应调整。如果规程本身存在问题，例如规程不合格，那么，HRA 分析人员应当对规程进行测评，并决定是否应该将其评为“不合格”或“不良”。

（6）人机交互界面指设备，展示和控制，布局，从仪器得到的可用信息的质量和数量和操纵员/工作人员在执行任务过程中与设备的交互。这一类别包括人机交互（HMI）。本 PSF 中还包括计算机软件是否合适。不良的人机界面的案例包括面板设计布局、信号器设计和标记。

（7）职责适宜性指执行任务的个人当时在生理和心理上是否能够胜任该任务。可能对职责适宜性造成影响的因素包括疲劳、疾病、药物的使用（合法或非法）、过度自信、个人问题，以及分心。职责适宜性包括与个人有关的因素，但与训练、经验或压力无关。

（8）工序指进行工作的过程，包括跨组织、安全文化、工作计划、交流，以及管理支持和政策。工作是如何计划、交流和执行的，会对个人和全体人员的工作表现造成影响。如果计划和交流情况不佳，那么个人也许不能完全理解工作要求。工作程序包括对协调，指挥和控制的考虑。工作程序还包括可能对工作表现造成影响的一切管理，组织或监督因素。在事件调查中，其实例包括轮班交换期间未进行交流的信息引起的问题，以及维修人员和辅助操纵员之间的交流。

SPAR-H 定量化人误事件诊断部分错误概率公式为

$$\mathrm{HEP} = P_0 \times \prod_{i=1}^{8} \mathrm{PSF}_i \tag{7-5}$$

式中　P_0——基本值，$P_0 = 10^{-2}$。

当 3 个以上 PSF>1 时，采用以下公式：

$$\mathrm{HEP} = \frac{P_0 \times \prod_{i=1}^{8} \mathrm{PSF}_i}{P_0 \times \left(\prod_{i=1}^{8} \mathrm{PSF}_i - 1\right) + 1} \tag{7-6}$$

SPAR-H 定量化人误事件动作执行部分错误概率公式为

$$\mathrm{HEP} = P_0 \times \prod_{i=1}^{8} \mathrm{PSF}_i \tag{7-7}$$

式中 P_0——基本值,$P_0=10^{-3}$。

当 3 个以上 PSF>1 时,采用以下公式:

$$\text{HEP}=\frac{P_0\times\prod_{i=1}^{8}\text{PSF}_i}{P_0\times\left(\prod_{i=1}^{8}\text{PSF}_i-1\right)+1} \tag{7-8}$$

4. 相关性

除了事故序列中第一个人误事件外,后续的人误事件都需要考虑其相关性。SPAR-H 方法分析人误事件间的相关性如表 7-6 所示。根据相关性,人误事件取值修正如表 7-7 所示。

表 7-6 SPAR-H 相关性判断表

人员	时间	位置	线索	相关性	备注
相同	相近	相同		完全	如果是事故序列中的第三个人误事件,则相关性至少为中
		不同		高	
	不相近	相同	无	高	如果是事故序列中的第四个人误事件,则相关性至少为高
			有	中	
		不同	无	中	
			有	低	
不同	相近			中	如果有其他明显证据可以降低相关性,则需要进行说明
	不相近			低	

表 7-7 人误事件取值相关性修正

相关性	取值修正公式	相关性	取值修正公式
完全相关	$P_{修}=1$	高相关	$P_{修}=\frac{1+P_{原来}}{2}$
中相关	$P_{修}=\frac{1+6P_{原来}}{7}$	低相关	$P_{修}=\frac{1+19P_{原来}}{20}$
零相关	$P_{修}=P_{原来}$		

7.5.2 SPAR-H 的特性

SPAR-H 方法认为情景环境通过影响人在完成任务时的诊断和执行功能决定人误概率,且定义了 8 个 PSF 表征情景环境。

SPAR-H 定量化分析过程相对简单,便于实际应用。SPAR-H 还提供了低功率和停堆(LPSD)工况下的 HRA 定量化方法,并且在 70 多个美国电站 SPAR 模型开发中得到了应用。

7.6 应用示例

7.6.1 HCR+THERP 方法在压水堆中的应用示例

1. 事件名称

RRA 中破口,操纵员未及时投入低压安注且打开 GCTa 阀。

2. 事件背景

C 工况下,RRA 系统出现中破口,引起一回路压力下降,安全壳压力因破口漏流而上升,稳压器低水位 LOW3 或安全壳高压 HI-2 报警引导操纵员进入 A10 规程。在 A10 规程里,要求操纵员在 19 分钟内完成启动安注以恢复一回路水量,并打开所有可用蒸汽发生器的 GCTa 阀。若操纵员未成功完成该任务,且值长及 STA 又未及时纠正,则将导致堆熔。

3. 事件描述

C 工况,RRA 系统中破口,放射性活度高报警,引导操纵员进入 DEC 规程,安全壳高压 HI-2 信号报警或稳压器低水位 LOW3 报警,操纵员进入 A10 规程,一回路操纵员手动启动 RPA058TO、RPB058TO 两列低压安注并通知二回路操纵员开启 GCT131、132、133VV 阀。

4. 事件成功准则

在事故发生 19 分钟内成功启动 RPA058TO、RPB058TO 两列安注并将蒸汽发生器通大气阀 GCT131、132、133VV 开至全开。

5. 调查与访谈结论

(1)根据热工水力学计算,操纵员需在 $T_1 = 19$ 分钟内完成手动启动两列安注并开启三个 GCT 阀。

(2)根据电站基本情况及假设,操纵员经过平均水平训练(有执照且有 6 个月操作经验)。

(3)根据电站基本情况及假设,操纵员在 C 工况下有一定的心理压力,其修正因子取 0.28。

(4)根据热工水力学计算,由事故发生到引发放射性活度高 HI-2 级报警的时间 T_2 为 1 分钟。

(5)根据电站基本情况及假设,操纵员执行 DEC 规程的时间 T_3 为 4 分钟。

(6)由于操纵员进入 A10 规程后所采取的第一个行为就是根据安全壳压力高信号作出投入安注并开启 GCTa 阀的诊断,操纵员在 A10 规程中的执行时间很短,可忽略。

(7)一回路操纵员完成手动启动两列安注动作的操作时间 T_4 为 1 分钟,二回路操纵员完成 GCTa 阀门的开启时间 T_5 为 1 分钟。

(8)一回路操纵员与二回路操纵员同时进行各自的操作行为,故事故处理中总操作时间以 1 分钟计算。

6. 事件分析

该事件可分为三个阶段:

(1)操纵员由放射性活度高 HI-2 级报警进入 DEC 规程诊断。

(2)操纵员由 DEC 规程引导进入 A10 规程,并作出手动启动两列安注与开启所有 GCTa 阀的判断。

(3)操纵员手动启动两列安注并将 GCTa 阀开至全开。

建模分析:

(1)根据报警信号特征及操纵员均经过良好的培训,在此认为操纵员未发现 DEC 报警并进入 DEC 规程的概率 P_1 非常小;

(2)操纵员在执行 DEC、A10 规程的判断与操作均为基于操作规程的行为,可以用 HCR 模式计算其失误概率 P_2;

(3)一回路操纵员按操作规程开启手动安注按钮的同时,二回路操纵员开启三个 GCTa 阀,其操作行为属于典型的序列操作,其操作失败概率 P_3 可用 THERP 方法求出。

7. 建模与计算

事件失误率为

$$P=P_1+P_2+P_3$$

根据电站基本情况及假定得

$$P_1=1.00\times10^{-4}$$

$$P_2=-\left(\frac{t/T_{1/2}-\gamma}{\alpha}\right)^{\beta}$$

允许操作员进行诊断的时间 t 为

$$t=T_1-T_2-T_5(1+0.28)=19-1-1\times1.28=16.72\ \text{min}$$

平均诊断时间为

$$T_{1/2},n=T_3=4\ \text{min}$$

$$K_1=0(\text{平均训练水平})$$

$$K_2=0.28\ (\text{调查访谈结论 3})$$

$$K_3=0(\text{人机界面良好})$$

$$T_{1/2}=T_{1/2,n}(1+K_1)(1+K_2)(1+K_3)=5.12\ \text{min}$$

$$\alpha=0.601,\beta=0.9,\gamma=0.6(\text{规则型})$$

代入得

$$P_2=2.19\times10^{-2}$$

操纵员启动低压安注和开启 GCTa,其 HRA 事件树如图 7-6 所示。

其中字母含义如下。

a_1:操纵员成功完成安注;

A_1:操纵员未成功完成安注;

b_1:操纵员成功完成 GCTa 打开;

B_1:操纵员未成功完成 GCTa 打开;

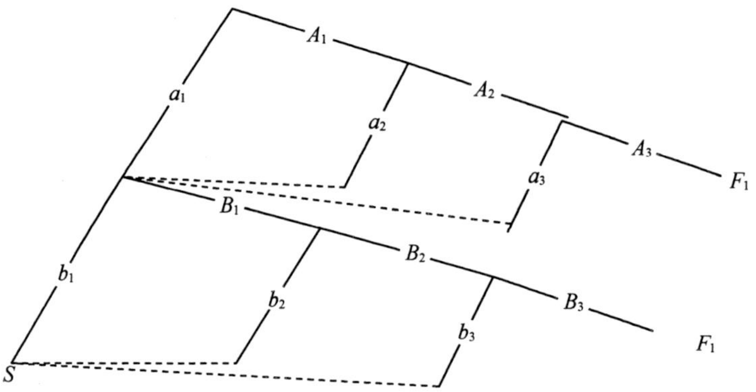

图 7-6 操纵员启动低压安注和开启 GCTa HRA 事件树

a_2:值长成功纠正操纵员的错误完成安注；

A_2:值长未成功纠正操纵员的错误并完成安注；

b_2:值长成功纠正操纵员的错误并完成 GCTa 打开；

B_2:值长未成功纠正操纵员的错误完成 GCTa 打开；

a_3:安全工程师成功纠正值长失误完成安注；

A_3:安全工程师未成功纠正值长失误完成安注；

b_3:安全工程师成功纠正值长失误完成 GCTa 打开；

B_3:安全工程师未成功纠正值长失误完成 GCTa 打开。

依据 THERP 计算公式和基本数据、修正因子及相关性分析等,计算得到

$$A_1=1.2\times10^{-3}$$

$$A_2=5.57\times10^{-2}$$

$$A_3=5.03\times10^{-1}$$

$$B_1=6.0\times10^{-3}$$

$$B_2=5.57\times10^{-2}$$

$$B_3=5.03\times10^{-1}$$

该事件树的主要失败路径有两条 F_1、F_2,它们的失效概率分别为

$$\begin{aligned}P_{F_1}&=P_{A_1}\times P_{A_2}\times P_{A_3}\\&=1.2\times10^{-3}\times5.57\times10^{-2}\times5.03\times10^{-2}\\&\approx3.37\times10^{-5}\end{aligned}$$

$$\begin{aligned}P_{F_1}&=P_{a_1}\times P_{B_1}\times P_{B_2}\times P_{B_3}\\&=(1-P_{A_1})\times P_{B_1}\times P_{B_2}\times P_{B_3}\\&=9.98\times10^{-1}\times5.57\times10^{-2}\times5.03\times10^{-1}\\&\approx1.69\times10^{-4}\end{aligned}$$

总的操作失误率为

$$P_3=P_{F_1}\times P_{F_2}=3.37\times10^{-5}+1.69\times10^{-4}=2.02\times10^{-4}$$

$$P=P_1+P_2+P_3=1.00\times10^{-4}+2.19\times10^{-2}+2.02\times10^{-4}=2.22\times10^{-2}$$

7.6.2 SPAR-H 方法在中国实验快堆中的应用示例

1. 事件名称

失去厂外电,操纵员未能及时启动应急柴油机。

2. 事件背景

在完成一次柴油机定期试验后,操纵员忘记将柴油机的转化开关复位,使得该开关处于一个错误的位置。在之后的功率运行工况下,发生了失去厂外电的事故,柴油机应自动启动,但由于上次定期试验的人因失误使得应急柴油机未能成功自动启动。操纵员发现柴油机未自动启动,根据值长命令在主控室远程启动柴油机。若操纵员未能在主控室远程启动柴油机,则需要派人到现场就地启动柴油机。若操纵员未能在 30 分钟内启动柴油机,则可能导致堆芯损坏。

3. 事件描述

功率运行工况下,失去厂外电,柴油机应自动启动,操纵员发现柴油机未自动启动,根据值长命令在主控室远程启动柴油机。若操纵员未能在主控室远程启动柴油机,则需要派人到现场就地启动柴油机。若操纵员未能在 30 分钟内启动柴油机,则可能导致堆芯损坏。

4. 事件成功准则

事故发生后 30 分钟内,操纵员启动柴油机成功。

5. 信息收集

时间窗口:30 min;紧张程度:高;

可用于诊断时间:20 min;名义诊断时间:5 min;

可用于操作时间:10 min;名义操作时间:2 min。

6. 事件分析

将任务采用事件树的方式对人员动作进行分解,如图 7-7 所示。

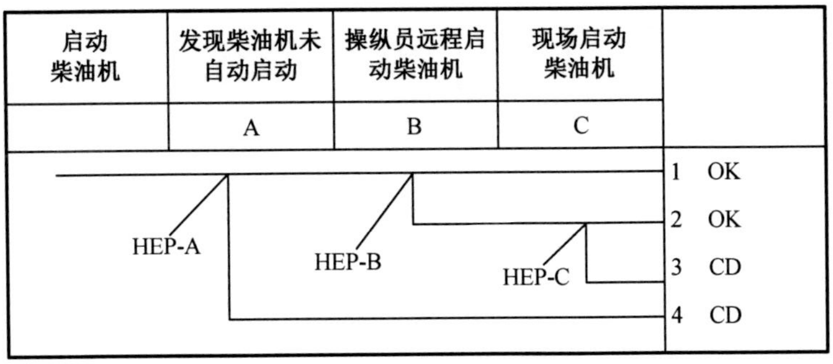

图 7-7 功率运行工况下柴油机未能自动启动人员动作分解事件树

7. 建模与计算

通过对操纵员进行访谈,最终确定 A、B、C 人员动作的诊断和执行取值汇总如表 7-8 所示。

表 7-8　人员动作 A、B、C 的诊断和执行取值汇总表

项目	时间	压力	复杂程度	培训	规程	人机界面	职责适宜	工序
A 诊断	0.1	2	1	1	1	0.5	1	1
A 执行	-	-	-	-	-	-	-	-
B 诊断	0.1	2	1	1	0.5	1	1	1
B 执行	0.1	2	1	1	5	1	1	1
C 诊断	0.1	2	1	1	1	1	1	1
C 执行	1	2	1	1	1	1	1	1

计算结果如下：

$$P_A = P_{A诊断} = 1\times10^{-2}\times0.1\times2\times0.5 = 1\times10^{-3}$$

$$P_B = P_{B诊断} = 1\times10^{-2}\times0.1\times2\times0.5+1\times10^{-3}\times0.1\times2\times5 = 2\times10^{-3}$$

$$P_C = P_{C诊断}+P_{C动作} = 1\times10^{-2}\times0.1\times2+1\times10^{-3}\times2 = 4\times10^{-3}$$

HEP-B 和 HEP-C 出现在事件序列 3 中，认为这两个事件是低相关。

$$P_{CX} = \frac{1+19\times4\times10^{-3}}{20} = 5.38\times10^{-2}$$

$$P = P_A + P_B\times P_{CX} = 1.06\times10^{-3}$$

第 8 章　模型整合与定量化

概率安全模型是概率安全评价方法的重要基础,没有模型就无法进行分析评价,而模型的正确性和有效性也直接影响到分析评价结果的准确性。概率安全分析模型即在整个 PSA 过程中所需要用到的模型,是衔接具体的分析对象和后续定性定量分析过程的唯一桥梁。概率安全模型应该可以完整体现核电厂安全评价相关的全部要素,而且在模型的内部关系和逻辑上满足实际的核电厂设计和建造方案的要求,符合核电站运行的实际工况。

核电厂的概率安全分析对象规模巨大,复杂度高,数据庞杂。因为核电厂是一个大型复杂系统,其概率分析模型规模很大,故障树的节点数可以达到数万个,而且逻辑结构关系复杂度较高。因此在 PSA 建模过程中,故障树建模、事件树建模等工作一般由多人协同完成,PSA 模型整合与定量化就是将这些模型模块最终整合为一个可一体化分析计算的 PSA 模型,并进行定量化计算。

PSA 模型包括树模型和辅助数据两部分,其中辅助数据的主要功能在于为树模型的各个输入提供完备的分析数据,为后续的定性定量分析提供所需要的数据。

树模型又可以分为两大类:事故序列模型和系统模型。事故序列模型用于表征系统的某种事故发展进程和后果,系统模型则用于描述系统中具体的某个事件的失效模式和系统结构。这两类模型是相互关联的,模型之间存在着密切的逻辑和数据上的联系,而不是相互独立的。系统模型关注的是某个事件的失效概率、失效模式、涉及的子系统和部件,而事故序列模型关注的是整个事故的发展进程,事故发生后的后续响应事件在不同的状态下会导致核电厂出现什么样的后果。事故序列模型中各个事件的输入往往就是系统模型所分析的顶事件,系统模型可以给出顶事件详细的定性和定量分析结果,单独的事故序列模型无法用来进行定性定量分析,只能提供不同事件状态下产生的序列和导致的后果,在有了系统模型提供的输入之后,事故序列模型就可以给出该事故不同序列的详细定性定量分析结果,该事故情况下系统中各个部件的状态和事件组合及其发生概率等定量数据都可以通过分析计算得到。

模型整合与定量化的目标是将 PSA 其他要素(包括事故序列分析、系统分析、人员可靠性分析及数据分析等)的分析模型、数据等正确地整合在一起,形成能够客观反映当前设计、运行、维修的实际情况(规程、配置策略等)和运行经验的 PSA 模型,并进行定量化分析;在考虑相关性的基础上,确定始发事件、事故序列和基本事件(设备不可用和人员失误事件)等堆芯损坏频率的重要贡献因素,分析不确定性并作适当的定量化计算,以及对过度保守的因素考虑恢复动作,以得到反映核电厂实际的尽可能现实的风险见解;求得导致堆芯损坏的定性结果和定量结果(堆芯损坏频率),识别出导致堆芯损坏的支配性事故序列以及引起堆芯损坏的最小割集。

模型整合与定量化的过程首先需要对每个始发事件组利用事件树和故障树形成的逻辑模型进行定性分析,然后利用始发事件发生频率、设备失效概率、设备试验维修不可用度、共因失效概率、人误失效概率等数据计算事故序列发生频率,以及各种堆芯损坏状态的发生频率及其总和。本章主要讨论如何进行模型整合及定量化计算。

8.1 成功准则与相关性

8.1.1 成功准则

成功准则是一个贯穿于 PSA 实施过程中全部工作项目的工作要素,对于其他工作项目,例如事故序列分析、系统分析、人员可靠性分析起到关键的支持作用,同时成功准则又是 PSA 与其他相关工作的重要接口。

对于内部事件的 PSA 而言,成功准则的工作可以分为如下几个部分:

(1)制定总的成功准则,判定电厂是否进入了不期望的状态,如堆芯损坏,大规模放射释放等;

(2)制定系统、部件、操作员动作的成功准则,支持事故序列以及支撑事故序列分析的 FTA、HRA 分析;

通过成功准则连接确定论以及概率论安全评价,识别确定论分析的需求,并根据瞬态分析结果制定概率安全分析模型的成功准则。

1. 总的成功准则

必须根据 PSA 分析的范围制定总的成功准则,如堆芯损坏的准则,大规模放射性释放的准则。

对于轻水堆而言,堆芯损坏一般是指:堆芯裸露和升温到预计会造成包括堆芯相当大一部分区域长期氧化和严重的燃料损伤。

大规模放射性释放一般是指:大量的放射性物质泄漏到安全壳以外,对工作人员以及周边工作、环境造成伤害或威胁。

大规模早期放射性释放一般是指:在前者的基础上,安全壳的失效(包括旁通)导致放射性物质在较早的时间即进入周围环境。

以上定义是一个一般的、通用的定义,对于不同的堆型或者设施,由于堆芯损坏的机理不同,堆芯损坏以及放射性释放的定义也可能存在一定的差异。

同时,以上定义又是一个标准的、定性的定义,在实际执行中,往往会采取一个更加便于 PSA 以及支持 PSA 的各类热工水利分析执行的定量的定义。不过这个定量执行的定义必须与前面的定义在本质上相同。

典型的轻水堆堆芯损坏可能由以下具体准则进行定义:

(1)包壳峰值温度低于×××;

(2)燃料峰值温度低于×××;

(3)偏离泡核沸腾比大于××;

(4)一回路压力小于×××。

不同类型的反应堆可能存在差异,例如对于液态金属反应堆而言,验收准则可能由以下几个部分组成：

(1)燃料中心峰值温度；

(2)不锈钢包壳温度；

(3)液态金属冷却剂是否发生沸腾。

堆芯损坏的工况从确定论安全分析的角度划分，属于严重事故或超设计基准事故的工况，因此PSA采用的堆芯损坏的判定准则原则上可以采取比反应堆最为严重的极限事故(设计基准事故)更加严苛的验收准则。直接采取极限事故的验收准则是一种保守的做法。

总的成功准则定义了什么是堆芯损坏或者大规模(早期)放射性释放。但是实际PSA工作中当然不可能逐个序列的开展热工水利分析以进行判断，这种情况下需要有一些等效的判定准则便于PSA工程师进行更为便捷的判定，并降低瞬态热工分析人员的工作负担。如：认为全部停堆手段失效后必然堆芯损坏，认为全部热阱丧失后堆芯损坏等，这种等效准则用于PSA分析人员对于大部分后果“显而易见”的事故序列的终态进行判定。当然，可能部分事故序列的终态组态后果难以由简单的准则加以判定，这种情况下往往需要与瞬态热工分析专业进行迭代。

无论哪一种替代的准则，都与总的验收准则本身保持一致性，确保按照这些替代准则开展序列或瞬态分析结果的一致性。

需要强调的是，PSA分析强调更加“现实”而非“保守”的模型，对于总的成功准则也不例外，因此在技术上可实现的前提下，应当制定比极限事故验收准则更为现实的验收准则。这包括去除在事故分析中往往采用的保守的初始状态、保守的模型、保守的验收准则等。当然“现实”模型从分析的角度往往需要花费比“保守”模型更加庞大的资源。因此，通过适当保守降低分析工作量也是非常必要的。如果采用“现实”的模型，应当同时对于“现实”模型的不确定性进行适当的考虑。

2. 系统成功准则

系统的成功准则主要用于系统分析活动，其主要作用是连接系统分析与事故序列分析。

系统成功准则的主要内容包括：

(1)系统最长的投入时间；

(2)系统需要连续运行的时间；

(3)系统投入的列数；

(4)系统所需的必要支持系统。

系统的成功准则往往基于总的成功准则制定。

总的成功准则是基于已知或已确定的物理或设计限值建立的特定参数的限值。基于总的成功准则，针对每个始发事件识别其必要的安全功能，然后针对每个安全功能识别其成功准则。

一般来讲，要使得反应堆最终进入安全状态，往往依赖某几个特定安全功能的实现，而特定安全功能的实现则又依赖反应堆中一个或多个系统列的成功投入或保持运行。

一般来讲，无论对于哪个事故，以下安全功能都是必需的：

(1)反应性控制;

(2)衰变热排出。

前者需要保护系统的完好,多列仪表的成功投入或者其他替代手段,如多样化驱动系统、操作员动作的成功,后者则依赖一列或多列余热排出系统的投入。

此外,根据不同的始发事件以及继发故障的影响,有可能还需要其他的特定系统对特定的反应堆安全威胁进行处理,例如:

对于液态金属反应堆而言,SGTR 事故需要 SG 保护系统投入,以抑制液态金属与水的反应。

对于液态金属反应堆而言,放射性钠泄漏的事故需要有相关专门的消防系统以及通风系统投入以抑制放射性钠的排出。

对于压水堆而言,LOCA 类事故会造成反应堆冷却剂系统装量的快速损失,这种情况下必须由安注或其他相关系统维持反应堆冷却剂装量。

此外对于压水堆而言,一回路冷却剂系统的压力控制也往往是成功准则的一部分,一方面过高的压力可能直接损坏一回路冷却剂系统的薄弱环节造成新的泄漏,同时过高的压力也会阻碍安注等与一回路冷却剂系统连接的安全系统的正常通入与使用。

对于具备安全壳的反应堆,安全壳隔离的成功准则也常常在各类有可能引起安全壳旁通失效的始发事件或者事故序列中被考虑。

基于安全功能的成功准则,可以根据安全设计与安全分析的结果推断每个系统-题头事件的成功准则,如事故余热系统成功准则根据余热排出功能的需要确定为四取二,这就是由序列的成功准则推导出的系统的成功准则。

需要强调的是,对于不同的始发事件乃至于统一始发事件的不同分支,同一系统的成功准则可能存在较大的差异,这种差异需要通过对于特定始发事件与特定事故序列的具体分析获得。

即使出于同一始发事件的同一序列下,可能也需要对于某系统功能制定两个乃至于更多的成功准则。

由于一个系统对应了多个成功准则,因此在 PSA 分析中一个系统对应多个 PSA 模型或者说故障树,其顶事件不可用度的最小割集以及 Q 值也存在差异。这是由于在不同的事故情景下,系统的功能存在差异,可靠性是对于产品功能实现能力的表征,在功能的定义存在差异的前提条件下,可靠性本身也不同。因此在不定义“条件”与“功能”的前提下,讨论系统可靠性的高低没有意义。

例如,对于压水堆而言,安注系统是应对破口事故的专设安全设施,而安注系统的成功准则往往取决于安注系统投入前系统的状态,如破口的大小等。

某三代压水堆对于不同 LOCA 工况的成功准则定义如下:

LLOCA 定义为破口足够大,使得需要两台安注箱的投入。为了使 RCS 压力降低至正常余热排出系统的注射压力,不需要 ADS 阀门动作。为了使 RCS 压力降低至安全壳内置换料水箱重力注射和安全壳再循环的压力,还需要 ADS 阀门开启。

MLOCA 定义为破口不够大,不需要两台安注箱的投入,但破口足够使 RCS 压力降低至

ADS 第 4 级阀门的联锁压力,且 ADS 第 4 级阀门的自动启动不需要非能动余热排出系统或 ADS 第 2 级或第 3 级阀门的运行。

MLOCA 破口下限尺寸对应的等效内径约为 0.05 m(2 in)。为了使 RCS 压力降低到 RNS 的注射压力,MLOCA 需要 ADS 第 2 级、第 3 级或第 4 级的部分阀门运行。根据管道尺寸,此类破口应该包括压力容器直接注射管线(DVI)破口和堆芯补水箱(CMT)管线破口。

SLOCA 定义为破口不够大,在 PRHR 或 ADS 第 2 级或第 3 级不运行时不能自动启动 ADS 第 4 级阀门,但破口失流使化学和容积控制系统(CVS)不能维持 RCS 液位并防止堆芯裸露。和中破口 LOCA 类似,为了使 RCS 的压力降低到 RNS 的注射压力, SLOCA 要求 ADS 的部分阀门动作。

SLOCA 破口下限尺寸对应的等效内径约为 0.01 m(3/8 in),对应的破口流量约为 22.7 m^3/h(100 gpm),或一台 CVS 泵的正常补水量。

成功准则的另外一个关键要素是“任务时间”,既然可靠性的定义是:产品在规定的环境条件下、规定的时间内完成规定任务的能力,那么就非常有必要确定各个必要的物项执行任务的“任务时间”。

需要说明的是,并非每个事件都需要“任务时间”,例如对于需求类的失效,我们统一认为失效是在需求发出的一瞬间发生的,或者是在“备用时间”内发生的,不需要对“任务时间”进行更为详细的定义。

在现有的 PSA 方法框架下,精确地定义“任务时间”是一个非常复杂乃至于是无法解决的问题。问题的复杂之处并不仅仅在于每个事故序列中的每个事故缓解功能必要的投入时间以及持续运行时间存在较大的差异;还在于“失效”的系统可能并非完全不可用,而是运行一段时间后失效,其运行时间处于 0 到我们规定的必要运行时间之间,而这个时间往往能够对于后续备用的事故缓解系统的“任务时间”产生关键性的影响。

例如,我们定义某钠冷快堆有两种余热排出方式:主热传输系统与事故余热排出系统,在主热传输系统失效的前提下,我们需要事故余热排出系统执行余热排出功能。我们考虑在主热可用的前提条件下,反应堆能够 24 小时进入冷态,故定义主热传输系统任务时间为 24 小时。那么在主热失效的情况下,我们需要定义 DHRS 系统的任务时间,显然,DHRS 系统的任务时间与主热的失效时间以及失效前的运行时间密切相关,而我们的事故序列分析不可能将主热传输系统每个时间短的失效作为单独的事故序列。

因此目前的 PSA 分析往往采用如下方式处理任务时间问题:

(1)反应堆进入稳定安全的状态,即“冷态”即可认为事故缓解系统的任务结束。

(2)原则上同一系统在同一序列内采取一个统一的任务时间假定。

(3)统一假定全部系统的任务时间为 24 小时,如果这种假定是保守的,不再详细分析具体的任务时间长度。

(4)在 24 小时内,不考虑设备的修复与恢复,厂外电不在此列。

(5)如果某些事故情景确实需要超过 24 小时的缓解方可进入安全状态,那么对于实际的设备以及电源的恢复能力开展相关分析,考虑(3)+(4)的原则下结果是相对保守的。

(6)在采取(5)的方式依然无法满足的情况下,对于该序列开展特定的分析或者直接判定发生堆芯损坏(如果该序列的频率无论是绝对值还是相对值都极小)。

以上原则来源于压水堆的一般经验,准则(6)无疑会导致分析获得的CDF偏大,因此对于其他类型的反应堆也可以对于24小时以上的情况进行进一步的分析与讨论,但是分析者需要了解的是:如果对于超过24小时的运行只考虑运行而不考虑额外的应急响应与设备恢复,那么无疑会导致CDF预计值上升,也就是说结果变得更加保守。

3. 操作员动作的成功准则

对于识别的PSA模型中需要反应堆的操作员执行的事故缓解动作,应当识别动作的缓解成功准则,准则包括如下部分:

(1)操作员完成哪些规定动作属于操作成功;

(2)操作员完成操作的“时间窗口”。

“时间窗口”指的是操作员完成动作的最大时间,操作在该时间内完成指定操作被认为是“及时”的。未能在时间窗口内完成操作视作“不成功”或“失败”。

时间窗口应当通过瞬态热工分析获取。

8.1.2 相关性概述

1. PSA模型中的相关性问题

PSA模型中,将核电厂始发事件以及事故后的缓解拆分成了三个层级的命题:

(1)核电厂状态;

(2)始发事件-题头事件;

(3)基本事件。

其中通过事故序列分析,将建立核电厂状态与题头事件之间的关系,即我们获得的不同的始发事件与题头事件成功或者失败组合的事故序列的后果——核电厂安全或者发生不期望的后果(包括堆芯损坏与大规模放射性释放)。

通过系统分析,我们将建立题头事件与基本事件之间的关系,即我们通过故障树逻辑获得的导致题头事件的基本事件最小割集。

但是,我们应当认识到,在某个事故序列中,题头事件之间或许并不绝对独立。故障树顶事件下各基本事件也非相互绝对独立。这种不独立的现象我们称之为相关性,只有对相关性进行恰当的处理,才可能正确建立PSA模型并评估我们所不期望事件的风险大小。

2. 题头事件与系统模型中的相关性问题

事故序列中所采用的各个题头事件之间可能存在相关性,对这些相关性必须进行恰当的考虑。

题头事件往往表征为某个直接执行安全功能的系统或部件的失效,但是核电厂是一个系统工程意义上的复杂系统,也就是说,部分系统的功能的实现依赖另外一部分系统功能的实现,而这些支持其他系统实现功能的辅助系统往往又不止一个用户。

以下是一个复杂系统的例子。

(1)复杂系统X由五个子系统A、B、C、D、E组成;

(2)X功能的实现依赖子系统A、B同时完成其功能;

(3)子系统 A 实现功能需要子系统 C、D 同时完成其功能;

(4)子系统 B 实现功能需要子系统 C、E 同时完成其功能。

这种情况下如果有两个题头事件分别表征子系统 A、B 能够正常投入运行,那么显然这两个题头事件之间就存在相关性。如果不对这些相关性进行处理,那么就会使 CDF 值产生比较大的误差。

在计算机程序进步前,主要采取以下两种方法对这些相关性进行处理:

大事件树-小故障树方法:在采取该方法时尽可能地建立详细细小的题头,每个题头的失败概率仅等于其由于系统本身失效导致的不可用,而不体现其支持与辅助系统的失效。这种情况下,大体上认为每个题头事件是独立的。

小事件树-大故障树方法:在采取该方法时建立比较概略的题头,每个题头的失败概率不仅考虑其由于系统本身失效导致的不可用,同时体现其支持与辅助系统的失效。这种情况下,题头事件比较少,PSA 工程师适当考虑与假定出现在同一序列中题头的相关性。

目前由于 PSA 软件本身的进步,往往直接采取小事件树-大故障树方法进行建模,软件本身允许不同的题头或者故障树直接调用同一棵子故障树,由计算机自动处理题头之间由于调用同一棵系统故障树而产生的相关性。

3. 共因失效相关性

共因失效是冗余系统可靠性分析中必须考虑的支配性问题,所谓共因失效,是指存在某种潜在失效模式或失效机理,使得多个系统或者设备同时发生失效。从数学上来讲可表示为

$$P(AB) > P(A) \times P(B)$$

现实中共因失效的原因主要是以下三种:

首先,多个物项放置在同一空间,并未实施有效的实体隔离,那么可能存在某种外部因素导致多个物项同时失效,例如飞射物、火灾、水淹、地震等。

其次,多个系统或者设备,其功能的执行依赖共用的辅助系统或者设备的正常运行。一旦这些辅助系统中的一个或多个失效,则这些系统与设备同时发生失效。典型的共用辅助系统包括:

(1)共用的冷却系统;

(2)共用的供电系统;

(3)共用的供气系统;

(4)共用的润滑系统。

最后,多个设备,其设计相似,或原理相似,由同一厂家生产,那么有可能因为某些设计缺陷或者制造工艺的缺陷,导致多个设备同时失效。

但是需要指出的是,以上三种共因失效在 PSA 中的处理方式各不相同:第一种共因失效实际上是在内部灾害 PSA 中才进行相关的分析。第二种共因失效则通过调用共同的低层级故障树或基本事件进行分析。只有第三种共因失效才使用 PSA 概念上的"共因失效模型"予以分析,这些共因失效模式在"系统分析章节"中进行论述。

对于第二种共因失效,应该在 PSA 整体模型的建模与模型整合中予以充分的重视。支

持系统之间的相关性可通过使用适当的转移门链接到系统模型中,共用部件之间的相关性可在故障树中模化(故障树链接方法)。

共用支持系统和部件之间的相关性可在故障树中模化(故障树链接方法),也可以在事件树中作为事件树分支点来模化(大事件树方法)。两种方法在数学上是等价的,但随着计算机技术的发展和故障树链接方法在处理相关性上的优越性,现在工程实践中普遍采用故障树链接方法(大故障树-小事件树方法)。

4. 人误事件之间的相关性

应完整地分析同一最小割集中出现的多个人员失误事件之间的相关性,并模化在事件序列和系统分析模型中。

人误事件一般分为三种。

A 类人误事件:发生在始发事件发生之前的人员误事件。操纵员在正常运行以及维修过程中的错误操作可能会导致某些系统失效,这些失效有可能无法在正常运行中暴露,直到始发事件发生后,操纵员或者电厂控制保护系统要求该系统响应时才发现该系统处于不可用状态。

B 类人误事件:操纵员在正常运行中的某些失误直接导致停堆,操纵员动作构成始发事件本身。这种事件一般不以人员可靠性理论分析,也不考虑其与其他人误事件之间的相关性。

C 类人误事件:操纵员在始发事件发生后,未能按照规程进行缓解操作或者在执行缓解操作过程中发生失误。

对于人员失误事件需要额外考虑三种相关性:

(1)需要考虑始发事件及其继发故障对于操纵员规程选择的影响,从始发事件发生直到操纵员操作(C 类人误相关)可能经历了数个题头事件,需要正确并充分考虑这些题头事件发生与否对于操作员使用规程的影响,评价这些题头与人误事件之间的相关性。

(2)需要考虑 A 类人误事件之间的相关性,A 类人误事件往往与操作员在维修或者试验过程中的错误隔离活动相关,往往是操纵员执行完维修或者隔离活动之后未能及时将被隔离(可能是控制上,也有可能是工艺上)的设备恢复到原本的状态。操纵员的定期试验活动本身是高度计划性的,这就导致这些失误之间存在高度的相关性,例如某些系统在规程中是不允许同时隔离维修的,这就会使得其同时处于误隔离状态的概率大大降低。

(3)需要充分考虑同一规程指导下的 C 类事件之间的相关性。如果一个事故序列中出现了两个或者两个以上的人员失误事件,这往往意味着操纵员执行规程过程中的连续失误,由于人员在执行任务中的固有特点,这两个事件往往会存在较强的正相关性,也就是说,连续失误的可能要远大于单个失误概率的乘积。

人员的相关性的具体量化方法属于 HRA 的技术内容,严格来说这也是一个发展中的学科,PSA 中负责定量化于相关性分析的工程师只需要识别相关事件即可,即需要找出全部包含两个以上人员事件的割集,这个过程主要通过对于导致堆芯损坏的最小割集的检查来完成。为了避免两个本身名义值较小的人误事件所在割集被截断筛选误删,可以采取先行假定全部的人误事件概率等于 1 的方式进行筛选。

5. 继发故障导致的相关性

继发故障导致的相关性是指：A 故障发生后，其直接或者间接影响导致 B 故障发生，B 故障不是一个随机故障。

实际中既要考虑始发事件可能导致的继发故障，也要考虑后续题头事件中可能包括的故障的影响。

继发故障的主要表现形式如下。

(1) 环境条件影响。

核电厂事故发生后，厂房内的环境条件有可能发生变化，这种变化主要体现为温度湿度的变化，这可能导致部分设备直接失效或者失效概率上升，核电厂的需要执行安全功能的安全级设备都经过了环境条件鉴定，能够耐受设计基准事故后的环境条件，但是对于概率安全分析而言，这种鉴定未必充分，主要原因是：

①鉴定的对象是安全级设备，也就是说依据确定论安全分析进行筛选，而概率安全分析中考虑了大量非安全级设备的缓解作用，这些设备是否能够在相关环境条件下使用，需要特殊考虑。

②环境条件鉴定中主要考虑的是设计基准事故后的情况，对于部分超过设计基准的序列可能导致的实际环境后果并未充分考虑。

(2) 直接与间接效应导致的灾害。

某些严重的故障发生后，可能直接或者间接产生次生灾害，核电厂内通常考虑的内部次生灾害包括：

①管道断裂导致的甩击；

②高压水/蒸汽喷放的影响。

(3) 水淹的影响。

(4) 泵/风机失效产生的飞射物。

这些次生灾害可能导致起到安全缓解作用的设备直接失效，也有可能导致其支撑结构失效，还有可能导致特殊环境条件使操纵员无法进行现场的确认与操作。

(5) 特殊的工况条件。

有些故障发生后可能会产生特殊的工况条件，进而导致继发的失效或者某些系统无法投入，典型的例子是：

①压水堆二次侧失压后导致 SG 两侧压差上升，进而导致蒸汽发生器换热管断裂 SGTR 事故。

②一回路压力无法降低，导致部分安注列无法投入。

8.1.3 边界条件与房形事件

核电厂存在如此多复杂的相关性导致了一个问题：同一个系统，其失效概率、成功准则、相关的人员失误概率等可能在不同的条件下是完全不同的。

一般来讲，核电厂直接执行某一安全功能的系统是非常有限的，这也就导致不同的始发事件组可能常常在不同的边界条件下使用同一系统相关的相同或者不同题头事件。

为了避免对一个系统进行重复建模,在 PSA 实现计算机软件图形化建模分析后,引入了两个新的概念,边界条件与房形事件。

房形事件是一种故障树建模符号,形状如同房子,是一种开关型的逻辑符号,和基本事件一样位于故障树的最底层。

与一般基本事件不同,房形事件不存在发生概率的问题,其可能被设定为不同的状态,或为真,或为假。将其与逻辑门一同使用,其为真或为假时,系统的故障树模型就发生了实质性的变化。例如在或门下放置房形事件与某个支持系统故障树,当房形事件为真时,则或门代表的事件必然发生,相当于假定该支持系统在该条件下必然失效;反之,当房形事件为假时,则该系统根据其可靠性模型,有一定的概率成功或者是失效。

房形事件为真为假是受到边界条件控制的,也就是说可以通过给不同的始发事件设置不同的边界条件来控制房形事件,进而控制同一系统在不同条件下故障树的模型差异。

8.1.4 示例:利用房形事件处理相关性

1. 案例描述

分析某钠冷快堆始发事件“主容器泄漏”可能导致的事件序列。主容器泄漏后,触发下述响应:

(1)反应堆停堆;

(2)保护容器防止主容器泄漏;

(3)主热传输系统(即反应堆一、二、三回路主冷却剂系统)或事故余热排出系统排余热。

其中,当一回路主冷却剂系统保持强迫循环时,事故余热系统中的出口风门可以由操纵员手动打开;当一回路主冷却剂系统保持强迫循环失败时,事故余热系统需在极短时间内响应,由于时间太短,可以确定这种情况下操纵员无法短时间内打开风门。

由上述可知,主容器泄漏后,用来排出堆芯余热缓解事故进程的事故余热排出系统在不同的条件下,有不同的设备/人员动作状态:

(1)当一回路主冷却剂系统保持强迫循环成功时,事故余热系统中操纵员手动打开出口风门失效的概率为 5.5×10^{-4}(该值由人员可靠性分析得出)。

(2)当一回路主冷却剂系统保持强迫循环失败时,事故余热系统中操纵员手动打开出口风门一定失败,该基本事件失效概率为 1。

一棵事件树中前面系统的失败直接造成后面系统中某设备/人员动作失效的情况,通常在建立 PSA 模型过程中,用房形事件控制故障树边界条件的方法实现。

2. 案例分析

始发事件“主容器泄漏”的事件树模型如图 8-1 所示。如上文所述,题头事件 JEA 一回路主冷却剂系统保持强迫循环的成功与否,影响题头事件 DHRS 事故余热排出系统保持排热能力中设备/人员动作的配置。

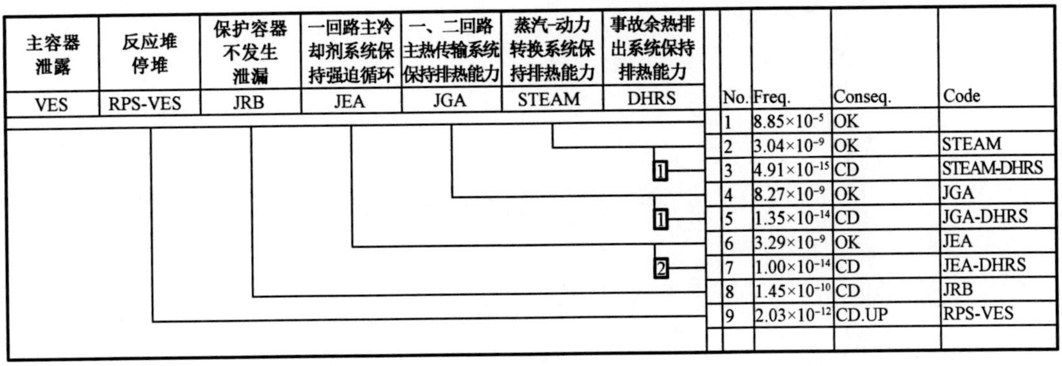

图 8-1 主容器泄漏事件树

(1)当题头事件 JEA 成功时,题头事件 DHRS 中操纵员手动打开出口风门失效的概率为 5.5×10^{-4}(该值由人员可靠性分析得出)。

(2)当题头事件 JEA 失败时,题头事件 DHRS 中操纵员手动打开出口风门失效的概率为 1。

(3)建立 DHRS 即事故余热排出系统的故障树模型,如图 8-2、图 8-3、图 8-4 所示。

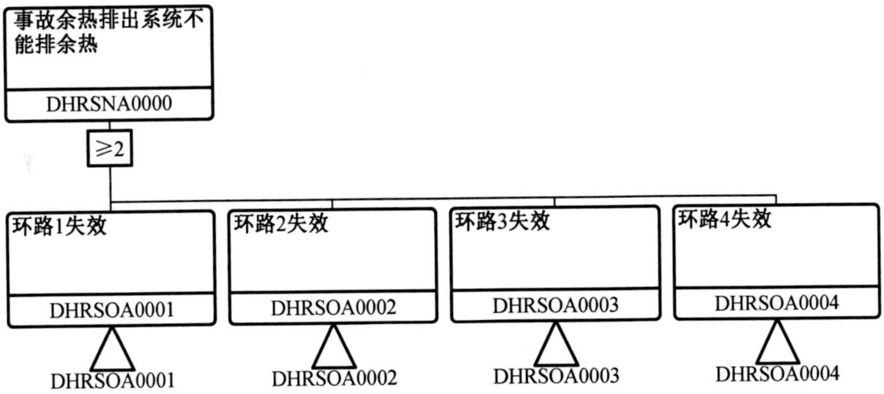

图 8-2 故障树

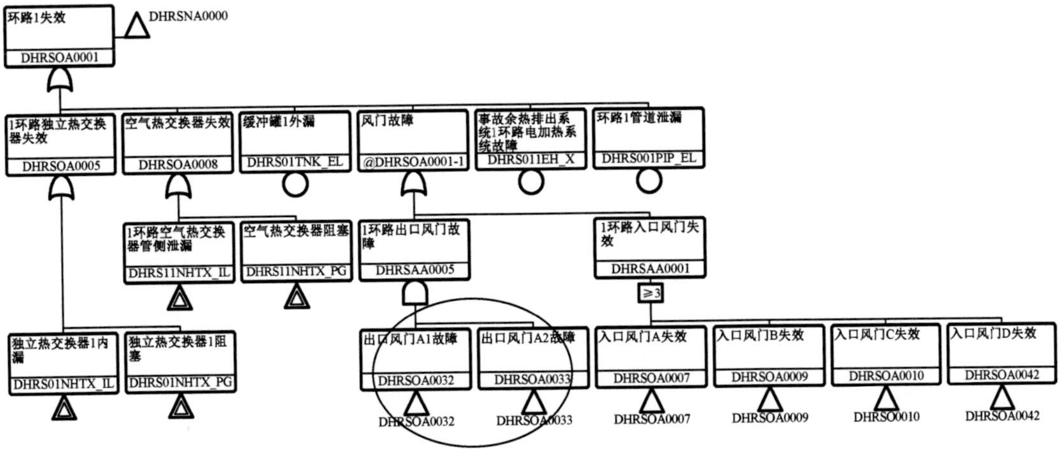

图 8-3 故障树

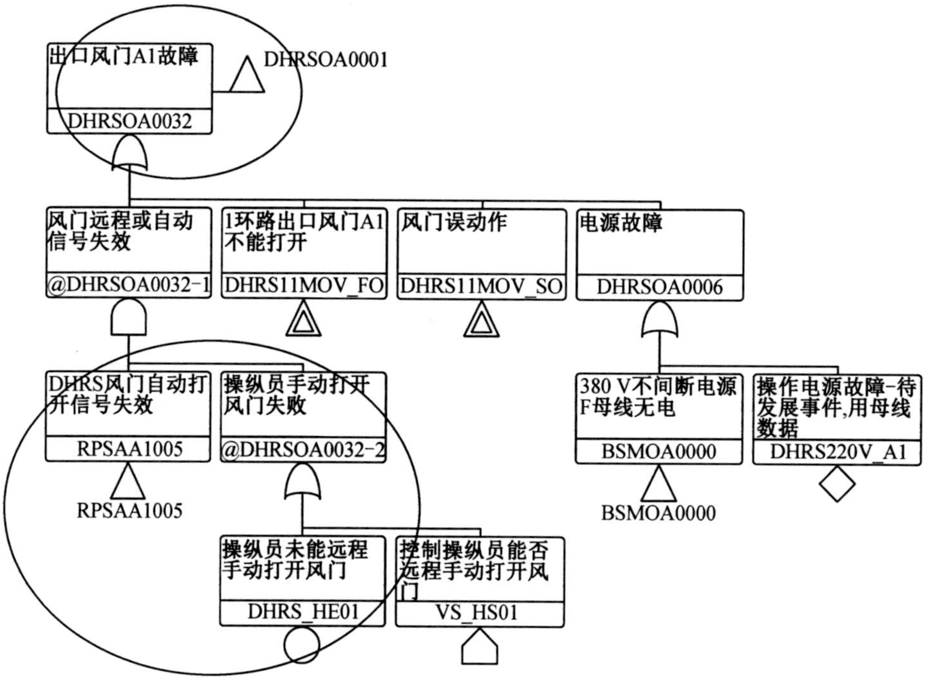

图 8-4　故障树

(4)如图 8-4 中较大圆圈所圈区域,建立房形事件 VS_HS01 控制“@ DHRSOA0032-2 操纵员手动打开风门失败”,事件参数设置如图 8-5 所示,state 参数设为 Normal,此时该房形事件对模型结果无任何影响。

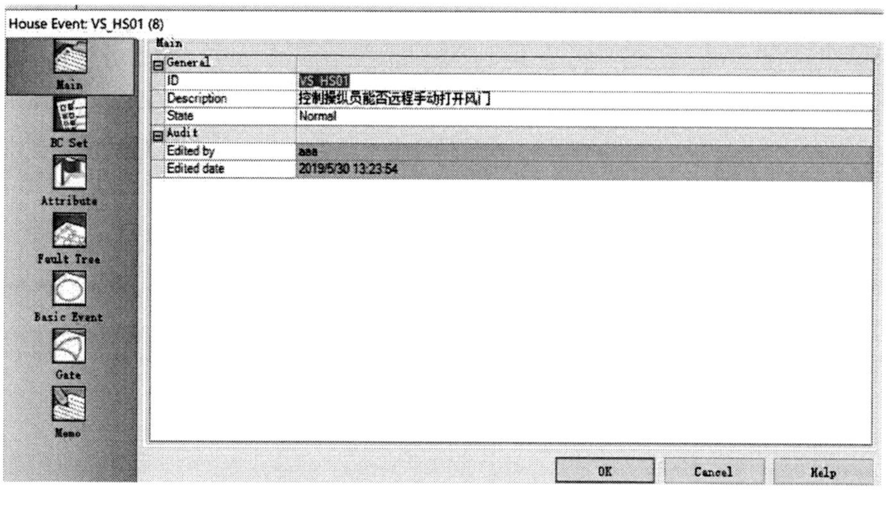

图 8-5　边界条件

(5)建立边界条件“BC_DHRSHE,某些序列下边界条件:不考虑风门的手动打开”。如图 8-5 所示,此边界条件下,房形事件 VS_HS01 的值设为 TRUE,即房形事件 VS_HS01 的值为 1。因为基本事件“DHRS_HE01 操纵员未能远程手动打开风门”或“VS_HS01 控制操纵员能否远程手动打开风门”任一事件发生均会导致“@ DHRSOA0032-2 操纵员手动打开风门失败”的发生。所以在上述边界条件“BC_DHRSHE”下,“VS_HS01 控制操纵员能否远程手动打开风门”为 TRUE,则在该边界条件下“@ DHRSOA0032-2 操纵员手动打开风门失败”一定发生。

8.2 模型整合

模型整合与定量化的工作就是将基本事件的概率与经过系统模化形成的布尔表达式相结合,计算得到事故序列的频率。具体需要将 PSA 其他要素的分析模型、数据等正确地整合在一起,形成能够客观反映当前设计、运行、维修的实际情况(规程、配置策略等)和运行经验的 PSA 模型,并确保各种相关性能正确在模型中反映。模型整合是事故序列定量化的前提,只有完成模型整合之后,才能开始事故序列定量化工作。

模型整合首先需要将模型中的始发事件和基本事件与数据库整合,即为始发事件和基本事件赋予相应的可靠性数据。

然后将前沿系统故障树与其支持系统故障树模型整合,即支持系统故障树与其下游支持系统故障树模型用与门或或门连接。

最后将系统故障树模型与事件序列分析模型整合。事件树模型中始发事件的输入是基本事件[未能紧急停堆的预期运行瞬态(anticipated transients without scram, ATWS)除外],其值为始发事件频率。ATWS 是以其他事件树中某些序列的结果作为输入的。功能题头事件的输入是相应的系统故障树模型或基本事件。一个功能题头可以有很多个输入模型,以对应不同的成功准则。

确定了事故序列并对系统进行模化后,已经形成了很多个事故序列或事故序列组,由若干事故序列组成的序列组一般称作电站损伤包(plant damage bag, PDB),它是由具有某些相似性的序列组合而成的。例如可以将所有始发事件引起的无保护超功率事故序列分为一个 PDB。

一般有两种模型整合和定量化方法——故障树链接法和事件树链接法。

第一种方法故障树链接法,是指将各事件树顶事件(即各个前沿系统的题头)的故障树用一个与门连接起来形成一个新的顶事件,即事故序列。然后,如果具有相同始发事件的那些事故序列被连接在同一个 PDB 内,那么可以用一个或门将事故序列故障树合成一个单一模型。因为首先假设始发事件是互斥的,不同始发事件的事故序列,其估算的频率是可以相加的,从而得到该 PDB 的估算频率。在计算过程中,这种方法应该能自动考虑事故序列之间的相关性和故障树中共享部件及支持系统的相关性。通过这种计算方法,定量计算可对整体的事故序列一次性进行计算,并获得针对所有序列的最小割集,而不是仅仅得到一个事故序列的最小割集。

第二种方法事件树链接法,主要针对前沿系统和支持系统之间的相关性在事件树中明显表示的那些事件树。对每一个系统在每一组边界条件下作定量计算,这些边界条件对系统失效的概率具有唯一的效应。这里的边界条件指对做定量计算的系统具有影响的部件状态和系统状态的一种已知集合。最后对每一个序列的各个相关系统的失效概率用乘法组合起来,就得到事故序列的估算频率。然后,将所有相应的序列频率相加即可得到 PDB 的总估算频率。该方法在计算机软硬件技术未全面发展之前比较流行,目前它只适用于比较小的系统的分析,有利于分析人员掌握基本概念和事故序列的物理图像。

在模型整合过程中,应注意:

(1)若采用故障树链接法,对于每个节点的故障树,应可以通过模型尽量反映电厂特定的功能、系统成功准则和边界条件的情况。支持系统之间的相关性则应通过与系统模型之间(前沿系统和支持系统、支持系统之间)的故障树构造和逻辑链接相一致的事件命名规则表示在 PSA 模型中。

(2)若采用事件树链接法,每一个节点的概率(有时称为分支份额)是与事件树路径有关的条件值。在模型链接过程中,应考虑所链接的系统或功能模块之前的系统或功能的成功或失败的影响,即应考虑事件树中排序靠前的题头事件(或始发事件)对其后题头事件的成功准则的影响。因为这将从两个方面对成功准则产生影响:要求系统或功能的时间窗口和要求投运列的数量,其中前者将对人员可靠性分析产生影响。

(3)若采用了事件树转移,则所采用的方法应能保留所转移序列部分的相关性,包括功能上的、系统的、始发事件的、操纵员的、空间的或环境方面的相关性。

(4)对于那些直接导致堆芯损坏而没有进行事件序列发展的始发事件,如压水堆核电厂的压力容器破损等,整合的模型中也应包括该部分。

(5)故障树链接和其他一些模化方法也许会引入逻辑环,因此,在链接过程中应注意逻辑环的处理。应在减少信息损失的前提下破解逻辑环,并确保不会因为去除了一些相关性(如忽略支持系统的失效逻辑)而产生无根据的乐观结果。简单来说,逻辑环必须断开,然而断开时必须尽可能保留相关性。

(6)始发事件频率和模型中基本事件的概率应和逻辑模型中定义的事件内容相匹配。

8.3 事件序列定量化

事件序列定量化的目的是估算始发事件发生后导致堆芯损坏的事件序列的发生频率。事件序列通过事件树分析方法来确定,事件树中每个序列的终结状态有事故成功地被缓解的电厂安全状态和事故缓解失败导致堆芯损坏的电厂危险状态。事件序列定量化侧重于事件树中导致堆芯损坏的序列,产生定性的最小割集,并计算其发生频率以及确定对堆芯损坏频率各种贡献因素的相对重要性。每一事件序列频率为始发事件频率乘以每个分支点上的分支概率。

事件树分析方法分为大事件树-小故障树方法和小事件树-大故障树方法,两者的区别在于将支持系统放在事件树中考虑,还是放在故障树中考虑。

(1)大事件树-小故障树方法

大事件树-小故障树方法也称为显示法,是将支持系统作为前沿系统的边界条件放在事件树中,并根据系统之间的相关程度和响应时间顺序排列支持系统和前沿系统。应用这种带边界条件的事件树方法计算事故序列频率时涉及的事件树规模较大,前沿系统的故障树因不涉及支持系统而较小,故称为大事件树-小故障树方法。

在大事件树-小故障树方法中,所有支持系统的状态将明显地出现在事件树题头中,在事件树题头中有时还可以考虑基本事件、人员操作。这样,在对事件树的各个序列进行故障树分析时,将在支持系统所定义的一组边界条件下进行前沿系统的故障树分析,求出分支概率。对于每一组边界条件建立各个单独的故障树。

大事件树-小故障树方法的优点:

在事件树中反映了现有的相关性,与事件树相关联的故障树,由于是不包括支持系统的前沿系统的故障树,故障规模不大,因此对计算机程序的需求较低。每个事故序列发生频率计算也很简单,为相应各个分支概率的乘积。

大事件树-小故障树方法的缺点在于:

①只有经验丰富的专家经过精心处理才能在事件树中建立起正确的相关性;

②事件树复杂程序随事件树中支持系统数目和支持系统状态数目的加大而迅速加大;

③每棵故障树的规模是变小了,但故障树的数量却增加了。

(2)小事件树-大故障树方法

在小事件树-大故障树方法中,题头事件是指为执行一定安全功能的系统投入或操纵人员动作,相关支持系统在前沿系统故障树中考虑。考虑支持系统的前沿系统故障树规模较大,事件树因不涉及支持系统而规模较小,故称为小事件树-大故障树方法。

在小事件树-大故障树方法中,首先形成以安全功能为题头的事件树,然后再扩展事件树,将前沿系统的状态作为题头形成最后的事件树。对于事件树中出现的前沿系统利用故障树进行分析。以安全功能为题头的事件树,称为功能事件树,每一个始发事件都可以形成其功能事件树。应该注意,功能事件树不是最终的,而是一个中间步骤。但它能提供一些基础信息,并便于采用逐步的处理方法,对各种始发事件和响应特性之间复杂的关系进行分类。某些功能可能是很复杂的,常常需要几个系统相结合来完成。因而最后形成的事件树总是比功能事件树大。

事件树题头的前后顺序对分析结果并非至关重要,但对分析效率和简洁性却是非常重要的。一般可以按时间、功能和硬件相互关系来排列。较好的一种方法是按照对始发事件响应的时间顺序来排列。首先列出立即响应的系统,如反应堆保护系统,然后按响应顺序列出其他系统。

小事件树-大故障树方法的优点在于:小事件树产生的事件树是简洁的,便于对事故序列进行综合审查。只要有进行大故障树分析的计算机程序,小事件树-大故障树方法就是一种行之有效的方法,容易分析计算。

小事件树-大故障树方法进行 PSA 时具有以下缺点:

①不能直接体现支持系统与前沿系统的相关性;

②不能直接评价支持系统的重要性等。

目前,核电厂 PSA 分析过程中通常使用小事件树-大故障树方法,建立简洁的事件树和复杂的故障树模型,使用 Risk Spectrum 等 PSA 软件进行计算,实现事件序列定量化。

8.3.1 定量化过程

在定量化过程中首先将各种逻辑模型连接起来产生各种事件序列，这包括前沿系统、支持系统、序列逻辑（序列所含的成功题头和失效题头的逻辑组合）、顶逻辑（某种后果所含的序列逻辑组合）及边界条件等。通过设定序列分析情况和后果分析情况，分别进行计算。然后利用始发事件发生频率、设备失效概率、设备试验维修不可用度、共因失效概率、人误失效概率等数据计算事故序列发生频率，以及各种堆芯损坏状态的发生频率及其总和，并得到总堆芯损坏频率的支配性事故序列和支配性最小割集。

定量化过程应注意以下方面：

(1)相关性的考虑。

事件树与故障树相结合产生事故序列最小割集。事件序列最小割集中包含了始发事件、人误事件和导致该事故序列的基本事件和共因事件。这一评估过程需要考虑始发事件、部件失效和人误事件之间的相关性。

定量化过程中应确认对所有已识别的相关性都作了正确的处理，包括系统功能的相关性、共同支持系统或设备的相关性、人员失误事件之间的相关性和数据的相关性。应特别注意人员失误事件的相关性处理，可以通过赋予人误事件足够高的概率值，重新量化 PSA 模型，以使有多个人员失误事件的最小割集不会被过早截断。这些始发事件后的人员失误事件的最终定量化可在最小割集或在保留下来的序列这一级进行。

(2)边界条件。

对于事件树的同一题头事件，可能有很多个输入模型，其成功准则不一样，可以通过设置相应的边界条件来为题头事件选择相应的输入，以确保事件序列分析在逻辑上的合理性。而有些始发事件发生后，也会对缓解系统的成功准则产生影响，这也需要通过相应的边界条件设置来选取缓解系统的成功准则。边界条件的设置是根据始发事件或事故序列设置基本事件、房形事件和门为 True 或 False 或者以其他边界条件设置作为输入。

(3)截断值设置。

在定量化过程中，应选择合适的截断值来截断事件序列和相关的系统模型，以免忽略了与重要最小割集或事故序列有关的相关性（如人员差错相关性），确保对事故序列有重大贡献的事件均包含在最小割集中，并确保截断值的设置不会导致堆芯损坏状态发生频率被明显低估。因此，可以通过迭代计算来最终确定截断值，当两次截断值计算的事件序列结果一样或差异不大时，便可以在之后的计算过程中确定使用该截断值。

(4)互斥事件的处理。

由于互斥事件是不可能同时发生的，即包含有互斥事件的最小割集在逻辑上等于 False。因此，应该对最小割集（或序列）进行检查，识别含有互斥事件的最小割集，并通过相应的方法对结果进行修正。一种是用逻辑模型来消除互斥的情况，这可以利用布尔代数中的运算规则来建模实现；另一种是在结果中删除含有互斥事件的最小割集，此方法需要事先定义互斥事件组。

(5)成功态题头事件的处理。

在一个事件序列中,有些前沿系统处于成功状态,有些处于失效状态。事件序列定量化不仅包括对始发事件和失效系统的考虑,还包括对成功系统的考虑。这种考虑可通过对成功概率的量化、补逻辑或删减项近似来实现,并且包括在事件树之间可能不能传递"成功"时,对事件树之间的转移的处理。在常用的 PSA 软件 RiskSpectrum 中,对成功事件有 5 种处理方式,包括:忽略事件树中的成功态功能事件;对事件树中的成功态功能事件进行逻辑处理,但不作定量分析;对事件树中的成功态功能事件进行逻辑处理并作简单的定量分析;在故障树中用 DeMorgan 定理进行处理;在故障树和事件树中都用 DeMorgan 定理进行处理。

(6)恢复动作考虑。

在给出最终定量化结果之前,通常还应考虑恢复动作对结果的影响。每一个事故序列的最小割集代表该序列可能发生的一种途径。操纵员可以从最小割集得到有用信息,并判断能否采取恢复行动。每一个事故序列可能有很多个最小割集,因此只针对其中占支配性的最小割集考虑恢复措施。对于考虑了恢复动作的最小割集,应估算不能恢复的概率,然后将最小割集频率乘以其不能恢复的概率就能得到考虑恢复动作之后最小割集的频率,从而计算出事故序列的最终发生频率。

(7)最小割集的审查。

在模型整合完成之后,设置好相应的边界条件和截断值之后,通过已经得到广泛验证的计算机程序进行定量化,得到事故序列的最小割集,并对最小割集进行审查,以确保最小割集的逻辑是合理的,结果中没有异常和不合理的地方。根据模型的一致性(事件序列模型与系统模型及成果准则的一致性)和运行的一致性(规程及电厂特定的和行业的经验)审查定量化结果。还需审查非重要最小割集,以确认它们是合理且具有物理意义的。

8.3.2 定量化结果

定量化结果应包含核电厂总堆芯损坏频率状态发生频率、支配性序列及支配性最小割集。对于每一个始发事件组,应给出每个始发事件组引起的堆芯损坏状态发生频率、支配性序列及支配性最小割集。

(1)压水堆 PSA 定量化结果示例。

某压水堆功率工况内部事件一级 PSA 结果表明,该快堆 CDF 定量化的结果表明,其 CDF 为 2.33×10^{-7}/(堆·年)。

在该压水堆 PSA 结果中,前 100 个割集共约占总 CDF 的 83.82%[约为 1.95×10^{-7}/(堆·年)]。功率运行内部事件与部件相关的对堆芯损坏频率的贡献中的支配性失效模式为共因失效。单一的部件失效仅限于滤网或箱体失效,以及安注箱止回阀失效。

前 10 个堆芯损坏序列占功率运行内部事件 CDF 的 78.81%,其中贡献最大的是安注管线破裂事故序列,即始发事件发生后,假定将导致一列堆芯补水箱、安全壳内置换料水贮存箱和再循环水的流失。反应堆紧急停堆,完好管路上堆芯补水箱注入成功,自动泄压系统成功启动。由此,反应堆冷却系统处于低压。然而因为余下一列安全壳内置换料水贮存箱不能注入，会发生堆芯在反应堆冷却系统低压下损坏。该序列的频率是 6.87×10^{-8}/(堆·年)，占电厂 CDF 的 29.39%。排在第二位的序列是大破口 LOCA 序列，始发事件发生后，反应堆停堆或由于堆芯空泡而处于次临界。两台安注箱中至少有一台未能投入。堆芯在反应堆冷却剂系统低压下损坏。该序列频率是 4.30×10^{-8}/(堆·年)，占电厂 CDF 的 18.37%。

(2)钠冷快堆 PSA 定量化结果示例。

某钠冷快堆功率工况内部事件一级 PSA 结果表明，该快堆堆芯损坏频率为 2.05×10^{-7}/(堆·年)。始发事件组冷凝器失真空对示范快堆的堆芯损坏频率贡献最大，约为 20.00%；其次是丧失压缩空气，其对 CDF 的贡献约为 18.15%；再次是双环路蒸汽发生器失给水，对 CDF 的贡献约为 14.39%。由此可知，未出现对 CDF 贡献很大的始发事件，证明了设计的均衡性。

在该钠冷快堆 PSA 结果中，前 50 位最小割集中有 49 个包含共因事件，它们的堆芯损坏频率之和为 1.286×10^{-7}/(堆·年)，占总 CDF 的 62.72%。由此可见，共因失效对电厂 CDF 的贡献十分显著。因此核电厂运行人员应在日常管理、维护、维修及试验等过程中，对共因发生机理加以重视，以在一定程度上防止设备的共因失效。人误事件对电厂总堆芯损坏频率贡献不大且总结果对人误事件的取值也不敏感，这说明示范快堆电厂事故的缓解过程不太可能由于人员干预不及时而导致较高的风险，与国内已有的压水堆机型相比，降低了事故后对人员干预的依赖性。

前 50 个堆芯损坏序列中，发生频率在 1.0×10^{-8}/(堆·年)之上的序列一共有 7 个，其发生频率之和为 1.67×10^{-7}/(堆·年)，占总堆芯损坏频率的 81.27%。其中，贡献最大的是冷凝器失真空的第 2 个序列，即始发事件发生后，反应堆停堆成功，三回路不能提供热阱，合并事故余热排出系统失效。该序列导致的堆芯损坏频率为 4.06×10^{-8}/(堆·年)，占总 CDF 的 19.80%。排在第二位的序列是丧失压缩空气的第 2 个序列，即始发事件发生后，反应堆停堆成功，三回路不能提供热阱，合并事故余热排出系统失效。该序列导致的堆芯损坏频率为 3.69×10^{-8}/(堆·年)，占总 CDF 的 18.00%。

上述 PSA 结果表明，PSA 研究把核电厂当成一个整体，它能更全面分析系统于功能、系统之间相互影响以及人员行为重要性等问题。PSA 以现实、整体的观点看待电厂的设计和运行，从而能给出许多有益的见解。

根据国内外已有的核电厂 PSA 分析结果可知，二代核电厂、三代核电厂的堆芯损坏频率通常为 1×10^{-4}/(堆·年)、1×10^{-5}/(堆·年)，三代+核电厂、四代核电厂的堆芯损坏频率通常为 1×10^{-6}/(堆·年)、1×10^{-7}/(堆·年)。

应该指出，不应把任何一种 PSA 结果看成是固定不变的，在作决定之前，必须仔细考虑各种不确定性。从不同的核电厂设计、运行、厂址特征、研究范围、所采用的概率安全评价方法以及所假定的分析前提出发，会得到不同的结果。鉴于各个核电厂在设计和运行上的差异，因此必须对特定电厂进行 PSA 才能估计出该核电厂的堆芯损坏频率。

8.4 重要度分析

8.4.1 概述

核电厂概率安全评价能够系统地分析核电厂的风险,并识别对核电厂风险有重要贡献的因素,即确认对核电厂风险有重要贡献的始发事件、部件失效、人员失误、事件序列及系统等。因此,一方面,PSA 可以优化核电厂的设计,通过冗余、多样性等设计,使核电厂的风险满足安全目标;另一方面,PSA 可用于运行核电厂的风险管理,通过改进电厂的在役试验、设备分级、维修等活动,控制运行电厂的风险。

在这些活动中,可以利用 PSA 中重要度的概念(也称为安全/风险重要,其描述对核电厂安全的影响程度),定量地对核电厂的构筑物、系统和部件(structure, system, or component,SSC)按照重要度进行排序并分类,然后对 SSC 采取与其重要度相适应的管理措施。这样可以帮助设计、运行、维修、监管人员把资源集中于重要物项,使核电厂在满足安全目标的同时将有限的资源优化配置。

由于核电厂中各个系统、部件、始发事件及人误事件等在 PSA 模型中的地位不同,以及它们的发生概率(或频率)不同,因此它们对核电厂堆芯损坏频率的贡献也不相同。重要度分析的目的是确定堆芯损坏状态发生的总频率、各始发事件分别导致的堆芯损坏状态发生频率以及系统不可用度中各贡献者的重要性。

重要度分析在核电厂的安全领域有着极其广泛的应用,如关键风险部件的选择、维修优化、故障诊断、识别设计薄弱环节和核电厂设计优化等方面。一部件的某种重要度数值大,就说明该部件在某方面的重要性大。通过重要度分析可以识别对堆芯熔化频率的重要事故序列、重要系统和重要部件,从而指导设计者首先改进重要度比较大的部件或系统。

作为 PSA 中核电厂概率安全分析的重要组成部分,重要度分析一般指一个部件或者割集对顶事件发生的贡献。它在核电厂中主要用于以下三方面。

(1)设计:通过增加或移出部件或系统来优化核电厂设计;

(2)试验和维修:通过改变一个给定设计的试验和维修策略来对核电厂活动进行优化;

(3)日常状态控制:部件移出服务后对整个核电厂风险的影响。

8.4.2 几种重要度指标的定义

在 PSA 中,可以定义具有不同表达式的重要度指标,这些重要度指标从不同角度审视了基本事件(或系统)在不同状态(配置)下对核电厂风险的影响。基本事件包括始发事件、部件失效、人员失误和共因失效等。

本节列出几种常用的重要度指标,包括 fussel-veseley 重要度(简称 FV 重要度)、fractional-contribution 重要度(简称 FC 重要度)、风险增加当量(risk achievement worth, RAW),也称为风险增加因子(risk increase factor, RIF),以及风险减少当量(risk reduction worth, RRW),也称为风险减少因子(risk decrease factor, RDF),Birnbaum 重要度(Birnbaum importance,BI),关键重要度(criticality importance,CI),微分重要度(differenctial importance measure,DIM)。

(1)FV 重要度。

FV 重要度是指包含基本事件 i 的堆芯损坏最小割集的发生频率对总堆芯损坏频率的贡献。FV 重要度分析仅适用于基本事件和共因失效事件,其数学表达为

$$\mathrm{FV}_i=\frac{F_i}{F} \tag{8-1}$$

式中 F_i——包含基本事件 i 的堆芯损坏最小割集的发生频率之和;

F——总堆芯损坏频率。

从 FV 重要度的定义公式可以看出,FV 重要度衡量当前包含基本事件 i 的所有割集的风险占基准风险分的比例。FV 重要度描述基本事件 i 从实际概率值改变到 0 时对整个电厂风险贡献的大小,它表征基本事件 i 代表的部件失效对核电厂的总贡献,因此 FV 通常被称为风险重要性参数。FV 是风险比值,一般称为相对风险当量。美国电力研究协会提出 FV 大于 0.5%的部件以及 FV 大于 5%的系统是风险重要的。

(2)FC 重要度。

FC 重要度是指包含基本事件 i 的堆芯损坏频率最小割集的发生频率对总堆芯损坏频率的贡献,其数学表达式为

$$\mathrm{FC}_i=1-\frac{F(q_i=0)}{F} \tag{8-2}$$

式中 $F(q_i=0)$——基本事件 i 故障概率为 0 时的堆芯损坏频率;

F——总堆芯损坏频率。

对于基本事件,FC 重要度与 FV 重要度是一致的,但数学表达式不一样。FC 重要度是风险比值,一般称为相对风险当量。

(3)风险增加当量 RAW(风险增加因子 RIF)。

风险增加当量 RAW 是指假定部件 i 已失效时,堆芯损坏频率的增加率,其数学表达式为

$$\mathrm{RAW}_i=\frac{F(q_i=1)}{F} \tag{8-3}$$

式中 $F(q_i=1)$——部件 i 故障概率为 1 时的堆芯损坏频率;

F——实际总堆芯损坏频率。

从 RAW 的定义公式可以看出,RAW 衡量当基本事件 i 因为失效、试验或维修等不可用时(部件故障概率为 1),对整个电厂风险的影响,以及其需要返回到工作状态的迅速程度的要求。RAW 反映了当基本事件 i 失效后剩余系统的纵深防御能力。RAW 重要度越大,则要求试验、维修或失效的时间越短,希望尽快使之恢复到工作状态。因此,RAW 通常被称为安全重要性参数。通常认为若 RAW 大于 2,即基本事件 i 失效,将使系统风险增加一倍以上,则判断此基本事件代表的 SSC 是安全重要的。RAW 是风险比值,一般称为相对风险当量。

(4)风险减少当量 RRW(风险减少因子 RDF)。

风险减少当量 RRW 是指假设部件 i 完全可靠不会失效时,堆芯损坏频率的降低率,其数学表达式为

$$\mathrm{RDF}_i=\frac{F}{F(q_i=0)} \tag{8-4}$$

式中　$F(q_i=0)$——部件 i 故障概率为 0 时的堆芯损坏频率;

F——实际总堆芯损坏频率。

从 RRW 公式的定义可以看出,RRW 衡量部件完全不会失效情况下,电厂堆芯损坏风险降低的程度。RRW 的值越大,表示部件对电厂风险的影响越大,则部件越重要。RRW 是风险比值,一般称为相对风险当量。

(5)BI 重要度。

BI 重要度是指假设部件 i 已失效时电厂堆芯损坏频率与假设部件 i 完全可靠不会失效时电厂堆芯损坏频率的差值,其数学表达式为

$$\mathrm{BI}=F(q_i=1)-F(q_i=0) \tag{8-5}$$

式中　$F(q_i=1)$——部件 i 故障概率为 1 时的堆芯损坏频率;

$F(q_i=0)$——部件 i 故障概率为 0 时的堆芯损坏频率。

从 BI 公式的定义可以看出,BI 重要度表达的是部件 i 的状态由工作状态到失效状态电厂堆芯损坏频率的增加量,差值越大说明部件状态的变化对电厂风险的影响越大,部件也就越重要。BI 重要度与基本事件的概率无关,衡量的是风险的差值,即绝对风险变化值。

(6)关键重要度 CI。

关键重要度 CI 用以衡量系统关键部件的失效对电厂堆芯损坏频率的影响程度,其主要被应用在识别故障树中影响顶端事件发生的关键部件,其数学表达式为

$$\mathrm{CI}=\{F(q_i=1)-F(q_i=0)\}\times p_i/F \tag{8-6}$$

式中　$F(q_i=1)$——部件 i 故障概率为 1 时的堆芯损坏频率;

$F(q_i=0)$——部件 i 故障概率为 0 时的堆芯损坏频率;

p_i——部件 i 的失效概率(对频率型事件指频率);

F——实际总堆芯损坏频率。

(7)微分重要度 DIM。

微分重要度 DIM_i 将第 i 个元件的 DIM 定义为电厂堆芯损坏频率相对基本事件的局部灵敏度测量,其数学表达式为

$$\mathrm{DIM}_i=\frac{\mathrm{d}F}{\mathrm{d}p_i} \tag{8-7}$$

式中　F——实际总堆芯损坏频率;

p_i——部件 i 的失效概率(对频率型事件指频率)。

(8)风险减少值。

风险减少值是指假设部件 i 完全可靠不会失效时的电厂堆芯损坏频率与实际电厂堆芯损坏频率的差值,其数学表达式为

$$RR = F - F(q_i = 0) \tag{8-8}$$

式中 RR——风险减少值；

F——实际总堆芯损坏频率；

$F(q_i=0)$——部件 i 故障概率为 0 时的堆芯损坏频率。

(9)风险增加值 RA。

风险增加值是指假设部件 i 已经失效时的电厂堆芯损坏频率与实际电厂堆芯损坏频率的差值，其数学表达式为

$$RA = F(q_i = 1) - F \tag{8-9}$$

式中 RA——风险增加值；

F——实际总堆芯损坏频率；

$F(q_i=0)$——部件 i 故障概率为 0 时的堆芯损坏频率。

上述 FV 重要度、FC 重要度、风险增加当量 RAW、风险减少当量 RRW、Birnbaum 重要度 BI、关键重要度 CI 中，FV 重要度、FC 重要度、风险增加当量 RAW、风险减少当量 RRW 以及关键重要度 CI 是风险比值，为风险当量，Birnbaum 重要度 BI 是风险差值，为绝对风险变化值。

目前核行业通常用 FV、RAW 重要度评价基本事件的重要度。原因在于 FV 重要度表征基本事件 i 代表的部件失效对电厂风险的总贡献，通常被称为风险重要性参数，而 RAW 反映了当基本事件 i 失效后剩余系统的纵深防御能力，通常被称为安全重要性参数。在美国 10CFR 50.69 SSC(SSC 指构筑物、系统或部件)的风险指引分类中提出“安全重要功能”，其定义为当 SSC 的功能退化或失去时，对纵深防御、安全裕度或风险造成显著影响的 SSC，统称为有安全重要功能的 SSC。在此定义下，安全重要功能涵盖了风险重要和安全重要，即 FV 重要度大于 0.5%或 RAW 重要度大于 2 的 SSC 都具有“安全重要功能”。

8.4.3 部件重要度分析方法

对于关键风险部件选取、维修优化等 PSA 应用领域，通常关心的是部件重要度。目前常用的确定关键部件的重要度指标为 FV 和 RAW，并已被广泛认可。FV 和 RAW 重要度分析基于基本事件进行，而一个部件往往对应一个或多个基本事件，每一个基本事件对应部件的特定失效模式或不可用度，因此并不能通过直接累加的方法求得部件重要度。

目前常用的部件重要度方法主要有以下几种：

(1)美国南得克萨斯州核电站(STP)法，该方法由美国南得克萨斯州核电站提出，是最早的部件重要度。STP 法将所有与部件相关的基本事件(包括共因事件)的 RAW 重要度求和，该和即为该部件的 RAW 重要度。由于该方法未涉及共因问题的处理，而且设备重要度计算保守地采用基本事件重要度相加的算法，因此限制较高。

(2)最大值法，即取所有与该部件相关基本事件(包括共因事件)RAW 值中的最大值。

(3)NEI 00-04 Rev. C 方法，该方法由美国核能研究院联合 NRC 提出，取所有与该部件相关基本事件(不包括共因事件)RAW 值中的最大值作为该部件的 RAW 重要度，此法未被 NRC 采用。

(4)NEI 00-04 Rev. D 方法,该方法由美国核能研究院提出,采用独立法,即分别取与该部件相关基本事件的 RAW 最大值(分为包括共因事件和不包括共因事件两种情况),然后对于每一种情况,都有一个准则来界定是否为关键部件。NEI 00-04 Rev. D 方法被 NRC 暂时采用,在最大值法的基础上增加了对共因失效组的考虑。该方法单独考虑共因的处理,对于不可叠加重要度采用最大值法,比 STP 法相对实际。

(5)平衡法,该方法是韩国 Kilyoo Kim 提出的一种计算 RAW 重要度(包括共因事件)的新方法。其方法具体思想主要是利用以下公式:

$$\mathrm{RAW}=1+\mathrm{FV}(1-P)/P \tag{8-10}$$

Kilyoo Kim 认为,该式同样适用于共因基本事件。因为,在求解部件 RAW 重要度时,可以先求得部件 FV 值(即所有包含该部件的基本事件总和)和部件失效概率值(即所有包含该部件的基本事件失效概率之和),然后利用该式即可得到部件 RAW 值。但该方法是建立在部件的 FV 重要度可加的基础上。在某些情况下,FV 重要度的可加性并不成立,比如对于如下情况,假设最小割集表达式为

$$R=\mathrm{AB}(C_1C_2)+DEF \tag{8-11}$$

首先求单个基本事件的 FV 重要度,按照 FV 重要度定义,公式如下:

$$\mathrm{FV}(C_1)=\frac{AB(C_1C_2)}{AB(C_1C_2)+DEF} \tag{8-12}$$

而部件 C 的 FV 重要度按照定义,如公式 8-13 所示:

$$\mathrm{FV}(C)=\frac{AB(C_1C_2)}{AB(C_1C_2)+DEF}\neq \mathrm{FV}(C_1)+\mathrm{FV}(C_2) \tag{8-13}$$

在这种情况下,部件 FV 重要度将不再是其单个基本事件 FV 重要度之和,而部件 RAW 重要度是在基本事件 FV 重要度可加性前提下获得的,显然这种假设存在一定的使用范围。

8.4.4 重要度分析的范围

在系统故障树定量化和事故序列定量化计算时,均可以进行重要度分析。系统故障树定量化计算中,主要分析基本事件对系统失效概率的贡献;而事故序列定量化计算中,应分析始发事件、事故序列、基本事件、共因事件、任务事件、设备、可靠性参数等对总堆芯损坏频率的贡献。下面将介绍事故序列定量化计算过程中应开展的重要度分析工作。

对始发事件可以进行重要度 FV、风险减少当量 RRW 的分析,而风险增加当量 RIF 的分析不适用于始发事件,可以不必进行分析。始发事件的重要度 FV 表示因该始发事件而导致的堆芯损坏频率对总堆芯损坏频率的贡献。在事件树分析中,其相当于后果为堆芯损坏频率的事故序列,能直接给出其占堆芯损坏频率的份额。风险减少当量 RRW 表示当该始发事件不会发生时总堆芯损坏频率的降低率。

对事故序列仅进行重要度 FV 的分析,表示包含该事故序列导致的堆芯损坏频率对总堆芯损坏频率的贡献。而风险减少当量 RRW 和风险增加当量 RAW 的分析不适用于事故序列。

对基本事件进行重要度 FV、风险减少当量 RRW 和风险增加当量 RAW 的分析。基本

事件重要度 FV 表示包含该基本事件的堆芯损坏最小割集的发生频率之和对总堆芯损坏频率的贡献。风险减少当量 RRW 表示当该基本事件不会发生时总堆芯损坏频率的降低率。风险增加当量 RAW 表示当该基本事件确定发生时总堆芯损坏频率的增加率。

对共因组进行重要度 FC、风险减少当量 RRW 和风险增加当量 RAW 的分析。共因组重要度 FC 表示包含该共因组内任一共因事件的堆芯损坏最小割集的发生频率之和对总堆芯损坏频率的贡献。风险减少当量 RRW 表示当该共因组内共因事件不会发生时总堆芯损坏频率的降低率。风险增加当量 RAW 表示当该共因组内的共因事件确定发生时总堆芯损坏频率的增加率。

对人误事件进行重要度 FV、风险减少当量 RRW 和风险增加当量 RAW 的分析。人误事件重要度 FV 表示包含该人误事件的堆芯损坏最小割集的发生频率之和对总堆芯损坏频率的贡献。风险减少当量 RRW 表示当该人误事件不会发生时总堆芯损坏频率的降低率。风险增加当量 RAW 表示当该人误事件确定发生时总堆芯损坏频率的增加率。

对可靠性参数进行重要度 FC、风险减少当量 RRW 和风险增加当量 RAW 的分析。可靠性参数重要度 FC 表示包含该可靠性参数的任意一个基本事件的堆芯损坏最小割集的发生频率之和对总堆芯损坏频率的贡献。风险减少当量 RRW 表示当该可靠性参数为 0 时总堆芯损坏频率的降低率。风险增加当量 RAW 表示当该可靠性参数为 1 时总堆芯损坏频率的增加率。

对设备进行重要度 FC、风险减少当量 RRW 和风险增加当量 RAW 的分析。设备重要度 FC 表示包含该设备失效的堆芯损坏最小割集的发生频率之和对总堆芯损坏频率的贡献。风险减少当量 RRW 表示当该设备不会失效时总堆芯损坏频率的降低率。风险增加当量 RAW 表示当该设备确定失效时总堆芯损坏频率的增加率。

对系统进行重要度 FV、风险减少当量 RRW 和风险增加当量 RAW 的分析。系统重要度 FV 表示包含该系统中任意一个基本事件的堆芯损坏最小割集的发生频率之和对总堆芯损坏频率的贡献。风险减少当量 RRW 表示当该系统完全可靠不会失效时总堆芯损坏频率的降低率。风险增加当量 RAW 表示当该系统确定失效时总堆芯损坏频率的增加率。

8.5 敏感性分析

8.5.1 概述

敏感性分析是指确定那些对结果有潜在重大影响的问题,如建模假设和数据等,并评价他们的敏感性。一般包括设备失效敏感性分析、人误事件敏感性分析以及对分析者所做的过分保守假设的分析。这些假设或数据通常是在缺乏信息或强烈依赖于分析者判断的情况下得出的,在敏感性分析中用另外的假设或数据进行替换,评价它们对结果的影响。

敏感性分析工作包括两部分内容:一部分是计算机程序自动实施的敏感性分析;另一部分是手动实施的敏感性分析专题。

通常利用计算机软件可以自动完成对始发事件、基本事件、共因组、人误事件和可靠性参数的敏感性分析，其分析方法主要是通过改变这些事件的参数值（一般参数值变化量为十倍左右）计算其对总堆芯损坏频率的影响。

另一方面，为正确评价 PSA 模型中相关假设或设计特征对结果的影响，需要分析人员手动开展一些敏感性分析专题。需要逐个对 PSA 建模过程中给出的假设进行分析，特别是那些由于资料信息不全而进行的保守假设；也可以根据重要度分析结果识别一些需要手动实施的敏感性分析专题，但在筛选敏感性分析的候选项目时要谨慎，初步计算出重要度很低的设备很可能只是反映了之前预先假设的结果，而如果假设本身有问题，其重要度可能显著提升。

8.5.2 敏感性分析的方法和过程

敏感性分析的对象是从堆芯损坏频率的序列分析和最小割集分析结果中选取的支配性序列或支配性最小割集，通过改变其特定条件或参数值，分析对堆芯损坏频率的影响程度。一般来说，重要度分析与敏感性分析是相关的，其结果在定性上的结论是一致的。因此，可以根据重要度分析淘汰掉一些对结果影响不大的项目，但这种淘汰应采取十分谨慎的态度；而对结果有明显影响的其他项则应被添加上。

在计算机程序中进行的敏感性计算内容包括：

将被考虑对象（始发事件频率、基本事件概率或某个参数等）的值除以敏感性因子（任何大于 1 的数，一般默认为 10），若要进行敏感性分析的是底事件组，则在此组内的所有底事件的概率值都要除以敏感性因子，计算得到一个新的堆芯损坏频率的结果，用 F_{TopL} 表示。

将被考虑对象的值乘以敏感性因子，若要进行敏感性分析的是底事件组，则此组内的所有底事件的概率值都要乘以敏感性因子，计算得到一个新的堆芯损坏频率的结果，用 F_{TopU} 表示。

则敏感度的数学表达式为

$$S=\frac{F_{\text{TopU}}}{F_{\text{TopL}}} \tag{8-14}$$

式中 F_{TopU}——敏感性分析对象的参数乘以敏感性因子后的堆芯损坏频率；

F_{TopL}——该对象的参数除以敏感性因子后的堆芯损坏频率。

综合上述可知，敏感度越大，则敏感性分析对象的参数变化对堆芯损坏频率的影响越大，相对来说，其重要度也越大。

8.6 不确定性分析

不确定性分析是对 PSA 结果中的不确定性给出定性的讨论和定量的度量。目标是为 PSA 结果（即堆芯损坏频率、各类事件序列的频率）的不确定性提供定量分析手段和定性讨论。

8.6.1 不确定性的来源

在 PSA 分析中由于人们对核电厂严重事故进展的物理过程、现象的认识水平有限，使得一些重要的分析模型存在不确定性。另外有些可靠性参数,如部件的失效率、不可用度及始发事件的频率等本身就是随机变量,而且在确定这些参数时,由于数据的缺乏、部件运行记录的不完整以及工业界数据应用于特定电厂分析中等,必然使得分析结果存在不确定性。这些不确定性经过传播将造成故障树和事件树定量结果的点估计值有一定的不确定性。这其中的不确定性可分为以下三个主要类别:分析的不完备性、模型的不确定性和参数的不确定性,而 PSA 可以对其中的大部分参数不确定性进行定量描述。

(1)分析的不完备性。

PSA 模型的目标是找出能够导致不希望后果(对一级 PSA 来说是堆芯损坏)的所有可能的情景。但是不能保证这个过程是完备的,所有可能的情景都被识别和评价了。这种不完备性引起了结果的不确定性。这类不确定性很难评价或定量化。需要对始发事件的识别和电站响应建模进行仔细审查,以保证由分析的不完备性引起的不确定性尽可能合理地小。

(2)模型的不确定性。

对于已识别出的事故情景,概念模型、数学模型、数值近似、程序错误和计算限制都会带来不确定性。如何建立适当的模型来比较真实地反映反应堆设计、运行和对事故响应等的状况,一直是 PSA 分析者追求的目标。模型不确定性的定量化仍然是个很困难的任务,目前还没有被认可的有效方法。可以通过审查敏感性分析结果的办法来评价模型不确定性的相对重要性。

模型上的不确定性包括以下 5 种情况:

①事件树和故障树模型的不准确。这种不确定性既可能来自对反应堆本身事故序列或运行规程了解不足造成的错误,也可能来自事件树分析方法本身的限制。该不确定性只能通过采用尽可能现实的带有补偿性假设和模化制约的办法加以认识和说明。

②部件的相关性考虑不完善。主要指在故障树和事件树建造过程中对部件相关性考虑的完善程度的不同。反应堆复杂的相关性使得分析者往往很难百分之百地正确考虑相关性。这只能通过对分析者加强方法培训及深入熟悉分析对象来尽可能避免。

③失效模式定义不合适。区分不同的失效模式是进行正确的 PSA 定量分析的基础,各种失效模式往往代表着部件的不同工作状态或功能需求,同一个设备在不同的工况下可能具有不同的失效模式。确定其效应的最好方法就是试用其他模型,这样至少可以避免使用不正确的模型。对于难以确定失效模式的部件,可进行重要度或敏感性分析,以明确该不确定性可能造成的总结果的误差。

④定量化过程中利用了近似。由布尔代数运算、截断以及筛选引入的不确定性都属于这一类。这些简化运算的主要后果可能是消去了一些低频率割集或事故序列对堆芯损坏频率的贡献,有可能产生显著的不确定性(比如割集和序列的频率虽然很低,但是数目很大)。分析这种不确定性的方法一般就是选择不同的截断值进行敏感性计算,获得最佳数值,或者使用其他不进行简化求解的计算机软件,进行直接求解。随着计算方法的完善和计算机软、硬件技术的提高,这种不确定性的改善方法已经越来越被分析人员所掌握。

⑤人员失误。人员失误本身就带有很大的不确定性,所以计算人员失误的模型的不确

定性可能会传播到事故序列的分析结果中。对于核电厂这样高可靠性的系统，人员失误变得十分显著。这种不确定性除了改进人员失误本身的计算模型外，可以通过人误事件重要度和数据敏感性的分析评估该事件对总的堆芯损坏频率的影响权重，以尽快找到改善的着眼点。

(3)参数的不确定性。

由于数据的缺乏、电站系统或部件的变化，以及由专家所作的工程判断，造成 PSA 所用的各种模型的参数存在不确定性。参数不确定性是三种不确定性中目前最可定量化的一种。应该重点考虑下列问题：不确定性分析的方法、对不同参数选择分布和输入数值(包括误差因子或标准偏差)的估计，以及在不确定性定量化过程中是否正确处理了相关性(如变量之间的相互关系)，以保证不确定性分析过程在技术上是精确的，其不确定性在模型中的传播是正确的。

8.6.2 不确定性分析过程和结果

在 PSA 分析中，通常对参数不确定性进行定量化计算，主要分析对象是基本事件模型中所使用的各种可靠性参数，包括设备失效率、设备不可用度、始发事件频率和人因失效概率等。

不确定性分析过程是首先在模型中确定可靠性参数的概率分布类型，然后给出一个合理的散差因子，并为故障树和事件树模型中确定的基本事件选择合适的可靠性模型，然后与可靠性参数进行关联，最后通过计算机程序计算出不确定性分析的定量结果，即给出引起堆芯损坏的事故序列、各个始发事件组导致的堆芯损坏频率及电厂总堆芯损坏频率的不确定性分析结果，包括均值、5%分位值、95%分位值和中值，从而得到总的堆芯损坏频率的区间估计值，并可画出该分布的概率密度函数(probability density function，PDF)图和累积分布函数(cumulative distribution function，CDF)图。

设备失效率、始发事件频率及设备不可用度等的概率分布类型和散差因子主要根据通用数据和分析电厂特定数据来确定，有些可以从其他电厂的 PSA 模型获取或者采取专家判断的方法获取。人因失效数据的概率分布和散差因子通过人因分析方法确定。

8.6.3 不确定性分析方法

PSA 中一般采用 Monte-Carlo 模拟法对基本事件输入参数的不确定性进行定量化分析。该方法自从应用于 1975 年美国发表的“反应堆安全研究”(WASH-1400)以来，已经成为不确定性定量分析的基本方法，并已证明它是最容易理解和应用的方法。

Monte-Carlo 模拟法根据 PSA 中的参数(包括始发事件频率、底事件失效率、底事件失效概率等)的概率分布函数产生随机数，由最小割集分析产生的最小割集形成计算顶事件概率的布尔方程，通过反复应用不同的抽样结果来计算顶事件的概率或堆芯损坏频率。当抽样次数越大时，顶事件的概率值或堆芯损坏频率的抽样结果越接近于它的连续分布。

一般不确定性分析可以利用计算机程序自动完成，如在 RiskSpectrum 程序中进行不确定性分析时可以对以下参数进行设置：

(1)抽样的类型,可设置为事件抽样或参数抽样;

(2)抽样的次数,可手动设置,程序默认值是 10 000,最小抽样次数为 1 000;

(3)抽样方式,可设置为手动给出随机变量的初始值,或者自动给出;

(4)计算时,随机变量的初始值可由程序自动生成,也可进行手动设置。

8.7 热工分析的应用

PSA 是一个严谨系统的综合性工具,是一种集合系统所有安全风险信息的综合性安全分析方法。这些信息包括系统设计和运行的物理信息,反应堆瞬态或失去冷却剂事件频率,设备失效率,潜在人员失误,以及信息不确定性水平。PSA 需要考虑包括停堆在内的电厂所有工况,识别和评估可能造成电厂堆芯损坏所有的事件序列。PSA 的目的是综合所有掌握的信息,系统地识别可能会发生什么事情,发生的可能性有多大,如果事情发生会导致什么后果。

PSA 系统地回答三个核电厂风险重要问题:

(1)会发生什么?

(2)事件或事件组合的频率是多少?

(3)如果不受控制,未得到缓解,会导致什么样的后果?

这三个问题被称为风险三联体。在回答这三个基本问题的过程中,需要有若干中间层级的分析结果,每一个都有助于更好地理解系统的风险安全问题。

作为 PSA 分析的中间过程,热工分析为 PSA 提供支持和输入。相对于 PSA 采用的概率论方法,热工分析是一种确定论方法。热工分析是一项对分析者有严格要求的复杂任务,分析者在分析过程中需要对核电厂的主要物理现象有足够的了解,具备相关计算机程序知识。分析者需要采用现实的、适用的(即来自类似电厂的)热工水力学分析来确定事故进程参数(如时间进程、温度、压力),这些参数可能会对缓解系统的可用性有潜在的影响,提供足以满足 CDF 定量化的成功准则和事件时序,确定成功准则对构筑物、系统和部件(SSC)和人员动作的相关影响,以及不确定性对此种确定论的影响等。

换而言之,在 PSA 分析中,进行热工分析的目的是帮助 PSA 分析者了解核电厂在各种假想始发事件下反应堆冷却系统和支持系统的响应过程,以及反应堆堆芯的状态变化,为后续事件树建模的确定提供支持;另一方面,是为了确定在各种始发事件下为保证核电厂安全而必须继续运行或从备用状态投入运行的安全重要系统和系统列数量,以及安全重要设备和设备的类型与数量;给出为缓解事故而依据运行规程进行操纵员干预所允许的时间或缓解事故的安全系统能够使核电厂进入安全状态的任务时间,为人员可靠性分析提供时间窗口以及为系统分析提供任务时间。简单来说,热工分析能为一级 PSA 事件树建立、事件树题头事件(前沿系统)的成功准则,以及故障树分析顶事件的成功准则和人因分析提供依据,为堆芯损坏状态准则的最终确定提供支持。

8.7.1 热工分析的原则

热工分析一般采用最佳估计瞬态分析进行一系列计算,不宜采用过于保守的假设。

PSA 分析中的热工分析通常采用最佳估算模型和计算机程序，以及最佳估算的系统可用性、初始条件和边界条件。

如果对核电厂每个假设始发事件的事故情景均开展热工分析，则工作量过于繁重，且耗时较长。因此，应根据实际需求，适当选择需要开展热工分析的对象。事件树题头的成功准则可以来自安全分析报告，由此得到的成功准则可能过于保守，可能需要开展热工分析。但也无须针对每一个成功准则开展热工分析，可以针对具有包络性和代表性的几个成功准则，开展热工分析。此外，对于安全分析中未涉及的成功准则，应该通过热工分析来确定。

在进行热工分析时，应注意以下问题：

(1)在进行热工分析时，堆芯损坏状态的定义应与 PSA 中的堆芯损坏状态定义相一致，不能存在互相矛盾的地方。

(2)热工分析所采用的计算程序模型应从能力和适用范围方面支持所分析问题的计算，只能在已知的适用范围内使用计算程序和模型，并对结果的合理性进行检查和确认，尤其是应与类似电厂分析结果进行比较并考虑电厂特征的差异，或与其他电厂特有程序的相似分析结果进行比较，或用其他适合于特定分析的方法进行检查，比如简化的工程计算。

(3)在计算时，用于确定堆芯损坏的具体电厂参数(例如燃料包壳最高温度，堆芯坍塌水位)和相关的可接受准则(如温度限值)应非常明确，并尽可能选取符合实际的堆芯损坏的参数，并与当前的最佳实践一致，符合目前的国际惯例。

(4)定义计算程序预计的验收准则。考虑到程序的局限性、模型的复杂性和结果的不确定性，应为程序计算值保留足够的裕量。

(5)应尽量避免采用过于保守或乐观的假设，若采用了保守假设，应估计其对堆芯损坏或放射性释放结果的影响。

(6)分析时，应首先确定每个始发事件的事故发展过程中对防止堆芯损坏或放射性释放的各种缓解功能的最基础的要求；然后根据缓解系统的成功准则，确定相应的系统成功准则；

(7)应对所模化的事件序列规定一个合适的任务时间，应遵循以下原则：

①对 24 小时内事故状态已经发展稳定的电厂状态的序列，其任务时间还是取 24 小时；

②对 24 小时内事故状态仍未能达到稳定的电厂状态的序列，则应采用适当技术进行附加的评估和模化工作，包括：

a. 为该序列指定一个合适的电厂损伤状态(对于一级 PSA 一般为堆芯损坏)，堆芯损坏状态可以分为多个，使序列结束在相应的堆芯损坏状态上；

b. 延长任务时间，并调整受影响的分析使得电厂工况能表明电厂达到可接受的值；

c. 考虑附加的系统恢复、操纵员动作或其他补救措施，以证明达到成功的结果，但必须有关于系统或人员可靠性分析的相关材料的支持。此外，如果所需投入的附加系统或恢复动作的允许时间窗口远远超出 24 小时，则可不考虑人员失误，但必须论证附加系统或恢复动作是可投入的。

8.7.2 热工分析的应用

在 PSA 中,热工分析一般应用于以下几个方面:

(1)通过热工分析,了解核电厂各始发事件的事故发展进程以及系统响应过程,为后续事件序列的建立提供支持。

(2)确定事件树各题头事件的成功准则,即缓解系统的成功准则。通过热工分析,确定成功缓解事故所需的系统及系统所要求的最低配置,包括运行列的数量、设备的类型和数量等。

(3)确定系统的任务时间。通过热工分析,计算使得电厂状态达到稳定所需的系统的最小任务时间,即为该缓解系统的任务时间。

(4)确定操纵员动作的时间窗口。通过热工分析,计算使电厂回到安全、稳定状态所需的操纵员动作的最小时间窗口,为人员可靠性分析提供支持。

第 9 章　低功率/停堆 PSA

核电厂运行状态包括功率运行、低功率、停堆三种。功率运行工况时，反应堆处于临界且产生功率，关键安全系统的自动触发没有闭锁，而且重要的支持系统处于正常的运行配置状态。低功率运行工况时，反应堆功率低于满功率工况下的功率，功率水平可随着反应堆停堆或启动而变化。停堆工况时，反应堆达到规定次临界深度的状态。

核电厂的安全设计主要针对功率运行状态，低功率和停堆状态一般作为安全后撤状态。这导致人们误认为当电厂处于低功率或停堆状态时，电厂已经处于不会产生高风险的安全状态。

然而，尽管低功率和停堆时反应堆释热率和热容量较功率运行时小得多，且所处环境也不比功率运行工况恶劣，但是此时电厂的系统配置和状态复杂多变，且手动操作居多，增加了人员误操作的可能性。而在功率运行工况下，电厂的运行完全是基于控制和保护系统的自动调节与反馈闭环的自动稳定运行状态，操纵员几乎无须干预。此外，停堆状态下，众多专设安全设施的触发信号已经闭锁，一些安全系统及设备处于被隔离或检修状态而不可用，原有的多道安全屏障及安全措施已经降级或不存在。

停堆工况下，因硼酸失控稀释导致反应堆重返临界，因余热排出系统失效导致堆芯裸露等都可能给核电厂带来极大的风险。众多事实和研究结果表明，低功率和停堆状态并不是想当然的安全状态。低功率和停堆状态下电厂堆芯损坏的风险通常与功率运行状态下电厂堆芯损坏的风险处于同一风险水平。20 世纪九十年代，许多核工业及 PSA 技术发达的国家，如美国、法国、瑞典、日本等，都将事故风险研究从过去传统的功率运行工况事故风险拓展到了低功率及停堆工况的潜在事故风险。

根据电厂运行状态的不同，核电厂 PSA 通常分为功率运行工况 PSA、低功率和停堆工况 PSA。这样划分的原因是，站在 PSA 的角度，与功率运行工况相比，低功率和停堆工况下电厂的响应、电厂配置通常有较大的不同。如果两者电厂响应与配置没有区别，也可以将功率运行 PSA、低功率和停堆工况 PSA 合并。一般来说，低功率及停堆工况 PSA 根据始发事件的不同，分为低功率及停堆工况内部事件 PSA、低功率及停堆工况内部火灾 PSA、低功率及停堆工况内部水淹 PSA 等。

低功率及停堆 PSA 可以参考功率运行状况 PSA 的模型，本章重点介绍低功率及停堆工况内部事件 PSA，包括低功率及停堆 PSA 的技术原理、与功率运行工况 PSA 的主要不同之处——电厂运行状态划分、与功率运行工况 PSA 模型的接口与整合。

9.1 技术原理

低功率及停堆工况 PSA,分析功率运行工况 PSA 所没有覆盖的其他所有电厂状态。与功率运行工况 PSA 相比,低功率及停堆工况 PSA 中电厂的运行状态多种多样。功率运行工况下核电厂运行状态只有一个——核电厂功率运行,而低功率及停堆工况下,电厂从功率运行工况降到冷停堆工况,其间堆芯释热率及热容量在不断减少,运行的控制和保护手段在不断变化,专设安全设施及其支持系统的可用性也在不断变化。在核电厂低功率及停堆工况 PSA 中,需要首先对这些状态进行定性分析,识别和定义有代表性的典型的核电厂运行状态,在此基础上建模并定量化分析。

低功率及停堆工况 PSA 的目的是定量化低功率及停堆工况下电厂堆芯损坏的风险。分析工作主要包括九个技术要素:电厂运行状态分析、始发事件分析、事件序列分析、成功准则、系统分析、人员可靠性分析、数据分析、相关性分析、模型整合和定量化。

9.1.1 电厂运行状态分析

电厂运行状态(Plant Operation State,POS)分析是低功率及停堆 PSA 特有的技术要素,这是与功率运行工况 PSA 的主要区别,也是低功率及停堆 PSA 工作的难点。该技术要素的目的是对低功率及停堆工况中电厂复杂多样的运行状态进行分析,通过合理的简化和假设,将电厂从功率运行工况降到冷停堆工况这一动态过程离散成若干典型状态,每个状态下可能对电厂风险有影响的因素可以认为是稳定的。在进行电厂运行状态分析前,应先对电厂进行走访,充分了解电厂实际运行情况,特别是停堆过程。

电厂运行状态分析主要包括以下三方面内容。

(1)采用结构化、系统化的方法,识别和定义一组低功率及停堆期间的典型电厂状态,它们应代表功率运行 PSA 所没有覆盖的所有电厂状态。这一过程需要基于电厂运行模式,根据启停堆规程,以反应堆冷却系统(RCS)水位、温度和压力,以及各主要系统、设备的状态为依据,初步确定若干个电厂运行状态,认为在某一个电厂运行状态中各主要系统、设备的状态都是相对稳定的。

(2)对识别出的电厂运行状态进行归并与分组。明确各电厂运行状态的初始状态,包括反应堆冷却系统温度和压力、主要系统的状态、电源的状态、信号可用性等,梳理各电厂运行状态期间电厂的主要活动。基于这部分信息,结合 PSA 建模详细程度,将同类电厂运行状态进行归并和分组。

(3)确定电厂运行状态重要参数。根据历次停堆报告和电厂运行记录,分析计算每个电厂运行状态的频率、持续时间、一年中所占的份额,并给出合适的余热水平,以作为后续事件序列分析、成功准则等要素的分析基础。

功率运行工况 PSA 的分析范围仅仅为核电厂功率运行状态,低功率及停堆工况 PSA 的分析范围则更为广泛,它涵盖了核电厂从功率运行工况降到冷停堆工况的整个过程。因此,低功率及停堆工况 PSA 需要进行电厂运行状态分析,将功率运行工况降到冷停堆工况这一动态过程划分为一个个离散的典型电厂工况,进而计算分析每个离散工况下的风险水平。功率运行工况 PSA 不必进行电厂状态分析,而低功率及停堆工况 PSA 的首要步骤即为电厂运行状态分析,这是功率运行工况 PSA 与低功率及停堆工况 PSA 最大的不同。

9.1.2 始发事件分析

始发事件是造成电厂扰动并有可能导致堆芯损坏的事件,它是否会最终导致堆芯损坏依赖于电厂各个缓解事故的系统能否成功地运行。始发事件分析的目的是识别影响电厂正常运行且要求成功缓解以防止堆芯损坏的事件。

低功率及停堆工况 PSA 中始发事件分析与功率运行工况 PSA 中始发事件分析的方法类似,主要包括确定始发事件、始发事件分组、始发事件频率分析三方面内容。

功率运行工况 PSA 始发事件只需要识别一个电厂运行状态下的始发事件清单,而低功率及停堆工况 PSA 中,需要确定所有电厂运行状态下的始发事件清单。确定其他电厂运行状态下的始发事件是否在当前电厂运行状态下可能发生,并识别由于电厂状态变化产生新的始发事件,对需要研究的始发事件清单进行分析以确保始发事件清单的完整性。

某压水堆低功率及停堆工况 PSA 中的始发事件清单如表 9-1 所示。该反应堆将电厂运行状态划分为三种:安全/冷停堆工况、RCS 满水/降压至 mid-loop 的过渡工况、mid-loop/压力容器法兰面工况。每种电厂运行状态下均有对应的始发事件。因此,低功率及停堆工况 PSA 的始发事件是指特定始发事件与特定电厂运行状态的组合。

表 9-1 某压水堆低功率及停堆工况 PSA 中的始发事件清单

编号	始发事件	电厂运行状态分组
1	安全/冷停堆(RCS 满水)期间丧失厂外电	安全/冷停堆工况(RCS 满水并保持完整)
2	安全/冷停堆(RCS 满水)期间丧失正常余热排出系统	
3	安全/冷停堆(RCS 满水)期间丧失设冷水/厂用水	
4	安全/冷停堆(RCS 满水)期间大破口	
5	排水到 mid-loop 期间 RCS 排水过多	RCS 满水/降压至 mid-loop 的过渡工况
6	RCS 排水工况期间丧失厂外电	mid-loop/压力容器法兰面工况(RCS 排水和降压)
7	RCS 排水工况期间丧失正常余热排出系统	
8	RCS 排水工况期间丧失设冷水/厂用水	
9	RCS 排水工况期间大破口	

此外,与功率运行工况 PSA 中始发事件分析不同的是,在低功率及停堆工况 PSA 中,人员失误导致的始发事件比较普遍。对于这些始发事件,可以用人员可靠性分析方法来定量化。

9.1.3 事件序列分析

事件序列分析的目的是模化始发事件发生后电厂系统、操纵员的动作响应,识别并定量化可能造成电厂堆芯损坏的事件序列。

低功率及停堆工况 PSA 中事件序列分析与功率运行工况 PSA 中事件序列分析的方法类似,通常采用事件树方法。低功率及停堆工况 PSA 事件序列分析需要对始发事件和电厂运行状态的所有组合都分析确定事件序列,而功率运行工况 PSA 中一个特定的始发事件只有一个事件序列,因此低功率及停堆工况 PSA 中由于一个特定的始发事件可能有不同电厂运行状态,使得对某个特定的始发事件可能有不止一棵事件树。如图 9-1 和图 9-2 所示,某压水堆低功率及停堆工况 PSA 中始发事件“丧失厂外电”就对应了两棵事件树——安全/冷停堆期间丧失厂外电事件树和反应堆冷却系统排水工况期间丧失厂外电事件树。

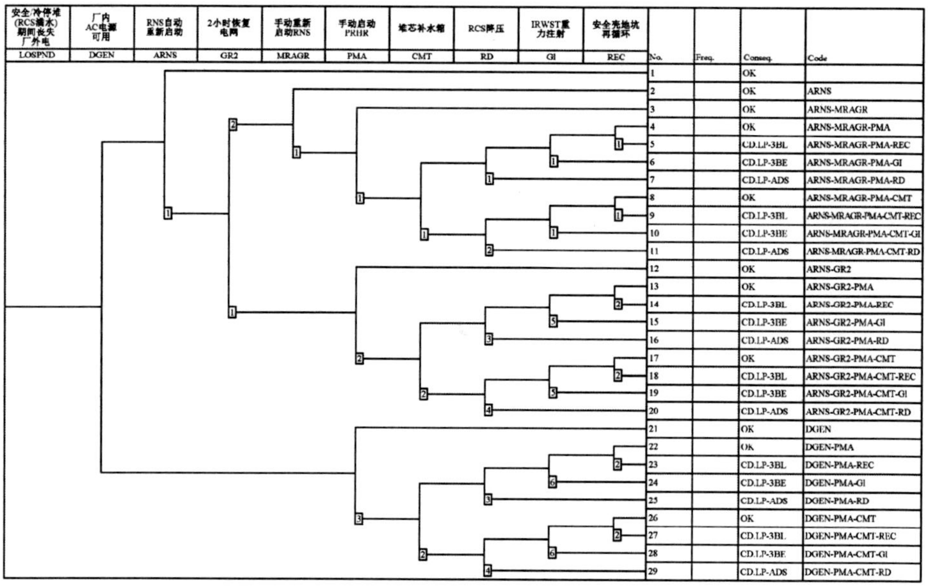

图 9-1　某压水堆安全/冷停堆期间丧失厂外电事件树

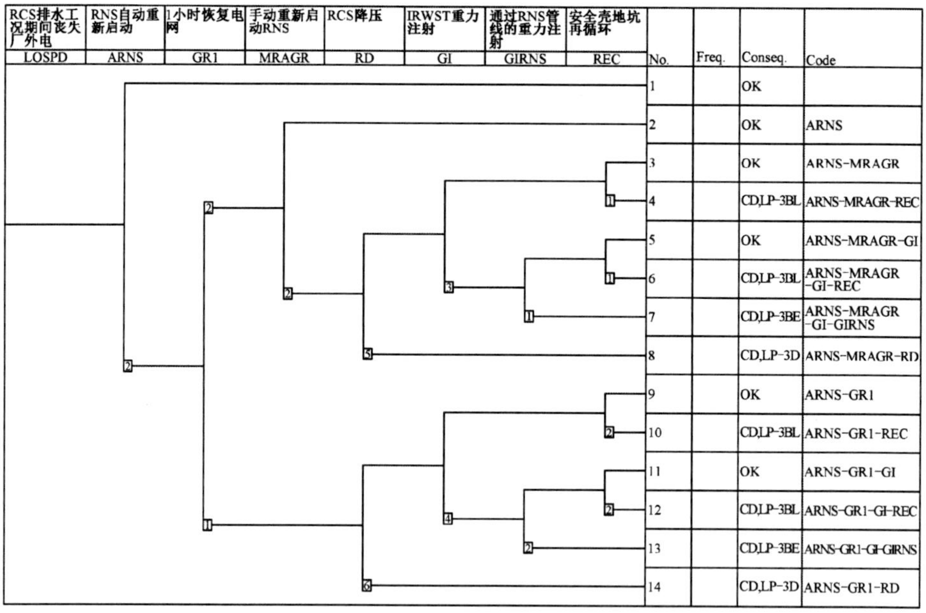

图 9-2　某压水堆反应堆冷却系统排水工况期间丧失厂外电事件树

此外，与功率运行工况 PSA 不同的是，在低功率及停堆工况 PSA 中，人误导致的始发事件是比较普遍的，而且对这些始发事件的响应也往往需要人员动作的干预。因此，在对这类人误导致的始发事件进行事件序列分析时，需要考虑引起始发事件的人误和后续的人员动作响应之间的相关性，这是在低功率及停堆工况 PSA 中应特别注意的地方。

9.1.4 成功准则

成功准则是判定电厂特定措施成功还是失败的基准，定义并说明导致电厂堆芯损坏这一总的成功准则，以及事件序列中系统、构筑物、部件及操纵员动作响应的成功准则。低功率及停堆工况 PSA 的成功准则定义方法与功率运行工况 PSA 相同。

9.1.5 系统分析

系统分析的目的是定量化始发事件、事件序列分析中涉及的系统失效概率，找到故障树的最小割集，识别出导致系统失效的主要基本事件组合，通常采用故障树建模方法实现。在低功率及停堆工况 PSA 系统分析中，需要特别注意的是电厂运行状态对系统分析有非常大的影响。特定电厂运行状态下，某系统或系统中某设备可能处于计划维修状态，此时，系统分析中这类系统或设备的不可用度直接为 1。

9.1.6 人员可靠性分析

人员可靠性分析的目的是定量化低功率及停堆 PSA 涉及的人员动作导致失误的概率。与功率运行工况 PSA 相同，低功率及停堆工况 PSA 中的人误事件也分为三类：始发事件前人员动作（A 类人员动作）、引起始发事件的人员动作（B 类人员动作）、始发事件后人员动作（C 类人员动作）。

与功率运行工况 PSA 相比，低功率及停堆工况 PSA 人员可靠性分析需要考虑的特殊条件包括以下几部分：

（1）人的动作所允许的时间窗口一般较长（由于较低的余热水平）。

（2）人误事件中错误（诊断错误、选择错误操作对象、选择错误规程等）是主要的，而遗漏（如遗漏了规程中某一操作步骤）是次要的。

（3）不同操作之间时间窗口变化很大（可以从半小时到几十小时）。

（4）需要分析的人误事件较多。

（5）由于低功率及停堆工况下详细指导规程和培训较少，操纵员事故诊断和动作执行存在一定的困难，操作相对生疏。

（6）人误事件在主控室内外都可能发生。

（7）同一事故序列中可能包含多个人误事件，需要对这些人误事件的相关性进行仔细分析。

9.1.7 数据分析

数据分析的目的是提供 PSA 模型中系统定量化分析和事件序列定量化分析中所需始发事件的频率或基本事件的概率。主要包括设备可靠性参数（运行、启动失效概率和试验/维修导致的不可用度）、始发事件发生频率、共因失效概率、人员失误概率。

其中维修不可用度数据统计在低功率及停堆工况 PSA 中具有独特性。在低功率及停堆工况下，有些设备或系统可能处于计划性维修中，在统计不可用度时，需考虑在大修期间开展的这些计划性维修活动，但是这些低功率及停堆工况下特有的不可用时间要与其他的不可用时间区分开来，而不能混在一起进行统计。同时，这些计划性维修活动可能只在某些特定电厂运行状态下才开展，因此需要按照电厂运行状态进行统计。

此外，与功率运行工况 PSA 相比，低功率及停堆工况 PSA 必须额外收集特定电厂停堆时间进程，对每一个低功率及停堆进程考虑特定电厂运行状态的开始时间、持续时间和特殊的维修组态。这些数据与电厂管理密切相关，因此完全是电厂特定的，在条件具备时应收集电厂特定数据。对于设计阶段或在建阶段的核电厂，在条件不具备时，可参考类似设计电厂相关信息。

9.1.8 相关性分析

相关性分析的目的就是对核电厂的部件之间、系统之间的在功能、硬件及人的因素等方面的相关性所造成的相关故障事件进行识别和评价。低功率及停堆工况 PSA 中相关性分析的方法与功率运行 PSA 相同。与功率运行工况 PSA 相比，低功率及停堆工况 PSA 中由于人员操作任务繁重且时间有限，可能会发生较多的人误动作，在事件序列和系统建模中应特别注意这类人员动作的相关性。

9.1.9 模型整合和定量化

模型整合和定量化是 PSA 的最后一步，其目的是整合 PSA 模型，并进行定量化分析，得到反映电厂实际的尽可能实现的风险见解。低功率及停堆工况 PSA 模型包括低功率及停堆工况所有电厂运行状态的 PSA 模型，低功率及停堆工况 PSA 堆芯损坏频率值应为低功率及停堆工况所有电厂运行状态堆芯损坏频率值的加和。低功率及停堆工况 PSA 定量化结果包括总的堆芯损坏频率，各电厂运行状态下的堆芯损坏频率，支配性事件序列，支配性最小割集，对堆芯损坏贡献大的始发事件，重要度分析，敏感性分析。这些结果共同构成了低功率及停堆工况 PSA 风险见解。

9.2 核电厂运行状态分析

除了技术要素电厂运行状态分析外，低功率及停堆工况 PSA 中其他技术要素（包括始发事件分析、事件序列分析、成功准则、系统分析、人员可靠性分析、数据分析、相关性分析、模型整合和定量化）的分析方法与功率运行工况 PSA 类似。

电厂运行状态分析是低功率停堆工况 PSA 与功率运行工况 PSA 的主要区别点。它是在功率运行工况 PSA 中不必考虑，而低功率及停堆工况 PSA 中必须重点考虑的技术要素，也是低功率及停堆工况 PSA 的主要技术难点。

考虑到电厂运行状态划分的特殊性和重要性，本书对电厂运行状态分析单独建立一小节，重笔介绍低功率及停堆工况 PSA 中电厂运行状态分析的方法和示例。

与功率运行工况相比，低功率及停堆工况期间电厂的运行状态有很大的动态变化，无法同功率运行工况一样构造静态的电厂模型进行分析。解决方法是根据核电厂在停堆工况下的一些参数(如堆芯功率水平、衰变热水平、一回路水位和衰变热移出机制等)变化,将核电厂低功率及停堆工况划分为不同的电厂运行状态进行评价。在每一个电厂运行状态下,其运行参数相对恒定(在建模分析时也认为是恒定的),但同其他电厂运行状态相比,其影响风险的方式却有所不同。

低功率及停堆工况 PSA 的第一步是电厂运行状态分析,即对电厂运行状态进行划分。识别低功率和停堆期间电厂的所有可能运行状态,通过合理的假设和简化,将低功率及停堆这一动态过程划分成若干个离散状态。

电厂运行状态分析是低功率及停堆工况 PSA 特有的技术要素,目的是确定 PSA 模型中始发事件发生时电厂的初始状况。电厂运行状态划分主要包括识别定义电厂运行状态,电厂运行状态的归并以及电厂运行状态重要参数的确定。

9.2.1 识别定义电厂运行状态

低功率及停堆工况 PSA 过程中,需要针对典型的停堆类型分别开展电厂运行状态分析,比如换料停堆电厂运行状态分析、维修停堆电厂运行状态分析。电厂运行状态的确定是确定电厂运行参数相对恒定、安全特征类似的各种电厂组态,即划分电厂运行状态并选取特征量定义电厂运行状态。在低功率及停堆工况 PSA 建模中将各电厂运行状态看作是恒定的,以各电厂运行状态为出发点进行后续分析。电厂运行状态的特征量可能为:

(1)技术规格书规定的反应堆冷却系统运行模式;

(2)反应堆冷却系统组态,如开口还是未开口;衰变热移出机制,如产生蒸汽还是余热排出;

(3)反应堆冷却系统参数,如功率水平或衰变热水平、温度、压力、水位;

(4)用于定义电厂运行状态的反应堆冷却系统组态和参数发生变化的活动。例如:排水、充水排气、稀释、移动燃料、降温、一回路压力或管嘴挡板和(或)环路隔离等;

(5)安全壳状态(如惰化、完整、开口)。

定义电厂运行状态的特征量可能为几个或多个,如果选用的特征量尽可能少且简化、贴合实际,则有利于模型的理解和组态的控制。在工程实践中,一般选取若干比较重要和能够体现停堆进程的特征量。通常情况下,运行模式、一回路状态、衰变热移出方式是在定义电厂运行状态时广泛使用的特征量。

电厂运行状态的确定是随着低功率及停堆工况 PSA 后续分析工作的进展而反复迭代进行的,以致初始的电厂运行状态定义有可能改变。例如,随着成功准则的制定和数据工作的进展,可能会发现由于衰变热超出了在大修早期可供替用的某个衰变热移出系统的承受能力,导致该系统可能在某一特定电厂运行状态期间不可用。如果因此会导致结果比较保守,那么可能需要重新定义电厂运行状态。

以某电厂为例,该电厂根据电厂运行技术规范、操作规程、电厂的启动、停闭程序、停堆计划等信息,将电厂运行状态划分为 6 个,如表 9-2 所示,其中低功率及停堆工况电厂运行状态为 POS-B/C/D/E/F。

表 9-2 某电厂运行状态划分示例

电厂运行状态	名称	压力/MPa	平均温度/℃	一回路冷却剂装载量	衰变热移出手段
A	功率运行	15.5	291.4~310	一回路满水,稳压器双相状态	SG、主给水系统
B	低功率及热停堆	$P11 \leq P \leq 15.5$	$P12 \leq T \leq 291.4$	一回路满水,稳压器双相状态	SG、GCT-A/GCT-C 阀、启动给水系统
C	双相中间停堆(SG 冷却)	$2.4 \leq P \leq P11$	$160 \leq T \leq P12$	一回路满水,稳压器双相状态	SG、GCT-A/GCT-C 阀、启动给水系统
D	正常停堆(RRA 冷却)	$0.5 \leq P \leq 3.0$	$10 \leq T \leq 180$	一回路满水(投运 RRA 后,稳压器汽腔淹没)	余热排出系统(SG 备用)
E(R1-T、R1-S)	一回路微开口的维修冷停堆	$0.1 \leq P \leq 0.5$	$10 \leq T \leq 60$	LOI-RRA	余热排出系统(SG 备用)
E(R2-T、R2-S)	一回路微开口的维修冷停堆	$0.1 \leq P \leq 0.5$	$10 \leq T \leq 60$	稳压器 0 m 水位	余热排出系统(SG 备用)
F(R1-T、R1-S)	一回路打开的维修冷停堆	大气压力	$10 \leq T \leq 60$	LOI-RRA	余热排出系统(PTR 系统备用)
F(R2-T、R2-S)	一回路打开的维修冷停堆	大气压力	$10 \leq T \leq 60$	压力容器法兰面水位	余热排出系统(PTR 系统备用)

注:SG—蒸汽发生器;P—压力;T—平均温度; PTR—反应堆换料水池和乏燃料水池冷却系统;R1-T、R1-S、R2-T、R2-S—根据不同人因方法和停堆模式对停堆PSA 模型的编码;GCT-A—蒸汽大气排放系统;GCT-C—蒸汽向凝汽器和除氧器排放系统;$P11$、$P12$—反应堆保护系统允许信号。

不同堆型的核电厂，电厂运行状态划分的数量根据反应堆设计有所不同。压水堆通常设置高压安全注入子系统、低压安全注入子系统、安注箱子系统等多种冷却系统，从功率运行到停堆过程中，涉及系统较多。钠冷快堆因其固有安全性高，热量移出手段设置较少，主要通过余热排出系统、主热传输系统排出堆芯热量，从功率运行到停堆过程中涉及系统较少，因此电厂运行状态划分的数量也较压水堆少。

9.2.2 电厂运行状态的归并

为了使电厂运行状态的划分更加现实可行和减少分析工作量，可以根据POS定义的相似性对电厂运行状态进行归并。在同一个电厂运行状态组中，各电厂运行状态所模化的电厂响应是一样的，即事故进程和系统响应与所模化的、典型的响应是相同的（或被后者包络）。

对电厂运行状态进行归并时应同时满足下面两个准则：

（1）这些电厂运行状态在电厂响应、成功准则、对操作的影响以及对操纵员行为和相关缓解系统的影响等方面是相似的；

（2）电厂运行状态归并为一组且该电厂运行状态组被“新”组内的最不利的电厂运行状态所包络，此时应保证不因电厂运行状态归并而覆盖组内各电厂运行状态对堆芯损坏频率和早期放射性释放频率（LERF）的重要贡献项。

从运行模式来说，机组往下走（从功率运行、热停堆到卸料）和往上走（从装料到热停堆、功率运行）所经历的电厂运行状态是对称的，最大的差别在于衰变热水平不一样。合并前的两个电厂运行状态处于相同的运行模式，反应堆冷却系统参数基本一样，反应堆冷却系统组态相同，满足合并的条件。合并后的电厂运行状态的衰变热水平取合并前两个电厂运行状态中情况最恶劣时的衰变热水平，这样处理是保守的。如果这样的保守性对结果影响不大，则可将机组往上走和往下走的类似电厂运行状态合并。

电厂运行状态的归并可能也是一个迭代的过程。例如，如果将机组往上走和往下走的类似电厂运行状态合并后，在成功准则方面对于往上走的电厂运行状态过于严苛，导致结果比较保守，则需要回过头来将电厂运行状态重新分组。

9.2.3 电厂运行状态重要参数的确定

为了后续的始发事件、事件序列以及系统分析等工作的实施，在定义电厂运行状态时，还需弄清每个电厂运行状态的具体活动、持续时间，并对各始末电厂重要的运行参数、系统设备状态（运行/备用/断电等）、信号的可用性（可用/闭锁/断电等）进行全面梳理。

表9-3所示是某电厂主要运行参数、系统/设备在换料停堆POS 4～POS 10中对应的状态示例。如表9-3所示，通过梳理确定各电厂运行状态下系统/设备在运行还是备用或者隔离等的状态，在进行事件序列分析时，可明确地知道哪些系统不可用；在进行系统故障树分析时，可以明确地知道哪些设备不可用，直接定义该设备失效。

表 9-3　某电厂主要运行参数、系统/设备在换料停堆 POS 4~POS 10 中对应的状态示例

	对应的POS	POS 4	POS 5	POS 6	POS 7	POS 8	POS 9	POS 10	
		始	始	始	始	始	始	始	末
运行参数	裂变功率/%FP	0	0	0	0	0	0	0	0
	PRZ压力/MPa(g)	2.96	0.34	0.34	0	0	0	0	0
	RCS平均温度/℃	93	<50	<50	<50	<50	<50	<50	<50
	RCS水位/m	PRZ 满水	PRZ 满水	RCS 5 m	RCS 5 m	RCS 12.15 m	RCS 12.15 m	RCS 5 m	RCS 5 m
	SG压力/MPa	0.04	0	0	0	0	0	0	0
	SG水位(二次侧)	满水	满水	满水	满水	满水	满水	满水	满水
	RWST水位	9.7 m	9.7 m	约10 m	约10 m	2~3 m	2~3 m	约10 m	约10 m
系统/设备	辅助给水	备用	D.E.	D.E.	D.E.	D.E.	D.E.	D.E.	D.E.
	启停给水	D.E.	D.E.	D.E.	D.E.	D.E.	D.E.	D.E.	D.E.
	安注系统	D.E.	D.E.	D.E.	D.E.	D.E.	D.E.	D.E.	D.E.
	安注箱	隔离	隔离	隔离	隔离	隔离	隔离	隔离	隔离
	余热排出	运行	运行	运行	运行	运行	运行	运行	运行
	离心泵上充泵	运行	运行	运行	运行	运行	运行	运行	运行
	往复式上充泵	停	停	停	停	停	停	停	停
	MSIV	关	关	关	关	关	关	关	关
	主给水	停	停	停	停	停	停	停	停
	安全壳喷淋	D.E.	D.E.	D.E.	D.E.	D.E.	D.E.	D.E.	D.E.
	主泵	停1台	全停	全停	全停	全停	全停	全停	全停
	PRZ卸压阀	关	开	开	开	开	开	开	开
	PRZ安全阀	关	关	拆卸	拆卸	拆卸	拆卸	拆卸	拆卸

此外,每个电厂运行状态的持续时间是进行低功率及停堆工况 PSA 分析中的一个重要参数。在确定了电厂运行状态并且合并分组之后,为了进行事件序列定量分析,需要给出每一个电厂运行状态的持续时间。每个电厂运行状态组的持续时间等于组内各个电厂运行状态的持续时间之和。

确定电厂运行状态持续时间的方法通常有以下两种:

(1)参考同类电厂 PSA 项目中的电厂运行状态持续时间;

(2)在审查适用的特定电厂记录(例如大修计划、维修记录、主控室操纵员日志)的基础上,确定停堆进程内各个电厂运行状态的平均持续时间和停堆后进入该电厂运行状态的时间。

对于运行核电厂来说,在条件具备的情况下,应尽可能采用第 2 种方法,以便充分体现特定电厂的大修管理特性。通常来说,电厂运行状态相关的时间统计(持续时间和累积时间)需要本电厂最近六次大修的数据。

以某电厂为例,该电厂通过对多次换料停堆信息进行统计,得到部分电厂运行状态的持续时间,如表 9-4 所示。

表 9-4 某电厂运行状态的持续时间示例

序号	电厂运行状态名称	持续时间/h
1	低功率运行及停堆	14.5
2	用 SG 将反应堆冷却到 180 ℃	9
3	用 SRH 将反应堆冷却到 93 ℃	45
4	用 SRH 将反应堆冷却到大气温度	9.5
5	RCS 排水至压力容器法兰面水位	47.8
5M	RCS 排水至 mid-loop 水位	18.5

低功率及停堆工况 PSA 工作前期,电厂运行状态的识别划分、电厂运行状态重要参数的计算与梳理,对后续始发事件分析、事件序列分析、系统分析等工作起着至关重要的作用,是这些工作开展的基础。电厂运行状态分析工作是一个需要大量搜集和处理电厂信息的工作,是低功率及停堆工况 PSA 的一个关键技术点,需要充分了解电厂实际运行情况,所需收集的资料包括技术规格书、停堆规程、应急操作规程、历次换料停堆报告、维修停堆报告、主要系统的说明书、主要系统的运行规程等。

9.3 与功率运行模型的接口和整合

低功率及停堆工况 PSA 工作可以在功率运行 PSA 模型的基础上开展。低功率及停堆工况 PSA 与功率运行工况 PSA 方法原理一致,主要的区别在于:

(1)低功率及停堆工况 PSA 包含多种电厂运行状态,需要对电厂运行状态进行离散划分。

(2)与功率运行工况相比,低功率及停堆工况期间电厂配置及设备状态可能有较大不同。

低功率及停堆工况 PSA 可以从功率运行火灾 PSA 模型中获取电厂足够的信息,这些信息包括功率运行期间电厂可能发生的始发事件或始发事件组清单,功率运行 PSA 模型中考虑的设备清单、设备失效模式及设备可靠性数据,进行事件序列分析的事件树模型,进行系统分析的故障树模型,等。以这些信息为基础,分析识别低功率及停堆工况下的区别,对功率运行 PSA 模型进行修改,从而建立低功率及停堆工况 PSA 模型,或者以功率运行 PSA 模型为参考,重新建立低功率及停堆工况 PSA 模型。

从 PSA 技术要素的角度,低功率及停堆工况 PSA 与功率运行工况 PSA 的接口主要表现在四个方面。

1. 功率运行 PSA 模型始发事件清单可作为低功率及停堆工况 PSA 始发事件分析的输入

功率运行 PSA 模型中的始发事件可作为低功率及停堆工况 PSA 始发事件分析的重要补充输入。分析筛选功率运行 PSA 模型中的始发事件,制定筛选原则,确定低功率及停堆工况不同运行模式下是否需考虑这些始发事件。

以某电厂为例，该电厂功率运行工况 PSA 模型中有 26 类始发事件，分析这 26 类始发事件是否应该在低功率及停堆工况 PSA 不同电厂运行状态下考虑，并制定始发事件筛选准则，该电厂筛选准则如下：

（1）某些始发事件的电厂响应可由功率运行事件包络，可筛选掉这些事件。与功率运行工况相比，停堆下这些事件对总的堆芯损坏频率的贡献可以忽略，因为这些电厂工况的时间相对较短且操纵员干预有额外的可用时间。

（2）反应堆冷却系统状态更加稳定安全（即反应堆停堆、压力和温度降低、衰变热低）使得某些事件不会在停堆模式下发生，可筛选掉这些事件。

（3）停堆期间特殊的系统配置会防止某些事件的发生，可筛选掉这些事件。

（4）没有被筛选掉的事件将在停堆 PSA 中进一步分析

以上述筛选准则为基准，该电厂对功率运行工况 PSA 模型中的 26 类始发事件进行筛选，筛选出需在低功率及停堆工况 PSA 中考虑的始发事件，始发事件筛选矩阵示例见表 9-5。

表 9-5　某电厂低功率及停堆工况 PSA 始发事件筛选矩阵示例

始发事件	模式1和2 功率运行	模式3 热备用 $T_{RCS}>215.6$ ℃(420°F)	模式4 安全停堆 215.6 ℃(420°F)$>T_{RCS}>93.3$ ℃(200°F)	模式5 冷停堆 $T_{RCS}>93.3$ ℃(200°F)	模式6 换料 RCS开启
丧失冷却剂事故					
大破口LOCA	×	1	2	2	2
中破口LOCA	×	1	2	2	2
CMT管线破裂	×	1	2	2	2
安注管线破裂	×	1	2	2	2
小破口LOCA	×	1	4	4	2
RCS泄露	×	1	4	4	2
PRHR传热管破裂	×	1	2	3	3
SGTR	×	1	2	2	2
反应堆压力容器破裂	×	1	2	2	2
ISLOCA	×	1	4	4	2
瞬态					
误停堆	×	2	2	2	2
RCS失流	×	1	1	3	3
丧失一台SG主给水	×	1	3	3	3
堆芯功率剧增	×	2	2	2	2
丧失CCS/SWS	×	4	4	4	4

注：×表示在功率运行 PSA 中考虑；1 表示因为被功率运行事件包络而筛选掉；2 表示反应堆冷却系统工况避免了事件的发生而筛选掉；3 表示系统布置避免了事件的发生而筛选掉；4 表示在停堆 PSA 中评估。

如表 9-5 所示，模式 1～6 是划分的六类电厂运行状态，模式 3～6 是低功率及停堆工况 PSA 中需要考虑的电厂运行状态。纵列始发事件是功率运行 PSA 中的始发事件清单。分析结果可知，功率运行工况中考虑的一些始发事件可以在某电厂运行状态下不作考虑，如功率运行工况 PSA 中考虑的大破口 LOCA、中破口 LOCA、堆芯补水箱管线破裂等始发事件在模式 3 下，因为电厂运行状态持续时间较短且操纵员干预有额外的可用时间，其对堆芯损坏频率的贡献可以忽略而不作考虑。另外一些功率运行 PSA 中考虑的始发事件在某电厂运行状态下考虑,如小破口 LOCA 在模式 4 和模式 5 中考虑。最终,以功率运行 PSA 始发事件清单为输入,识别出低功率及停堆工况 PSA 中需考虑的部分始发事件。

2. 功率运行 PSA 模型中的设备失效数据可作为低功率及停堆工况 PSA 的输入

功率运行 PSA 模型工作中已经搜集建立了大量通用电厂或该电厂特有的设备失效模式、设备失效、共因失效数据库,这些数据库可以在低功率及停堆工况 PSA 模型中被直接使用。此外,一些始发事件频率可直接使用功率运行工况中计算的该始发事件频率加权时间份额,从而计算出低功率及停堆工况某堆芯损坏频率下的该始发事件的发生频率。

3. 功率运行 PSA 模型中的系统故障树建模可作为低功率及停堆工况 PSA 的输入

低功率及停堆工况中考虑的某些系统已经在功率运行工况 PSA 中被考虑并建立系统故障树模型。如果两种工况下,系统的功能要求、成功准则、人因等均无变化,这些系统故障树模型可以直接用于低功率及停堆工况 PSA 的系统故障树建模中。分析功率运行工况与低功率及停堆工况下系统的差异性,对功率运行工况下的系统故障树模型进行边界条件、成功准则等的模型修订,使之作为低功率及停堆工况下的系统故障树模型。

4. 功率运行 PSA 模型中的共因失效分析可作为低功率及停堆工况 PSA 的输入

通常情况下,电厂低功率及停堆工况下的设备和软件的共因失效与功率运行工况下的共因失效相似。功率运行工况 PSA 中考虑的一些共因失效情景、共因失效数据可直接用于低功率及停堆工况 PSA 共因失效分析工作中。

功率运行工况 PSA 模型可以为低功率及停堆工况 PSA 工作提供大量输入,由于其众多的相似性,一些电厂会直接在功率运行工况 PSA 模型中修订,将修订后的模型作为低功率及停堆工况 PSA 模型,从而减少大量的重复性工作。

低功率及停堆工况 PSA 模型应包括低功率及停堆各堆芯损坏频率下的始发事件、基本事件、事件树、故障树模型。低功率及停堆工况各堆芯损坏频率的加和即为低功率及停堆工况下的堆芯损坏频率值。

第 10 章　内部与外部灾害

10.1　概　　述

核电厂除了由于自身系统或设备故障带来的风险,还存在与核设施运行或核活动不相关联,但可能对核设施安全或核活动产生影响的事件,如地震、洪水、极端天气等。根据始发事件的范围,概率安全分析可以分为内部事件、内部灾害和外部灾害,如图 10-1 所示。内部事件、内部灾害的始发事件来自核电厂内自身系统、设备或构筑物的功能失效,如内部水淹、内部火灾。外部灾害的始发事件来自核电厂外的外界环境灾害,如地震、强风、外部火灾、外部洪水等。

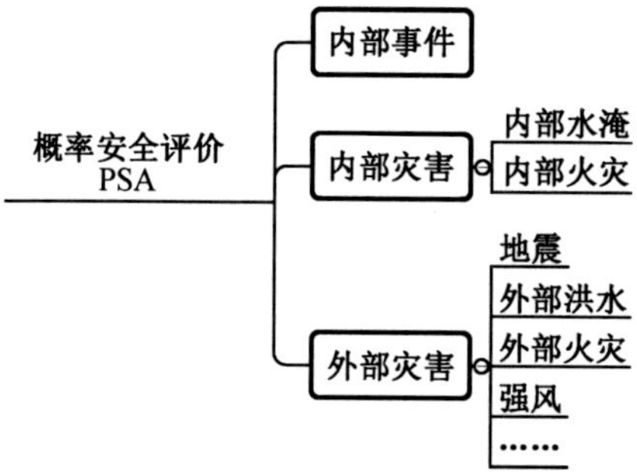

图 10-1　PSA 的分类

在安全评价中外部灾害与内部灾害的选取取决于核电厂选定的厂址。目前,国内外核电厂实际进行 PSA 分析过程中,一般要求应该进行内部事件、内部火灾、内部水淹、地震、外部洪水等分析。

本书选取目前核行业公认风险贡献较大的外部事件进行详细描述,主要描述地震、内部火灾、内部水淹、外部洪水四种情况下的核电厂 PSA 分析方法。

10.2　地　　震

10.2.1　概述

地震又称地动、地震动,是地球表层或表层下的震动所造成的地面震动,可由自然现象如地壳运动、火山活动及陨石撞击引起,亦可由人为活动如地下核试验造成,不过历史上主要的灾害性地震都由地壳的突然运动所造成。对于人类而言,地震的可怕之处在于其发生时间的未知性,也在于地震可能带来的瞬间强有力的破坏性。地震的破坏性体现在地震本身的瞬间爆发，还体现在地震可能引发海啸、山崩、地裂、泥石流、江河泛滥等大型自然灾害，产生连锁、致命的打击。

核电厂安全设计须考虑对自然灾害的防范，地震是主要的自然灾害之一，核电厂的设计应该且必须考虑地震的影响。历史上发生过几次地震导致的核事故。2007 年 7 月，日本新潟县发生 6.8 级地震，导致柏崎刈羽核电厂的若干核反应原料容器倒下，大量的放射性物质因此而泄漏。2011 年 3 月 11 日，日本福岛县发生了 9 级大地震，并引发海啸，导致日本福岛核电厂发生了严重核事故，大量核辐射燃料泄漏到周围环境。福岛县地震发生时，福岛第一核电站 1~3 号机组处于额定运行功率状态，4~6 号机组处于停堆定期检查状态。地震后，正在运行的 1~3 号机组自动停堆。核电厂 6 路外部电源因地震全部丧失，启动了应急柴油发电机，但是随后除 6 号机组的一台柴油发电机之外，其他海水泵、应急柴油发电机以及配电盘都因海啸袭击而被淹没，余热排出系统以及辅助冷却水系统因此均失效。虽然东京电力公司按照严重事故导则，尽最大可能提供供电保障，但还是未能达到良好的效果，最终 1~3 号机组堆芯因缺乏冷却水而裸露，堆芯熔化，部分熔融物滞留在反应堆压力容器底部。

日本福岛核事故表明核电厂存在发生超过设计基准地震的可能性。福岛核事故后，核电厂的地震风险进一步引起了全球核行业的广泛重视，同时也使得美国、法国、德国等国家的核安全理念发生了重大转变，将外部灾害事件列为重点研究内容。而我国对灾害事件的响应和应对上同样采取了一系列措施，特别是对核电厂的地震灾害尤为重视。国家核安全局更将“抗震裕度评价”列为福岛改进项之一，同时国际和我国的三代先进堆型，也都将“抗震裕度评价”作为衡量核电厂安全性的指标之一。

地震安全评价方法包括两种：抗震裕度评估（seismic margin assessment，SMA）和地震 PSA。SMA 方法评价核电厂应对超设计基准事件的安全裕量，选取一个超设计基准地震动水平，论证在超设计基准地震动水平下的抗震能力，系统模化各类地震导致的事故和事故序列，最终得到的定量化结果为电厂级的高置信度低失效概率（high confidence of a low probability of failure，HCLPF）值，HCLPF 值反映了核电厂的抗震裕度水平。地震 PSA 从全概率角度评估核电厂的地震风险，考虑所有可能的地震动水平，评价在不同地震动水平下的条件失效概率，系统模化电厂各类地震导致事故序列，最终定量化结果为地震导致堆芯损坏的频率。

初期阶段，各核电厂以开展 SMA 工作为主，陆续完成了核电厂 SMA 评价，如福清 1~4 机组、海南 1/2 号机组等。随着全范围 PSA 要求的提出，在核能业界对 SMA 和地震 PSA 的研究逐步深入的基础上，各核电厂陆续开展了地震 PSA 工作。目前国内新建核电项目，大多不再考虑开展 SMA 工作，而是开展 PSA，从而能够直接获得地震风险水平的评价结果，获得更多的风险见解。在我国福岛改进项中，核安全监管部门要求对我国在建和运行核电厂进行抗震安全评估工作，将 SMA 作为短期内要求开展的内容。地震 PSA 则作为长期研究内容。本章节详细介绍核电厂地震 PSA 分析方法。

核电厂地震 PSA 的目的是评价地震造成电厂堆芯损坏或放射性释放的频率，识别出风险重要的构筑物、系统或部件（SSC），识别出对电厂风险有明显贡献的地震动范围，从而对电厂安全设计进行评价或优化。

国内外第一份地震 PSA 报告为 1975 年美国西屋发布的 WASH-1400 反应堆安全分析，报告分析结果表明由地震引起的年均堆芯损坏频率为 5×10^{-7}/(堆·年)，与其他风险相比，地震事件不是风险产生的主要因素。1988 年，太平洋燃气电力公司向 NRC 提交了一份关于代阿布洛峡谷核电厂地震 PSA 的详细结果，它是迄今为止实施最为详细的地震 PSA 之一。1991 年，NRC 提出单个电厂外部事件审查计划，要求美国所有核电厂完成包括地震在内的几个外部事件的安全评价，美国近一半电厂选择 PSA 方法进行安全评价，完成了地震 PSA。

为了保证地震 PSA 的完成质量，2003 年，美国核学会发布了地震 PSA 标准 ANS 58.21《外部事件 PRA 方法标准》，这是国内外第一份地震 PSA 标准，同年，美国电力研究院发布了地震 PSA 导则《地震 PSA 执行导则》。2009 年，ASME 与 ANS 联合发布了包含地震在内的 PSA 标准 ASME 2009 版《核电厂一级/早期放射性释放频率风险评估应用标准》。

我国地震 PSA 工作起步较晚，约于 1980 年开始，前期主要处于资料收集吸收阶段。福岛核事故后，新建核电厂在安全审评过程中均相继开展地震 PSA 开发工作。国内已经有多个地震 PSA 工程项目完成，包括 CAP1400 项目地震 PSA 项目、阳江 5/6 号机组地震 PSA 项目、红沿河 5/6 号机组地震 PSA 项目等。

2013 年，我国发布了地震 PSA 标准《应用于核电厂的概率安全评价——第五部分 地震》，以满足我国核电工业界对于地震 PSA 行业标准的需求。地震 PSA 的原理方法流程已趋于成熟，地震 PSA 全过程如图 10-2 所示。

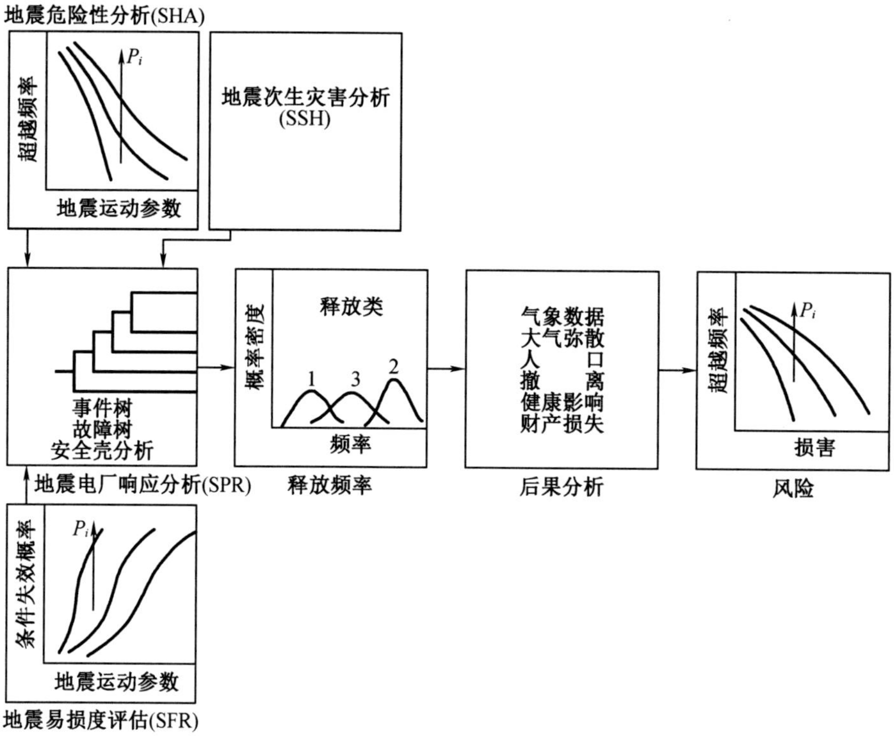

图 10-2 地震 PSA 全过程

(1)地震危害性分析,评价电厂厂址发生地震的频率。

(2)地震次生灾害分析,评估地震可能次生的其他灾害,如地震次生火灾或水淹等。

(3)地震易损度评估,评价地震情况下电厂部件的条件失效概率。

(4)地震电厂响应分析,建立从部件到系统到电厂层级的失效模型。

(5)根据上述步骤分析结果,最终求得释放频率,即堆芯损坏频率或早期放射性释放频率等的概率密度函数;

(6)以各释放类的释放频率曲线为源项,运用气象、大气弥散等方面的专业知识,分析对环境、人口、经济的影响。

目前核电厂地震 PSA 通常只分析至一级 PSA,即分析地震导致电厂堆芯损坏的频率风险,主要包括四大技术要素:地震危险性分析、地震次生灾害分析、地震易损度评估、地震电厂响应分析。地震 PSA 是一个迭代过程,图 10-2 所表明的只是一般性的前后过程,不表示这些要素之间的绝对前后关系及先决条件。

10.2.2 地震危险性分析

地震危险性通常采用地震动峰值参数,例如峰值地面加速度(peak ground acceleration, PGA),在特定时间间隔内的频率分布来进行表征。地震危险性分析的目的是评价厂址所在地的不同水平地面运动(例如 PGA)的发生频率。

如图 10-3 所示,地震危险性分析主要包含如下步骤。

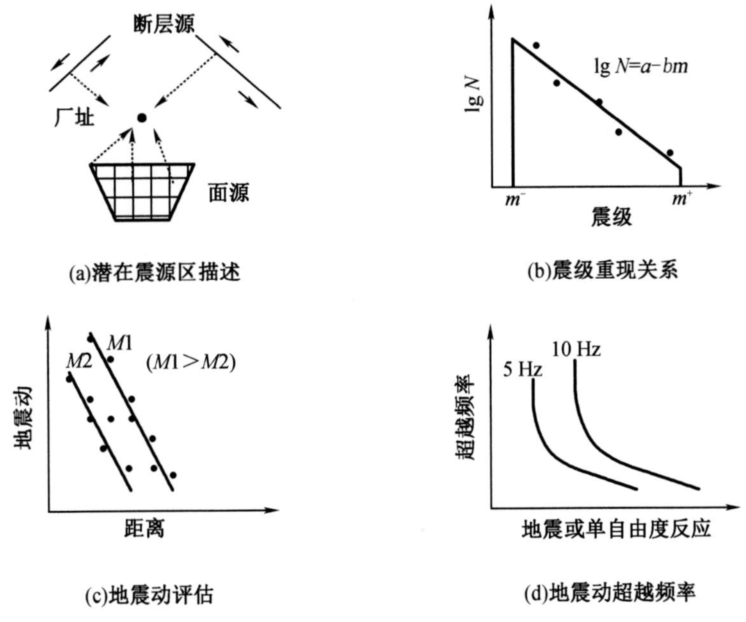

图 10-3 地震危险性分析的基本步骤

(1)鉴别和表征位于厂址周边区域的震源以及它们与厂址的相对位置。

(2)确定地震重现关系。它与每个震源或震源区发生特定震级地震的年频率有关。建立描述每个震源区域内地震的时空分布或重现模型,一般用地震发生频率与地震大小的关系表示，通常被称为矩震级。

(3)确定震源给定震级的地震动衰减关系。针对具体厂址，给定地震发生时的震级和距离，建立一个描述所关心的强震参数(单自由度振子的地面峰值加速度和谱加速度等)的条件分布模型。用震级和厂址距离表示的、不同地震事件运动参数的预测关系被称为地震动衰减关系。

(4)综合以上三个步骤得出选定厂址的地震危险性曲线。

厂址附近不同震级的地震和不同位置的断层可能会导致厂址所在地有相同的地面运动。在评估每一个地面运动级别的发生频率时，危险性分析必须考虑产生这一级别运动的所有来源并且根据产生运动的大小来分组这些来源。在这一确定和分组过程中存在着大量的不确定性，研究人员必须跟踪这些不确定性。

地震危险性分析的输出是厂址所在地的地震危险性曲线，如图 10-4 所示，图中每一条单调递减的曲线都代表超过某级别地面运动的发生频率，不同曲线代表分析中的不确定性，每一条曲线都对应一个表示地震危险性置信度的概率值。

除采用 PGA 作为地震动参数外，也可以采用谱加速度(spectral acceleration，SA)或一致危险谱(uniform hazard spectra，UHS)对地震危险性进行描述，如图 10-5 和图 10-6 所示。地震危险性曲线通常由地震局专业人员与 PSA 团队共同完成。

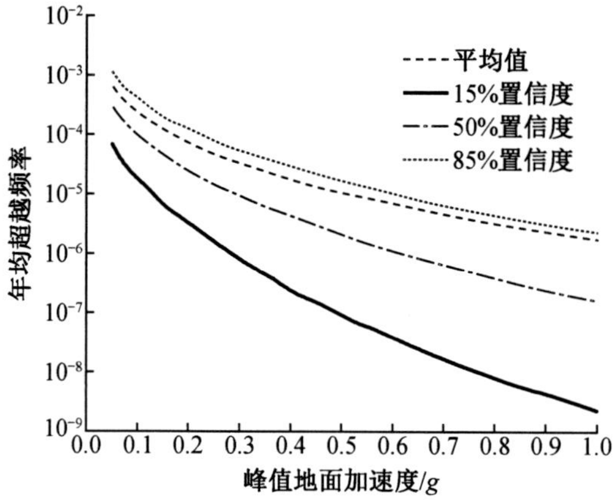

图 10-4　地震危险性曲线

10.2.3　地震次生灾害分析

地震除了造成地震动外，还会间接引起火灾、水灾等，称为地震的次生灾害。例如：地震时电气短路引燃可燃气体、可燃液体等会引发火灾；海底地震可能会引发海啸。地震次生灾害分析的目的如下：

(1)定性评估地震导致次生灾害的可能性；

(2)定性评估地震与次生灾害叠加的潜在风险。

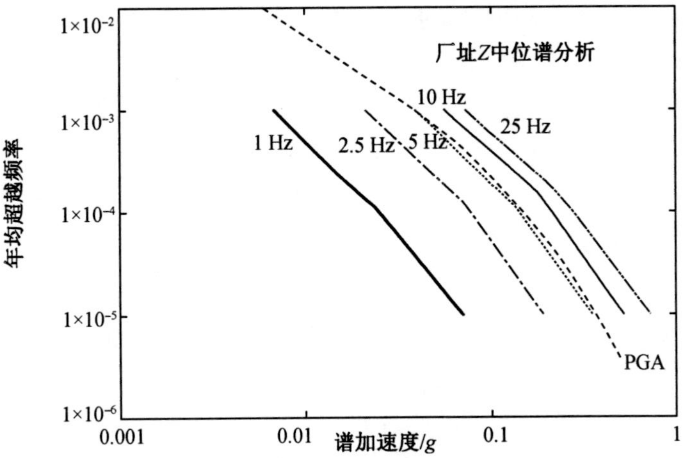

图 10-5 谱加速度危险性曲线

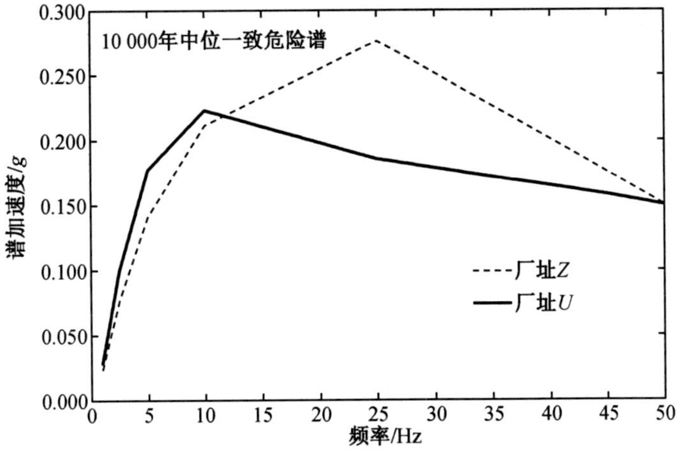

图 10-6 一致危险谱

核电厂地震次生灾害包括但不限于地震次生火灾、地震次生内部水淹、地震次生外部水淹以及海啸等。目前国内外还没有可接受的方法用来定量求出这些次生灾害对风险的灾害。因此，地震 PSA 的最后结果（即 CDF）不要求包括地震次生灾害对定量化结果的贡献，但要求对识别出的每项潜在地震次生灾害定性评估其对电厂震后响应的影响，定性说明核电厂在地震次生灾害下的风险是可接受的。

10.2.4 地震易损度评估

地震易损度评估是评估电厂构筑物和设备在给定地震动输入或响应参数（如 PGA、反应谱、楼层谱）下发生失效的条件概率。在评估核电厂构筑物和设备的抗震能力的时候，我们通常会用到地面加速度情况和设备自身能力这两项因素。地面加速度情况有着较大的不确定性因素，因为地震运动自身就有较大的随机性，同时分析者对地震运动的认知以及描述与真实的地震运动之间又有着一定的差异，因此这就造成了抗震评价中地震输入的不确定性因素。而对于设备自身能力，也有较多的不确定性因素。例如对于失效模式的判断，更多的是根据经验判断，即使在确定的失效模式之下，其参数以及失效概率曲线的形状也有着较大的不确定性。

在地震易损性模型中，通常认为构建在 λ 的地震条件下的失效率 $P_f(\lambda)$ 可以由在 λ 地震强度下表达构筑物和设备状态的函数 $G(\cdot)$ 来表示，如果该状态值小于 0，则代表构筑物和设备失效，反之构筑物和设备未失效。其中地震条件 λ 通常用地震的峰值地面加速度（PGA）或谱加速度（SA）来表示，可以写作：

$$P_f(\lambda)=P[G(\cdot)<0|\lambda] \tag{10-1}$$

其中，构筑物和设备状态函数 $G(\cdot)$ 是一个与构筑物和设备材料相关的且与自身承载能力分布以及载荷分布均相关的函数，主要和两个变量相关，一是构筑物和设备自身的承载能力 C，以及外界施加给构筑物和设备的载荷 D，可以写作：

$$G(C,D)=C-D \tag{10-2}$$

这里面所说的承载能力 C，可以指可承受的最大剪力、弯矩、转矩、倾覆力矩、位移、加速度、层面位移角等指标。承载能力 C 表示的是当构筑物或设备达到不失效的极限状态时，这些指标可以达到的最大值。因此易损性的公式可以写作：

$$P_f(\lambda)=P[C<D|\lambda] \tag{10-3}$$

同样，条件失效概率也可以写作：

$$P_f=P_r(C\leqslant D\mid\lambda)=\int_0^{\infty}[1-F_D(r)]f_C(r)\,\mathrm{d}r \tag{10-4}$$

式中　$F_D(\cdot)$——载荷分布 D 在某点的累积分布概率；

$f_C(\cdot)$——承载能力分布在该点的概率密度。

在现在的核电厂构筑物或设备的易损性计算中，较为常用的易损性计算方法是美国电力研究院推荐的方法，将构筑物或设备的抗震能力值 A 用一个中值以及两个随机变量进行表示：

$$A=A_m\varepsilon_R\varepsilon_U \tag{10-5}$$

式中　A_m——构筑物或设备抗震能力的中值；

ε_R 和 ε_U——随机变量，二者的中值都是 1，分别描述的是抗震能力的随机性和未知性。

ε_R 和 ε_U 两个随机变量在该模型中均为对数正态分布，对数标准差分别表示为 β_R 和 β_u。在给定的失效模式和地面加速度能力的条件下，只考虑内在随机性 ε_R 的影响，设备的条件失效概率 f_0 可以表示为

$$f_0=\Phi\left[\frac{\ln\left(\frac{a}{A_m}\right)}{\beta_R}\right] \tag{10-6}$$

式中　$\Phi(\cdot)$——标准正态累积分布函数；

a——地面峰值加速度。

在考虑不确定性 ε_U 时，失效概率本身也成为一个随机变量。在特定的地面峰值加速度以及失效模式情况下，易损性 f 可以通过该主观概率密度函数来描述，Q 置信度下的不超

越失效概率可以表示为

$$F(a,Q)=\varphi\left[\frac{\ln\left(\frac{a}{A_{\mathrm{m}}}\right)+\beta_{\mathrm{U}}\varphi^{-1}(Q)}{\beta_{\mathrm{R}}}\right] \tag{10-7}$$

式中 φ——标准高斯累积分布函数；

φ^{-1}——标准高斯累积分布函数的逆函数；

A_{m}——地面运动参数中位数；

β_{U}——认知不确定性；

β_{R}——随机不确定性；

Q——曲线置信度；

a——地面运动强度参数。

地震易损性评估的主要结果是电厂构筑物和设备的地震易损性曲线，如图10-7所示，该曲线对应公式(10-7)。图中一簇条件失效概率的单调递增曲线代表电厂某构筑物或设备的指定地面运动参数的函数。和地震危险性曲线类似，在一簇地震易损性曲线中，不同的曲线代表分析中的不确定性，每一条曲线都对应一个表示地震易损性置信度的概率值。

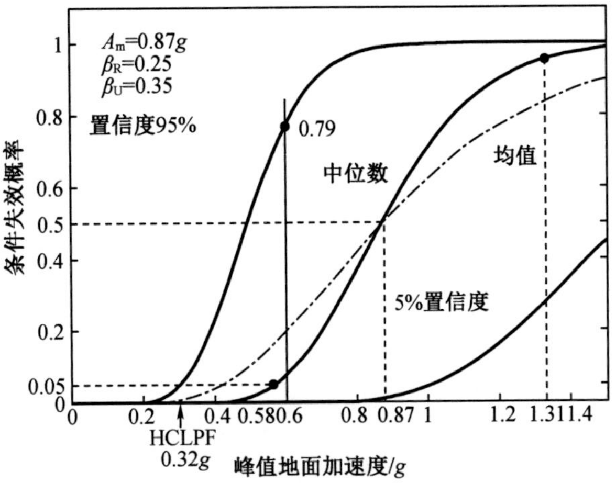

图10-7 地震易损性曲线

在计算构筑物和设备的地震易损度中需要涉及多方面的信息：特定电厂抗震设计及鉴定数据、易损度试验数据、通用抗震鉴定试验数据和经验数据。在一个典型的地震PSA中，需要评估的设备很多。首先需要在电厂进行现场巡访以筛选出这些设备，在对设备进行筛除时所依据的原则可以考虑下述几个方面：它们通常具有高抗震能力；没有明显的抗震缺陷(如固定点不牢固和横向支撑不足)和空间相互作用(如一个非抗震设备倒塌后压在一个地震PSA中需要模化的设备上)。对于保留下来的设备，需要利用一个或多个数据源来计算他们的地震易损度。

10.2.5 地震电厂响应分析

地震电厂响应分析的目标是,结合电厂逻辑和设备易损度及地震危险性的评估结果,计算堆芯损坏。构件事件树和故障树以确定出那些可能导致堆芯损坏的事故序列。

在进行地震电厂响应分析之前,最好先准备好同一电厂的功率运行内部事件一级和二级 PSA 模型,如果没有,则需要新建一套内部事件 PSA 模型或直接建立地震 PSA 模型。然后进行如下分析步骤:

(1)建立地震设备清单(seismic equipment list,SEL)

SEL 是地震 PSA 中需要考虑的所有构筑物、系统和设备所组成的列表,代表了地震 PSA 的分析范围,对地震 PSA 模型的完整性相当重要。SEL 是地震脆弱性分析和系统分析的基础,是地震 PSA 团队中系统分析人员和地震脆弱性评估人员共同努力的结果,SEL 的建立高度依赖于地震巡访活动的范围和质量。

建立 SEL 的关键步骤如下:

①要考虑内部事件 PSA 模型中考虑的所有部件。

②要考虑那些可能在内部事件模型中被筛选掉的非能动部件,这些部件(如水箱、柜子、电缆桥架、暖通管道等)因地震而失效后会影响原本在 PSA 中模化的安全功能。

③考虑那些覆盖/包含上述部件的构筑物。

④为使得 SEL 更为完备,要与其他相似核电厂的地震 PSA 中的 SEL 进行比较。

(2)在地震 PSA 逻辑模型中加入地震失效模式内部事件 PSA 是设备和构筑物失效模式的复杂函数,为了把地震失效模式加入内部事件 PSA 模型中,需要进行如下工作:

①筛选 SEL,确定必须加入的失效模式,以便简化逻辑模型。为 SEL 中的设备开发易损度需要投入大量的人力和经费,因此需要对 SEL 进行筛选,保留风险重要的设备开展进一步的详细易损度分析。基于风险重要度的地震设备清单的筛选方法一般步骤如下:

a. 筛选固有抗震能力强的设备。通常是筛除 HCLPF 值高的设备,但是应注意保留可能有重大失效后果的设备。

b. 为设备指定初始的、代表性的易损度值。通常选用相关通用数据作为设备的易损度值。

c. 创建和定量化初步的地震 PSA 模型。

d. 为设备进行重要度排序。

e. 对风险重要的设备进行详细的易损度分析。

f. 记录 SEL 筛选过程。通常设备清单的筛选是一个迭代的过程。

②确定地震始发事件。地震可能导致内部事件意义上的多个始发事件同时发生,地震 PSA 必须分析这种可能性。

③加入地震失效模式。地震设备清单 SEL 删选保留的设备,应作为事件树题头或故障树基本事件体现在事故序列逻辑中。在地震 PSA 建模方法中,地震失效事件通常通过逻辑“或”门与相关设备的非地震失效连接,作为引起相同失效影响的另一种原因。在地震 PSA 模型中,一些内部事件 PSA 模型对应的单个几个基本事件(如柴油发电机的故障)可能被拆

分模化为多个基本事件。如柴油发电机的日用油箱和控制回路失效可能被分开模化。地震还可能导致没有在内部事件 PSA 中模化的设备失效,主要但不限于构筑物和其他非能动设备的损坏。对于许多地震失效模式,构筑物和设备的实际位置和靠近程度在定义电厂响应时非常重要,应考虑由这种空间相互关系引起的二次失效,并把这种相关性作为信息搜集和筛选过程的一部分在电厂巡防中关注。多列设备可能存在设备间响应的相关性,易损度评估人员需要识别这种相关性并判断其是否重要,同时将其体现在模型中。

④考虑其他地震的影响,包括地震、火灾和水淹相互作用,人员可靠性分析,继电器震颤,空间相互作用等,主要为:

a. 地震、火灾、水淹的相互作用。2011 年福岛核事故显示出叠加灾害的同时发生造成电厂损坏的可能性,并表明需要对这些影响进行系统评估。针对特定厂址,应对潜在的次生灾害进行定性或初步定量分析。在众多次生灾害中,地震引发水淹和火灾因其较高的风险通常是压水堆核电厂地震 PSA 项目必须评估的内容。

b. 人员可靠性分析。通常内部事件 PSA 中模化的操纵员行动已经涵盖了大部分地震 PSA 情景中需要模化的操纵员动作。但是,地震 PSA 模型中的人员行动失效概率应根据地震事件来重新检查(例如,因地震引发的失效而导致操作员可达性的复杂化)。此外,在响应特定地震事件时,可能会需要采取地震情况下的特定行动。

c. 继电器震颤。在地震期间,继电器震颤可影响安全停堆或将反应堆维持在安全停堆状态相关设备的可用度(例如开关柜的跳闸、柴油机闭锁);给操纵员造成混淆(异常的设备运行状态,以及控制面板上不一致和错误的指示);引起界面冷却剂丧失事故,即安全壳旁路事件;安全壳隔离失效。应先进行确定论的筛选以识别继电器抗震能力的高低,并确定继电器颤动是否威胁电厂安全,然后模化系统对有风险的继电器颤动的响应。低抗震性能的继电器可能导致不利的影响,因此通常在识别出来之后被直接替换掉。一些中等抗震性能的继电器应根据它们对电厂的影响而决定是否进行模化,同时将操纵员诊断和修正该继电器震颤问题的可能性作为一个基本事件模化。在继电器震颤评估中应特别关注可导致阀门误启动信号进而导致安全壳旁路的继电器颤动。

d. 空间相互作用。地震空间相互作用也需要在地震 PSA 中考虑。地震空间相互作用是指由于设备坠落或失效而影响附近 SEL 清单中设备的情况,也可能导致设备遭受喷淋或水淹。地震引起的土壤失效(例如不稳固、沉降、液化)可能导致厂房结构损坏或地下管道失效,因此也应进行适当的考虑。

(3)事故序列模型开发

目前有多种方法支持地震 PSA 事故序列模型开发,EPRI 推荐的一种常用方法是基于地震危险性曲线,开发一个多地震强度区间的风险模型,将要分析的地震动范围划分为几个到十几个区间。每个区间的地震动作为一类地震灾害事件,使用集总参数进行定量计算。在事故序列模型开发时,首先开发地震始发事件树,以处理地震引起的相关关键设备失效,获得潜在的地震损伤状态情景。为适用每个地震始发事件树的终态,开发事故序列功能性事件树分析事故的进程和终态。为了定量计算核电厂地震风险,SSC 在每个地震动强度区间内的条件失效概率可通过地震危险性曲线和设备的易损度曲线的卷积积分来进行计算。

(4)事故序列模型定量化

定量化结果可以给出不同地震危险性区间的地震事件对地震堆芯损坏频率的贡献,以及不同地震危险性区间对于堆芯损坏频率的贡献比例。通过总结导致堆芯损坏频率的事故序列的类别分布,可以识别主要堆芯伤毁情景相关事故序列的进程和时间特征。重要的割集和基本事件的重要度对于风险见解的获取是必不可少的,通常要对其进行分析计算。对于模型的不确定性和假设应在定量化过程中进行不确定性分析和敏感性分析。

10.2.6 地震 PSA 示例

以某压水堆为例,对地震引起Ⅳ类电源故障进而导致堆芯损坏的情景进行地震 PSA 分析。当Ⅳ类电源发生故障时,反应堆保护系统(RPS)启动,应急电源(EPS)、二级蒸汽释放系统(SSR)、辅助锅炉给水系统(ABFWS)、冷却系统(SDC)、自来水系统(FWS)等视情况响应,来实现反应性控制和排热。地震引起Ⅳ类电源故障进而导致堆芯损坏的事件树模型详见图 10-8。

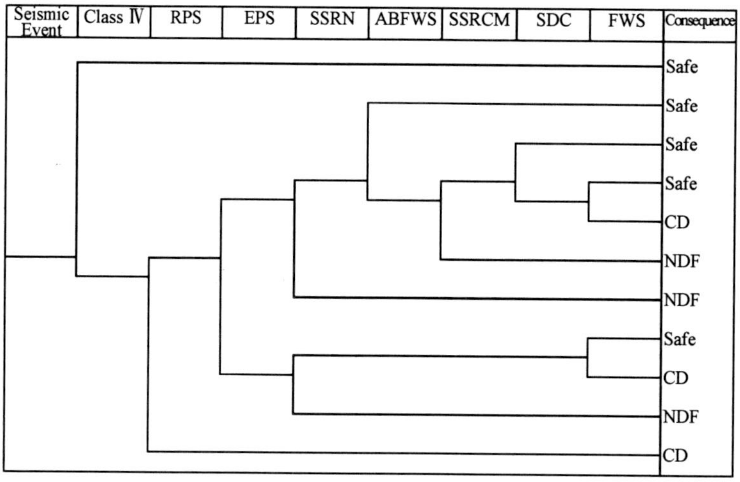

图 10-8 地震 PSA 事件树示例

通过建立故障树的方法分析事件树中各题头事件的发生概率。如图 10-9 所示为反应堆保护系统(RPS)停堆失效的故障树分析。结合表 10-1 所示的部件易损度数据,最终得到不同地震动下的堆芯损坏频率值,如图 10-10 所示。由图 10-10 可知,随着地震 PGA 由小到大,地震导致电厂堆芯损坏的频率先增加后降低,在 PGA 约为 0.16g 时核电厂堆芯损坏的频率最大,约为 2.1×10^{-7}/(堆·年)。

这一规律可以解释为:地震导致核电厂堆芯损坏频率的大小为地震发生频率与该 PGA 下核电厂堆芯损坏的条件概率,在地震 PGA 较小时,地震发生频率较大,但核电厂堆芯损坏的条件概率小;PGA 较大时,地震发生概率较小,但核电厂堆芯损坏的条件概率大;当 PGA 处于某一中间值时,地震发生概率与核电厂堆芯损坏条件概率达到最大值,这一 PGA 下核电厂风险最大,是核电厂抗震设计的主要关注对象。

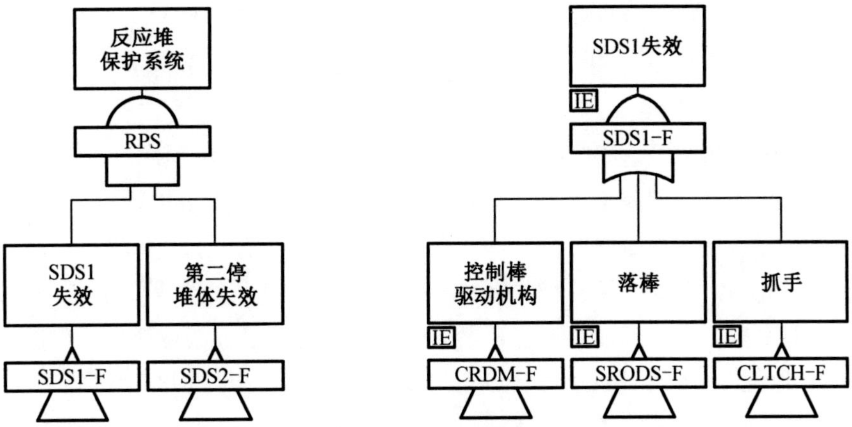

图 10-9 地震 PSA 故障树示例

表 10-1 部件易损度数据

序号	部件	描述	A_m	β_c
1	控制棒驱动机构	控制棒驱动机构失效	0.657g	0.46
2	控制棒	控制棒故障	0.591g	0.36
3	抓手	抓手故障	0.657g	0.46

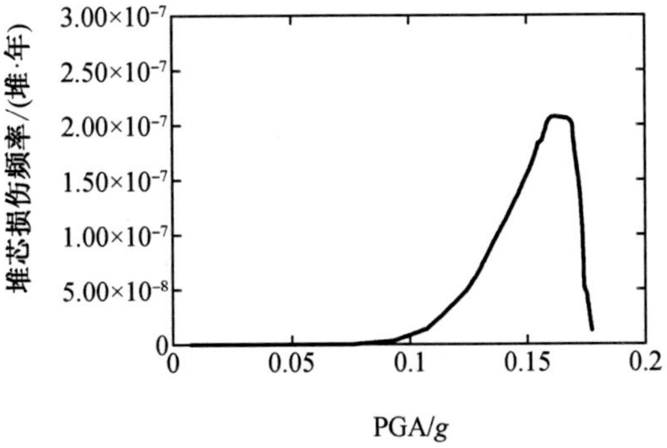

图 10-10 地震定量化结果

10.3 内部火灾

10.3.1 概述

火灾是火失去控制后，发展、蔓延而形成的灾害性燃烧现象。防火是核安全的一个重要组成部分。在核电厂中，火灾可能造成连锁影响，包括可能影响安全停堆，甚至造成堆芯损坏及放射性物质的蔓延与外逸。这不仅给环境带来巨大污染，而且严重威胁电厂工作人员及周围居民的健康。

核电发展的历史表明，火灾对核电厂的危害是不可忽视的。1975 年 3 月，美国 Browns

Ferry 核电厂的电缆火灾，持续了 7 个小时，造成 1 600 多根电缆受损，其中 600 多根与安全系统有关。事故虽然没有对堆芯冷却造成很大影响，但却导致电厂中大量安全系统的丧失。此次火灾之后，火灾风险评估及危险性分析即被视为电厂安全评估及保险的主要要素。包括防火措施、火灾探测及自动灭火、人工灭火、管理控制程序等在内的电厂防火设计理念必须贯穿于电厂的整个寿期，因为一旦发生火灾，它将直接损毁电厂中的安全级设备，甚至对安全停堆造成严重威胁。

有鉴于此，各国都非常重视对核电厂火灾的防范，作为一项重要措施，要求核电厂通过开展火灾概率安全评价(PSA)来寻找电厂防火的薄弱环节及指导核电厂的防火工作。

在 20 世纪 80 年代末 90 年代初开展的逐个电厂外部事件检查(IPEEE)中，美国的大多数核电厂都已开展过火灾 PSA。在进入 21 世纪后，火灾 PSA 的相关法规、标准更是得到了飞速发展：IAEA 的一级概率安全评价的管理评审(IAEA TECDOC-1135)中，要求 PSA 范围包括内部火灾，同时制订了火灾 PSA 相关的标准；绝大多数拥有核电的国家也都在法规中明确要求开展火灾 PSA；其中，美国建立了相对比较完善的火灾 PSA 法规、标准、方法体系，其他各国的火灾 PSA 配套体系大多以此为基础。目前 NRC 更是已在联邦法规中明确要求核电厂的防火需基于 PSA 而开展。在工程应用中，除了 AP1000 外，美国的 ESBWR、ABWR、US-APWR，法国的 EPR 等新堆型的 PSA 中都包括了火灾 PSA，为其防火设计、执照申请提供了有力支持；在运行核电厂中，欧美国家也已有多个核电厂参考最新的标准与方法完成了其火灾 PSA 的更新，例如，美国的 Palisades 核电厂和 Point beach 核电厂、西班牙的 Almaraz 核电厂等。

在国内，中国国家核安全局的《核动力厂设计安全规定》(HAF 102—2016)以及核动力厂安全评价与验证中均提及了核动力厂 PSA 应包括火灾 PSA(作为内部假设始发事件的一种)。在工程应用方面，国内所有在建核电厂和部分在役核电厂都已开展或正在开展火灾 PSA。为了保证火灾 PSA 的质量，同时为了规范火灾 PSA 的开展，2013 年我国发布了核电厂火灾 PSA 标准《应用于核电厂的概率安全评价——第四部分：火灾》，规定了核电厂功率运行火灾一级概率安全评价的要求。

10.3.2 火灾 PSA 方法

目前，火灾 PSA 工作主要采用的方法有 EPRI 的 FIVE 方法以及《火灾 PRA 实施导则》所描述的方法(即 NUREG/CR-6850 方法)。FIVE 方法是一种确定论与概率论相结合的半定量化分析方法。NUREG/CR-6850 方法尽管其实施任务较多，工作量大，但其技术指导比较全面，被认为是当前火灾 PSA 分析的最全面、最先进的技术指南。越来越多的核电厂正在转向以 NUREG/CR-6850 为基础的火灾 PSA 工作。我国火灾 PSA 标准《应用于核电厂的概率安全评价——第四部分：火灾》也以 NUREG/CR-6850 为技术基础进行编制。

书中主要详细描述 NUREG/CR-6850 方法。NUREG/CR-6850 方法提供了详细的火灾 PSA 分析流程，包括 16 个任务和 2 个支持任务，图 10-11 给出了具体流程。

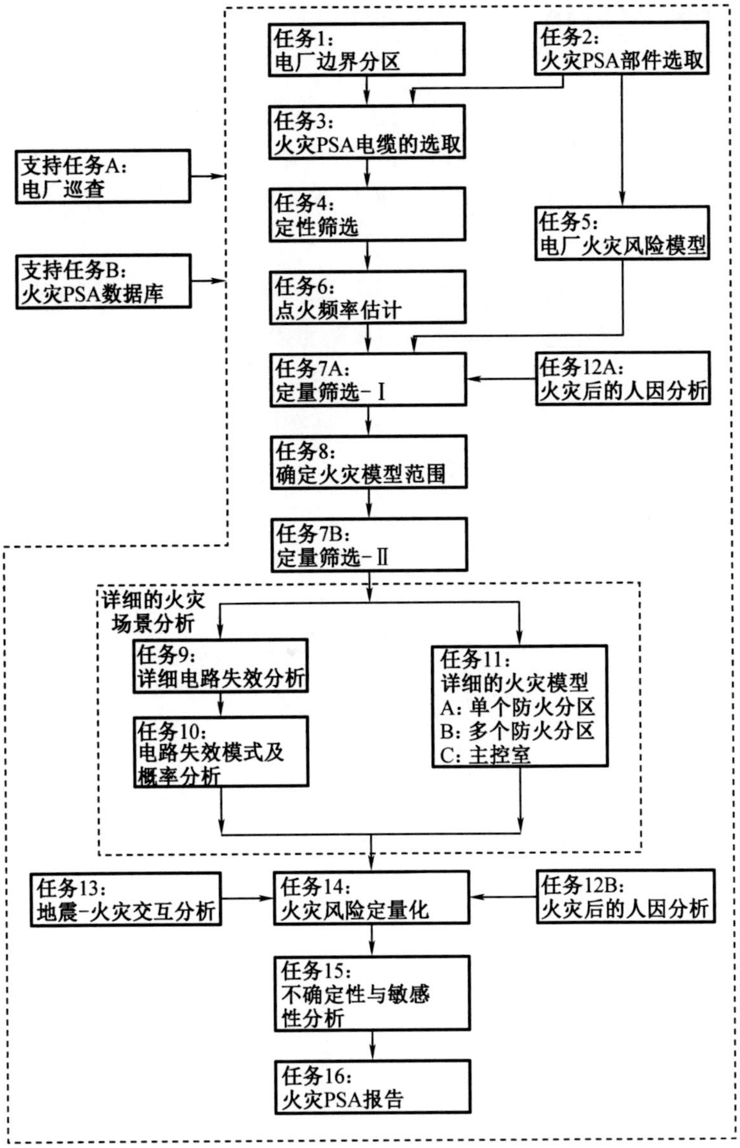

图 10-11 NUREG/CR-6850 报告的火灾 PSA 方法

需要注意的是,任务之间并不是简单的顺序分析过程,而是相互交叉、相互迭代的反复分析过程,例如,某些任务需要在其后续任务完成后继续对其进行改进或优化;对某一任务进行分析时,第一遍可以只对某些特定细节进行整合、汇总,而随着后续任务的进行,再对其他细节进行筛选、精炼;而另外一些任务的执行可能贯穿于火灾 PSA 分析的始末,例如,支持任务之一"电厂巡查"就贯穿于划分电厂边界及分区、电缆选取、部件选取、定性筛选、定量筛选等多个任务的执行中,能够更加准确地对具体电厂进行火灾 PSA 的辅助分析。

(1)任务 1:电厂边界及分区

任务 1 是确定核电厂内实施火灾 PSA 的物理边界,并划分成便于进行火灾 PSA 分析的防火区(FC)。该任务的目标主要有:

①定义与火灾 PSA 相关的电厂分析边界;

②将电厂划分为离散的物理分析单元,即防火区;

③对各个分区的详细信息进行汇总与描述。

火灾 PSA 的分析结果将以单一防火区、多个邻近分区的火灾风险贡献的形式表示,因此,防火区的划分构成了后续火灾 PSA 的基本输入条件,与定性和定量筛选任务直接相关。按照尽可能地支持火灾 PSA 客观性的防火区划分原则是非常重要的,任务 1 的主要技术要点包括以下几个方面:

①防火区划分的数量平衡性。若划分的防火区数量较多,其后续分析将更加精细,划分的每个防火区更容易被确定为单独的火灾风险贡献项。但是,这种划分方式将大大增加详细火灾情景分析的负担,尤其是多个防火区相互连接的情况。因此,在确定防火区的大小及数量时,应该与定性、定量筛选相结合,采用迭代的方式进行划分。

②电厂防火区不同于电厂火灾区域(fire zone,FZ)。防火区指的是电厂内部定义好的某一空间,其实质更关注火灾对防火区内部造成的不良影响,即火灾羽流区、烟气层区、火灾的直接辐射热等火灾行为对防火区或整个电厂的实质性影响;而火灾区域一般定义为具有实体物理隔离或安装有火灾保护系统(如探测系统、灭火系统等)的空间,因此,在某些情况下,消防领域常用的火灾区域可能不完全符合火灾 PSA 防火区的划分标准。

③防火区的命名应尽量与特定电厂的火灾区域或房间号保持一致,方便相应区域或房间的信息汇总及校正,同时大大减少了工作量。

④避免防火区的划分出现重叠区域,确定两个独立的防火区没有共同的空间;同时,必须确保划分的完整性,使防火区的收集覆盖厂区分析边界的所有区域。

(2)任务 2:火灾 PSA 部件选取

任务 2 是识别并选出对核电厂安全停堆有影响的部件。这些部件包括火灾发生后与安全停堆相关的部件,以及核电厂内部事件 PSA 相关的部件等。火灾 PSA 部件通常包括以下五大类设备:

①如火灾造成该设备失效,可引起一个需在火灾概率安全评价模型中模化的始发事件的设备;

②支持安全缓解功能(火灾概率安全评价已确认的功能)的设备,包括在内部事件概率安全评价中恢复模式中设计的设备;

③支持操纵员成功完成火灾概率安全评价相关行动所需的设备;

④其误动作或其他火灾相关的故障模式会对安全缓解功能有不利影响的设备;

⑤其误动作或其他与火灾相关的故障模式可能导致操纵员在火灾响应过程中执行一些不当或不安全操纵的设备。

非能动设备与纯机械设备一般不会受火灾的影响,通常不包含在火灾部件清单中。

火灾 PSA 部件选取包括以下几个方面的技术要点:

①在火灾 PSA 中,火灾相关的部件清单、火灾模型及其电缆识别三者是相互关联的,必须保证它们之间的一致性。

②火灾 PSA 部件清单的任务重点和目标是识别、追踪任务 3 中可能受到火灾影响的相关电缆,因此所列部件清单不应涉及无源设备或某些机械设备,这些设备被认为是不受火

灾影响的。

③任务 2 不是一次性完成的任务，随着后续任务的执行，可能在火灾 PSA 的不同阶段对已选取部件进行重新审查和调整。

(3)任务 3：火灾 PSA 电缆的选取

任务 3 火灾 PSA 电缆选取是火灾 PSA 中电缆分析工作的第一阶段。在任务 2 火灾部件选取的基础上，识别并选出与之相关的电缆，形成火灾 PSA 电缆清单。电缆选取需掌握以下关键信息：

①与火灾 PSA 部件相关的电缆；

②这些电缆的走向及其具体的位置；

③火灾 PSA 相关部件的供电情况。每个供电设备都必须添加入火灾概率安全评价部件清单中；

④火灾 PSA 电缆、火灾 PSA 部件以及防火区之间的对应关系。

电缆信息最好用计算机数据的形式来体现，即所谓的电缆及管线数据库系统(cable and raceway system，CRS)，便于后续分析中的分类与查询。

火灾 PSA 电缆的选取包括以下几方面的技术要点：

①任务 1、2 以及支持任务 B“火灾 PSA 数据库系统”是执行任务 3 的支撑条件。任务 1 是电缆布线及特定电厂位置的关联条件；任务 2 是确定与火灾 PSA 相关的电路、电缆的关联条件，并以此确定某一分区内发生火灾后部件的失效模式；支持任务 B 提供了获取并维护火灾 PSA 数据的一个结构性框架要求，所形成的数据库将汇集本任务产生的大量电缆数据及信息。

②火灾 PSA 电缆清单可能包含“关联电路”，关联电路是未与部件直接相连接，只是可能导致某一部件不正常运行的电缆，这种不正常运行会导致火灾发生某种与电缆损伤相关的失效模式。

③创建火灾 PSA 电缆清单的一个关键要素是预先计划。建立清晰、详细、具体的核电厂电缆选取规则或策略至关重要。已有电缆数据的提取效率对本项任务的开展具有重要意义。

(4)任务 4：定性筛选

任务 4 定性筛选的目的是识别并筛除风险很低甚至为零的防火区，并减少后续定量分析的工作量。被筛除的防火区是那些即使其中发生火灾，也不会出现电厂强迫停堆或使电厂安全状况降级而被迫停堆的情况，也不会蔓延到相邻的火灾概率安全评价相关防火区。这些防火区的火灾对安全的个体风险或集体风险贡献都很低。

防火区的筛选准则如下：

①防火区内没有包含任务 2 和 3 中识别的火灾 PSA 部件及其相关电缆；

②防火区内的火灾不会导致反应堆自动停堆，消防程序或计划、紧急运行程序或其他电厂政策、程序及实践要求的手动停堆，触发运行限制条件并根据运行技术规范执行的受控停堆。

(5)任务 5:电厂火灾风险模型

任务 5 电厂火灾风险模型主要讨论火灾发生后电厂响应逻辑模型的建立过程,该过程是对已有的内部事件 PSA 模型逐步、反复进行暂时性或永久性改变的过程。

(6)任务 6:点火频率估计

任务 6 点火频率估计主要通过与 NUREG/CR-6850 报告中的《通用点火频率组合表》中的通用点火频率对比、分析后设置适当的修正因子,计算得到各类点火源的点火频率,进而估算防火区的点火频率。防火区点火频率由该防火区内所有点火源的点火频率加和而得,计算方程如下:

$$\lambda_{J,L} = \sum \lambda_{IS,J} = \sum \lambda_{IS} W_L W_{IS,J,L} \tag{10-8}$$

其中 λ_{IS}——某点火源 IS 的电厂级的点火频率,可直接引用《通用点火频率组合表》中的数据,或者对特定电厂数据进行贝叶斯修正得到。

W_L——该火源的位置权重因子,考虑到多机组的电厂存在一些设备及其所在的防火区是由各机组共用的情况,在引用《通用点火频率组合表》的数据来计算特定点火源点火频率时,需用 W_L 加以修正。

$W_{IS,J,L}$——分区 J 内火源 IS 的点火源权重因子。它反映了存在于场所 L 内的某一防火区 J 中的点火源类型数量。

点火源类型分为三大类,可计数设备、移动火源和大型系统。可计数设备的点火源权重因子通过计算某火源在该防火区及整个电厂的数量的比值求得。移动火源一般基于专家经验或电厂信息的工程判断估算影响因子。大型系统一般采用几何因子,如房间容积率来调节特定频率类的点火频率。

(7)任务 7:定量筛选

任务 7 定量筛选是进一步筛选掉一些风险相对较小的防火区。这一部分防火区的风险并不是完全被筛除,只是不对其进行后续的详细火灾情景建模及分析。它们对 CDF 或 LERF 的贡献,是以保守估计值的形式直接加到最终的 CDF 或 LERE 贡献中。

定量筛选标准为:

①单个电厂防火区的风险标准为 CDF 贡献低于 1.0×10^{-7}/(堆·年),LERF 贡献低于 1.0×10^{-8}/(堆·年);

②已筛除防火区的累积风险水平应限定在内部事件总风险的 10%以下。

(8)任务 8:确定火灾模型范围

任务 8 确定火灾模型的范围主要有两部分内容:

①对任务 6 中形成的固定点火源做进一步的筛选,淘汰一些不会对重要安全物项构成威胁的固定点火源。这里的筛选范围不包括电缆和临时可燃物。

②对未被筛除的固定点火源评估严重度因子,对任务 6 中计算得到的点火源点火频率进行修正。

(9)任务 9 详细电路失效分析

任务 9 详细电路失效分析是在任务 3 火灾 PSA 电缆的选取的基础上进行的第二阶段电缆分析工作。该任务主要分析的电缆失效模式包括接地短路及热短路,其目的在于对电路动作及功能进行更加详细的分析,以确定部件对特定电缆失效模式的响应。任务 9 与任务 3 的区别在于,任务 3 火灾 PSA 电缆的选取必须是与火灾 PSA 部件相关的所有重要电缆,任务 9 详细电路失效分析是对电缆失效模式功能性影响分析的进一步精炼。任务 9 实质上是一种确定论研究,任务结果为第三阶段的概率论电路失效概率估算(任务 10)提供必要输入。

(10)任务 10:电路失效模式及概率分析

任务 10 是继任务 9 之后的第三阶段电路分析工作,对各种电路失效模式(对地短路、电缆内导体间短路、电缆之间的短路等)及其概率进行分析,分析结果将作为任务 11 详细的火灾模型的输入之一。这一任务是后续对风险贡献较大的火灾场景进行定量化分析的基础依据之一。

实现电路失效模式发生概率分析的第一步是确定适用的最佳分析方法,NUREG/CR-6850 推荐了两种选择。一种是失效模式概率估算表,概率估算表是在工业火灾测试的基础上建立的概率估算方法,NUREG/CR-6850 中提供了基于不同电缆数据属性及配置特性的五个失效模式概率估算表,他们适用于与火灾测试程序包含的基本状态相一致或被其包络的情形。另一种是概率估算,该方法更为严格地考虑了电路参数的核算方法,适用于电路失效的所有情形。

(11)任务 11:详细的火灾模型

任务 11 详细的火灾模型即对潜在高风险防火区进行详细分析,对火灾的蔓延及传播进行建模,并估算特定靶设备损坏前灭火成功的概率。任务 11 对未筛除防火区的火灾物理行为进行最终阶段的分析,提供详细火灾情景发生频率的最终估算方法。分析详细火灾情景时需要设定一个特定点火源,并假定该点火源引发的火灾能够导致靶设备集在受到成功保护之前损伤并失效。分析基于如下些基本假设:

①单一火灾原则,即在任何给定的时间内只可能发生一起火灾,不考虑同时发生火灾的可能性。但不排除单一火灾发生后蔓延到其他相关区域的情况。

②不考虑地震导致的火灾情况。

③如果固定气体灭火系统可用,则该系统的动作能够有效扑灭火灾并维持其控制效果,从而避免潜在的靶物发生进一步的损坏。

④如果水基固定灭火系统可用,则该系统的动作能够有效扑灭火灾,然而火灾有复燃的可能,这取决于气体灭火剂达到标准浓度以上并维持足够长的时间。如复燃,则需要灭火系统的二次释放或进行人工灭火。

⑤如果主控室操纵员不能在主控室内操作,又无法从主控室外的其他地方操作,则认为堆芯熔化将是不可避免的。

同时,为了更加高效地估算详细火灾场景,任务 11 根据假想火灾的不同特点,通常分为三类场景情况进行分析:

①单一防火区火灾场景,火灾影响的靶物都位于一个防火区内;

②主控室火灾场景,火灾影响的靶物位于主控制室内;

③多防火区火灾场景,火灾影响的靶物不只在一个防火区内。

(12)任务 12:火灾后的人因分析

任务 12 火灾后的人因分析主要识别出火灾发生后的事件序列中电厂人员的响应行动并进行人因可靠性分析。该任务的分析重点是评估特定火灾引起的始发事件对人的行为造成的影响,主要包括三方面内容:

①识别出火灾 PSA 涉及的人因失效事件;

②对识别出的这类人因失效事件进行分类处理,设置不同的筛选值,筛选出风险贡献重大的火灾场景及其人员行为;

③对筛选出的风险贡献重大的火灾场景及人员行为进行详细的最佳估值分析。

(13)任务 13:地震-火灾交互分析

任务 13 地震-火灾交互分析主要识别地震与火灾潜在的相互作用风险,是一种定性分析方法。

(14)任务 14:火灾风险定量化

任务 14 火灾风险定量化主要综合前面的分析内容,对火灾风险进行定量化的分析计算,求得火灾导致的堆芯损坏频率及早期大量释放频率,同时进行不确定性分析。

(15)任务 15:不确定性及敏感性分析

任务 15 不确定性及敏感性分析是识别和处理不确定性,并进行敏感性分析。处理方法包括定性分析和定量分析。电厂整体火灾风险后果可能受单个参数值一次性变化的影响,该任务确定其影响范围。

(16)任务 16:火灾 PSA 报告

NUREG/CR-6850 提供了一份建议的报告目录大纲,根据该大纲编写最终的火灾 PSA 报告。

(17)支持任务 A:电厂巡查

为尽可能真实地反映核电厂的实际情况,进行电厂巡查,检查核电厂中放置系统及设备的区域,以确保程序图纸和实际情况的一致性,设备位置、操作状态以及事故条件下系统与设备间相互作用的准确性等,这是十分必要的。电厂巡查对一些任务的具体实施有很好的协助作用,例如,它可有助于任务 1 的电厂边界定义及防火区划分的实施,能够直接检查某防火区的可数设备数量以确定其点火源权重因子,从而有助于提高任务 6 防火区点火频率估算的精度。系统结构特点和设备安装的某些特征在图纸或其他文件无法明确地显示,只有通过现场巡查才能了解有关情况,

(18)支持任务 B:火灾 PSA 数据库

NUREG/CR-6850 支持任务 B 提出了火灾 PSA 数据库的标准和功能要素,同时提供了对核电厂已有电缆及管线数据库系统(CRS)升级或补充的方案。特定电厂可以根据自己的实际情况,采取新建火灾 PSA 数据库,或新数据库与已有数据库结合等方式,来完成火灾 PSA 数据库的功能。

火灾 PSA 数据库是火灾 PSA 工作的一项重要的副产品。它不仅仅支持了火灾 PSA 工作的开展,并且对于电厂其他工作也具有很大的参考价值。

10.3.3 钠火 PSA

钠冷快堆用两个钠回路将堆芯的裂变热载带出来，传给三回路，使其中的水变成过热蒸汽发电，它的三个回路分别是：一回路——钠，二回路——钠，三回路——水和蒸汽。电厂回路中的钠如果泄漏到空气中，则有可能发生钠火，导致钠火事故。钠火事故是钠冷快堆区别于其他堆型（如压水堆、轻水堆、重水堆、高温气冷堆等）的主要事故类型之一。

钠火是高温钠暴露在空气中引发的燃烧现象，钠火火灾作为钠冷快堆的特有事故，是反应堆的主要风险来源。一方面，由于快堆的内部瞬态事件导致堆芯熔化频率很低，使得对其他类型反应堆而言的小概率事件（如火灾），可能成为钠冷快堆总堆芯损坏频率的主要贡献因素之一。另一方面，钠作为反应堆的冷却剂，具有非常活泼的化学特性，钠的泄漏不仅可能造成主回路冷却剂的丧失，而且泄漏的钠还可能和外部空间的一些物质发生化学反应，其热力学后果、化学后果和环境后果均不容忽视。在富含氧气的大气中，泄漏的钠与氧气发生化学反应并释放热量，导致泄漏房间内的压力和温度发生变化，对反应堆的结构和设备均可能造成威胁。因此，由钠泄漏导致的钠火事故备受关注。

迄今为止，国际上绝大部分钠冷快堆均发生过钠火事故，但未对堆芯造成严重损坏。据统计，世界上钠冷快堆共发生过 100 余次钠泄漏事故。规模最大的一次发生在法国超凤凰堆，约 20 m^3 的钠从乏燃料储存罐中泄漏。由于破口位于堆容器和保护容器之间，其中为惰性气体，所以未发生燃烧。其他事故的钠泄漏量均小于 1m^3。最近的一次，1985 年钠火事故发生在日本的 MONJO 快堆，钠泄漏量为 0.7 m^3，钠火持续了 3 h，燃烧面积为 4.5 m^2，未造成反应堆的严重损坏。

钠火 PSA 从概率论的角度分析钠火事故可能导致的电厂风险，能在确定论火灾危害性分析的基础上，定量评价火灾给核电厂带来的风险，从而进一步优化火灾防御措施，提高核电厂的安全性和经济性。钠火 PSA 是钠冷快堆 PSA 的一个重要研究课题，势必成为钠冷快堆技术发展中重要的安全评价工具和手段。目前还没有一套成熟的业界公认的钠火 PSA 方法流程，本章节描述钠火 PSA 应该考虑的关键要素。

（1）初始情景，钠火的分类

钠火一般分为三种类型，即池式钠火、喷雾钠火、混合钠火。其主要的影响因素是泄漏孔几何形状、大小、位置以及钠的有关条件，如泄漏点钠温、流量、压力、速度等。不同钠火类型导致不同的后果，在电厂中对应不同的钠火消防响应方式。因此，钠火 PSA 的重要一步是对不同钠泄漏情景可能导致的钠火类型进行识别和分类。

当钠流本身只是部分燃烧或不燃烧，主要能量由形成的钠池释放时，发生池式钠火。钠池的燃烧速率是能量释放的主要参数，其燃烧速率随钠池表面积而增大，在达到某一值（约为 12 m^2）后停止增长。比较典型的是管道破裂或者大泄漏，这时绝热层被迅速破坏，钠可以不受干扰地流出。

喷雾钠火的特点是钠在空气中立即反应，没有或几乎没有形成钠池，在破口散开或被障碍物散开的喷射钠流可能形成喷雾钠火。其能量释放与钠流量直接相关，与大型池式钠火相比，即使是小泄漏的喷雾钠火，其燃烧速率可能也可以达到大型池式钠火的燃烧速率。

钠泄漏的流量和钠的泄漏总量是影响喷雾钠火后果的最重要因素。但流量并不是唯一的重要参数,其他因素还有钠喷流的几何条件和形状。在考虑喷雾钠火的热力学后果时,这些参数中钠流方向非常重要。对温度为 550 ℃,并在挡板上有撞击的向上钠流的实验研究表明:钠的燃烧受到朝向钠流的氧气扩散的限制。当钠流增大时,钠燃烧率(燃烧的质量/喷射的钠质量)将达到一个限值,该值为 10%。在较小体积的房间内可以更快地达到这个限值,因此,把房间分成几个独立的单元可以有效地减轻喷雾钠火的热力学后果。

一般而言,喷雾钠火在事故早期将产生一个压力峰值,而池式钠火在事故的长时间内形成温度峰值。

混合钠火类似于池式钠火和喷雾钠火的组合,其行为主要取决于破口和钠池表面之间的钠喷流的热性。如果钠流在下落过程中没有以喷雾形式完全燃烧,剩余部分在地面形成钠池并以钠池形式燃烧,则造成混合钠火。如果钠流不被干扰,仅仅依靠水力学效应散开,则钠流释放的能量较小,能量主要由钠池释放,这时混合钠火的后果与池式钠火相当。如果钠流被干扰后在下落过程中燃烧较充分,而落在地面形成钠池的部分较少,能量释放主要由钠流释放,这时混合钠火的后果与喷雾钠火相当。

综上可知,钠泄漏孔几何形状、大小、位置以及钠的有关条件可能引发不同的钠火类型,不同钠火类型对应不同的电厂响应和后果。钠火 PSA 的重要一步是识别出各种可能的钠泄漏引发不同钠火类型的初始情景,并对这些初始情景进行归并分组。

(2)钠火起火频率确定

作为快堆系统的冷却剂,通常情况下高温液态钠密闭在管道和容器中。管道和容器的断裂与泄漏将导致液态钠直接暴露于空气中,从而引起钠火。因此,与传统水堆电厂火灾通过可燃物数量和分布评价起火频率不同,钠冷快堆的起火频率计算主要集中于评价涉钠管道或容器的断裂和破损概率。涉钠管道和容器的断裂和破损概率评价一方面可以通过电厂运行经验数据和统计学方法评价,另一方面也可以使用概率断裂力学进行数值评价。

(3)钠火对电厂的影响

常规火灾对电厂的影响主要是热效应造成电厂内设备或构筑物的失效。当周围温度高到某个阈值时,受影响的设备或相关电缆可能会被损坏,使得设备的功能丧失,即主要是火灾的热力学后果。

钠火事故后果包括三方面:热力学后果、化学后果和环境后果。热力学后果直接表现为发生钠火的房间温度和压力升高,可能危及该房间内设备和构筑物的功能。化学后果包括钠与材料的反应,混凝土脱水,钠燃烧产物与材料的反应。钠燃烧产物有两种形式:气溶胶和沉积物。气溶胶作为钠燃烧产物之一,主要成分为 Na_2O_2。沉积物主要是钠、Na_2O 和 Na_2O_2 的混合物。这些高活性的产物,对人和环境均有害。

因此,钠火对电厂的影响,需要考虑钠火事故在热力学后果、化学后果、环境后果三方面的影响。

(4)钠火消防系统可靠性分析

钠冷快堆中,钠火探测除了传统的感光式烟雾探测系统和温度探测系统外,还会根据钠的导电性和一回路钠的放射性,设置电接点式金属丝钠泄漏探测器和放射性气溶胶 γ 射线探测器作为钠火探测的手段,以提高钠火探测的可靠性。

由于钠与水会发生剧烈反应,不能使用水进行钠火消防。钠火消防通常设置钠接收抑制盘,惰性气体淹没系统,膨胀石墨灭火系统等。

因此,无论是钠火火灾探测还是钠火消防,均不同于常规火灾。钠火 PSA 过程中,需要对上述系统的可靠性进行分析评估。

(5)钠火危险性评价

与压水堆火灾 PSA 中的火灾场景分析类似,钠火 PSA 分析过程中同样需要进行钠火场景分析。目前常规火灾的数值模拟已趋于成熟,而钠火的计算程序特别是三维计算程序尚处于发展阶段,并且相关实验和数据也相对缺乏。钠火场景模拟技术的完善也是钠火 PSA 领域的重要研究工作。

10.3.4 火灾 PSA 示例

(1)压水堆火灾 PSA 示例

这里以某压水堆柴油发电机间为例,简述火灾 PSA 过程。对该压水堆核电厂防火区进行划分与筛选,结果表明柴油发电机间应作为一防火区,在火灾 PSA 中予以考虑,如表 10-2 所示。识别分析柴油发电机间的点火源,并参考火灾 PSA 数据库,计算得出柴油发电机间发生火灾的频率为 2.99×10^{-2}/(堆·年)。

表 10-2 某压水堆防火区清单示例

防火区	防火区描述	是否筛选掉
6030 AF 01	柴油发电机间	否

利用事件树模型对该防火区建立火灾情景,如图 10-12 所示。建模分析得到三种火灾情景:

①TB-1:柴油发电机间起火,火灾被扑灭,不会导致堆芯损坏。

②TB-2:柴油发电机间起火,火灾扑灭失败,但火灾没有蔓延,不会导致堆芯损坏。

③TB-3:柴油发电机间起火,火灾扑灭失败,且火灾蔓延向邻近的防火区,可能导致堆芯损坏。

分析火灾情景 TB-3 对系统/部件/人因事件等的影响,更改内部事件 PSA 模型。根据火灾情景分析结果将模型中受该火灾影响的系统/部件/人因事件等进行相应设置(如设置为“Tree”),最终得到 TB-3 火灾情景下电厂堆芯损坏条件概率(CCDP)为 3.59×10^{-8}。防火区柴油发电机间由于起火导致电厂堆芯损坏的频率即为火灾情景 TB-3 发生的频率(5.2×10^{-5}/(堆·年))与 TB-3 情景下 CCDP(3.59×10^{-8})的乘积,即 1.87×10^{-12}/(堆·年)。

(2)钠冷快堆钠火 PSA 示例

钠火 PSA 目前没有公认的成熟方法,该小节选取一种可能的钠火 PSA 方法举例,以某钠冷快堆反应堆大厅为例,简述钠火 PSA 过程。

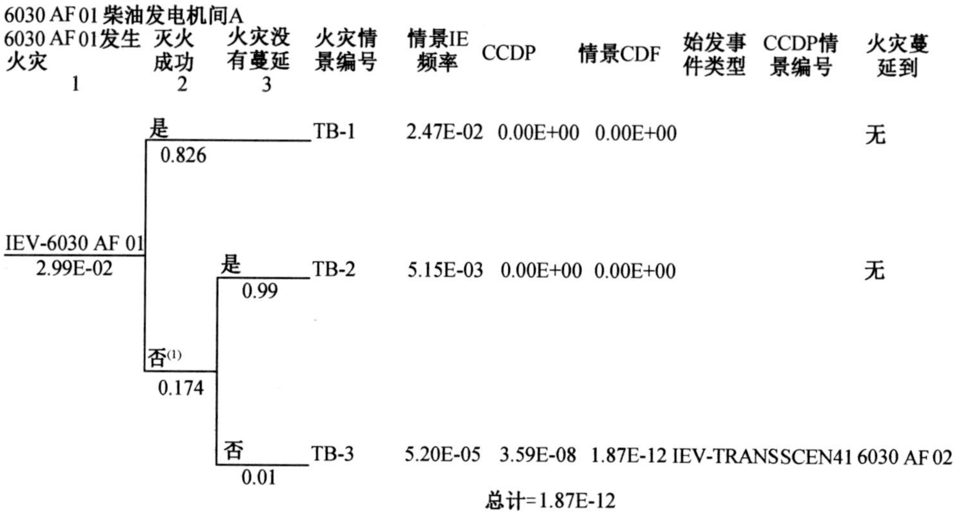

图 10-12　柴油发电机间 6030 AF 01 火灾情景建模

第一步分析反应堆大厅钠火起火的频率。该反应堆大厅内涉钠设备为钠管道,采用故障树方法,建立如图 10-13 所示的故障树模型,参考经验数据计算出该管道破损或泄漏的频率为 5.6×10^{-3}/(堆·年)。假设一旦发生管道破损或泄漏,钠与空气直接接触即发生钠火,则该反应堆大厅钠火起火频率 F_{IS} 为 5.6×10^{-3}/(堆·年)。

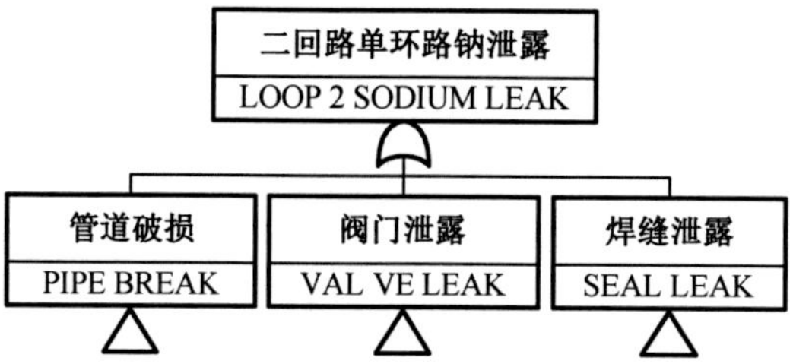

图 10-13　反应堆大厅钠火发生频率故障树建模

第二步进行钠火危害性评价。由钠火导致设备失效的其他方面的因素尚未明确,因此在此仅考虑热效应的影响。火灾中设备由于热效应失效的准则为:当设备表面温度达到临界值或识别表面热流密度达到临界值,则认为设备失效。使用钠火分析程序 BOX 计算二回路管道发生破口后的钠火事故,计算结果表明房间内平均温度最高可达到 427.7 K,以此结果作为火灾影响分析的输入。

根据反应堆大厅内的结构布置,确定主要评价对象可能包括距离火源较近且风险较大的电缆桥架及其相关系统。经过筛选分析,反应堆大厅钠火主要会导致一回路钠泵润滑油冷却系统相关电缆的失效,从而导致系统功能丧失。从反应堆总体安全功能来看,一回路钠泵润滑油冷却系统作为一回路主泵的支持系统,主要功能是对主泵进行冷却、润滑和密封,其失效会导致主泵停运,进而使主热传输系统丧失热量导出功能,因此在原内部事件 PSA 一回路主泵可靠性模型的基础上,增加钠火对主泵的影响,如图 10-14 所示。评价结果表明,在反应堆大厅不发生钠火的情况下,一回路钠泵的不可用度为 5.75×10^{-4};反应堆大厅发生钠火的情况下，一回路钠泵的不可用度为 1.05×10^{-3}，较反应堆大厅不发生钠火的情况增长了 82.8%，其中钠火因素贡献为 16.6%，该钠火场景频率 F_{scenario} 为 5.88×10^{-6}/(堆·年)。

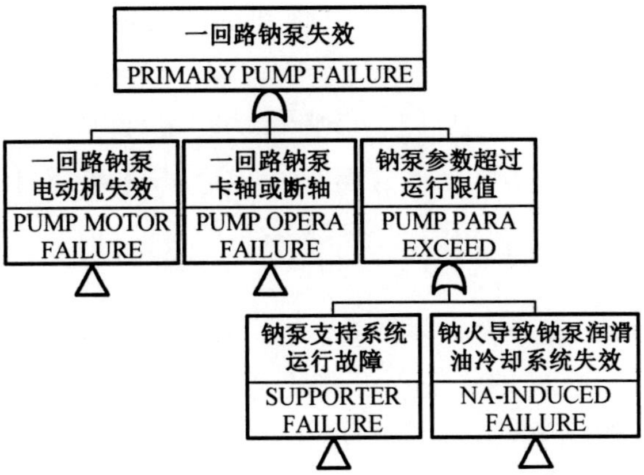

图 10-14　反应堆大厅钠火对一回路钠泵的影响评价

第三步进行钠火 PSA 模型及风险定量化。反应堆大厅内的涉钠管道为双层管，泄漏概率很小。钠火的消防设计只在管道上布置了接触式钠泄漏探测器，灭火措施为人工灭火器。假设钠泄漏探测器的失效概率为 1×10^{-3}/需求，暂不考虑人工灭火概率。以反应堆大厅一条涉钠环路管道或阀门泄漏导致钠火为始发事件，采用事件树方法建立钠火火灾风险模型，如图 10-15 所示。

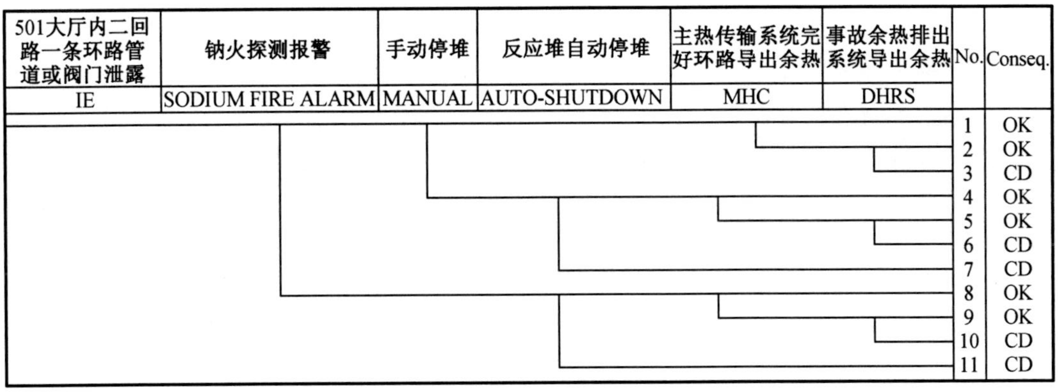

图 10-15　反应堆大厅钠火事故序列

将其始发事件频率设定为 1/(堆·年)，将主热传输系统可靠性模型中一回路主泵失效概率设定为 1，其他参数采用经验数据，通过对事故序列的计算得到该钠火场景导致的堆芯损坏条件概率为 2.02×10^{-3}，结合该钠火情景起火频率 $F_{\text{scenario}}=5.88\times10^{-6}$/(堆·年)，计算得到反应堆大厅钠火导致的堆芯损坏频率为 1.19×10^{-8}/(堆·年)。

10.4 内部水淹

受热力学第二定理的限制，核动力电厂将核热能力转换为电能的效率不能且远远低于100%[①]，多余的热量要通过附近的水体或空气排出，这意味着大型核电厂不可能远离大的自然水体，因此核动力厂选址往往倾向于毗邻于海洋以及永久性的内陆湖泊与河流。

同时，尽管目前氦气透平、超临界二氧化碳动力转换系统等新的动力转换概念已经被提出并小规模的应用，但是主流的商用核动力厂往往采用水/蒸汽作为动力转换介质。即使是使用超临界二氧化碳等革新型的动力转换系统的电厂，其生活、消防以及设备冷却也或多或少需要使用水。

一旦自然水体的水位、流动发生异常或者内部的流体系统内的水/蒸汽意外排出，核电厂可能受其影响而进入不安全的状态。内部与外部水淹 PSA 即是对这种风险的分析。

其中内部水淹是指由于电厂内的非预计流体泄漏导致的始发事件。在讨论内部水淹前有必要将其与外部洪水区分。

内部水淹是指某些流体系统设备故障或人员误操作，结果是核动力厂某个流体系统内的水排放到电厂的某个区域的某处，发生水淹[②]。可能的原因包括：容器泄漏、管道泄漏、水箱满溢以及操纵人员的误排[③]。

外部水淹是指自然灾害或者某些厂外防洪设置的失效，结果是外部子项或核岛的某些区域遭遇水淹。其可能的原因包括山洪、海啸、上部堤坝的溃口。

10.4.1 水淹对于核电厂的影响

内部水淹可能通过多种方式对电厂内某个区域内的一个或者多个设备产生影响，进而导致始发事件，包括：

①导致水淹的系统本身故障，系统由于破损或者满溢等原因导致系统内的水/蒸汽进入厂房，淹没系统内的重要电气或电动机械设备，可能导致该系统本身失效。

②可能淹没附近的设备、电缆导致 SSC 失效，除了发生破损、满溢现象的系统外，在水淹源附近的设备电缆可能由于水淹发生机械故障、短路、失电等故障进而无法执行其预定功能。

③除了直接淹没外，高压系统内的流体可能由于喷溅效应使得水淹源周围较高处（淹没高度以上）的设备、电缆失效。

核电厂尤其是压水堆电厂系统内的水可能处于高温高压状态，如果由于系统破损原因导致系统内的水、蒸汽进入厂房，会使厂房内的温度与湿度快速上升，进而由于该严酷环境条件导致附近电气设备或仪表发生失效。尽管核电厂往往会通过环境鉴定的方式确保安

---

① 压水堆电厂往往在35%以下，钠冷快堆能够略高于40%。

② 从概念上来说，内部水淹 PSA 不仅仅考虑“水”淹的影响，像润滑油等其他介质的泄漏导致的淹没同样应当考虑在内。

③ 这里容器（vessel）和水箱（tank）的区别在于前者有密封的盖子而后者没有。

全级物项在对应事故工况环境下的安全功能可用性,但是环境鉴定往往仅针对参与事故环境的安全级设备。

如果水淹源所在房间并不密闭,那么水淹效应可能蔓延至隔壁或附近的房间导致更大范围的失效。

从 PSA 的角度,我们主要需要从两个角度对于水淹进行分析:

①水淹事件是否导致始发事件,即使得电厂自动或强迫手动脱离稳定安全的运行状态,这主要通过水淹可能影响到的设备来判断;

②水淹事件是否在始发事件之外造成额外的设备失效。

10.4.2 核电厂水淹 PSA 的主要规范与基本方法

美国核电厂普遍在20世纪80年代开发了内部水淹 PSA 模型。1988年,NRC 要求核电厂对严重事故的薄弱环节进行单电厂检查(IPE)时,包括了评估内部水淹风险的要求。通过多年的技术积累和改进,美国核电业界开发了新的内部水淹 PSA 开发导则(EPRI 水淹 PSA 导则),并陆续制定了《美国国家标准-外部事件 PSA 方法》(ANSI/ANS-58.21-2007)、ASME《应用于核电厂的概率风险评价标准》(ASME RA-S-2008,ASME/ANS RA-Sa-2009)等水淹 PSA 相关的技术标准。以上标准规范在具体的执行尤其是各种筛除动作时略有不同,但是其技术原理是相通的。本节即介绍执行水淹 PSA 的基本原理与过程。

由于水淹 PSA 出现以前,并没有系统性地对于核电厂水淹事故进行确定论安全分析的方法,因此水淹 PSA 方法学定义了一些关于水淹事故的概念,具体如表 10-3 所示。

表 10-3 水淹 PSA 术语

术语	定义
外部水淹 (external flood)	由外部水淹源,如降雨、溃坝、海啸、波浪、风暴潮等造成的事件或灾害
水淹区域 (flood area)	与其他区域之间有足以防止水淹危险的水淹屏障相隔离的建筑物或电厂的一部分。在同一水淹区域内,水淹对电厂有相似的影响
水淹效应 (flood effect)	因水淹而对构筑物、系统和部件(SSC)产生的不利影响
水淹 PSA 电厂响应模型 (flood PSA plant response model)	代表水淹引发核电厂事故时,最终可能导致不期望后果(有特定终态,例如堆芯损坏)的设备、系统、功能以及人员响应成功或失败的组合
水淹情景 (flood scenario)	描述水淹事件的一组要素 (这些要素通常包括水淹时刻的电厂运行状态、水淹区域、水淹源和失效模式,水淹事件类型(比如喷淋、局部水淹、重大水淹等),还包括水淹漫延、水淹损坏的 SSC 和始发事件在内的水淹影响,以及操纵员动作和缓解系统的响应等)
易损度/脆弱性(fragility)	在给定的灾害条件下的构筑物、系统或部件发生失效的条件概率

表 10-3(续)

术语	定义
内部水淹 (internal flood)	由厂内水淹源,如管道、水箱、热交换器等引起的水淹 (EPRI 内部水淹 PSA 导则的定义如下:在电厂建筑物内发生的无意的或者意外的工艺介质的释放和积聚。内部水淹 PSA 只考虑冷/热生水、废水、硼水、饮用水、冷凝水和蒸汽闪变成热水的释放和泄漏)
喷溅 (spray)	指液体直接喷射或飞溅到设备上,尤其是电气设备上,可能会影响设备的绝缘或因液体渗入设备后导致内部电路短路,从而导致设备失效的一种水淹效应
淹浸 (submergence)	指 SSC 所在区域的水位超过 SSC 底部,SSC 被水淹浸的一种水淹效应 (在水淹 PSA 中一般假定部件淹浸将导致设备(一般指电气设备)失效。当 SSC 底部(例如底座之上)被淹浸时,通常认为 SSC 会失效,除非有详细的评估证明,部件部分淹浸时仍然可用。但这一假设一般不适用于非能动部件,比如热交换器、止回阀、手动阀,也不适用于其他在事故情况下不需要改变其状态位置或不需要外部动力改变状态位置或操作的部件)
现场巡查 (walkdown)	核电厂系统和部件所在的现场区域的检查,以确保规程和图纸、设备位置、运行状态的正确性,并确定在事故条件下环境对设备的影响或系统对设备的影响

内部水淹 PSA 对于电厂内部水淹导致堆芯损坏或者放射性释放的过程模化步骤如下:电厂某个区域内的某处由于设备故障或人员失误等原因出现水淹源,水淹源引发一个水淹情景导致水淹源附近区域内的某些设备失效,进而导致一个始发事件,电厂进入预计运行实际或者事故工况。在这个始发事件的缓解过程中,由于随机故障、水淹导致的缓解设备不可用、操作人员失误以及或者以上项目的组合,最终反应堆发生堆芯损坏或者放射性释放。

根据以上步骤,内部水淹 PSA 的主要流程如图 10-16 所示。

图 10-16　内部水淹 PSA 过程

各技术要素的原理与目的如下。

(1)水淹电厂分区:内部水淹分区的目的是通过对电厂以及各个子项厂房的布置以及防洪能力的分析,将其定性划分为多个水淹分区。内部水淹是一个特别典型的内部灾害型始发事件,水淹源产生后能够对周围的房间、设备产生影响,分区后就能基于内部水淹发生的地点将水淹事件划分为若干组,以便后续的分析。由于电厂的空间、隔离以及防洪等方面的原因,认为水淹的蔓延和直接影响一般不会突破分区之间的屏障,但是并不是说内部水淹绝对不会影响到多个区域,因为区域之间的屏障的防洪能力总是有限的,而且区域间可能有管道或者沟渠连通。

(2)内部水淹源分析:对于每个电厂水淹区域,分析可能引起淹没的事件与故障模式,包括人员失误、该区域内设备的故障或破损、某些导致区域外水源进入该区域的特殊事件等。还应该分析每种水淹的关键特征,如破口流速、水量、水温、压力等。这一步的分析结果是,将每个分析的水淹事件划分为若干个水淹源引发的水淹。

(3)内部水淹情景分析:水淹情景是指某水淹源导致某区域发生水淹进而导致某些对于关键物项目(可能导致始发事件或者参与事故缓解)失效的组态。该分析要求对于每个区域的每个水淹源分析其蔓延、聚集过程,并考虑操作人员以及防护措施的不同响应。过程中可以根据分析结果对不重要的区域以及水淹源进行筛除。

(4)始发事件分析:参考并借助电厂内部事件一级 PSA 模型,分析不同水淹情景可能导致哪些始发事件,其间可以对不同的水淹情景进行合理适当的归并。对于确定的内部水淹始发事件,应当结合通用与特定数据,分析其发生的频率。

(5)内部水淹事故序列定量化:该步骤主要是对识别出的始发事件导致堆芯损坏的风险进行定量化,由于内部一级 PSA 模型是本分析的基础,根据始发事件之间的对应关系,可以使内部水淹始发事件直接调用对应的一级 PSA 事故序列与系统故障树模型。但是,其间可能涉及对于上述模型的必要修正,包括:

①根据水淹情景,判断哪些设备已经处于不可用状态;

②考虑额外人员动作的影响。

分析过程中,对于部分影响较小的水淹事件需要进行必要的筛选以降低工作量,最终获得电厂内部水淹导致堆芯损坏的总频率。

10.4.3 技术要素的执行

1. 内部水淹分区

内部水淹 PSA 以确定的水淹区域为分析的基本单元。为了对所有易受水淹事件影响的区域进行更详细的分析,内部水淹 PSA 以确定的水淹区域为起点,经过定性筛选,然后对筛选后的区域进行定量化分析,来评估各区域发生水淹对机组安全的威胁。利用现有的电厂信息对电厂进行分区,是内部水淹 PSA 必须首先完成的一项工作。

具体来说,之所以必须首先确定水淹区域,主要是基于以下三个方面考虑:

(1)便于确定水淹对重要设备有影响的区域;

(2)便于确定需要考虑的水淹源和水淹形成原因;

(3)为了描述需要分析的各种水淹漫延路径,需要确定水淹区域。

应将分析电厂划分为一组水淹区域,并确保合理性和完整性。确定哪些电厂区域划分为水淹区域,以及论述划分的合理性。

核电厂厂区指受业主有效控制的核电厂所在区域,该区域内禁止永久性住户,且为了加强对核电厂的安全保卫,核电厂遵循“纵深防护”和“均衡防护”的原则,按安保需要用不同类型的栅栏或建筑物划分出控制区(ZS)、保护区(ZP)和要害区(ZR)三个保卫区域,保卫区域从外到里,其保护等级逐级提高:

控制区(ZS)包括所有需要实物保护系统保护的设施或建筑物,采用单层铁丝网围栏作为周界。

保护区(ZP)位于控制区之内,包括所有影响核电厂运行的设施。保护区周界为双层铁丝网栅栏,通过周界防入侵探测系统和电视监控系统进行监视。进入保护区需要在带有密码键盘的读卡器上读卡确认身份后才能通行。

要害区(ZR)位于保护区内,包括要害区1(反应堆厂房、反应堆辅助厂房、核燃料厂房、安全厂房、应急柴油机厂房等)、要害区2(循环水泵站)和要害区3(保安楼)。该区域内的设施均与核安全有关,进出这一区域的人员和车辆受到严格控制。

水淹PSA分析的厂区范围包括单个机组的控制区、保护区和要害区,以及机组的公用部分。

合理的水淹区域通常包括这些特点:在水淹影响和漫延方面一般独立于其他区域;划分水淹区域的支持信息反映电厂的实际情况;水淹区域的划分符合应用的需求,比如方便电厂人员理解和使用等。

根据目前国内的实践经验,确定水淹区域较为普遍地采用以下原则:

(1)有实体隔离的厂房或房间作为单独的水淹区域;

(2)无实体隔离边界、直接连通的相邻房间合并成一个水淹区域;

(3)厂房外无设备的走道或空旷区域不作为水淹区域。

后续步骤中不一定要对于每个水淹区域开展分析,如果水淹区域内的水淹源不可能对区域外产生影响,而区域内设备的任意故障模式又都不足以威胁反应堆安全,那么该水淹区域也可以不做考虑。

2. 水淹源的确定

确定水淹区域的目的是确定内部水淹PSA的分析单元,而确定水淹源则是确定水淹分析的源头。每一个水淹区域的内部水淹PSA都是从水淹源开始的。

对于每一水淹区域,确定潜在的水淹源包括:

①位于该区域内的与流体系统(如循环水系统、厂用水系统、消防水系统、设备冷却水系统、给水系统、冷凝和蒸汽系统以及反应堆冷却系统)相连的设备(如管道、阀门、泵),这些设备的故障、破损或者误动作可能导致水淹;

②位于该区域内的电厂内部水淹源(如水箱或水池);

③通过某些系统或构筑物与该区域相连的电厂外部水淹源(如水库或河流);

④来自其他水淹区域的泄漏(例如,从排水沟、门洞等的回流);

虽然与分析区域相连的外部水淹源(如水库或河流)不在分析的厂区范围内,但由于是与系统或构筑物相连,如果该区域发生流体外漏,而且这些外部水淹源可以源源不断地通过连接部分流到破口处,其也相当于内部水淹源。比如,电厂控制区外的水库或高位水罐通过管道向电厂直接供应饮用水(可作为生活用水和部分 BOP 系统的备用水),在保护区内这些饮用水管发生破裂,如果不干预,水库或者高位水罐里的水就是该水淹区域的内部水淹源。

除了潜在的导致水淹的水淹源外,蒸汽的影响也不可忽略,主要分为两个部分:一是高能管道破裂释放蒸汽的甩击效应;二是释放蒸汽冷凝成热水。核电厂往往对安全级别设备充分考虑了高能管道甩击防护问题,但是并未对能起到安全缓解功能的非安全级设备进行充分考虑。

对每一潜在的水淹源,确定会导致水外流的水淹机理,包括:

①管道、水箱、垫片、膨胀节、配件、密封件等部件的失效模式;

②人因引起的水淹机理,例如可能导致水箱溢流、流体通过维修开口的外流、消防系统的误启动;

③其他造成水排入该水淹区域的事件。

3. 水淹情景的建立

在水淹区域定性筛选完成之后,需要对保留的水淹区域进行更详细的分析,水淹情景分析就是内部水淹 PSA 定量分析阶段的第一步。

对水淹区域定性筛选中保留的水淹区域做水淹情景分析,主要包括以下几个方面的内容:

(1)水淹区域适用的水淹类型(如喷淋、局部水淹和重大水淹)。由于后续水淹频率计算采用的通用数据按“喷淋”“水淹”和“重大水淹”划分,因此通常内部水淹中每个水淹源的水淹类型也按照这种方式划分;

(2)重要 SSC 的水淹效应评估;

(3)发现水淹的可能途径,如通过现场巡检,或当集水坑中水位达到报警值发出的报警信号。

对每一水淹区域和每一水淹源,识别能够终止或抑制水淹漫延的电厂设计特征,包括:

(1)水淹报警;

(2)水淹防护堤、围栏、地坑(即积聚和贮存水的实体构筑物);

(3)排水沟(即能起到排水沟作用的实体构筑物);

(4)地坑泵、防喷溅屏障、水密门;

(5)可以自动或手动操作的爆破盘或挡板。

估计排水沟的排水能力和地坑、廊道、护堤、围栏的容水量,在水淹容量估计和水淹对 SSC 的影响中考虑这些因素。

水淹 PSA 的重要 SSC 通常包括:

(1)内部事件一级 PSA 模型中模化的设备;

(2)未模化但是其失效可能会导致跳机跳堆的那些 SSC①;

(3)未模化但是其不可用是技术规范不可用事件的那些 SSC。

确定水淹区域内水淹引发失效的各种机理对重要 SSC 的影响程度。在确定过程中,要考虑淹浸和喷溅引起的失效。此外,用保守的假设来定性评估没有特别涉及的水淹引发失效的机理的影响。

水淹可能通过电缆贯穿件或空调通风管道漫延,在水淹 PSA 漫延分析中不要忽略这两种情形,尤其是通过位置较低的通风管道漫延的情形。电缆贯穿件的水淹漫延分析可通过现场巡查来判断,通风管道水淹漫延分析要结合现场布置、通风系统运行情况和通风管道流程来综合判断。

对于不重要的水淹区域可以予以筛除。

例如,该区域的水淹不会引起一个始发事件,也不需要电厂立即停堆,并且满足以下两个条件:区域中没有 PSA 模化的缓解设备(包括水源能够漫延到的相邻区域);或其电源。

原则上筛选时不应考虑防止区域间漫延的屏障失效的作用,只有在完全确信水淹缓解系统的能力和可靠性时,才能在筛选时考虑水淹缓解系统的作用。

4. 水淹导致的始发事件

通过分析水淹事件导致的内部始发事件,可以在水淹事件和内部事件一级 PSA 模型中建立一座桥梁,以此计算得出内部水淹的堆芯损坏频率。

确定水淹导致的内部始发事件主要从 4 个方面来考虑:

(1)水淹是否会导致汽机跳闸或反应堆紧急停堆?

(2)水淹是否会导致用于安全缓解的相关设备不可用?

(3)水淹是否会直接导致内部事件一级 PSA 中所分析的始发事件?

(4)水淹是否会导致操纵员根据技术规格书需要手动停堆的工况?

在确定水淹事件导致的内部始发事件过程中通常采用如下基本假设:

(1)导致技术规范中开始后撤时间小于等于某一时间(比如 24 小时)的不可用,就认为该机组将手动停堆,即考虑为导致瞬态;

(2)在内部水淹分析中不考虑相同区域内不同水源的同时喷淋和水淹事件。同样,也不考虑叠加其他始发事件(水淹导致的始发事件不属于这种情形,水淹导致的始发事件是一种继发事件),如与水淹同时发生的丧失厂外电。

确定每一水淹情景组的水淹始发事件频率和方式与内部事件的分析是类似的。

可采用下列特征量作为筛选准则删去无须进一步评估的始发事件(组)②:

(1)事件的发生频率小于 1×10^{-7}/(堆·年),且该事件既不涉及界面系统 LOCA、安全壳旁通,也不涉及反应堆压力容器破裂;

(2)事件的发生频率小于 1×10^{-6}/(堆·年),并且不会发生堆芯损坏,除非缓解系统中

---

① 这些事件对应的内部始发事件可能是类似于汽轮机停机,LOOP 之类无法通过故障树详细拆解到部件的设备。

② 该数值主要针对内部事件堆芯损坏频率为 $10^{-6}\sim10^{-7}$/(堆·年)量级的第二、三代压水堆核电厂。

至少有两列发生与始发事件无关的故障；

(3)事件不会立即导致反应堆停堆，即在事件发生足够长时间后才会要求电厂过渡到停堆工况，并且确信(基于支持性计算)在此期间，在事件发展到正常运行工况被中断前，电厂能够检测到该事件的发生，并通过人为干预或自动控制得以纠正。

收集对水淹可能性有影响的电厂设计、运行经验、工况的具体信息(如流体系统的材料状况，关于水锤的经验，维修引起的水淹)，对于此技术要素的执行有重大意义。

应用以下信息的组合，为水淹情景组确定水淹事件频率：

(1)通用和特定电厂的运行经验；

(2)从通用数据源和特定电厂运行经验得到的管道、组件和储罐破裂失效率；

(3)对收集的特定电厂信息进行工程分析。

5. 水淹事故序列分析与定量化

一般来讲，对于内部水淹导致的始发事件没有必要从头开始完全独立地进行事件树建模，通常的做法是基于水淹事件与其导致的始发事件之间的对应关系直接调用一级 PSA 事件树，并对其进行适当改造即可。

内部水淹事件序列定量分析是水淹 PSA 开发过程中一项很重要的综合性任务，它是在综合了水淹区域确定、水淹区域定性筛选、水淹情景分析、水淹影响分析、事件树分析、系统分析、人员可靠性分析、数据分析、相关性分析等项任务结果的基础上进行的。

事件序列定量分析的目的就是根据电厂的事件序列的进程和电厂的堆芯损坏的情景，求出各种导致堆芯损坏的事件组合(最小割集)，以及各事件序列的频率与总的堆芯损坏频率的值，并且识别出导致堆芯损坏的重要水淹区域、主导事故序列(AS)、主导最小割集(最小割集)，以及主要基本事件(包括人误事件和部件故障)。

通过事件序列定量分析工作，尤其是对那些对堆芯损坏的主要贡献者的识别可揭示电厂在设计、运行规程等方面的薄弱环节与不足之处，揭示降低电厂风险、提高电厂安全性的有效途径。同时，所得结果还可与规定的安全目标及国内外其他核电厂的分析结果进行比较。

在事件序列定量分析工作中，必须正确反映电厂的设计、运行和维修的实际情况，必须考虑各种重要的相关性，并进行不确定性分析。

如果一个水淹区域的各水淹情景发生总频率与其包络的条件堆芯损坏概率(CCDP)的乘积小于内部事件一级 PSA 的堆芯损坏频率名义值的 0.01%，则可以筛除该区域。包络 CCDP 值是一个区域水淹情景中最高的 CCDP 值。

在定量化中包括以下失效的组合效应：

(1)由水淹引起的失效；

(2)由与水淹同时发生但由与水淹无关的原因(包括设备失效、维修造成的不可用以及其他可信原因)引起的失效。

内部水淹 PSA 模型中考虑的失效包括水淹引起的失效和与水淹无关的随机失效。目前国内普遍采用可以自动传递边界条件的计算引擎来量化水淹 PSA，水淹引起的失效通常以边界条件的形式模化到内部水淹 PSA 模型中。

10.5 外部洪水

10.5.1 外部洪水的来源及其与内部水淹的异同

外部洪水是一种与电厂厂址密切相关的外部灾害,主要包括各种导致水淹的自然现象(河水、湖水以及海水相关的水淹,如各种海潮、风暴、极端降水、洪峰、湖啸等)以及人为灾害(主要考虑各种上游水利设施的失效)。

外部洪水可以说是种类最多的核电厂外部灾害,对于某一特定电厂,相当部分的外部洪水发生的机理可能并不存在,还有相当部分的外部洪水灾害可以通过分析证明不重要,这些类别的外部洪水都能够通过分析筛除,仅无法筛除的外部洪水才有必要开展相关的外部水淹 PSA 分析。

10.5.2 核电厂的防洪安全设计

我国现行核安全法规体系中,防洪问题主要作为电厂厂址安全要求的一部分来体现,包括:

(1)HAD101/08 滨河核电厂厂址设计基准洪水的确定;

(2)HAD101/09 滨海核电厂厂址设计基准洪水的确定①。

以上两部安全导则分别规定了内陆与沿海两种厂址所需考虑的洪水类型以及确定其基准的办法,并确定了原则上的设防方式。

总体上应对以上设计基准洪水的思路有两条:

(1)通过布置,使得电厂安全重要的物项全部处于设计基准洪水水位以上,当然,执行此项要求需要根据电厂周边具体情形考虑一定的裕度,以应对可能的导致水位进一步上升的效应,如河道堵塞,泥沙堆积等;

(2)通过防洪设施的建设,使得核电厂安全重要的物项(低于设计基准洪水水位的)全部处于高于设计基准洪水的堤坝保护范围内,当然执行此项要求需要对堤坝提供适当的要求,如抗震等,确保其在事故条件下的有效性。

显然以上导则要求的电厂防洪设计主要针对外部水淹,对于内部水淹需要考虑以下抑制水淹蔓延的措施:

(1)能够探测洪水的各类措施;

(2)地坑、排水沟渠;

(3)能够用于抽排水的各类泵;

(4)房间之间的隔离;

(5)能够用于蓄水的空间以及高度差。

---

① HAD101 系列是我国关于核动力厂厂址的系列导则。

10.5.3 外部洪水PSA的实施过程

通常外部水淹PSA的实施过程如图10-17所示。

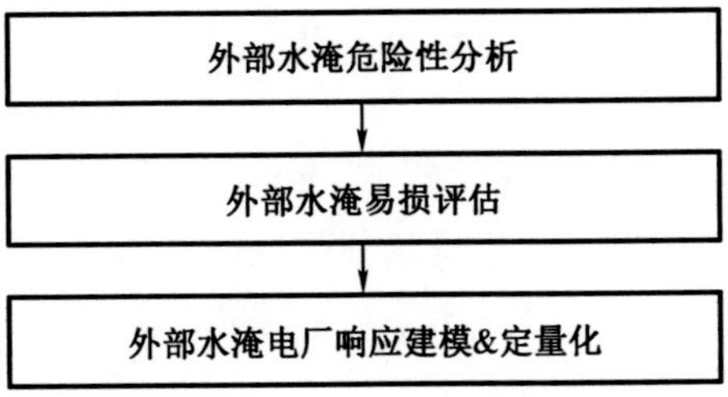

图10-17 外部水淹PSA过程

下面简要介绍其每个步骤：

(1)危险性分析

以厂址为基础，通过分析厂址周边地区现状以及历史信息，获得本地区可能的外部洪水类型，严重程度以及不同严重程度与频率之间的关系，获得某种特定的不可筛除的外部洪水类型的危险性曲线。对于外部洪水来说，严重程度主要指水位。

(2)易损度评估

分析外部洪水可能的方向以及强度，识别其影响的范围。对影响范围内的物项进行评价，识别有可能受到水淹影响进而导致电厂始发事件或对电厂安全级产生影响的物项。对于这些物项目进行水淹易损度分析，及其在不同强度下外部洪水影响下的失效概率。

(3)外部水淹电厂响应建模 & 定量化

基于危险性分析，建立电厂外部水淹始发事件树模型，事件树以及支撑其的系统故障树模型应当在对应的内部事件一级PSA模型的基础上基于易损度评估进行修改，同时人员事件也应当基于外部水淹的特殊情况进行调整，最终通过整合模型的定量化获得电厂由外部水淹导致堆芯损坏的风险大小。

外部水淹的诸多技术要素的具体实施与内部水淹较为相似，但是依然存在以下主要差异：外部水淹比较依赖对电厂周边自然条件与水利设施的分析，而内部水淹则主要取决于电厂内部的布置。

10.5.4 外部洪水相关技术要素的具体实施

1.危险性分析

进行外部水淹危险性分析，首先收集核电厂厂址附近外部水淹的历史信息，建立外部水淹信息数据库；然后对厂址附近各种外部水淹源进行详细划分，分析不同外部水淹源的发生机理和相关参数，从而得到相应的危险性曲线和不确定性分布。

需要说明的是，需要收集的信息不仅仅包括周边自然/人工水体的相关历史记录，周边的降水信息的收集也是工作必要的组成部分。

除了历史水位、水量等自然水体的相关关键参数外，还要对于周边人工防汛设施，如河堤、水坝的失效概率进行必要的考虑与假设。

无论是对不同类型的外部洪水源的历史信息还是对人工防汛措施的失效概率进行分析,在条件允许的条件下,都应该尽可能地获取最新的数据。对于中国大部分厂址而言,准确的历史记录往往在百年左右或者以内,根据更早的历史记录进行适当的推算也非常必要,但是需要强调的是,周边自然人工水体的变化在几十乃至于成百上千年的时间内往往是不可忽略的,这显然与地震等其他外部灾害 PSA 存在较大的差异。

一般来讲外部洪水的危险性分析是一个同时具备专业性以及地区性的工作,实际的核电厂 PSA 工程中该工作一般由核电厂厂址当地附近的水文水力学专业实施,作为 PSA 专业人员并不需要掌握开展该工作的具体方法,但是需要了解该工作的输出如何用于后续的 PSA 步骤,以及该工作本身导致的不确定性。

外部水淹实质上包含许多不同类别的始发事件,可能包括:

(1)厂址或厂址周边的极端降水;

(2)河水水淹,包括周边水利设施的失效导致的水淹;

(3)海洋水淹,包括海水沿内河的倒灌;

(4)湖水、水库等导致的水淹;

(5)海啸。

2. 易损度分析

外部水淹易损度分析的目的评估外部水淹情况下核电厂 SSC 的损坏情况,给出不同外部水淹情况下 SSC 的条件失效概率。这种以易损度定义 SSC 在不同强度等级外部灾害下可用性的做法与地震 PSA 方法是非常相似的。

在评估结构和无掩蔽设备(厂址中低洼处设备、入口设备、最终热阱设备)的水淹易损度时,应使用特定电厂的数据。在评估中,需要包含现场巡查的结果。在能力和需求的易损度分析中,只需根据所研究的水淹事件做适当的特殊修改,就可以采用地震事件中使用的标准方法完成。

不过与其他外部事件相较,现场寻访结果对于外部洪水的分析结果尤为重要,这是因为设备的实际安装位置以及洪水可能进入厂房的方式往往比较依赖现场的走访。

从实践经验上来说,外部水淹易损度分析和地震易损度分析在方法上有一定的相似性,但差别仍然很大,且这项工作的专业性很强,惯例上这项工作往往委托给专业的团队来开展。PSA 人员只需清楚外部水淹易损度分析的需求和分析结果的使用。

3. 事故序列分析与定量化

经过外部水淹危险性、易损度分析以及外部水淹影响分析后,则可以构建各种外部水淹相应的 PSA 模型。模型一般采用事件树和故障树相结合、外部水淹前端事件树和内部事件一级 PSA 的事件树相结合的方法,首先分析外部水淹导致的始发事件和主要缓解系统失效,建立外部水淹前端事件树,确定不同组别的外部水淹损伤态,针对不同的外部水淹损伤态做区别处理。

由于该步骤与内部水淹 PSA 以及地震 PSA 比较相似,本书的相关章节可供参考,在此不做详细的介绍。

第 11 章　二级 PSA 技术

11.1　二级 PSA 的基本概念

一般来讲，在轻水堆核电厂的概率安全评价的应用中，按照分析针对的事故后果不同，PSA 一般分为三级（图 11-1）。

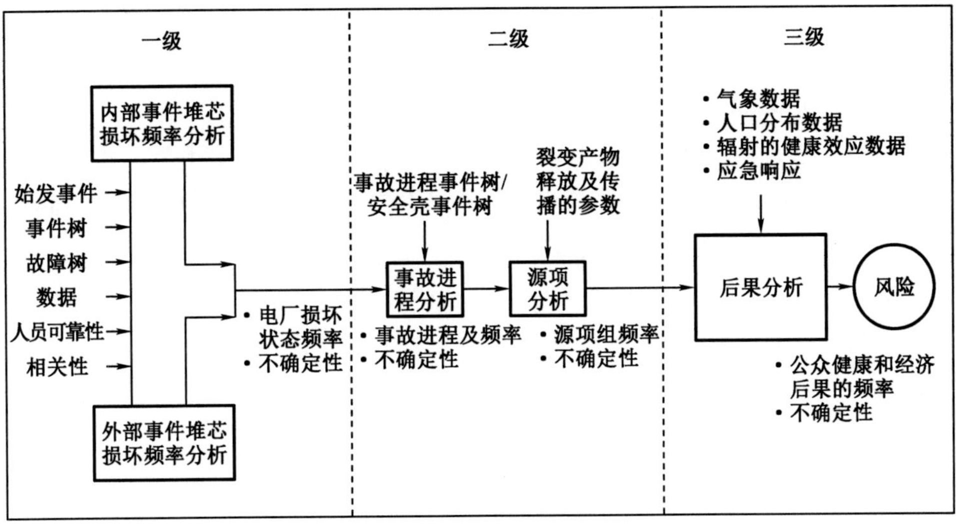

图 11-1　轻水堆核电厂 PSA 的基本框架

一级 PSA 的主要任务是始发事件分析和系统分析，目的在于计算堆芯损坏频率；

二级 PSA 的内容是分析堆芯熔化及其后续放射性释放的物理过程，主要目的是评价放射性物质不可控释放的风险；

三级 PSA 的内容是研究放射性物质在环境中的扩散及其对公众和环境的影响。

核电厂二级 PSA 主要分析堆芯熔化之后的物理过程以及安全壳响应特性，从而确定从安全壳释放放射性物质的频率以及源项。通过二级 PSA 的研究，可以从总体上分析核电厂的严重事故风险水平，还可以分析核电厂中严重事故不同的发展进程及其发生可能性，分析严重事故缓解措施设计的有效性，分析不同的安全壳失效模式及其发生频率，并论证大量放射性释放频率（large release frequency，LRF）满足设计概率安全目标。

美国三哩岛核事故、苏联切尔诺贝利核事故以及日本福岛核事故表明，尽管核动力厂发生严重事故的频率极低，但一旦发生堆芯熔化事故，就可能导致大量放射性释放，其后果十分严重，必须关注其风险。

1979 年发生的三哩岛核事故证明了确定论方法的局限性。三哩岛核事故中导致堆芯损坏的初始事故并非原先设想的双端断裂的大 LOCA，而是很普通的主给水丧失事故，事故过程中也不仅仅是单一故障,而是合并了多个系统的多重故障(辅助给水隔离阀未处于打开位置、稳压器卸压阀打开后未能回座),而且操纵员在事故发生后很快就进行干预,但却被严重误导,操纵员的干预行为反而导致了更严重的后果。其实,该事故情景早在 1975 年发表的研究报告《反应堆安全研究》中已有分析。《反应堆安全研究》(即 WASH-1400)是美国的拉斯莫森教授领导的一个研究小组第一次将 PSA 技术应用于核电站安全分析的研究报告。

在该研究报告中准确预见到了三哩岛核事故的进展情景。人们因此认识到传统的确定论方法的局限性和概率论方法的优越性。从此,核能界对 PSA 有了广泛的认同,PSA 在全世界核能工业界得到迅速发展。

我国国家核安全局在《核动力厂设计安全规定》(HAF102—2016)中明确要求对需要厂外早期响应的(特别是与安全壳早期失效相关的)放射性物质向厂外大量释放的风险进行评价;在《核动力厂安全评价与验证》(HAD102/17)中对于开展二级 PSA 提出了具体的指导意见和技术要求。

由于二级 PSA 范围与严重事故在核电厂内的发展进程相对应,是核电厂严重事故分析的重要手段,在严重事故分析评价领域出现了概率论为主,确定论为辅的局面,因此有时也会把二级 PSA 称为"严重事故 PSA"。

以压水堆核电厂为例,二级 PSA 工作的主要技术内容如图 11-2 中所示,二级 PSA 可以对严重事故进行全方面的分析和评价。

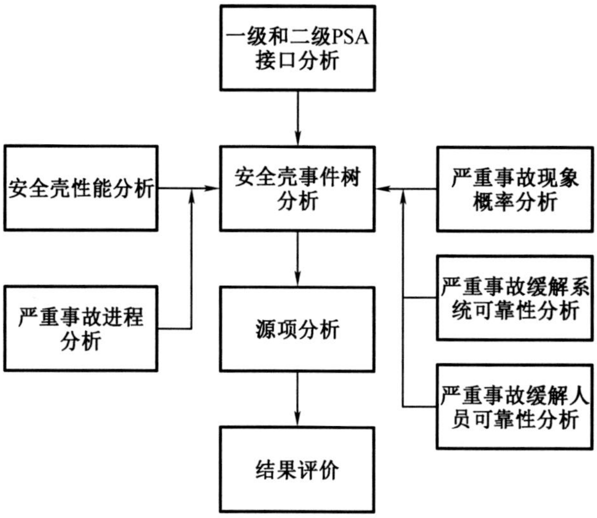

图 11-2　二级 PSA 技术要素

类似于一级 PSA 为便于分析而将始发事件归组,二级 PSA 也需要对电厂损伤状态的进行归组。在现有的轻水堆 PSA 框架中,一级 PSA 的序列终态定义为对堆芯完整性的挑战,由此衍生出两个终态 OK 和 CD,其中 OK 为事故成功缓解,即没有导致堆芯丧失完整性,CD 为堆芯损坏,即堆芯丧失完整性。二级 PSA 主要针对终态为 CD 的序列(或割集),分析由此导致的释放源项。依据预先定义的特征量归组后得到电厂损伤状态(plant damage state,

PDS)。PDS 特征量及属性的选取应基于如下考虑:每个特征量的不同属性对安全壳性能的挑战和对放射性释放后果的影响有明显的区别,并能将堆芯损坏时电厂系统状态、重要物理参数体现在 PDS 的结果中。这一部分工作将一级 PSA 和二级 PSA 连接起来,称为一级和二级 PSA 接口分析。类似地,将二级 PSA 的终态进行归类,得到释放类的归组,成为三级 PSA 的接口,但其过程将不在本章描述。

本章节为便于读者理解二级 PSA 的技术,将为读者依次介绍反应堆严重事故的现象以及相应的二级 PSA 特点。由于目前的二级 PSA 技术和主要概念都是基于轻水堆的二级 PSA 技术发展而来,考虑到随着先进核电厂不断引入商业市场,相应的 PSA 工作不断开展,部分技术和概念在先进堆型存在一定的不适用情况,因此本章将以轻水堆二级 PSA 技术为主并辅以其他先进堆型 PSA 技术的简要介绍。

11.2　核电厂严重事故

核电厂严重事故指超出设计基准事件之外,导致核电厂反应堆堆芯严重损坏,并危及多层或所有用于防止放射性物质释放的屏障的完整性,从而造成环境放射性污染,产生巨大损失的事故。

一般来说,核反应堆的严重事故可以分为两大类:一类为堆芯熔化事故(core melt accidents,CMAs),另一类为堆芯解体事故(core disruptive accidents,CDAs)。堆芯熔化事故是由堆芯冷却不足,引起的堆芯裸露、升温和熔化过程,其发展相对缓慢,时间尺度为小时量级。堆芯解体事故是由快速引入的巨大反应性,引起功率陡增和燃料碎裂过程,其发展迅速,时间尺度为秒量级。

由于压水堆的固有负反应性温度反馈特性和设置了专设安全设施,堆芯解体事故发生的可能性极小。而对于大型钠冷快堆而言,由于钠空泡反应性为正,理论上存在燃料密实反应性增加的可能性,早期的设计中通常要考虑堆芯解体事故的后果。近年来,为避免堆芯解体事故的发生,零空泡反应性堆芯、非能动停堆系统和熔融堆芯导流管等方案的相继提出,使得堆芯解体事故的发生仅存在理论上的可能。

严重事故的现象、发生过程、技术特征以及后果特点,强烈地依赖于不同的堆型(快/热)、冷却剂、燃料组成以及系统设计。随着,先进反应堆核电厂的不断发展,固有安全性和非能动安全性的不断提高,不同核电站的严重事故将呈现极其不同的特点。严重事故现象的复杂程度实在是难以在简单的篇幅中得到很好的描述,本章针对严重事故进行简要介绍,旨在建立相关概念,以便读者可以更好地理解二级 PSA 的理念和方法。

11.2.1　压水堆严重事故过程和现象

压水堆的堆芯熔化过程主要有两种类型:低压熔化和高压熔化。

压水堆的堆芯熔化过程分为三个阶段:事故发生到堆芯熔化;堆芯熔化到压力壳失效;压力壳失效以后。

低压熔化过程主要以主系统冷却剂丧失为特征。若应急堆芯冷却系统失效，堆芯将自上而下地熔化，直到将压力容器下封头熔穿、熔融物随后与安全壳底板混凝土相互作用，释出 CO_2、CO、H_2 等不凝气体，从而造成安全壳晚期超压失效或底板熔穿。

高压熔化过程一般以失去二次侧热阱为先导事件。主系统在失去热阱后升温升压，如二次侧不能恢复热阱，堆芯在较高压力下开始裸露，随后开始熔化。此后过程有两种可能：一种是与低压熔化过程相似；另一种是压力容器下封头熔穿后，由于反应堆冷却剂系统存在高压发生熔融物质喷射弥散，熔融的小颗粒与空气中的氧气发生放热化学反应，加强了传热，造成“直接安全壳加热”，使安全壳超压失效。

严重事故涉及的现象非常复杂，主要包括堆芯降级、堆芯熔融、压力容器破裂、蒸汽爆炸、与氢气相关的事故、熔融物与堆坑水的相互作用、熔融物与混凝土的相互作用、安全壳直接加热、裂变产物气溶胶迁移、源项等。

对于严重事故的分析和研究通常放在了安全壳的完整性上，三哩岛核事故和切尔诺贝利核事故的后果证明了安全壳在严重事故缓解上的重要作用。

下面对严重事故进程中的一些关键现象进行介绍，这些现象都和安全壳的完整性密切相关。

1. 堆芯氧化与氢气的产生

堆芯内材料的氧化是堆芯降级过程中的一个十分关键的现象。当堆芯过热时，锆合金和水或水蒸气会发生化学反应，这一化学反应过程会释放大量的热量并产生氢气，同时该现象伴随着包壳材料的脆化和降解的发生。锆水反应产生的氢气是严重事故中堆内主要的氢气源项。堆芯降级过程中产生的氢气进入安全壳，与氧气发生燃烧或爆炸，产生的温度和压力载荷，可能会导致安全壳的完整性破坏。

通常压水堆通过在安全壳内设置非能动的氢气复合器或点火器来控制氢气浓度，以保证安全壳的完整性。

2. 熔融物与冷却剂的相互作用

熔融的金属或氧化的堆芯熔融物与水混合并发生相互热作用可能导致蒸汽爆炸。蒸汽以非常高的速率产生，从而形成音速的压力前沿并在当地构件上施加动力载荷。当堆芯熔融物由堆芯区域塌落至反应堆下腔室时，压力容器内可能发生蒸汽爆炸；如果压力容器失效且堆芯熔融物喷射到堆腔内的水中，则在反应堆堆腔中可能发生蒸汽爆炸。

3. 堆芯熔融物与混凝土的相互作用

如果在反应堆冷却系统低压情况下反应堆压力容器失效，堆芯熔融物将从反应堆压力容器倾泻到反应堆堆腔的地板上。压力容器失效后，熔融物与混凝土地基接触，产生热消融反应，产生大量不可凝气体（H_2O，CO，CO_2），该过程称为堆芯熔融物与混凝土的相互作用（melt core-concrete interaction，MCCI）。该现象发生在熔融物冷却不充分的情况下，可能会造成安全壳的增压和混凝土地基的熔穿。

因此，熔融物的可冷却性对防止底板熔穿和安全壳持续超压，进而对稳定和终止事故及防止安全壳放射性释放来说是至关重要的。

4. 安全壳直接加热

安全壳直接加热(direct containment heating, DCH)定义为由堆芯熔融物从压力容器高速喷放、可能发生的许多物理和化学过程引起的安全壳内大气中的快速能量增加。安全壳直接加热的必要条件是:反应堆压力容器发生失效的位置使得已迁移至反应堆下封头的相当大部分的堆芯熔融物先于反应堆冷却系统内的气体,由反应堆冷却系统喷放到反应堆堆腔内。即反应堆冷却系统处于高压状态(有时称为高压熔融物喷射)。

11.2.2 液态金属冷却快堆严重事故过程与现象

1. 钠冷快堆的安全特点

钠冷快堆是第Ⅳ代核能系统六种堆型(钠冷快堆、铅冷快堆、气冷快堆、超高温堆、超临界水堆和熔盐堆)中,技术上最为成熟的堆型,增殖与嬗变是它的主要特点和优点。

钠冷快堆用液态钠为冷却剂,液态钠有高的沸点 883 ℃(常压),而堆芯出口钠温低于550 ℃。钠系统是低压系统,主容器钠液面氩气的绝对压力低于 2 个大气压。

钠的导热能力是水的百倍以上,对于一回路池式设计,高功率快堆钠装量上千吨,堆芯严重事故时,提供了最快的初始热阱,对堆的安全极为有利。

钠工作温度时,黏滞性不大、流动如水等特点,使钠冷快堆易于设计非能动余热导出系统导出堆芯事故余热。

轻水堆在安全方面的主要缺点是为了得到适当的冷却剂温度,需要对冷却剂进行加压,如对于沸水堆约为 7 MPa,而压水堆更高,达 15 MPa。因此,一次系统的任何破裂都会直接导致冷却剂的喷放。而这类事件在钠冷快堆系统中是不存在的,因其在额定工况下冷却剂钠在不加压或稍许加压(为了防止氧气漏入)的情况下,其欠热度也高达约 350 ℃。钠冷快堆一次系统的破裂不会导致冷却剂的沸腾,其事故的主要后果在于化学反应方面。

钠冷快堆系统安全上的弱点在于冷却剂钠的化学性质非常活泼,与空气和水都会发生剧烈的化学反应,但在严重事故情况下并不会像水堆那样发生锆水反应。在反应性反馈方面,大型的钠冷快堆在堆芯中心的钠减少时,会引入正的反应性反馈。而在轻水堆系统中,类似的冷却剂丧失事故引入的则是负反馈。

对于轻水堆,在发生失水事故时,为防止堆芯熔化必须立即启动应急堆芯、冷却系统,以便有足够的冷却剂来覆盖堆芯。而对于钠冷快堆中类似的事故,保持钠覆盖堆芯是比较容易做到的事情,且由于钠温远远低于沸点,甚至在一次泵故障的情况下,自然对流仍可以迅速建立起来。

相对于采用 MOX 燃料的钠冷快堆来说,轻水堆的核性能似乎较易于控制。因为轻水堆中缓发中子份额大约为钠冷快堆中缓发中子份额的两倍,且其瞬发中子的代时间则相应大二至三个数量级。但这些差别仅仅在严重事故情况下才开始起作用。

一般来说,小型钠冷快堆都具有较好的固有安全性,因为较小的堆芯尺寸有利于中子的泄漏,所以钠密度减小以及钠空泡的出现都会引入负反应性,可以有效缓解事故的进程。而对于大型快堆而言,钠空泡引起的反应性一般为正值,而且与堆芯布置也有很大关系,表11-1 给出了几种典型钠冷快堆的堆芯最大钠空泡价值。可以看出,除了 BN600 的钠空泡价值较小以外,其他反应堆的钠空泡价值都比较大。对于钠空泡价值大的堆型,冷却剂的沸腾会引入大量正反应性,堆芯功率会快速增大,很有可能导致燃料熔化甚至发生堆芯解体。

表 11-1　典型钠冷快堆堆芯最大的钠空泡价值

反应堆	SPX	EFR	DFBR	BN600	Monju
功率/MWt	3 050	3 600	1 600	1 470	714
最大钠空泡价值/ $	6.4	5.0	4.2~5.5	0.74	2.0

钠冷快堆的热时间常数比轻水堆的短,主要是由于燃料棒尺寸较小以及每根燃料棒的冷却剂流通面积也较小的缘故。在瞬态分析研究中,这些因素对事故进程有着重要影响。

对于大小类似的反应堆,就现场的放射性总量而言,两类系统的总裂变产物水平基本相当。但钠冷快堆的钚含量要高一些,该差别是由于^{238}U在两个系统中的转换不同造成的。

对于钠冷快堆而言,通常有三道包容边界:燃料元件包壳、一次冷却剂边界(对于池式快堆是主容器,对于回路式快堆指堆容器、泵和热交换器的容器以及相互连接的管道)和反应堆厂房。燃料和裂变产物被三道边界所包容,包括^{24}Na在内的活化产物被后两道边界包容。

应该说明的是,裂变产物的绝大部分都被滞留在了燃料芯块的基体内,所以有时燃料芯块也被称为是第一道包容边界。在裂变产物中,^{131}I在事故情况下向环境的释放是决定事故后果严重程度的重要因素,在钠冷快堆中,由于作为冷却剂的钠具有很强的化学活性,很容易与碘化合形成碘化钠,从而减轻放射性向环境的释放(相对于水堆而言)。

从一次边界释放出的任何放射性物质都首先会被局限在反应堆厂房内。反应堆厂房都设置有包含过滤器的通风系统,以便对排入大气的放射性进行控制,同时应对由一次钠或二次钠泄漏可能引起的钠火。堆厂房的设计也要能够承受暴风、地震和爆炸飞射物等外部原因引起的载荷。

池式钠冷快堆的一个十分重要的优点是一回路冷却剂压力低,所以一次冷却剂容器承受的力小,不大可能发生损坏。即使主容器发生破裂,也不会导致冷却剂的汽化。在采用在堆容器之外再加一层保护容器等措施之后,可以使得在堆容器破裂的情况下依旧保持堆芯的淹没状态,通过自然循环保持堆芯的冷却。因此在熔融物的包容方面池式钠冷快堆多采用堆内滞留方案(IVR)。

因此,冷却剂压力低使得快堆系统有两个优点:

(1)冷却剂容器几乎不可能破裂,尤其是大尺寸的破裂;

(2)即使发生破裂,仍能十分容易地导出裂变产物的衰变热,并保持燃料包壳的冷却,防止破损的蔓延。而对于一回路压力高压的水冷堆而言,必须采取多方面的保护措施,以防止 LOCA 事故的发生。

对于池式快堆,还有一个额外的安全特性——在堆容器中有大量的钠冷却剂,借助于泵或自然循环,在没有二次冷却的情况下也能保证堆内温升足够慢。

从安全角度看,除了前面提到的优点之外,钠冷快堆还有一些特点是不利的,这其中包括:功率密度高、大的反应性引入的可能性以及冷却剂的化学性质活泼。

功率密度高意味着如果燃料失去冷却,其温度上升相对要快。在假想燃料元件完全失去冷却的极端情况下,元件的温度将以 600 ℃/s 左右的速度上升,并将在 3~4 s 内熔化。燃料熔化同时会导致冷却剂的急剧汽化,虽然实验表明在此过程中不会发生所谓“蒸汽爆炸”现象,但由于整个事故过程的复杂性,一般都会高估此类事故的后果。

由于堆内的燃料布置并不处在最大反应性状态,所以产生了反应性引入事故的可能性,即如果燃料分布变得更加密集,将会引入正的反应性。

对于钠空泡系数为正值的大型钠冷快堆而言,一旦发生冷却剂沸腾堆芯会加速熔毁,甚至有可能发生瞬发超临界事故。由于燃料密实反应性增加的特点,引起堆芯燃料中心密实的任何事故都可能导致反应堆超临界。对于压水堆而言,一般严重事故只需要进行堆芯熔化的分析,而钠冷快堆严重事故分析领域仍然保留着对堆芯解体事故的保守考虑。

对于钠冷快堆而言,不同的燃料的类型也对安全性有着很大的影响。目前而言,氧化物燃料熔点温度高,与包壳材料相容性好,是快堆的主要燃料类型之一。相比钚铀氧化物混合燃料(MOX 燃料),二氧化铀燃料有着更加成熟的加工和制造工艺,而且有着更好的钠密度效应,然而,作为闭式燃料循环体系的一部分,MOX 燃料有着不可替代的作用。

金属燃料是高增殖比快堆设计的燃料首选,更容易实现较高的增殖比,因此通常用于行波堆的设计。早期金属燃料的辐照肿胀十分严重,使用改进后的设计参数和包壳材料后,燃料燃耗大幅提高。金属燃料的熔点显著低于氧化物燃料,且与包壳存在共晶问题。通过多年的发展,U-Pu-Zr 合金的固相线温度和与包壳材料之间的共晶温度得到大幅提高。

氮化物燃料是目前快堆燃料发展的一个新方向,俄罗斯“突破”项目计划在 BN-1200 和 BREST(铅冷快堆)上使用更加先进和安全的氮化物燃料。氮化物燃料具有氧化物燃料所具的优点,即在闭式燃料循环中充分利用乏燃料中的钚元素,此外相比于氧化物燃料,氮化物燃料还具有其他优势:首先,氮化物燃料工作温度低,可以避免发生失冷事故和引入反应性时燃料包壳过热或破损;其次,氮化物燃料对裂变气体产物和活性化学元素,如铯、碘、硒及碲等有较强滞留作用,可以降低腐蚀性裂变气体与燃料棒的化学作用;最后,同等条件下氮化物燃料中的裂变气体产物释放量要小于氧化物燃料。

2. 典型钠冷快堆简介

中国实验快堆(CEFR)是我国快堆工程发展的第一步,其目的是:积累快堆电站的设计、建造和运行经验;运行后作为快中子辐照装置,辐照考验燃料和材料,也作为钠冷快堆全参数实验平台考验钠设备和仪表,为快堆工程的进一步发展服务。

CEFR 主要设计参数列于表 11-2。

表 11-2 CEFR 主要设计参数

项目	单位	参数
热功率	MW	65
电功率	MW	20
反应堆堆芯		
高度	cm	45
当量直径	cm	60
燃料(平衡态)		PuO_2-UO_2
燃料(首炉)		UO_2
线功率(最大)	W/cm	430
中子注量率(最大)	$n/cm^2.s$	3.7×10^{15}
目标燃耗	MWd/kg	100
首炉燃耗	MWd/kg	60
堆芯入/出口温度	℃	360/530
主容器外径	mm	8 010
一回路		
钠量	t	260
一回路钠泵	台数	2
总流量	t/h	1 328.4
中间热交换器	台数	4
二回路		
环路数		2
总钠量	t	48.2
总流量	t/h	986.4
三回路		
蒸汽压力	MPa	14
蒸汽流量	t/h	96.2
设计寿命	a	30

(1)堆本体和燃料操作系统。

CEFR 一回路系统采用了池式结构,堆本体由一个直径 8.01 m、高 12 m、下部支撑的大钠池即主容器、保护容器、双旋塞、两台主钠泵、栅板联箱及堆芯、四台中间热交换器、事故余热导出系统的两台独立热交换器,堆内燃料操作系统及堆内构件等组成(图 11-3),内装由氩气作为覆盖气体的 260 吨液态钠,堆本体总重约 1 200 吨。

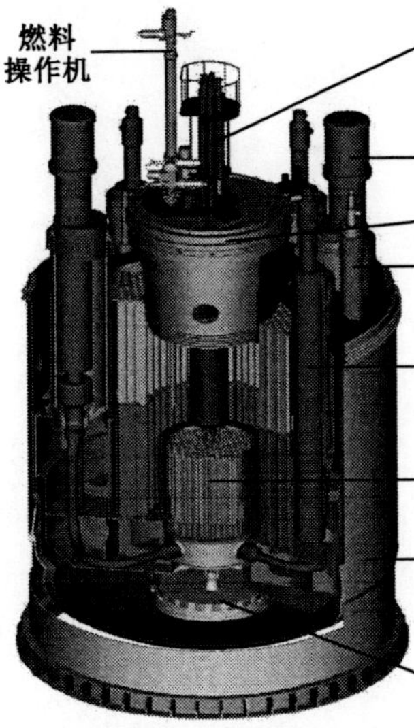

图 11-3 中国实验快堆堆本体

正常运行时覆盖气体的压力为0.05 MPa(表压)。两台主泵将冷池中360 ℃的钠泵入栅板联箱,钠向上流经堆芯,出口时平均温度达530 ℃,与热池钠搅混后降为516 ℃进入中间热交换器。

燃料操作系统的大旋塞上偏心地装有小旋塞,小旋塞上偏心地装有直拉式燃料操作机,大小旋塞的组合运动可使该操作机抓取堆芯的任何一个组件,并将组件装入倾斜式提升机上的转运桶中,对于新组件则用这套系统进行反向操作。

(2)主热传输系统。

快堆的主热传输系统由钠-钠-水、蒸汽三回路组成(图 11-4),CEFR 选择了池式结构,所以一回路全浸在钠池中,一回路钠向二回路传热的四台中间热交换器全在钠池中。CEFR 的二回路有互相独立的两条环路,每条环路有一台钠泵,两台中间热交换器,一台过热器,一台蒸发器和一台缓冲罐。正常运行时二回路钠进入中间热交换器的钠温是310 ℃,出口温度是495 ℃,进入过热器将370.3 ℃的饱和蒸汽加热成480 ℃/14 MPa 的过热蒸汽,进入汽轮发电机发电,钠温降到463.3 ℃进入蒸发器将190 ℃/14 MPa 的给水加热成饱和蒸汽,这时钠温下到了310 ℃,再进入中间热交换器循环。

CEFR 采用一台凝汽式汽轮发电机。两条环路的过热蒸汽合并后进入汽轮机的主汽门,发电功率20 MW(最大电功率22.4 MW)。

(3)安全特征。

①堆芯设计成负温度系数和负功率系数,具有功率自稳性;

②采用两套互相独立的停堆系统;

③两条主环路载热和导出余热;

④两套互相独立的事故余热导出系统;

⑤一次钠系统安排在安全壳内。

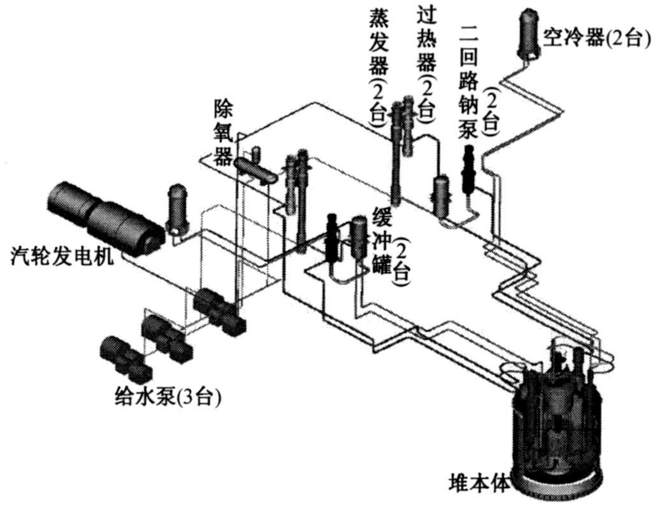

图 11-4　中国实验快堆主热传输系统

CEFR 堆芯平均温度系数为-4.21 pcm/℃，平均功率系数为-5.96 pcm/MWt,堆芯总钠空泡效应为-4.93 $,全为负值,所以 CEFR 堆芯有中子学自稳性。CEFR 最重要的专用安全系统是非能动事故余热导出系统(图 11-5),它是由两条互相独立的环路系统组成。每条环路包括一台浸在主容器钠液下的 Na-Na 热交换器,一台空冷器和钠管路,在全厂失电、地震或三回路给水系统失效的事故下,单靠一回路钠的自然对流和事故余热排出系统的二回路钠的自然循环即可将堆芯余热导出。相对于在主热传输系统上接空冷器的方案,非能动事故余热导出系统有更可靠的优点,而且避免二回路管道、中间热交换器的共因故障,对安全更为有利。

3. 堆芯解体事故的主要进程和关键现象

国际上根据钠冷快堆堆芯解体的发展进程,将事故分为三个阶段:初始阶段、过渡阶段和解体后膨胀阶段。发生的关键现象如图 11-6 所示。

下面以无保护失流引起的堆芯解体事故来简要说明堆芯解体事故发展的主要过程。

(1)初始阶段。

堆芯解体事故(CDA)事故初始阶段的事故发展主要是由正的钠空泡效应的引入而引起的。对 CDA 初始过程的分析,是为了确定 CDA 过渡过程的初始条件:反应堆的功率,堆芯的温度分布,压力分布,反应性的状态,以及是否给过渡过程引入了巨大的能量。这一阶段中的多普勒效应、燃料轴向膨胀、燃料再分布对事故进程和事故中的能量释放发挥着重要作用;同时反应性的变化与堆芯内的热工流体现象也有着密切关系,包括:冷却剂沸腾,燃料棒的瞬态热响应,燃料破裂和燃料的再分布。事故过程中,燃料的轴向膨胀,裂变气体引起的燃料再分布,以及燃料棒中部位置破损等引入负反应性效应,对事故的进程有重要影响。因此,必须对慢功率瞬态下燃料分散引起的负反应性效应和初始阶段末期的材料运动给予特别的关注,这些物理过程决定了过渡过程的初始条件。

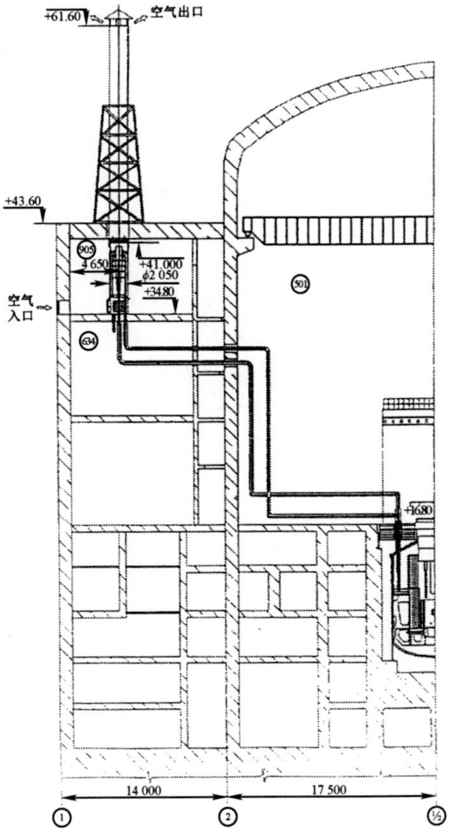

图 11-5 中国实验快堆非能动余热导出系统

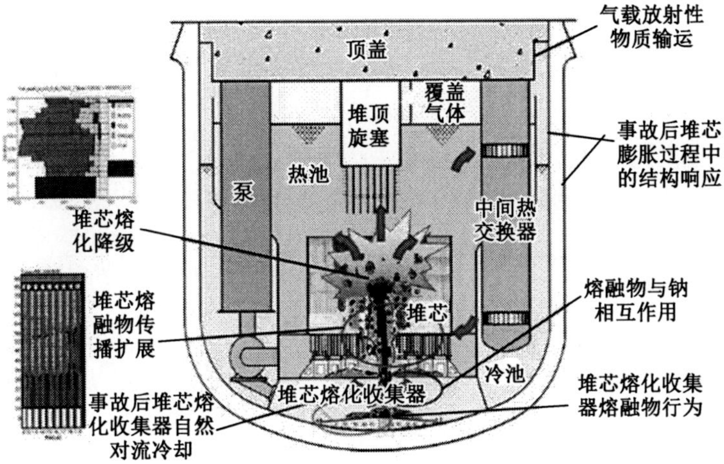

图 11-6 主容器内的严重事故现象

可能的事故发展过程为：

沸腾开始前，在燃料密度、冷却剂密度和多普勒效应三种反应性效应平衡的作用下，总反应性为负值；

沸腾开始，以及随后的包壳运动都增加了正反应性的引入，同时使功率升高；

功率升高，加速燃料熔化和燃料破裂，从而在燃料分散的作用下引入负反应性；

燃料破裂后，当几乎所有冷却剂都排出堆芯时，空泡反应性饱和维持恒定；

由于持续的燃料分散，总反应性保持为负。

(2)过渡阶段。

过渡过程分析的主要目标是评价再临界事故的能量水平。堆芯行为的主要特征是熔融区从单根组件扩大到全堆芯。这一阶段，事故进程主要取决于燃料的运动，熔融区域的扩大和其中的热工水力学现象增加的燃料的运动，并通过燃料运动引入或减少反应性；另一个重要的现象是，通过堆芯周围的结构，燃料逸出堆芯，从而降低了再临界的可能性；一个重要的任务是评价过渡过程中释放的能量。

日本文殊快堆(Monju)的研究表明，即使最保守地假设堆芯内的燃料运动和燃料向轴向反射层区域逃逸，过渡阶段再临界引起的能量水平不会超过其前面的初始阶段释放的能量。

(3)堆芯解体后的膨胀阶段。

堆芯内再临界过程产生的热能通过堆芯材料向上部气腔的膨胀和钠塞的加速，转化为机械能。这一阶段评价机械能对反应堆边界可能造成的破坏。

将以上三个发展阶段的现象进行整理，得到以下的容器内严重事故现象，如表11-3所示。

表11-3　容器内关键现象及特征行为

关键现象	特征行为及机制
燃料棒失效及解体	燃料棒失效 熔融燃料与包壳的相互作用
熔融池沸腾行为	液态燃料与钢材料的传热行为 燃料/钢混合物的对流 燃料/钢混合物与组件套管间的传热
熔融物冷却及堵塞	熔融物的过度冷却 熔融物与组件套管之间的热阻
组件套管失效	燃料固化壳(crust)的形成 组件套管的热/机械失效
堆芯低能量解体运动	气/液/固三相流 固态燃料与液态钢混合物的运动行为
熔融床的冷却	燃料冷却剂相互作用(FCI) 熔融床的形成 熔融床内部钠的流动及沸腾行为 熔融床内部的分层现象

在 CDA 事故初期,会出现以下现象:

燃料芯块肿胀及熔化;

熔融燃料在棒内的移动;

包壳的热失效或机械失效;

由裂变气体及钠蒸汽驱动的熔融材料扩散;

在棒内温度较低区域,熔融燃料重新凝结并形成堵塞。

(1)熔融池的行为。

熔融池的行为对熔融物质与组件套管之间的热载荷产生很大影响,同时也极大影响着熔融池扩散过程中的反应性变化。熔融池中包含着熔融燃料与钢材料的混合物,在熔融燃料的加热下,钢材料产生蒸汽并沸腾,因此,燃料与钢之间的热传递是控制熔融池行为的关键因素。

(2)熔融物冷却及扩散行为。

在裂变气体的驱动下,熔融燃料会扩散到燃料棒较冷的区域(上下转换区位置),随后发生凝固并形成堵塞。扩散到较冷区域的熔融燃料的数量会给堵塞的范围及反应性变化带来很大影响,因此国际上进行了很多实验来对熔融物的凝固行为进行研究。

(3)熔融床的冷却。

在 CDA 事故的后期,熔融床中燃料继续产生衰变热,因此确保主容器能够对堆芯熔融物进行包容并保持可冷却的几何状态十分重要。有关熔融床冷却的研究主要着眼点在于给出钠蒸干的热流密度阈值。蒸干热流密度取决于熔融床的直径、均匀性、孔隙比例、厚度、冷却方式等。

4. 安全壳内事故的主要进程和关键现象

在发生一回路边界破损的严重事故下,放射性物质进入安全壳内部,其物理化学现象比较复杂。安全壳内可能要考虑的事故现象有:池式钠火、雾状钠火、钠与混凝土的反应、堆芯熔融床与混凝土的相互作用、裂变产物的衰变和放热、氢气的燃烧、气溶胶的迁移等(图 11-7)。

钠冷快堆安全壳失效模式主要包括:由钠火导致的超压失效;由氢气燃烧导致超压失效;熔融物导致超温失效;熔融物导致混凝土贯穿失效等。

5. 铅冷快堆的安全特点

钠冷快堆作为液态金属反应堆的代表,是目前运行经验最丰富的液态金属反应堆。钠冷快堆的建成和运行,证明快堆在技术上是可行的,在总体上具有工程安全性。但钠冷快堆存在以下两个不安全因素:

(1)由于钠是化学性质极活泼的金属,当管道或设备破损发生钠泄漏时,泄漏的钠与空气接触发生燃烧形成钠火,可使安全壳升温升压。另外,当蒸汽发生器发生漏水时,水与钠接触将发生强烈的钠水反应,并产生氢氧化钠和氢,随之放出大量的热,氢和氧的结合又增加了反应能。

(2)在以氧化物为燃料的大型钠冷快堆中,钠的空泡效应产生正的反应性,当钠发生沸腾时,可使堆功率迅速上升并导致严重事故。

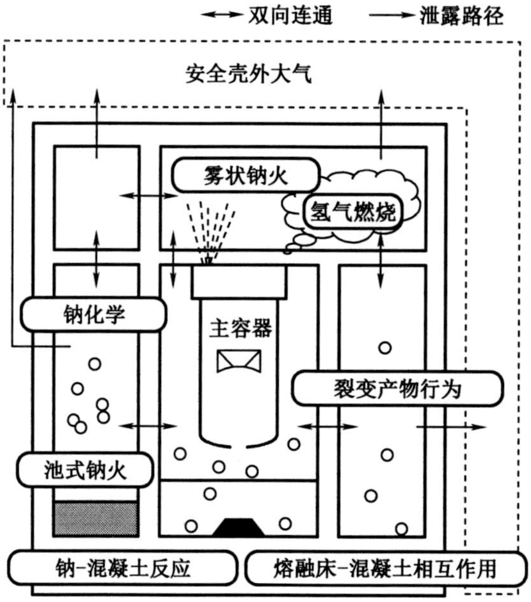

图 11-7　严重事故下安全壳内需要考虑的现象示意图

为了改善钠冷快堆的安全性,寻求具有快堆安全性的液态金属替代物,是国际上快堆发展的一种设想。铅是潜在的候选冷却剂。作为使用液态金属冷却剂的快堆,钠冷快堆和铅冷快堆在整体设计理念上是比较接近的,但是冷却剂性质不同带来了两类反应堆的主要差异。

铅的中子吸收截面小、慢化能力弱,在相同几何条件下,铅堆的中子能谱比较硬。但是铅堆的可用流速较小,一般不大于 2.5 m/s,而单位体积的比热容仅为钠的 1.45 倍,因此为保证换热,铅冷堆通常需要较大的元件间距和棒径比,这导致了铅堆的增殖作用并不优于钠冷堆,甚至有所下降。

然而大的棒间距使得铅载热剂在一回路自然循环的堆芯流动阻力减小,有利于自然循环。此外由于铅的沸点远大于钠,在极端事故下铅冷堆更难发生冷却剂沸腾,这意味着由冷却剂沸腾导致的反应性引入风险要小于钠冷快堆。此外,铅冷堆在运行过程中反应性储备要小于缓发中子有效份额,基本上杜绝了瞬发超临界的危险。

由于铅基冷却剂具有很好的化学惰性,不会与水、空气发生激烈的化学反应,因此在大部分铅冷快堆的设计中,未采用钠冷快堆中广泛使用的中间回路,而是直接将蒸汽发生器置于铅池中。但由于传热管道两侧压力差较大,且冷却剂对管道具有腐蚀作用,因此存在蒸汽管道破裂的可能性。事故发生时,二次侧的高压水会注入一次侧。当过冷水与高温铅基冷却剂直接接触时,水会迅速蒸发,并伴随压力波的产生,从而对反应堆的安全性造成威胁。

在相同温差下,铅基冷却剂的密度差比水更大,具有更好的自然循环能力,是设计自然循环反应堆的理想冷却剂。对于小型的铅冷快堆而言,其自然循环反应堆一回路运行不需要设置驱动泵,具有结构简单、经济性好、固有安全性高等特点,是开发高安全性反应堆的重要发展方向。

由于铅的熔点较高，在很对反应堆中为避免冷却剂凝固，采用的冷却剂为 Pb-Bi 合金，这带来了新的问题。在反应堆辐照条件下 Bi 生成放射毒性强的 ^{210}Po，对环境构成了一定的潜在威胁。因此，Pb-Bi 冷却剂的反应堆通常用于小型核动力装置。

可以预见燃料和冷却剂的选型对于反应堆的安全特性有着十分重要的影响，也间接影响着核电厂 PSA 的方法和框架，这需要在实际应用中加以注意和研究。

表 11-4 所示为液态金属载热剂的主要物理性质对比。

表 11-4　液态金属载热剂的主要物理性质对比

序号	参数	单位	Na	Pb	Pb-Bi
1	密度	g/cm^3	0.847	10.48	10.45
2	熔点	K	371	601	398
3	沸点	K	1 156	2 023	1 943
4	比热容	$kJ/m^3 \cdot K$	1.3	0.15	0.15
5	单位体积比热容	$J/m^3 \cdot K$	1.1×10^6	1.6×10^6	1.6×10^6
6	导热系数	$W/m \cdot K$	70	16	13
7	可用流速	m/s	10	2.5	2.5

目前，铅冷快堆是一种极具发展潜力的第Ⅳ代核能系统，在燃料增殖和嬗变方面具有独特优势，具有良好的非能动安全特性和经济性，且有利于实现小型化，是目前国际核能领域研究的另一热点，铅冷快堆系统如图 11-8 所示。

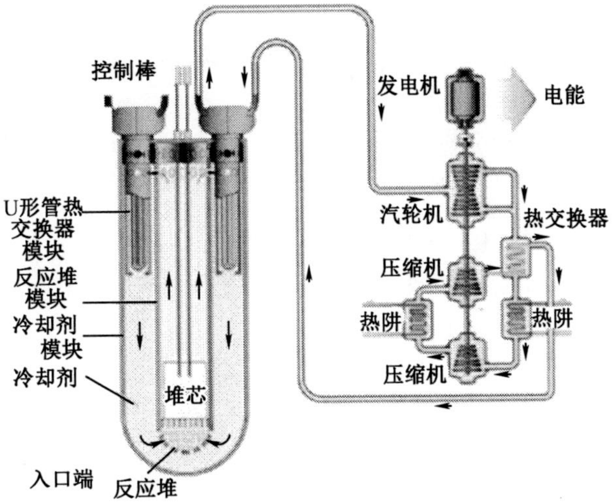

图 11-8　铅冷快堆系统示意图

第Ⅳ代国际核能系统论坛确定的铅冷快堆概念包括三个参考系统：一是额定功率为 600 MWe 的大型系统（欧盟的 ELSY）；二是额定功率为 300 MWe 的中型系统（俄罗斯的

BREST-300);三是额定功率为 10~100 MWe 的小型可运输系统(美国的 SSTAR),其各自特点如表 11-5 所示。

表 11-5　铅冷快堆参考堆型的优缺点

参考堆型	优点	缺点
ELSY	堆芯设计功率高、采用池式结构、反应堆设计紧凑、堆内构件均可拆出	冷却剂出口温度较低
BREST-300	反应堆采用池式结构,选用性能更优的氮化物燃料组件、燃料后处理及再制造过程中氮化物燃料组件处理方法简单,成本较低	冷却剂最大流速较低
SSTAR	反应堆采用池式结构、堆芯安全密封、设计换料周期较长、冷却剂采用自然循环、二回路使用超临界 CO_2 布雷顿循环	反应堆设计功率低、经济性较差,同时目前技术无法满足反应堆工程需要

三个主要参考堆型都采用池式结构和陶瓷燃料,并且由于液态铅对结构材料的腐蚀影响,使堆芯的冷却剂出口温度限制在 480~567 ℃。近年来随着关于铅的腐蚀问题的研究有了突破性成果以及铅冷却剂在安全方面具有明显优势,使铅冷快堆得到了更广泛的关注。随着铅冷快堆在反应堆设计、关键设备研发、核燃料选取以及结构材料保护等方面取得新的进展,铅冷快堆将会迎来新的发展机遇。

11.3　典型压水堆二级 PSA 技术

本节将以压水堆核电厂为例,研究二级 PSA 的主要技术和工作流程,将分小节重点描述以下部分内容。

(1)一级和二级 PSA 接口分析:一级 PSA 可以得到大量的堆芯损坏事故序列,对每个堆芯损坏事故序列都进行详细的严重事故分析并构建安全壳事件树既不可行也没有必要。一般做法是按照后续严重事故进程的相似性将这些堆芯损坏事故序列归入数量较少的电厂损伤状态(plant damage states,PDS),针对这些电厂损伤状态分别构建安全壳事件树进行分析。

(2)安全壳性能分析:安全壳性能分析的目的是确定严重事故进程中安全壳抵御各种威胁安全壳完整性因素的能力。安全壳承载能力分析是进行安全壳事件树(containment event tree,CET)定量化的基础。主要内容是确定严重事故下安全壳失效模式和安全壳的失效准则,并得到以安全壳压力等关键参数为变量的安全壳失效概率曲线,用于支持 CET 中有关安全壳失效概率的计算。

(3)严重事故进程分析:为支持二级 PSA 的建模分析(包括安全壳事件树中事故序列逻辑的构建、严重事故缓解人员操作时间窗口的确定、严重事故现象概率的分析等),需要选取一系列典型的严重事故序列进行事故进程分析计算。二级 PSA 中,需要针对一级和二级 PSA 接口分析得到的各个电厂损伤状态选取一系列严重事故序列进行分析计算。

(4)安全壳事件树分析:作为二级 PSA 的核心要素,二级 PSA 中通过 CET 分析 CD 发生的情况下各种可能的严重事故发展进程,以及可能会影响严重事故进程的人员动作、缓解系统和严重事故现象及放射性释放的情形,为定量化分析不同严重事故序列下导致放射性物质向环境释放的频率提供逻辑框架。

(5)严重事故现象概率分析:安全壳事件树定量化过程中,需要对可能会影响严重事故进程的严重事故现象的概率进行量化,确定关键严重事故现象的发生概率,为安全壳事件树的定量化计算提供输入。在二级 PSA 严重事故现象概率分析过程中,需要考虑使用合适的分析程序和模型,并结合工程判断方法进行严重事故现象及其不确定性的分析。

(6)严重事故缓解人员可靠性分析:安全壳事件树定量化过程中,需要对可能会影响严重事故进程的严重事故缓解人员操作的可靠性进行量化,确定人员操作的失误概率,为安全壳事件树的定量化计算提供输入。在二级 PSA 人员可靠性分析(HRA)过程中,需要考虑 HRA 的方法选择和应用、核电厂严重事故管理指南(SAMG)的应用、人员操作之间的相关性分析等方面的内容。

(7)严重事故缓解系统可靠性分析:安全壳事件树定量化过程中,需要对可能会影响严重事故进程的严重事故缓解系统的可靠性进行量化,确定缓解系统的失效概率,为安全壳事件树的定量化计算提供输入。在二级 PSA 系统可靠性的分析过程中,需要考虑缓解系统的成功准则、设备的可用性等方面的内容。

(8)源项分析:严重事故下的放射性物质向环境的释放源项是二级 PSA 的重要结果之一。源项分析计算每个放射性释放类(release category,RC)向环境释放的源项,评价从核电厂释放到环境中的放射性物质的量级和属性。

11.3.1 一级和二级 PSA 接口分析

二级 PSA 以一级 PSA 得到的堆芯损坏序列为输入。由于一级 PSA 的分析往往会得到数量巨大的堆芯损坏序列(一般为数百个),对每个堆芯损坏事故序列都进行详细的严重事故进程分析并构建相应的安全壳事件树(CET)既不可行也没有必要。一种通用的做法是按照后续严重事故发展进程、安全壳响应以及放射性释放的相似性将这些堆芯损坏序列归入数量较少的电厂损伤状态(PDS),同一 PDS 具有相似的后续事故进程、安全壳响应和放射性释放特点,因此可以针对这些 PDS 分别构建 CET 进行二级 PSA 的分析。这一归组过程一般称为一级和二级 PSA 的接口分析。

一级和二级 PSA 接口分析需要确保为一级 PSA 的堆芯损坏频率(CDF)分析和二级 PSA 的大量放射性释放频率(LRF)分析之间提供充足和有效的信息传输。分析中一般要求包括以下两个方面的内容:

(1)接口分析特征量及属性的确定;

(2)堆芯损坏序列归组。

PDS 特征量及其属性用来为二级 PSA 严重事故进程的分析提供适当的初始条件和边界条件。为了确保一级 PSA 中所得堆芯损坏序列的关键信息能够有效地传递到二级 PSA

严重事故进程分析的模型中去,需要对能够影响严重事故发展进程的各种因素进行分析,以选取确定对后续事故进程、安全壳响应以及放射性源项释放有重要影响的 PDS 特征量及属性。

根据国际上二级 PSA 相关的导则与标准,对堆芯损坏后的严重事故进程、安全壳响应及放射性源项释放有重要影响的因素主要包括:始发事件类型(LOCA、瞬态、旁路等)、堆芯损坏时主系统的压力(高压、低压)、重要缓解系统的状态(安喷系统、安全壳隔离系统以及其他重要的支持系统等)、蒸汽发生器二次侧完整性(有无破口及破口位置等)以及安全壳的完整性(完好、旁路等)等。具体特征量及其属性的确定则与特定电厂设计以及所选用的二级 PSA 建模方法有关。

在 IAEA SSG-4 中,针对典型压水堆电厂给出了推荐的接口分析特征量及其属性,如下表 11-6 所示。

表 11-6 IAEA SSG-4 中的一、二级 PSA 接口分析特征量及其属性

特征量	属性
始发事件类型	LLOCA
	SLOCA
	安全阀或释放阀卡开
	瞬态
	旁路事件(界面 LOCA 或 SGTR)
堆芯损坏时的 RCS 压力	高压(高于释放阀开启定值)
	中压(在低压安注注入压力定值之上)
	低压(包括卸压措施导致的后果)
安注系统和其他冷却系统状态	所有安注启动失效(无安注、早期堆芯损坏)
	直接安注成功,再循环冷却失效(晚期堆芯损坏)
	堆芯损坏或反应堆压力容器破裂后安注运行
	SG 能否带热
安全壳安全设施状态	安喷可用
	安喷需求失效
	安喷再循环失效
	排气系统可用
	排气系统需求失效
	排气系统晚期失效
堆芯损坏时的安全壳状态	完好,已隔离
	完好,未隔离
	结构失效/明显泄漏

在 NUREG-1150 中,选取的接口分析特征量及属性则略有不同,如表 11-7 所示。

表 11-7 NUREG-1150 中的一、二级 PSA 接口分析特征量及其属性

特征量	属性
堆芯损坏时的 RCS 状态	无破口
	大破口
	中破口
	小破口
	小小破口
	SGTR
	SGTR 且二次侧破口
	界面 LOCA
安注系统状态	直接注入和再循环均可用
	直接注入成功,再循环失效
	全不可用,但可恢复
	全不可用,且不可恢复
	低压安注直接注入和再循环均可用
安全壳排热	正在运行或可运行
	未运行但可恢复
	从未运行,且不可恢复
	喷淋可用但无法排热(热阱丧失)
交流电源	可用
	部分可用
	不可用,但可恢复
	不可用,且不可恢复
换料水箱水量	注入安全壳
	未注入安全壳,但可恢复
	未注入安全壳,且不可恢复
	注入安全壳,但只限于上隔间
SG 带热	至少一列辅助给水运行,SG 未卸压
	至少一列辅助给水运行,SG 卸压
	汽动泵失效,电动泵可恢复
	汽动泵运行至电池耗尽,电动泵可恢复,SG 未卸压
	汽动泵运行至电池耗尽,电动泵可恢复,SG 卸压
	辅助给水完全失效,且不可恢复
主泵轴封冷却	可冷却
	未冷却,但可恢复
	未冷却,且不可恢复

确定了特征量与属性之后，为了便于对堆芯损坏序列进行归并操作，一般会对每个属性给予一个特定的编码。在进行堆芯损坏序列归并时，就可以根据堆芯损坏序列的具体特征量属性按照编码规定给予其一定的编码。

确定了 PDS 的特征量、属性和相应编码之后，就可以根据各堆芯损坏序列的实际发展情况将一级 PSA 得到的大量堆芯损坏序列归入具体的 PDS。某一堆芯损坏序列的所有特征量属性的编码即构成该堆芯损坏序列所属 PDS 的编码。具有相同编码的堆芯损坏序列即属于同一 PDS。

11.3.2 安全壳性能分析

安全壳行为是二级 PSA 的主要研究对象。安全壳对严重事故的响应，既取决于严重事故情景（由接口分析得到的 PDS 引发），也取决于安全壳的设计性能特点。二级 PSA 分析需要评估放射性物质从安全壳释放的频率，因此安全壳能否承受严重事故环境条件并防止放射性物质大规模释放是二级 PSA 的重要分析内容。为此，需要了解安全壳的设计特点，识别安全壳可能的失效模式，并对安全壳抵御各种威胁的能力进行评估。

安全壳性能分析是进行安全壳事件树分析和定量化分析的基础，其目的是识别安全壳可能的失效模式，并对安全壳抵御各种失效模式的能力进行评估。

按照分析需求的不同，安全壳失效模式可以划分为不同的形式。一般来说，可以按照如下两种方式对安全壳失效模式进行划分。

(1)按照安全壳失效的机理进行划分：如安全壳缓慢超压失效、快速超压失效、安全壳旁路失效、底板熔穿、撞击或拉扯导致安全壳局部应力集中失效等。

(2)按照导致安全壳失效的严重事故现象进行划分：如由于氢气燃烧导致的安全壳失效、蒸汽爆炸导致的安全壳失效等。这些失效是由不同的严重事故现象导致的。

下面对二级 PSA 中考虑的主要的安全壳失效模式进行介绍。

1. 安全壳隔离失效

由于安全壳结构上存在较多的贯穿件，因此在事故后需要对安全壳进行隔离，以防止放射性物质释放到环境中。一旦安全壳未能隔离成功，放射性物质就会通过贯穿件释放到安全壳外。这种失效模式称为安全壳隔离失效。

从时间来看，安全壳隔离失效发生的时间较早，一般在进入严重事故之前可能就已经发生隔离失效。从核应急和公众与环境安全的角度来说，对这种早期大量释放模式应给予重点关注。当然，放射性物质释放的速率可能因贯穿件尺寸的不同和路径的差异而有所不同。同时，若放射性物质进入周围厂房，周围厂房对放射性物质的滞留效应也能够在一定程度上缓解放射性释放的危害。

安全壳隔离失效的风险评价可以通过对安全壳隔离系统的可靠性评价得到。

2. 安全壳旁路失效

在某些事故情况下，放射性物质直接绕过第三道安全屏障——安全壳而释放到环境中，从而导致安全壳被旁路。这种失效模式称为安全壳旁路失效。

安全壳旁路失效主要有两种形式：界面 LOCA 和 SGTR。这两种失效模式发生的时间都较早，从核应急和公众与环境安全的角度来说，对这种早期大量释放模式应给予重点关注。

界面 LOCA 是指发生在安全壳外与一回路相连系统上的失水事故。由于无法对堆芯进行补水，一般认为这类事故直接导致堆芯损坏，并造成安全壳旁路，从而导致放射性物质直接释放进入周围厂房造成安全壳失效。当然，周围厂房对放射性物质的滞留效应能够在一定程度上缓解放射性释放的危害。

SGTR 是指蒸汽发生器传热管破裂事故。如果 SGTR 同时二次侧丧失完整性且失效位置位于安全壳外，则一回路的放射性就会通过蒸汽发生器传热管直接释放到安全壳外。SGTR 可分为两类：始发的 SGTR 和诱发的 SGTR。始发的 SGTR 指蒸汽发生器传热管由于工艺或设备老化导致的失效；诱发的 SGTR 则是在事故发生过程中，由于传热管两侧较大的压差或温度或两者共同作用导致的传热管失效。二次侧的水洗效应能够在一定程度上缓解放射性释放的危害。

安全壳旁路失效的风险评价不需要单独评价安全壳的性能，可以结合一级 PSA 结果和严重事故现象分析来进行。

3. 蒸汽爆炸导致安全壳失效

燃料和冷却剂之间发生激烈的相互作用可能会引起蒸汽爆炸。蒸汽爆炸可分为压力容器内蒸汽爆炸和压力容器外蒸汽爆炸。

压力容器内蒸汽爆炸可能会导致压力容器内产生飞射物并撞击压力容器上封头，从而可能导致上封头直接向上飞射撞击安全壳穹顶。如果撞击能量较大，则可能会导致安全壳因撞击而失效，从而导致放射性物质通过破口释放到环境中。压力容器内蒸汽爆炸导致安全壳失效的发生时间一般较早。

压力容器外蒸汽爆炸可能会引起堆坑结构的损坏，从而间接导致安全壳的失效。典型的一种失效机理为：堆坑结构损坏会导致压力容器发生位移，从而导致连接压力容器并贯穿安全壳的管线发生位移，形成对安全壳的拉扯，并最终导致安全壳因局部应力集中而失效。压力容器外蒸汽爆炸一般发生在反应堆压力容器破裂后的较短时间内，因此导致安全壳失效的时间也较早。

这种由于蒸汽爆炸导致安全壳失效的风险评价既需要评估蒸汽爆炸这一严重事故现象，还需要评估安全壳内构筑物以及压力容器等的受力情况。由于这两方面的评估都较为困难且不确定性非常大，因此，对于这种失效模式的风险评价，通常采用保守分析或国际上的一些共识来进行。

4. 安全壳底板熔穿失效

在长期的 MCCI 过程中，熔融物会不断地和安全壳底板发生相互作用，逐渐烧蚀混凝土底板，并最终有可能烧穿，进而导致放射性物质从熔穿的底板处流出，并进入安全壳外的土壤环境内。这种安全壳失效模式称为安全壳底板熔穿失效。

由于安全壳底板较厚，一般需要较长时间才可能发生底板熔穿失效，因此该种失效模式发生的时间较晚。相对于早期大量释放，这种失效模式导致的放射性后果较小。

安全壳底板熔穿失效的风险评价可以通过严重事故计算来确定。

5. 安全壳超压失效

严重事故过程中，安全壳内水蒸气与不可凝气体的累积、氢气的燃烧、直接安全壳加热等严重事故现象都会导致安全壳不断升温升压，当安全壳内压力超过安全壳的承压能力时，安全壳结构就会发生形变而失效。这种失效模式称为安全壳超压失效。

安全壳超压失效主要包括氢气燃烧导致的超压失效、DCH 导致的超压失效、安全壳内水蒸气与不可凝气体的累积导致的超压失效。

当安全壳内氢气浓度超过一定限值时，就会发生氢气燃烧。氢气燃烧过程产生的大量热量释放到安全壳内，就会导致安全壳升温升压，从而可能导致安全壳超压失效。这种失效可能发生在安全壳结构的薄弱位置，放射性物质会通过该破口直接释放到环境中。氢气燃烧导致安全壳超压失效的时间根据氢气燃烧发生的时间确定。

如果反应堆压力容器破裂时的一回路系统压力较高，大量熔融物和冷却剂就有可能直接进入安全壳气空间内，造成安全壳直接加热，引起安全壳迅速升温升压并可能导致安全壳失效。这种失效一般也发生在安全壳结构的薄弱位置，放射性物质会通过破口直接释放到环境中。DCH 导致安全壳超压失效的时间在反应堆压力容器破裂时，发生时间较早。

安全壳内水蒸气与不可凝气体的累积导致的超压失效是常见的安全壳超压失效模式。这类失效一般可以分为早期超压失效和晚期超压失效两类。早期超压失效主要发生在安全壳内主蒸汽管道断裂事故和大破口事故中；晚期超压失效主要是由于 MCCI 过程产生的大量水蒸气和不可凝气体在安全壳内的累积。早期超压失效发生时间较早，晚期超压失效发生的时间则可能很长。

安全壳超压失效的风险评估主要通过安全壳内载荷计算和安全壳失效概率曲线分析得到。

6. 安全壳失效概率曲线分析

在上述各种安全壳失效模式中，安全壳超压失效是最常见的一种失效模式。为评估安全壳防止超压失效的能力，需要对安全壳的结构性能进行分析，利用确定论分析程序，计算安全壳的极限承载力。从概率论分析的角度来看，由于确定论分析过程中存在诸多不确定性，因此安全壳极限承载能力通常服从一定的概率分布，这种与压力相关的概率分布曲线一般称为安全壳失效概率曲线。为此，需要首先收集安全壳及其贯穿件的详细信息，从而识别可能的安全壳失效模式。在此基础上，开展详细的力学分析，并结合概率论分析方法得到安全壳的失效概率曲线。

从安全壳失效模式的分析中可以看到，为了对安全壳超压失效的风险进行评价，除需要评价严重事故现象产生的安全壳压力载荷外，还需要对安全壳的结构性能进行分析，评价安全壳的承压能力，并从概率论分析的角度得到安全壳失效概率曲线。

安全壳失效概率曲线分析是在安全壳极限承载力分析的基础上完成的。其基本分析方法与思路为：首先从确定论分析的角度计算得到安全壳极限承载能力，然后从概率论分析的角度对影响确定论分析结果的诸多不确定性进行分析，在此基础上分析安全壳极限承载能力的不确定性，得到安全壳失效概率曲线。

安全壳失效概率曲线的主要分析步骤包括：

(1)确定影响安全壳极限承载能力的关键参数；

(2)对参数的试验样本进行收集，拟合得到参数的不确定性分布；

(3)对参数进行抽样分析，得到多个抽样数据组，每个抽样数据组都包含所有的不确定性参数；

(4)对抽样数据组进行安全壳极限承载能力计算，得到多个安全壳极限承载能力的确定论分析结果；

(5)对多个安全壳极限承载能力的值进行拟合，得到不同位置的安全壳失效概率曲线；

(6)对不同位置的安全壳失效概率曲线进行综合，得到最终的安全壳失效概率曲线。

对于安全壳极限承载能力分析，其不确定性来源可以分为两类：一类是偶然不确定性，另一类是认知不确定性。偶然不确定性又可以分为建造尺寸的不确定性和材料性能参数的不确定性。建造尺寸的不确定性是指设计值与建造值之间存在的偏差；材料性能参数的不确定性是指实际使用的材料性能或参数存在的不确定性。认知不确定性也叫模型不确定性，是指模型构建、数值分析等过程存在的不确定性。一般来说，建造尺寸的不确定性对结果的影响较小，而认知的不确定性需要根据专家经验和主观判断得到。在主观判断经验不足的情况下，安全壳失效概率曲线的不确定性分析主要考虑材料性能参数的不确定性。

11.3.3 严重事故进程分析

严重事故进程分析的目的主要是为二级 PSA 提供以下支持：

(1)确定严重事故过程中各关键事件(如现象、操纵员动作等)的时序；

(2)确定安全壳事件树某些题头事件的成功准则；

(3)确定对放射性释放屏障产生的热力学载荷。

尽管压水堆核电厂可能存在成千上万个不同的严重事故序列，但堆芯熔化的物理过程基本是相同的。

严重事故的发展过程一般为：在严重事故的初始阶段，由主冷却剂管道发生破口或冷却不足导致的稳压器安全阀开启，造成堆芯冷却剂流失。此时，如果堆芯得不到充分冷却，将发生堆芯裸露，燃料温度将不断上升，并且发生锆合金包壳与水蒸气的氧化反应，产生氢气。随后，控制棒、燃料棒和支撑结构发生熔化，并向下坍塌，堆熔混合物随着下栅板及下支撑板的失效掉入下腔室。如果此时下腔室内有残存水，则可能与燃料冷却剂发生相互作用(FCI)，并可能引发压力容器内蒸汽爆炸。此时，如果熔融物没有能够最终冷却下来，压力容器下封头将会被熔穿。根据一回路系统压力的不同，熔融物将会掉入或喷射进入堆腔，并可能进入安全壳气空间造成直接安全壳加热(DCH)。如果堆腔内有水，熔融物还会和堆腔内水发生相互作用并引发压力容器外蒸汽爆炸。此外，堆芯熔融物还会与混凝土底板发生相互作用，堆腔底板轴向及径向将发生熔蚀，并释放出大量蒸汽、氢气以及其他不可凝气体。氢气等可燃气体的累积可能导致氢气燃烧或爆炸，蒸汽或不可凝气体的累积则可能导致安全壳超压失效。

尽管严重事故的发展过程类似,但由于始发事件以及后续系统响应的差异,严重事故的发展速度会有较大差别,如大破口事故发展较快,而全厂断电事故则发展较为缓慢。

严重事故进程分析可以采用一体化程序,比如 MAAP、MELCOR、ASTEC 等,这些一体化程序可以模拟从事故序列发生直至放射性物质从安全壳释放到环境的完整过程,包括堆芯熔化进程、裂变产物从燃料元件释放到压力容器及在反应堆冷却剂回路的迁移、压力容器失效、燃料与混凝土相互作用、裂变产物在安全壳内迁移以及安全壳内的其他行为。为了研究特定的现象,也可以采用对特定事故现象进行详细模拟的机理程序,如 SCDAP-RELAP5(堆内过程)、CONTAIN(堆外过程)、VICTORIA(放射性迁移)等。

11.3.4 安全壳事件树分析

作为二级 PSA 的核心要素,二级 PSA 中通过安全壳事件树分析在堆芯损坏发生的情况下各种可能的严重事故发展进程及放射性释放的情形,为定量化分析不同严重事故序列导致放射性物质向环境释放的频率提供逻辑框架。在安全壳事件树的题头事件中,考虑一系列严重事故缓解措施的投入对严重事故的缓解作用,并基于严重事故进程的确定论分析计算结果,确定安全壳事件树中的严重事故发展进程及事故序列终态。

安全壳事件树是评价发生堆芯熔化事故后安全壳包容放射性物质能力的一种结构化分析方法。它能够描述堆芯熔化后的事故发展过程,分析导致安全壳压力边界丧失或裂变产物释放的主要事故现象。

安全壳事件树分析作为整个二级 PSA 的核心,以一级与二级 PSA 的接口分析作为输入,为系统分析、严重事故现象分析和故障树建模提供顶事件,并最终输出安全壳事件树终态。同时,事件树的建立需要由严重事故序列计算和严重事故现象分析提供支持,以确定事件树的构建逻辑、缓解系统的成功准则以及缓解操作的时间窗口等。由于与其他二级 PSA 任务紧密结合,因此安全壳事件树的建立是一个不断迭代的过程。

二级 PSA 通过建立安全壳事件树来模拟特定电厂堆芯损坏后严重事故的进程和现象。安全壳事件树是一种结构式框架,各题头事件用于表示事故进程中的现象和物理过程、电厂响应及事故管理、放射性物质对释放边界的威胁等。安全壳事件树终态定义了事件序列和安全壳的最终状态,需要将安全壳事件树终态归并成释放类,并对各类进行源项分析。

图 11-9 中是 WASH-1400 中给出的早期的安全壳事件树的样例,主要要素包括体现安全壳不同失效模式的题头事件和事故序列终态,以及具体的严重事故序列发展进程。

在建立安全壳事件树的过程中应当考虑各种现象间的相关性,并适当考虑采取的严重事故管理策略。事件树题头事件用于表示所分析的时间阶段内是否发生特定的严重事故现象,因此应当保证所考虑的题头事件包括了每个时间阶段的重要现象。

安全壳事件树构建通常有大事件树-小故障树法和小事件树-大故障树法两种。大事件树的题头有 100 多个,小事件树有 10 到 30 个题头。比较通用的方法是选择小事件树的方法,通过故障树进一步支持分析小事件树中的题头。这两种方法中所包含的严重事故进程的相关信息是一致的。

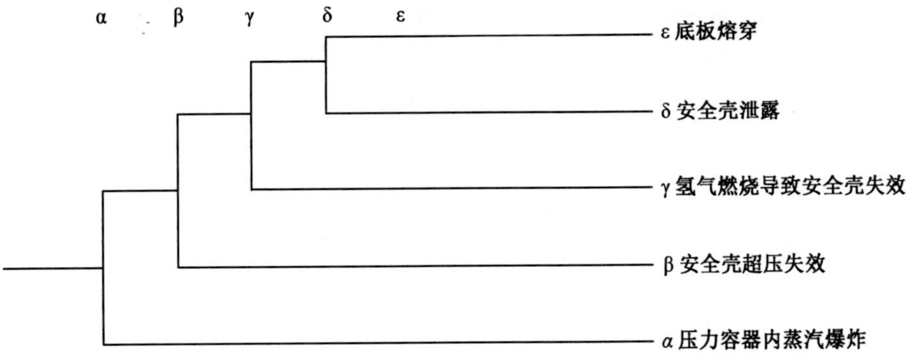

图 11-9 WASH-1400 中的早期安全壳事件树

典型的大事件树-小故障树法是 NUREG-1150 中构建的安全壳事件树，其安全壳事件树形式如图 11-10 中所示。

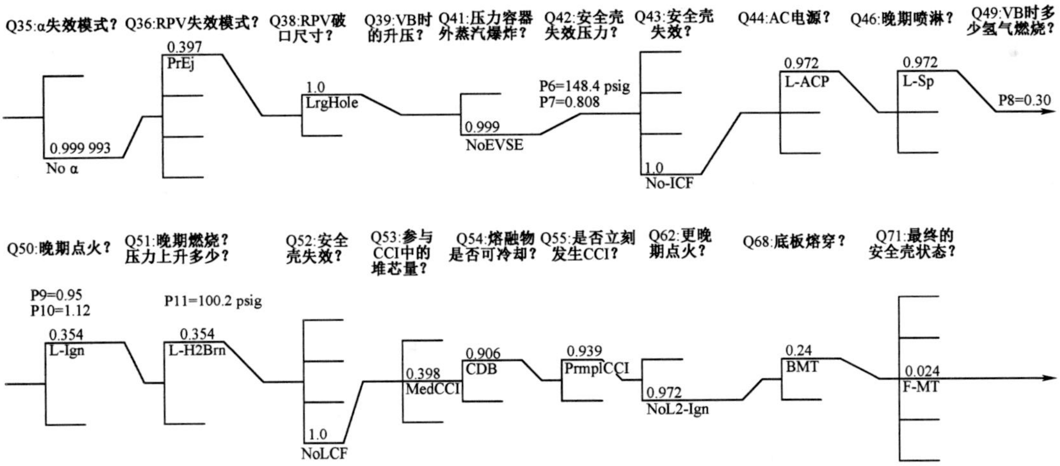

图 11-10 NUREG-1150 中的大事件树样例

安全壳事件树的终态定义事故进程和安全壳的最终状态，还需将终态归并为不同的释放类(RC)，每个 RC 包含的事件树终态具有相似的放射性释放特征和场外后果。对释放类进行源项分析可以描述造成这些事件树终态的一系列严重事故序列组的放射性物质释放特征，也可大大减少源项分析的规模。通过 RiskSpectrum 软件可以计算每个释放类的发生频率。

安全壳事件树构建一般有三种方法：其一是建立通用事件树，各 PDS 都询问同样的题头事件；其二是建立 PDS 特定事件树，针对不同 PDS 建立不同的事件树；其三是将上述两种方法结合，对于大部分事件树采用通用事件树，对于少部分事件树采用特定事件树分析。通用事件树较为规范，但部分题头对于某些 PDS 不适用而显得较为烦琐；特定事件树较为灵活但不够规范。

在建立安全壳事件树的过程中应当考虑各种现象间的相关性，并适当考虑采取的严重事故管理策略。事件树题头事件用于表示所分析的时间阶段内是否发生特定的严重事故现象,因此应当保证所考虑的题头事件包括了每个时间阶段的重要现象。

在安全壳事件树题头中,通常需要考虑严重事故现象、严重事故缓解系统及人员动作。为简化安全壳事件树逻辑,这里将严重事故缓解系统与人员动作合并在同一题头中,即安全壳事件树题头事件主要包含两方面内容:严重事故现象与严重事故缓解。

在典型的压水堆电厂的安全壳事件树题头中考虑的严重事故现象有:

(1)诱发 SGTR 及一回路热段破裂;

(2)氢气燃烧;

(3)压力容器内蒸汽爆炸;

(4)压力容器外蒸汽爆炸;

(5)直接安全壳加热;

(6)安全壳早期超压;

(7)安全壳晚期超压和底板熔穿。

IAEA SSG-4 中针对典型压水堆电厂给出了推荐的安全壳事件树题头事件,如表 11-8 所示。

表 11-8 IAEA SSG-4 中的安全壳事件树题头事件

阶段	题头事件
始发事件到 RPV 失效前	安全壳隔离状态
	交流电源可用性
	喷淋系统硬件状态
	风冷系统硬件状态
	RCS 人工卸压
	诱发 RCS 热管段失效
	诱发蠕变 SGTR
	交流电源恢复或保持
	喷淋启动
	氢气燃烧
	安全壳早期失效
	安全壳恢复隔离
	过滤排放系统启动

表 11-8(续)

阶段	题头事件
RPV 失效前后较短时间	堆芯熔融物冷却,RPV 未失效
	α 模式导致安全壳失效
	RPV 失效模式及堆芯碎片喷射状态
	安全壳是否因 RPV 上移运动失效
	RPV 失效时堆坑是否有水
	RPV 外燃料冷却剂相互作用模式
	RPV 失效时的氢气燃烧
	RPV 失效时安全壳是否失效
	RPV 失效时过滤排放系统启动
RPV 失效后较长时间	交流电源恢复或保持
	喷淋系统启动或继续运行
	风冷系统启动或继续运行
	风冷与喷淋系统状态
	RPV 外堆芯碎片可冷却性
	氢气燃烧
	安全壳失效与否
	过滤排放系统启动状态
	安全壳底板完整性
	安全壳失效模式

为了定量化分析安全壳事件树终态并开展后续的源项分析,一般可以按照安全壳失效模式和失效时间等因素,将通过二级 PSA 得到的大量安全壳事件树终态归并为少量的“释放类”。

WASH-1400 中给出了典型的二级 PSA 释放类定义及释放特性,如表 11-9 所示。

一种比较典型的安全壳事件树方式是采用 Lioyd's Register 公司开发的 RiskSpectrum 程序,使用该程序可以在一级 PSA 的基础上,通过一级与二级 PSA 接口分析,建立起一体化的一级与二级 PSA 模型。这种处理方式能够将一级 PSA 的信息有效地传递到二级 PSA 中,从而有利于一级与二级 PSA 系统相关性的处理及不确定性的传播。

表 11-9 WASH-1400 中的二级 PSA 释放类及释放特性

释放类	发生频率/1/(堆·年)	释放时间/h	释放持续时间/h	撤离预警时间/h	释放高度/m	释放量占堆芯总量的份额							
						Xe-Kr	有机 I	I	Cs-Rb	Te-Sb	Ba-Sr	Ru①	La②
PWR1	9×10^{-7}	2.5	0.5	1.0	25	0.9	6×10^{-3}	0.7	0.4	0.4	0.05	0.4	3×10^{-3}
PWR2	8×10^{-6}	2.5	0.5	1.0	0	0.9	7×10^{-3}	0.7	0.5	0.3	0.06	0.02	4×10^{-3}
PWR3	4×10^{-6}	5.0	1.5	2.0	0	0.8	6×10^{-3}	0.2	0.2	0.3	0.02	0.03	3×10^{-3}
PWR4	5×10^{-7}	2.0	3.0	2.0	0	0.6	2×10^{-3}	0.09	0.04	0.03	5×10^{-3}	3×10^{-3}	4×10^{-4}
PWR5	7×10^{-7}	2.0	4.0	1.0	0	0.3	2×10^{-3}	0.03	9×10^{-3}	5×10^{-3}	1×10^{-3}	6×10^{-4}	7×10^{-5}
PWR6	6×10^{-6}	12.0	10.0	1.0	0	0.3	2×10^{-3}	8×10^{-4}	8×10^{-4}	1×10^{-3}	2×10^{-5}	7×10^{-5}	1×10^{-5}
PWR7	4×10^{-5}	10.0	10.0	1.0	0	6×10^{-3}	2×10^{-5}	2×10^{-5}	1×10^{-5}	2×10^{-5}	1×10^{-6}	1×10^{-6}	2×10^{-7}
PWR8	4×10^{-5}	0.5	0.5	无	0	2×10^{-3}	5×10^{-6}	1×10^{-4}	5×10^{-4}	1×10^{-6}	1×10^{-8}	0	0
PWR9	4×10^{-4}	0.5	0.5	无	0	3×10^{-6}	7×10^{-9}	1×10^{-7}	6×10^{-7}	1×10^{-9}	1×10^{-11}	0	0

注:①包括 Mo,Rh,Tc,Co;

②包括 Nd,Y,Ce,Pr,La,Nb,Am,Cm,Pu,Np,Zr。

11.3.5 安全壳事件树定量化

1. 严重事故缓解系统可靠性分析

严重事故缓解系统可靠性分析可用于评估二级 PSA 中相关系统的可靠性,以支持安全壳事件树分析及其定量化。二级 PSA 中采用的系统可靠性分析方法可以与一级 PSA 保持一致,即采用故障树分析方法。这种方法的理论已经很成熟,是一种图形化的、演绎的静态分析方法,分析系统是如何失效的。从不期望的顶事件开始,分析可能造成“顶事件”的各种因素,定义分析边界,按逻辑关系从上至下分析,直至找到导致顶事件发生的最终原因。

故障树分析的基本内容与实施步骤包括以下五个方面:

(1)定义系统及故障树分析准备;

(2)确定故障树顶事件;

(3)建造故障树;

(4)故障树规范化、简化和模块分解;

(5)故障树定性和定量分析。

二级 PSA 安全壳事件树模型中,考虑多种措施对缓解严重事故和放射性物质向环境释放的作用。

严重事故发生后,需要投运相应的系统来缓解事故后果。如果这些系统由于某些部件的失效或人员操作的失误而发生失效,则会导致所要求的功能丧失甚至造成放射性物质的泄漏,为此需要有效地评价这些系统发生失效的途径并量化其发生概率。故障树分析是 PSA 中关于系统故障逻辑的最常用的分析方法,是一种理论成熟的演绎性分析方法,广泛地用于大型复杂系统的可靠性分析和安全性分析领域。

故障树分析将不希望发生的系统状态作为系统失效的分析目标,以故障树为工具,对系统进行评价,以找出导致系统发生某种失效状态的各种可能因素。在国内,系统故障树分析常采用 RiskSpectrum 软件。根据系统设计及事件树分析中各个系统响应的成功准则,从失效角度定义顶事件,来建立各个系统的故障树模型并进行定量化计算。故障树分析不仅分析该系统本身的设备失效,还考虑了支持系统的失效以及人员操作的失误。

2. 严重事故缓解人员可靠性分析

二级 PSA 的安全壳事件树模型中,一般需要考虑严重事故缓解措施相应的严重事故缓解人员操作,例如:

(1)手动隔离未能自动关闭的安全壳隔离阀;

(2)手动开启一回路卸压;

(3)手动启动堆腔注水;

(4)手动开启安全壳过滤排放。

人员可靠性分析可用于评估二级 PSA 中人员操作的可靠性,以支持安全壳事件树的定量化分析工作。人员可靠性分析通常包括下列步骤:熟悉电站的基本情况,识别收集需评价的人员行为;确定这些人为行动的重要程度(定性和定量筛选),将这些人为行动加入到逻辑模型中恰当的部分;选择合适的人员可靠性分析方法;采用选定方法对人误事件进行定量化分析；对所完成的分析进行文档记录。

对于所考虑的人员操作的失误概率，可以首先使用严重事故进程分析程序进行典型严重事故序列的热工水力计算，以确定人员操作时间窗口，再采用人员可靠性分析方法（如SPAR-H方法、ASEP方法等）分析得到相应的人员操作失误概率。典型的用于二级PSA的人员可靠性分析方法SPAR-H方法可从可用时间、压力、复杂程度、经验/培训、规程、人机界面、职责适宜度、工序等方面，综合评估人员在对电厂紧急状态进行响应以及与系统进行交互的过程中出现失误的概率。SPAR-H方法将人员动作分成两个部分：诊断部分和动作执行部分。其中，诊断部分即依据知识和经验来理解当前条件、制定决策以及确定合理的动作；动作执行部分包括启动/操作设备、进行在线以及其他根据电厂规程或命令进行的动作。此外，SPAR-H方法还考虑了8个绩效形成因子（PSF）对以上两部分人员行为的影响，这8个绩效形成因子分别为：可用时间、压力、复杂程度、经验/培训、规程、工效学/人机界面、职责适宜度、工序。

3. 严重事故现象概率分析

二级PSA安全壳事件树题头事件中包含可能导致安全壳失效的严重事故现象，需要对严重事故现象事件的发生概率进行定量计算，可通过风险导向的事故分析方法（ROAAM）进行定量计算，也可在现有研究基础上通过专家判断得到。另外，相似电厂的通用严重事故现象研究结果经过适用性分析后也可以作为特定电厂严重事故分析的补充。严重事故现象定量化需要大量的严重事故进程和现象分析做支持。

除严重事故进程外，二级PSA中还需要关心严重事故过程中可能发生的一些严重事故现象。开展严重事故现象分析，一方面可以确定避免严重事故现象发生或者缓解严重事故后果的成功准则，另一方面可以评估严重事故现象可能产生的风险。

在严重事故现象分析中，通常需要评估严重事故现象导致安全壳失效的概率。为此，开展二级PSA需要确立一些概率评估方法以评估严重事故现象相关的概率。一般来说，常用的二级PSA概率评估方法主要有：专家判断方法；ROAAM分析方法；参考同类电厂分析。

（1）专家判断方法

专家判断方法是使用专家主观判断对认知不足的严重事故现象进行概率定量化的一种分析方法。专家判断并不完全基于主观猜测，而是需要基于目前已有的试验或观测结果以及计算分析。

NUREG-1150中提供了一种专家判断的实施程序。它首先对各研究领域专家进行概率论培训，然后由各专家分别就某个具体问题给出其主观判断的概率评估值，并经专家间沟通讨论后重新修改自己的结果，最后对各专家给出的概率结果进行综合，得到某个具体问题的概率评估结果。

由于NUREG-1150提供的专家判断方法实施难度很大，目前国际上通常采用专家判断导则进行概率评估，它也是基于试验和计算结果来确定的。它的优点是，在掌握试验和计算结果的情况下，可不依赖于该领域内专家就可开展概率评估。在中国核电工程有限公司开发的二级PSA分析中，采用的专家判断导则如表11-10所示。

表 11-10 用于二级 PSA 分析的专家判断导则

序号	概率值	描述
1	0.0(或 1.0)	保留该值,主要用于那些不需要进行支持分析的逻辑输出,在确定的条件下该输出是完全确定的
2	0.001(或 0.999)	该输出基本上可以确定。已经开展过所有相关现象的详细分析并经独立的审查通过,且相关的试验数据或独立的分析支持该结果。考虑了所有识别的不确定性因素,并且没有产生明显的影响。 使用该值时,以下各项必须都满足: • 开展了详细的工程计算且经同行审查通过; • 试验数据支持该结果或独立的分析支持该结果; • 考虑了所有的不确定性
3	0.01(或 0.99)	该输出是极为可能的。已经开展过详细的分析并经独立的审查通过,或者相关的试验数据支持该结果。该输出是基于所有可信的假设之上的。对于该问题的争论并未被分析或数据支持。 使用该值时,以下两项必须都满足: • 开展了详细的工程计算且经同行审查通过或试验数据支持该结果; • 考虑了所有的不确定性
4	0.1(或 0.9)	该输出是很可能的。相关的分析或者试验数据支持该结果,或者未经过分析,但是两个以上熟悉该问题的独立个人都认为该输出是恰当的。反对该输出的争论存在明显的缺陷。 使用该值时,满足以下任一项即可: • 工程计算支持该结果; • 试验数据支持该结果; • 独立分析支持该结果; • 两个以上熟悉该问题的独立个人认为该输出是恰当的
5	0.5	该输出是可能的。没有开展相关的分析,或现有分析无法给出明确结论,试验数据也没有明显的倾向

(2)ROAAM 分析方法

ROAAM 分析方法,即风险导向的事故分析方法,最早由美国加州大学 Theofanous 教授提出,旨在进一步解决特别是严重事故分析中的概率定量化问题。传统的专家判断方法,如 NUREG-1150 中提供的分析方法,都过于依赖专家的主观认知和判断,其弊端在于不同专家主观判断的基准并不一致,即使专家对同一个问题的认识完全一致,其主观判断后给出的概率值也会有较大差别。

为了解决这一问题,Theofanous 教授提出 ROAAM 分析方法,将一个大的问题分解为一些小的问题,而分解的问题是一些参数级的问题,对于参数级的问题进行专家判断则要容易得多。当然,ROAAM 方法实施的基础是,对问题的物理模型具备一定的认识基础。简单来说,假设某个需要分析的问题是多个参数的函数,为了确定该函数的不确定性,可以首先分析影响该函数的关键参数的不确定性，然后通过抽样综合，多次计算该函数，就可以得到该函数的不确定性。

常用的抽样方法是拉丁超立方体抽样(LHS)方法，这是一种分层抽样技术。它的基本思路如下：

①对于某个随机变量 x 以及它的累积概率分布函数 $F(x)$，假设抽样次数为 N，则将累积概率分布区间[0, 1]平均分成 N 等份；对于划分的某个小区间 $[(i-1)/N, i/N]$，随机抽取该区间内的累积概率分布值，根据累积概率分布函数 $F(x)$ 求出该累积概率分布值对应的抽样值 x_i。这种抽样方法能够在较少的抽样次数下保证随机变量的每个概率区间都能够取值。

②对于多个随机变量，如 x、y，步骤①只能保证每个随机变量的每个概率区间都能取值，其随机抽样结果必然是 (x_i, y_i)，即某组抽样结果对应的区间是相同的。为解决这一问题，LHS 抽样方法将区间的对应关系随机打乱，即新的抽样组 (x_i, y_j) 中 i 和 j 是随机排列的。

LHS 抽样方法的优点在于能够使用较少的抽样点保证每个累积概率分布区间都能够抽样，具有较高的抽样精度，能够广泛用于计算工作量较大的抽样情况，而普通的蒙特卡洛抽样则需要大量的抽样点来保证结果的准确性。

11.3.2 节分析安全壳失效概率曲线时，使用的概率评估方法就是 ROAAM 方法，而采用的抽样方法则是 LHS 方法。

(3)参考同类电厂分析

在缺乏相关分析基础的情况下，参考同类型电厂的分析结果是一种较为简单快捷的分析方法。采用该方法时，需要对其适用性进行说明。

典型的压水堆核电厂二级 PSA 中主要关注的严重事故现象如下。

(1)诱发一回路压力边界蠕变失效、高压熔喷与安全壳直接加热

对于高压熔堆，根据严重事故管理的要求，需要对一回路进行严重事故下的卸压操作。如果卸压操作失效，则需要分析高压熔堆对核电厂的威胁，如有可能诱发 SGTR 旁路安全壳。此外，一回路处于高压也会使得无法通过堆腔注水实现压力容器内熔融物的滞留，进而导致压力容器熔穿、高压熔喷甚至直接安全壳加热等现象，对安全壳的完整性构成极大的威胁。

(2)压力容器内熔融物冷却与压力容器失效

堆芯损坏之后，随着堆芯的进一步熔融及坍塌，将会导致熔融物直接与压力容器下封头相互接触。如果此时熔融物得不到进一步的冷却，将不可避免地熔穿压力容器下封头，导致熔融物进入堆腔中。

典型的三代压水堆电厂如 AP1000 和华龙一号，设计了堆腔注水冷却系统，在发生严重事故的情况下根据严重事故管理导则的要求，通过向堆腔内压力容器下封头外壁面持续注入冷却水来有效导出下封头内熔融物的热量，实现熔融物在压力容器下封头中的冷却和滞留。

(3)氢气燃烧、压力容器内蒸汽爆炸、压力容器外蒸汽爆炸

严重事故发生的情况下，有可能产生一系列的高能反应现象，导致安全壳失效。由于建模假设中，保守认为对于高压熔堆序列若执行卸压操作失败，则一定会导致诱发 SGTR 旁路安全壳，因此需要在安全壳事件树题头事件中考虑的主要是低压熔堆序列情况下的高能反应现象。这些现象主要包括氢气燃烧、压力容器内蒸汽爆炸和压力容器外蒸汽爆炸。

与压力容器内蒸汽爆炸有关的风险是由于压力容器顶盖破裂并产生穿透安全壳的飞射物，而压力容器外蒸汽爆炸则有可能导致安全壳堆坑内的墙体或底板失效，以及某些重要支撑墙体的位移，进而导致安全壳失效，氢气则有可能发生大范围爆燃、爆炸或者爆燃到煤轰转变 DDT 导致安全壳超压失效。

(4)衰变热引起的安全壳升温升压

严重事故发生后，如果安全壳内热量无法有效导出，堆芯衰变热的不断产生将导致安全壳内压力不断上升，如果无法及时进行安全壳卸压操作，最终将导致安全壳内压力超过安全壳的极限承载能力而失效。

此外，如果发生压力容器失效，堆芯熔融物与堆腔底板混凝土会发生相互作用，不断产生包括水蒸气、氢气等在内的各种气体。这些气体的持续积累也会导致安全壳内压力不断上升。

(5)堆芯熔融物与混凝土底板的相互作用

严重事故发生后，如果没有采取有效的缓解措施，有可能发生压力容器失效，此时熔融物将落入安全壳堆腔中。高温的堆芯熔融物将会与堆腔混凝土底板发生相互作用。如果熔融物得不到进一步的冷却，将不断侵蚀安全壳的底板，并最终导致安全壳底板熔穿。

4. 安全壳事件树总体定量化

定量化可由 RiskSpectrum 程序完成。定量化包括故障树的定量化、事件序列的定量化。事件序列定量化的目的是估算各事件序列及释放类的发生频率。定量化侧重于事件树中导致安全壳失效的序列，产生最小割集，并计算其发生频率以及确定各种贡献因素对不同释放类的相对重要性。

在小事件树方法中，定量化是通过联解事件树和系统故障树来完成的。事件树与故障树相结合产生事故序列最小割集。事件序列最小割集中包含了始发事件、人误事件和导致该事故序列的基本事件和共因事件。这一评估过程需要考虑始发事件、部件失效和人误事件之间的相关性。在定量化过程中首先将各种逻辑模型连接起来产生各种事件序列，包括前沿系统、支持系统、序列逻辑(序列所含的成功题头和失效题头的逻辑组合)、顶逻辑(某种后果所含的序列逻辑组合)及边界条件等。通过设定序列分析情况和后果分析情况，分别进行计算。在一个事件序列中，有些前沿系统处于成功状态，有些处于失效状态。定量化不仅包括对失效系统的考虑，还包括对成功系统的考虑。

定量化分析需要进行相关性分析，主要包括功能相关性、实体相关性、人因事件相关性和部件失效相关性。本 PSA 报告采用小事件树-大故障树的分析方法，模型建立后，通过计算程序对模型进行计算分析，自动完成对各种相关性的处理。人因相关性可通过割集后处理完成。

经过事件树与故障树联解进行事件序列定量后，可得到各个事件序列的定性结果以及

定量化结果，但为了使序列定量化实际可行，通常需要对分析进行截断，即只考虑发生频率在某一截断值之上的那些割集。

二级 PSA 分析结果与风险见解：包括总的大量放射性释放频率、早期大量放射性释放频率，不同释放类的发生频率、释放到环境的放射性物质的量级、属性及结果的重要度、不确定性和敏感性分析；识别出核电厂预防和缓解严重事故的设计薄弱环节，提出降低放射性物质释放风险的改进措施，同时为严重事故管理导则的编制提供建议。

(1)不确定性分析

二级 PSA 的不确定性分析主要包括两个方面：偶然不确定性，来源于严重事故进程的自然随机性，这种不确定性不能减少或消除；认知不确定性，来源于对严重事故进程认识的缺乏，可以通过进一步分析对其评价。认知的不确定性分为三类：

①模型的完整性。对于二级 PSA 来说，主要就是评价导致放射性核素释放的各种可能的情景（即事件序列）。然而不能保证这一评价过程是完整的，即所有可能的情景都被鉴别出来，并做出恰当的评价。这种不完整性在分析的结果和结论中引入了不确定性。这类不确定性比较难以进行定性评价或定量化。

②模型的精确性。即使对于那些已经确定的情景，事件序列和系统逻辑模型也可能不能完全精确地反映其真实情况。诸如概念模型和数学模型的相对不完备性、数值近似、计算误差和计算限制，都会引进不确定性。对这些不确定性的讨论也是不确定性分析的组成部分，还可用敏感性分析来评价这些不确定性的相对重要性。

③输入参数的不确定性。用于安全壳事件树定量计算的各种模型的参数并不都是精确的。输入参数的不确定性是当前最易定量分析的部分。

进行二级 PSA 不确定性分析应当识别不确定性的来源，并对不确定性进行评价，比如通过敏感性分析等方法进行评价。

(2)重要度分析

由于核电厂中各个系统、部件、始发事件及人误事件等在 PSA 模型中的地位不同，以及它们的发生概率（或频率）不同，因此它们对大量放射性释放频率的贡献也不相同。二级 PSA 重要度分析的目的是确定大量放射性释放频率、事件序列频率和系统不可用度的各贡献者的重要性。重要度分析对 PSA 的应用，如设计修改或识别设计弱点等特别重要。若某一部件的某种重要度数值大，就说明该部件在某方面的重要性大。重要度分析和敏感度分析是相关的。重要度分析结果要与敏感度分析在定性上是基本一致的。

重要度分支中涉及的重要度有基本事件的 Fussel-Vessely（FV）重要度、风险增加因子（risk increase factor，RIF）、风险减少因子（risk decrease factor，RDF）。在 RiskSpectrum 程序中还提供了一种重要度，即相对贡献（fractional contribution，FC）。对于基本事件，FC 和 FV 重要度应该是一致的，只是因 RiskSpectrum 程序处理方法不同而略有差别。这四种重要度的定义如下：

基本事件的 FV 重要度：

$$I_i^{FV}=\frac{Q_{TOP}(\text{MCS including } i)}{Q_{TOP}} \tag{11-1}$$

式中　I_i^{FV}——基本事件 i 的 FV 重要度值；

Q_{TOP}(MCS including i)——包含基本事件 i 的全部最小割集的不可用度之和；

Q_{TOP}——顶事件的不可用度。

风险增加因子 RIF：

$$I_i^I=\frac{Q_{TOP}(Q_i=1)}{Q_{TOP}} \tag{11-2}$$

式中　I_i^I——基本事件 i 的 RIF 值；

$Q_{TOP}(Q_i=1)$——将基本事件 i(或第 i 组中所有底事件)的不可用度设为 1,计算得到的顶事件的不可用度。

风险减少因子 RDF：

$$I_i^R=\frac{Q_{TOP}}{Q_{TOP}(Q_i=0)} \tag{11-3}$$

式中　I_i^R——基本事件 i 的 RDF 值；

$Q_{TOP}(Q_i=0)$——将基本事件 i(或第 i 组中所有底事件)的不可用度设为 0,计算得到的顶事件的不可用度。

相对贡献 FC：

$$I_i^F=1-\frac{1}{I_i^R} \tag{11-4}$$

式中　I_i^F——底事件 i 的 FC 值。

(3)敏感性分析

敏感性分析指如果构成系统的某一部件的可靠性参数(故障率/故障概率)发生了变化,则整个 PSA 模型的大量放射性释放频率或各释放类将会如何变化。敏感性分析的目的是找出那些对结果有潜在重大影响的问题,如建模假设和数据等。这些假设或数据通常是在缺乏信息或强烈依赖于分析者判断的情况下得出的。在敏感性分析中用另外的假设或数据进行替换,评价它们对结果的影响。

因为数据或假设存在不确定性,所以需要对其进行敏感性分析。其中一些可能会根据重要度分析被淘汰掉,另一些对 PSA 结果有明显影响的则被添加。在淘汰敏感性分析的候选项目时,要十分谨慎,因为计算出重要度很低很可能只是反映了所作假设的结果,而假设本身可能有问题。建模假设需要逐个进行分析,而且可以采用简单的边界计算而不重新进行 PSA 评价。

RiskSpectrum 程序中进行敏感性计算的内容包括：

被考虑对象(概率、频率或某个参数等)等于正常值除以敏感性因子(任何大于 1 的数,程序的缺省值是 10),若要进行敏感性分析的是底事件组,则在此组内的所有底事件的概率值都要除以敏感性因子,计算得到一个新的顶事件的不可用度或频率(取决于在进行计算时所指定的计算类型)的结果,用 $Q_{TOP,L}$ 表示；

被考虑对象等于正常值乘以敏感性因子,若得到的结果超出了有效范围,则取可允许的最大值,如对于概率值取 1.0,若要进行敏感性分析的是底事件组,则此组内的所有底事件的概率值都要乘以敏感性因子，计算得到一个新的顶事件结果，用 $Q_{TOP,H}$ 表示。

敏感度 S 定义为

$$S=\frac{Q_{TOP,H}}{Q_{TOP,L}} \tag{11-5}$$

11.3.6 释放源项分析

严重事故下的放射性物质向环境的释放源项是二级 PSA 的重要结果之一。源项分析的目的是为每个放射性释放类计算向环境释放的源项，评价从核电厂释放到环境中的放射性物质的量级和属性。

严重事故源项是二级 PSA 分析的一部分，是进行场外剂量分析的输入条件。

严重事故后裂变产物的释放主要有以下几个过程：

(1)从堆芯及一回路释放到安全壳；

(2)在安全壳内去除及滞留；

(3)最终向环境的释放。

针对二级 PSA 得到的安全壳完好、安全壳隔离失效、安全壳旁路失效、安全壳早期失效、安全壳晚期超压失效、安全壳过滤排放、安全壳底板熔穿等释放类及其对应的包络性事故序列，对严重事故后的热工水力行为以及裂变产物的释放进行计算分析，给出不同释放类下各放射性裂变产物分组向环境的释放份额随时间的变化，并对各释放类安全壳内及环境释放份额进行比较分析，对计算中所采用的部分参数进行敏感性分析。

除需要对各种释放类进行定量化分析外，二级 PSA 还需要对释放到环境中的放射性源项进行分析。源项分析主要评估释放到环境中的放射性物质的组成、释放时间、释放量和其他释放特征。源项分析可以通过一体化的严重事故分析程序来完成，如 MELCOR、MAAP、ASTEC 等。影响源项的主要因素有安全壳的破口尺寸和失效位置、反应堆冷却剂系统的压力、安全壳喷淋系统的状态、安全壳失效的时间等。在进行源项分析时，需要适当考虑这些因素对源项的影响。

源项分析不仅可以用于定义大量释放，还可以得到释放到环境的源项，从而为核电厂应急和三级 PSA 提供输入。

11.4 钠冷快堆二级 PSA 的特殊问题

11.4.1 钠冷快堆的设计特点

1. 钠冷快堆的安全壳(或厂房)设计

相对于水堆而言钠冷快堆通常采用低承压安全壳或厂房设计，从一次边界释放出的任何放射性物质都首先会被局限在反应堆厂房内。反应堆厂房都设置有包含过滤器的通风系统，以便对排入大气的放射性进行控制，同时应对一次钠或二次钠泄漏可能引起的钠火。反应堆厂房的设计也要能够承受暴风、地震和爆炸飞射物等外部原因引起的载荷。

因此安全壳的失效模式主要是钠火导致的超温超压。

裂变产物中，^{131}I 在事故情况下向环境的释放是决定事故后果严重程度的重要因素，在钠冷快堆中，由于作为冷却剂的钠具有很强的化学活性，很容易与碘化合形成碘化钠，从而减轻放射性向环境的释放（相对于水堆而言）。

2. 熔融物的滞留与冷却

池式钠冷快堆的一个十分重要的优点是一回路冷却剂压力低，所以一次冷却剂容器承受的力小，不大可能发生损坏。即使主容器发生破裂，也不会导致冷却剂的汽化。在采用在堆容器之外再加一层保护容器等措施之后，可以使得在堆容器破裂的情况下依旧保持堆芯处于淹没状态，通过自然循环保持冷却。因此在熔融物的包容方面池式钠冷快堆多采用堆内滞留方案（IVR），即在主容器内布置堆芯熔化收集器，避免熔融物与主容器的直接接触，利用自然循环的余热排出方式实现熔融物在主容器的长时冷却。

3. 潜在的堆芯解体可能性

对于钠空泡系数为正值的大型钠冷快堆而言，一旦发生冷却剂沸腾，堆芯会加速熔毁，甚至有可能发生瞬发超临界事故。由于燃料密实反应性增加的特点，引起堆芯燃料中心密实的任何事故都可能导致反应堆超临界。近年来，零空泡反应性堆芯、非能动停堆系统和熔融堆芯导流管等方案的相继提出，使得堆芯解体事故的发生仅存在理论上的可能。

相对于水堆而言，假想堆芯解体（hypothetical core disruptive accident，HCDA）是钠冷快堆需要特殊关注的一类现象，HCDA 引起的机械能释放是导致钠冷快堆主容器失效的一个重要原因。对于压水堆而言，严重事故缓解的主要压力在安全壳，而钠冷快堆更多的是关注主容器的完整性来包容放射性物质和保证余热排出。由于钠冷快堆主容器在严重事故下有着更重要的缓解作用，因此堆芯解体情况下的一回路完整性评估是钠冷快堆二级 PSA 需要特殊关注的问题。

11.4.2 堆芯解体和一回路完整性分析举例

与压水堆不同，钠冷快堆的低压系统设计和熔融物的堆内滞留设计，使得主容器和保护容器是最重要的包容措施。在主容器和保护容器保持相对完好的状态时，钠冷快堆安全壳承担的事故缓解压力很小。对于水堆而言，一般将二级 PSA 事件树称为安全壳事件树，可见安全壳状态对事故缓解的重要作用。

而钠冷快堆的事故发展则在一回路完整性失效前后呈现完全不同的两种阶段和状态，因此钠冷快堆格外关注一回路完整性失效的模式，该模式对最终的放射性释放水平有着决定性的影响。与压水堆一样，钠冷快堆熔融物的冷却不足是容器失效的一个重要模式，而 HCDA 情况下一回路完整性的失效则是钠冷快堆特有的问题。

此外，由于钠冷快堆潜在的堆芯解体风险，使得二级 PSA 中通常需要考虑 HCDA 对一回路完整性的影响。基于 HCDA 的一回路完整性分析成为钠冷快堆二级 PSA 的特殊问题。

由于主容器内的事故进程对于钠冷快堆的放射性释放水平是决定性的，因此部分钠冷快堆会针对主容器内的事故进程单独建立事件树，用以评估主容器的有效性以及失效方式。

以 CRBRP 反应堆的无保护失流（unprotected loss of flow，ULOF）事故为例，此类事故包

含了 HCDA 的所有后果。ULOF 事故序列如图 11-11 所示。

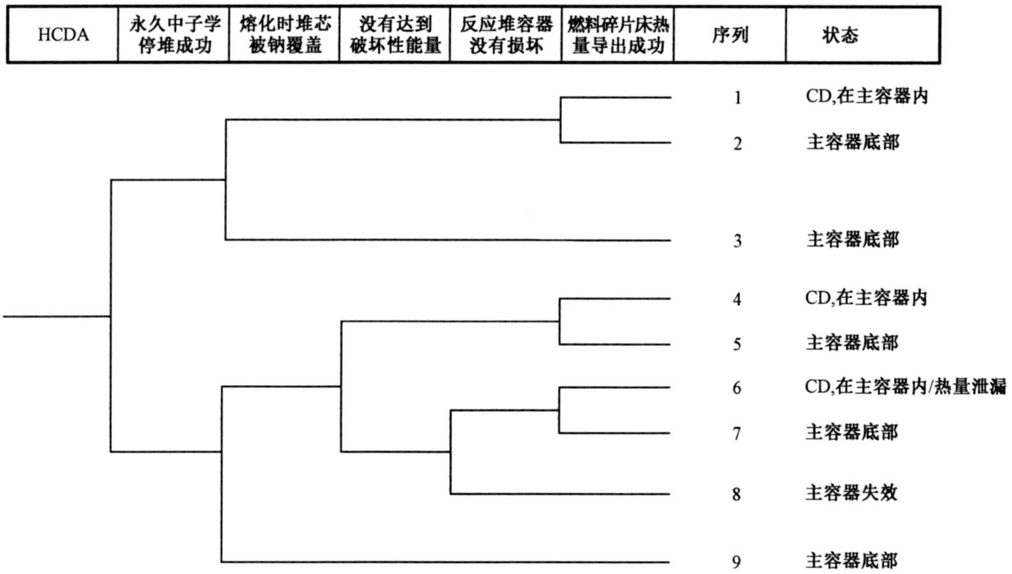

图 11-11　ULOF 事故序列

无保护失流事故发生在一个失流且无紧急停堆的始发事件之后(例如,失去厂外电,停堆信号失效)。

在初始阶段中,一回路流量衰减会造成堆芯的整体加热,会引起燃料通道内的钠快速沸腾,由此引入正反应性,并导致功率增长。

随之燃料温度也会升高,造成燃料与包壳熔化。更高的燃料温度和钠沸腾会导致燃料的分解。

敏感性研究显示这种反应性反馈的范围非常小。在很小的反馈水平下,气体在燃料整体性丧失之前就有可能扩散掉了,这样燃料的压紧过程几乎不可能发生。

在很高的反馈水平下,结论就是堆芯失效的过程会造成功率激增,但是由于多普勒效应和燃料轴向膨胀不会达到瞬发超临界的水平。

当 ULOF 事故进入熔化阶段,熔融燃料的行为对事故进程的影响是决定性的,当大部分熔融燃料以均匀的液相聚集,且不包含控制材料、钠和包壳或乏(转换区)燃料时,则有可能发生显著的能量释放(达到相应的能量水平)。要想达到这种效果,则需要整个事件的发展过程十分的精确,而这是几乎不可能的。

越来越多的燃料发生熔化,并在堆芯内来回冲击,会造成更多的燃料坍塌,每次冲击的产生会趋于扩散燃料。过程越长,越有可能发生转换燃料向活性燃料的混合。这可能导致中子学停堆。

结论就是:由熔融堆芯的坍塌导致显著地能量释放行为在物理上几乎不可能发生。

要想发生显著的能量释放,需要极端的假设条件:不考虑轴向燃料膨胀,不考虑控制棒的混合。

最后堆芯碎片床的分布取决于 HCDA 事故终止的方式,如果在熔化阶段以一个不是大规模能量释放的方式终止,可以简单地认为一半在堆芯区域上面,一半流到了下面。

如果发生显著的能量释放,则认为大部分被向上喷射出堆芯。

10%~50%的燃料向下熔融,在入口流量处得不到充分冷却则会继续向下熔穿。

如果最终的能量释放率过高或者碎片床深度过深,可能导致冷却剂烧干,使燃料温度过高,最终熔穿主容器。

即使主容器没有熔穿,也有可能发生缓慢的破裂。这样钠、熔融物或是颗粒也会缓慢进入堆坑。

1. 永久的非能量释放终止

要想达到这种状态,首先要保证反应堆永久性次临界状态,而且事故发展过程中不发生瞬发超临界并排除潜在的再临界的可能性。

在 ULOF 事故的初始被定义为不能紧急停堆同时失去一回路流量,随后造成堆芯温度上升。泵惰转开始 10 s 后,堆芯出现钠沸腾,尤其是高功率流量比通道。快速的多普勒反应性反馈和相对慢一点的燃料轴向膨胀负反应性反馈被中心高功率区域的钠空泡正反应性反馈盖过。

钠沸腾 5 s 后,包壳开始熔化,并向下流淌,引入更多的正反应性,在燃料破碎之前,钢会在堆芯末端形成堵塞。在 BOC-1(低燃耗,低钠空泡效应)燃料的下落和流淌会造成一个缓发超临界功率爆炸。燃料蒸汽的快速扩散引入了负反应性反馈,使堆芯进入次临界。

然而在 EOC-4 的时候,燃耗更高,钠空泡更大,一个相对缓慢的瞬发超临界伴随着燃料的扩散发生了。同样的,在熔化阶段燃料的扩散引入的正反应性使得反应堆进入了次临界状态。

因为无法排除瞬发超临界的可能,所以无法排除潜在的再临界的可能。

出于保守考虑,这个事件发生的概率如下:

发生为 0.1;

不发生为 0.9。

(1)初始阶段。使用 SAS-3D 程序对 ULOF 事故进行详细的分析。分析多样性的基础案例,包括与最佳估算相关的非常保守的假定。基于这些分析,在 ULOF 事件的初始阶段不会考虑水力学解体。

LMFBR 中可能导致 ULOF 初始阶段高能释放的两个主要相关现象:第一个相关现象是 LOF 事故驱动 TOP 事故(LOF-d-TOP)。发生 ULOF 事故时正的钠空泡反应性导致 LOF-d-TOP 发生在高的超功率工况,这类似于 TOP 事故。LOF-d-TOP 可能引起非空组件盒的燃料失效,而周围较高功率流量比的管道是空的。如果失效位置发生在堆芯中平面,燃料向失效位置处的快速移动可能导致自身催化的工况。

第二个相关现象是气腔中裂变气体诱发的燃料压实。反应堆持续运行相对较长时间后,气腔内裂变气体的聚集引起相当大的气腔压力。如果不加限制,一旦堆芯区域内的燃料解体,气腔裂变气体的压力会驱动屏蔽区和未发生解体的驱动组件向失效位置移动。

在该类工况下,很难排除高能释放的行为。CRBRP 项目分析了这种机制并总结得出有足够的时间可以让裂变气体在燃料解体之前泄漏。

燃料压实引入的最大反应性引入速率为 50 \$/s。因为研究表明接近 200 \$/s 的反应性引入速率会威胁 CRBRP 容器上端的完整性，先前讨论的燃料压实现象可能对一回路冷却剂边界完整性造成威胁看起来是不可能的。

总的来说，认为在 ULOF 初始阶段发生高能释放事件是非常不可能的。此外，如果任意一个现象发生，也不可能威胁反应堆容器上端的完整性。

ULOF 事故初始阶段期间，高能释放超过反应堆容器结构阈值（尤其是反应堆容器上端）的可能性可以描述如下：

$$P(E_{\bar{I}}) = P(E_I) \cdot P(D/E_I) \tag{11-6}$$

式中 $P(E_{\bar{I}})$——初始阶段破坏性的能量释放超过一回路冷却剂边界结构阈值的可能性。

$P(E_I)$——初始阶段能量释放的可能性。

$P(D/E_I)$——初始阶段释放能量超过一回路冷却剂边界结构阈值而损坏的可能性。

基于先前的讨论，确定了下列数值：

$$P(E_I) = 0.01（非常不可能）$$

$$P(D/E_I) = 0.1（不可能）$$

$$P(E_{\bar{I}}) = 0.001（对于 ULOF 事故的初始阶段）$$

(2)熔融/环形池阶段。一旦 ULOF 初始阶段结束，由于上部（堆芯上部）燃料的扩散引入几 \$ 反应性导致反应堆堆芯可能进入次临界。喷出的燃料将开始熔化包壳并且盒壁将会开始破裂熔化，允许液体燃料沸腾并流进盒壁之间的间隙中。熔穿之后燃料渗透进入空的控制棒组件导管中也是可能的。熔融阶段的最佳评估总结得出燃料移动的“泄漏途径”将会在 10~20 s 内形成，而且持久的次临界工况将会发生。此外，ULOF 事故熔融阶段中燃料渗透（移动）的可能性已经由一系列的试验支撑验证。

尽管熔融期间假定燃料移动会导致堆芯次临界，再临界的可能性也是存在的。总结得出由于重力驱动燃料压实，在熔融阶段很难排除发生再临界的可能性。

熔融阶段期间，组件盒崩溃之前的时间间隔内仅允许轴向燃料质量分布的少量振荡，因此堆芯较宽的连贯性是不可能的。组件池中高散热（不稳定）环境引起的这些振荡将会导致局部的功率脉冲。当分散的燃料蒸汽压力减弱时，燃料在重力的作用下将会重新安置（或者溃散）。燃料溃散现象使用典型的 Bethe-Tait 模型进行描述。但是，Bethe-Tait 模型对于描述的情况是非常保守并且不精确的。

已经估计过，如果忽略堆芯较宽的不连贯性，与重力驱动再临界相关的缓变率将会限制于 30~100 \$/s。

总的来说，尽管熔融阶段早期的燃料移动会导致长久的次临界，也不能排除重力驱动再临界的发生。

描述 ULOF 事故熔融/环形池阶段中能量超过反应堆容器结构阈值的可能性的方式与 ULOF 事故初始阶段中使用的方式相同。熔融阶段中使用的相关可能性描述如下：

$$P(E_M) = 0.01（非常不可能）$$

$$P(D/E_M) = 0.1（不可能）$$

因此

$$P(E_M)=0.001 \text{（对于 ULOF 事故的熔融阶段）}$$

(3)大规模熔融池(LSP)阶段。在早期阶段稳定的燃料移出不会发生的事件中将会出现大规模熔融池阶段。在 CRBRP PRA 阶段 I 报告中指出“在组件破裂(熔融)阶段甚至进一步考虑的整个堆芯熔融池阶段,尚未发现可信的机制能够阻止足够的燃料移出”。由于熔融和初始阶段中沸腾池的分散现象以及早期的损失,开口系统(没有上部堵塞)预期会保持次临界。在闭口或者瓶塞约束结构中,边界处的系统燃料块结构会限制热损失,从而引起熔融池大规模沸腾。开口池的排放(由堵塞物的熔化引起)会导致大量的燃料移出。

在 LSP 阶段潜在的高能释放评估中,观察到了高的反应性引入速率(约 100 $/s)。但是,高能释放机制仅与理想化的完美对称性(几何和功率分布)以及整个均匀化熔融池相关。但是,高能释放水平不会超过一回路主系统边界的结构阈值。

总之,在 ULOF 事故中,认为完全均匀化的大规模熔融池的构成是不可能的。与大规模熔融池相关的潜在高能释放可能性低于导致一回路系统边界完整性丧失的水平。

发生 LSP 高能释放和一回路系统边界完整性丧失的可能性是:

$$P(E_L)=0.1\text{（不可能）}$$

$$P(D/E_L)=0.1\text{（不可能）}$$

$$P(E_{\overline{L}})=0.01$$

(4)总的 ULOF 破坏性高能释放的可能性。对 ULOF 事故的初始阶段、熔融阶段和大规模熔融池阶段中高能释放超过一回路系统结构阈值的可能性进行估计。基于先前的讨论,ULOF 发展进入特定阶段的可能性可以合理估计如下:

$$P(I)=1.0\text{（ULOF 进入初始阶段的可能性）}$$

$$P(M)=0.99\text{（ULOF 进入熔融阶段的可能性）}$$

$$P(L)=0.01\text{（ULOF 进入大规模熔融池的可能性）}$$

因此,ULOF 事故将会导致破坏性高能释放的可能性为

$$P(E_{\overline{T}})=P(E_{\overline{I}})\cdot P(I)+P(E_{\overline{M}})\cdot P(M)+P(E_{\overline{L}})\cdot P(L)$$

$$P(E_{\overline{T}})=0.001\times1+0.001\times0.99+0.01\times0.01=2\times10^{-3}$$

可能性赋值:

Yes　0.998

No　0.002

2. 反应堆压力容器外没有损坏

发生 HCDA 时,快速的能量释放会导致液态钠产生一个轴向的冲击,可能会导致堆顶旋塞向上的移动距离过大,从而脱离主容器,导致抛射物直接威胁安全壳边界的完整性。然而简化但保守的分析表明,由于 HCDA 释放抛射物导致的安全壳灾难性的失效并不会发生。CRBRP 项目也承诺修改主容器顶盖设计来消除这种失效模式,从而可以假设结构裕度能够包容能量释放。总的来说,可以推断由于 HCDA 释放抛射物导致的安全壳灾难性失效是极不可能的。

可能性赋值:

Yes　~1

No $<10^{-4}$

3. 燃料碎片热量排出可能性

燃料碎片热量排出可能性依据 HCDA 终止后安全壳内情况、堆芯燃料碎片在一次系统的分布以及结构包容堆芯碎片的能力来决定。

在事故终止后,对于“燃料碎片余热排出可能性”事件,考虑建立余热排出通道(如 DHRS、SGAHRS)成功的可能性。余热排出系统的实现对于无保护 HCDA 满足“永久的中子学停堆”成功准则非常有好处。

无保护 HCDA 开始前,任何恢复措施的启动仅有数十秒的时间。然而,如果在 HCDA 终止之后主冷却剂系统保持完整并且主热传输系统环路流动是可能的,则余热排出系统能够用来导出堆芯碎片导致的余热。燃料碎片冷却的可能性将依靠堆芯布置(如大的碎片床等)。

另一方面,有保护的 HCDA 发生在非常长的时间范围内。有保护 HCDA 发生之前,在燃料解体前有很多小时甚至数天去恢复余热排出系统。如果在燃料解体前余热排出系统恢复失败,则在之后极短时间内恢复这些系统的可能性是很小的。因此,实际上在有保护 HCDA 之后建立余热排出通道的可能性很小。尽管这样考虑有点保守,但是认为它是合理的。

4. 无保护 HCDA

对于永久中子学停堆的序列,ULOF 认为在堆芯上部和下部都会发生堵塞。这是因为永久中子学停堆实现过程中包括燃料和钢的移动,可能导致堆芯顶部和底部的堵塞。

水平面上的碎片床能够被床内的钠对流来冷却。如果碎片床太深或者分布太紧密,以及如果产热率太高,则碎片床会被蒸干、熔化,并形成一个燃料/钢的熔融池。在这种情况下,容器熔穿将是不可避免的。一些堆内实验数据显示碎片床蒸干可能不足以导致熔化,基于此,燃料熔化需要的碎片床深度比蒸干需要的深度大。

在非能量事故终止后,重新建立热排出通道的潜在可能性被认为对缓解 ULOF 事故是有利的。在由辅助电动机建立流动后,燃料颗粒形成的厚度和因此形成碎片床的可能性都会显著减小。在这种情况下,燃料更可能保持小颗粒并且燃料碎片会在热排出通道作用下持续冷却。

概括起来,对于非能量终止的序列,如果能够再次建立热排出通道,燃料碎片就有可能长期冷却。如果热排出通道不能建立,碎片床将会形成一个水平面。这样碎片床能否被冷却会不确定。碎片可冷却性主要依靠碎片床深度,而且深度主要由终止事故需要移出的燃料量来决定。

鉴于上面提及的不确定性以及缺乏详细的关于再次建立冷却通道后提供长期冷却能力的深入研究,事件成功的可能性被设定为 0.5。这个值不仅反映了不确定性,也显示了关于这个序列没有显著的物理现象趋向于证实成功可能性大于失败。

对于这些序列,燃料热排出的可能性减小,不满足永久中子学停堆成功准则,但是满足“没有达到破坏性能量”准则。这不仅是由于“缓和”的能量释放可能会在这样的序列中出现,也是因为堆芯在终止时冷却情况很糟糕。

因此,满足“燃料碎片热量导出”成功准则是不可能的。

对于包括破坏性能量的序列,燃料主要存留在上腔室区域。这是由于堆芯上部和下部结构强度不同。因为堆芯下部结构强度比上部大,所以上部损害更大,形成更大的堆芯材料移出通道。分析认为差不多90%的燃料从上部溢出。对于由一次侧系统边界影响造成的序列,再次建立热排出通道的能力被认为是非常不可能的。在上腔室的大份额燃料可能开始形成碎片床。然而,由于燃料数量很大,碎片床可能不能被持续冷却。任何随后由堆芯材料向下沉淀形成的碎片床将是不可冷却的。一般认为堆芯顶盖失效最终会出现。

总的来说,对于“破坏性的能量释放”事件,“燃料碎片的冷却”成功序列是很不可能的,这是由于在此建立热排出通道是不可能的。此外,即使热排出通道被再次建立,堆芯的情况也有很多不确定性,在这种情况下堆芯能否冷却也不确定。

因此一般认为包括破坏性能量释放的序列燃料碎片冷却是很不可能的。

指定的可能性:

永久中子学停堆成功序列:

Yes　0.5

No　0.5

永久中子学停堆失效序列/没有破坏性能量:

Yes　0.1

No　0.9

永久中子学停堆失效序列/破坏性能量:

Yes　0.001

No　0.999

5. 定量化结果示例

图 11-12 所示为 ULOF 事故序列定量化。

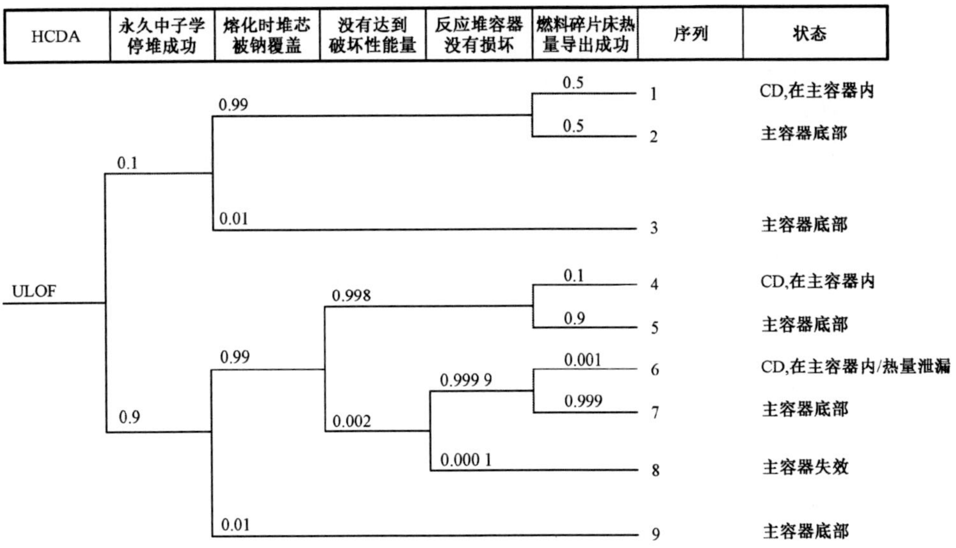

图 11-12　ULOF 事故序列定量化

11.5 高温气冷堆的二级 PSA

先进核电厂与传统轻水堆有着巨大的不同,特别是以第Ⅳ代核能系统为代表的六类推荐堆型,在设计理念上发生了根本性的变化。依靠固有的安全特性和非能动系统代替能动部件/控制或运行干预成为事故进程中抑制事故扩展的主要手段,使反应堆和核电厂本身具有防止核反应失控的工作特性。

传统的分析框架可能在先进核电厂评价中出现不适用的情况。比如,在轻水堆中被视为严重事故的堆芯熔化对于燃料处于液态的熔盐堆而言则是正常的运行状态,因此 CDF 的概念将不再对此类反应堆适用。

随着反应堆工程技术的发展,新的 PSA 框架必然不断产生,基于概率安全的核电厂评价体系也将更加的完善和壮大,本书希望可以通过一个有益的视角为读者打开一个更加广泛的天地。下面将以具有一定建造经验的高温气冷堆为例,简要介绍一下其 PSA 框架的特点。

11.5.1 高温气冷堆的技术特点

高温气冷堆采用氦气作为冷却剂,氦气是单相气体,不存在与相变有关的传热极限;由于氦气的惰性特点,当杂质保持足够低的水平时,冷却剂不会造成对反应堆内燃料元件和其他构件的化学侵蚀;氦气不吸收中子,也没有显著的反应性效应。氦气的这些特点,使得由冷却剂产生的废物量也相对少。

再加上功率密度低(仅为普通压水堆的 1/30 左右),使得反应堆的热惯性很大。当发生失冷失压事故时,堆芯燃料元件温度升高很慢。堆芯达到事故后燃料最高温度的时间通常需要几十个小时时间,此时堆芯剩余发热功率已大大减少。这为采取必要的运行校正措施提供了充足的时间。

覆盖粒子燃料、温升停堆和靠辐射传导的余热冷却能力,模块式高温气冷堆的这些特点使其与其他堆型相比,具有防范堆芯熔化的高水平的安全性能。这种设计保证了高温气冷堆在任何情况下都不会发生堆芯熔化。显然以堆芯损坏为终态的一级 PSA 框架对高温气冷堆是不适用的。

然而堆芯不熔化,不等于说没有大量放射性释放的潜在风险,高温气冷堆仍然需要以放射性释放频率为指标来论证其安全性。对于高温气冷而言,严重事故的分析也从压水堆的堆芯熔化后的行为分析和放射性释放过程分析变成了超设计基准事故下可能的放射性释放过程分析评价。

11.5.2 高温气冷堆的 PSA 技术框架

高温气冷堆被认为是先进堆型的代表之一,且具有一定的建造经验和 PSA 经验。它使用 TRISO 型包覆颗粒球形燃料元件,在 UO_2 颗粒核芯的外层包覆三层物质,分别称为缓冲层、内外热解碳层和碳化硅层,高温气冷堆的低功率模块式设计和特殊的燃料元件保证其即使在事故情况下,堆芯最高温度距离碳化硅层的破损温度限值仍有差距。这些特性使高温气冷堆不会出现和轻水堆一样的大面积堆芯损坏和堆芯熔化,也不会出现大量放射性物质的早期释放。因此轻水堆的堆芯损坏和早期放射性释放概念在高温气冷堆的 PSA 中并不适用。

高温气冷堆核电厂采用低功率模块式设计,堆芯的事故后衰变热甚至可通过热辐射、热传导等自然机制传递到反应堆压力容器外的排热系统, 即使丧失冷却剂也不会造成堆芯熔化,再加上不会出现大量早期释放,因此通常情况下,高温气冷堆的包容体内不设置如轻水堆核电厂安注系统等补充一回路冷却剂的安全设施,也不需密封,只设置了负压通风过滤系统以降低放射性物质向环境的排放浓度。同时,高温气冷堆使用氦气作为冷却剂,惰性气体氦具有良好的中子特性和热稳定性,避免了像轻水堆那样的一回路内冷却剂与结构材料的反应,事故现象大大减少,事故进程更加清晰。

针对这种核电厂的安全特性,提出了不区分一、二级的一体化 PSA 框架,即以始发事件为起点,以事件序列为主干,以释放类为终点的事件树框架。高温气冷堆 PSA 的基本结构如图 11-13 所示。由于终点为释放类,本章节将其作为特殊类二级 PSA 对待。该方法减少了一、二级 PSA 接口的分析工作,从始发事件归组开始,直接分析到放射性的释放的终态,对于核电厂内的事故现象进行一体化的分析。该方法虽然与传统的二级 PSA 分析步骤不同,但是同样可以得到二级 PSA 所关心的结果——放射性物质的释放频率以及源项。

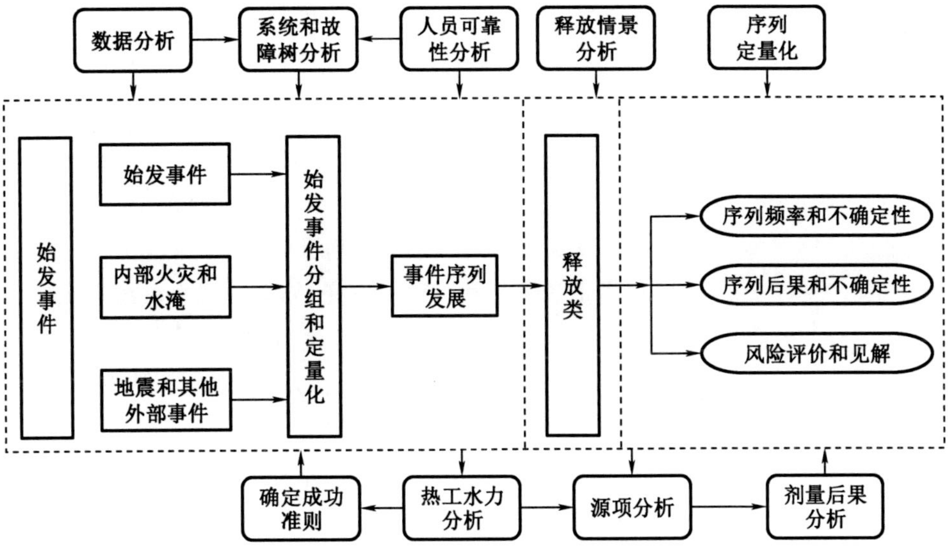

图 11-13 高温气冷堆的 PSA 框架

第12章　三级PSA技术

12.1　概　　述

自1975年NRC发布反应堆安全性研究WASH-1400以来,PSA方法和技术得到了快速发展,PSA已成为核电厂安全评估中的一个标准工具。其主要好处是可提供电厂设计、性能和假想事故潜在环境影响方面的安全见解,包括主要风险因素的识别以及降低风险方案的比较。国际实践中逐渐形成了三个级别的PSA:一级PSA,着重于反应堆堆芯损坏频率的风险研究;二级PSA,着重于核电厂放射性释放的风险研究;三级PSA,着重于事故放射性后果及其风险研究,也分析事故对土地、空气、水和粮食的污染,考虑核事故应急响应的效用及经济代价。

三级PSA又称为概率事故后果评价或事故后果评价。三级PSA是对核电厂系统、安全壳和后果的分析。以二级PSA放射性释放事故为起点,在给定有关源项(指放射性物质向环境的释放)特征、气象、周围地区人口分布和土地使用等资料的情况下,进行事故后果评价。三级PSA的风险度量包括健康、环境、经济三个方面的影响,后果评价通常包括:①分析释放出的放射性物质在环境中的弥散、沉积;②居民所受的辐照剂量;③因实施应急响应行动,可能减少的居民所受剂量;④预计可能发生的总的急性死亡、急性损伤的人数和急性死亡的个人风险;⑤预计在厂址一定距离范围内的集体剂量,可能发生的晚发癌症死亡的人数和其他长期后果;⑥经济损失。

1957年,美国原子能委员会发布的WASH-740(*Theoretical possibilities and consequences of major accident in large nuclear power plants*)是风险理论和风险分析第一次在核工业界的应用。基于试验数据进行了早期严重事故现象及源项的研究,估算了最大可信事故的潜在影响,研究认为最大可信事故可能导致3 400人死亡、43 000受伤,造成的财产损失达70亿美元。需要说明的是,WASH-740的研究采用了极端保守的假定,如最恶劣的气象条件,堆芯半数放射性物质释放到大气环境。

在早期的研究中,PSA的概念还没有引入核电厂的设计和分析当中,更没有出台相应的法规和标准,但是这些研究把风险的概念引入核电厂的安全分析当中,并根据试验数据对核电厂对环境和公众的风险进行了量化分析,是核电厂三级PSA的萌芽,开启了三级PSA分析在核电厂中的研究和应用的先河。

1972年,美国原子能委员会启动了"反应堆安全研究:美国商业核电厂事故风险评价",即WASH-1400,这是第一次针对核电厂事故开展的系统性PSA研究。研究采用了美国国防部和国家航空航天局曾使用的方法预测大型复杂系统中系统部件故障的影响,将系统性的PSA方法真正引入核电厂安全分析中来。此次研究的目的是量化商业核电站运行对公众造成的风险,并将这些风险与非核风险进行比较。WASH-1400研究团队开发了三级

PSA 软件 CRAC,这是第一款用于三级 PSA 的计算软件。在此基础上,三级 PSA 得到了世界范围内的关注,国际上开始了三级 PSA 的研究高潮。

1990 年左右,NRC 选择了五个不同设计的核电厂,完成了严重事故风险评价,发表了 NUREG-1150(严重事故风险:美国五个核电厂的评价),给出了三级 PSA 结果。同期,为了应对关于核电厂的公众问询,英国分别对萨福克郡的维尔核电厂和萨摩赛特的辛克利角核电厂进行了三级 PSA。1996 年,IAEA 出版了三级 PSA 的过程导则 *IAEA Safety Series NO. 50-P-12*。

2007 年,NRC 启动了代号为 SOARCA(最先进反应堆后果分析)的反应堆事故后果研究计划,采用最佳估算的方法分析两个核电站严重事故下场外放射性健康影响。目的是为了建立更加详细、最佳估计的分析模型。相关研究成果于 2012 年陆续发布,NRC 出版的 NUREG-1935 描述了本研究使用的方法和程序并总结了项目结果和结论。

2011 年,NRC 发出了一个关于发展全范围、综合的电厂三级 PSA 的政策声明(SECY-11-0089),声明中提出了关于未来三级 PSA 评价过程的方案。这份政策声明表明了美国将要发展核电厂三级 PSA 的政策导向。

2011 年,瑞典核风险咨询机构和芬兰研究机构(VTT)联合开展了场外概率后果分析研究项目,目的是为了更进一步地促进北欧国家对三级 PSA 的理解,确定三级 PSA 的应用、风险度量限值,以及确定执行三级 PSA 的要求。这一项目第一年集中在三级 PSA 发展现状的调研工作,包括会议报告、北欧有关三级 PSA 的导则、三级 PSA 软件等。项目包括许多并行独立任务,项目任务集中在文献调研,适当的风险度量(健康影响——剂量、环境影响、经济影响),导则、指南和标准,后果分析软件的试点应用等。关于该三级 PSA 项目,瑞典和芬兰的工作主要集中在三级 PSA 的度量,接下来的几年会继续进行这一工作。同时,瑞典和芬兰也正在通过试点应用以得到三级 PSA 的执行经验,为发展出适用于北欧的三级 PSA 导则打下基础。

2012 年,IAEA 举办了三级 PSA 技术会议,重新开始了三级 PSA 项目,这是 IAEA 从出版了 *Safety Series NO. 50-P-12* 之后开展的第一次关于三级 PSA 的重要活动。2013 年,IAEA 在维也纳开展 PSA 咨询会,从而确定 IAEA 三级 PSA 导则应该包括哪些内容。

在荷兰,三级 PSA 是电厂选址过程中必须要进行的工作。目前,荷兰只有一个运行核电厂——鲍塞尔核电站。福岛核事故之后,鲍塞尔核电站向欧盟提交的 BNP-ST(*Borssele Nuclear Power Station' s stress test*)中包括了三级 PSA 的结果。在这个报告中,提到了两个有关三级 PSA 的风险标准:

(1)由于操作电厂某一设备造成的个体死亡风险不超过 10^{-6}/年。

(2)电厂直接造成 10 人死亡的风险低于 10^{-5}/年,造成 100 人死亡的风险低于 10^{-7}/年,造成 1 000 人死亡的风险低于 10^{-9}/年。

目前,美国三级 PSA 的标准也正在发展中。美国核学会和美国机械工程师协会正在联合编制 *Level 3 PSA standard 58. 25*。这个标准将提出放射性物质释放到环境中的事故后果风险来指引决策要求。

在中国,20 世纪 90 年代,已先后引入国外三级 PSA 软件。2001—2005 年,科研单位进行了

PSA 中有关天气取样、引进实时后果评价大气扩散模式链、动态食物链、估算严重事故后果的不确定度和参数灵敏度分析研究。我国目前已基本掌握了国际先进的三级 PSA 相关软件,并且在三级 PSA 所涉及的大气弥散、辐射剂量学、辐射生物效应等方面有很好的基础。

在安全准则方面,根据目前全球的实践经验,一般由核能监管机构负责制定一级、二级或三级 PSA 相关的安全准则。这些准则包括一级 PSA 中堆芯损坏频率、二级 PSA 中放射性核素大量释放的频率,而对于三级 PSA 常用的安全准则包括:①早期和晚期致死健康效应的个体风险;②早期致死健康效应的社会风险;③集体风险;④不可接受的土地污染风险。

和一、二级 PSA 相比,三级 PSA 的应用是比较少的。三级 PSA 的方法已经得到充分建立,三级 PSA 可以用来进行核电厂应急计划和执行,严重事故管理策略最优化等。三级 PSA 量化了核电厂事故的厂外辐射后果,帮助人们对核设施风险有一个综合的理解。与一、二级 PSA 的风险指标相比,三级 PSA 对核电厂与公众的交流有很重要的作用。

1986 年,NRC 提出了“两个千分之一”的定量安全目标,即核电厂周围居民由核电厂事故导致的急性死亡和癌症死亡风险分别不超过其他原因导致死亡风险总和的千分之一。而实现这一定量安全目标评价,需要由三级 PSA 完成。

目前,由于没有严格的核电厂三级 PSA 规章要求,许多国家核电厂没有执行三级 PSA。此外,大多数已经执行三级 PSA 的任务也都是在十几年前完成的。

欧美的一些国家正积极开展三级 PSA 的研究项目。我国也开展了很多关于三级 PSA 的学科工作。随着新技术的发展,以及从日本福岛核事故中得到的经验教训,三级 PSA 的模型和方法将会得到改善。

本章节重点介绍三级 PSA 的分析方法,以及在分析中主要使用的分析工具。

12.2 三级 PSA 方法

本小节主要介绍三级 PSA 研究的方法,需要强调的是,截至本书成稿,核工业界尚未有非常完善的三级 PSA 规范或者公认的三级 PSA 范例,因此读者在进行核电厂三级 PSA 研究时不必拘泥于本书所描述的方法,本书对三级 PSA 方法的描述仅旨在帮助读者建立对三级 PSA 工作原理的认知。其次,本书在介绍这些技术要素时,主要基于 NRC 已有的方法和导则,但是三级 PSA 所依赖的人口、经济学、应急计划等要素在不同的国家有较大的差异,读者应当注意。

三级 PSA 的一般技术要素包括:二级/三级(即 L2/L3 级)PSA 接口、放射性核素释放转入三级 PSA、防护动作参数以及其他厂址数据、气象学数据、大气输出与扩散、剂量学、健康学效应、经济效应、定量化与报告编制、风险整合。

12.2.1 L2/L3 级 PSA 接口

二级/三级 PRA 接口是将释放类型信息整合为有助于三级 PSA 人员使用的格式。本子任务的目的是将每个释放类型的特征(释放频率、时间相关化学物质的释放比例、建立应急行动水平的充分的序列信息、释放能量和释放高度以及气溶胶尺寸分布)形成目录。

主要工作是将二级 PSA 释放类型信息整合为有助于三级 PSA 分析人员使用的格式。将把与三级 PSA 相关的信息进行整合,变为可供使用的格式。其包括将释放类型的电子格式(作为 MELMACCS 的输入文件)、每种释放类型通过应急行动水平的进展信息(其已经作为一种必要的方式来支持释放类型整合)、每种释放类型发生能量事件时的时间进展信息(进行应急响应模型决策)等。这些信息将作为三级 PRA(即后果分析)的输入。

12.2.2　放射性核素释放转入三级 PSA

该子任务讨论后果分析所需要关注的核素。二级 PSA 明确了对总堆芯损坏频率有所贡献的每个事故中进入环境的关键放射性核素释放。这一任务包括 4 个步骤:

(1)存量数据开发;

(2)源项数据开发;

(3)放射性释放的开发和分组;

(4)模型和参数不确定度分析。

二级 PSA 基于事故进展分析的结果给出了放射性核素的特有释放特征,包括其数量和形式、时间和时长以及释放的能量和质量。放射性核素特征的考虑可以使得在不同的燃耗/功率水平分布下从燃料中归纳释放类别成为可能。

可以使用适当的计算机程序(例如 SCALE 计算机程序包中的 ORIGEN 2 程序)来确定反应堆堆芯放射性核素存量。

释放类别的数目一般不超过 30 个。

进行该开发活动需要输入一些设计信息,如表 12-1 所示。

表 12-1　放射性核素转入所需的输入

输入	描述
燃料数据	这一信息包括反应堆燃料数据以及生成反应堆堆芯内部燃料放射性核素存量所需要的功率水平、燃耗、富集度信息。堆芯放射性核素存量是 MELCOR 程序的一个输入,它可用于进行二级 PSA 事故进展与源项量化时的放射性核素释放和输运分析
堆芯存量数据	源自上一步骤
事故进展数据	该信息包括有显著风险的放射性核素组的时间相关释放份额,以及其他信息,例如烟羽密度、流量率、释放能量以及释放高度。这一信息可以从二级 PSA 中获取
多源释放信息	厂外后果分析中所考虑的可能源项的组合
释放类别频率	确定严重事故风险时需要释放类别或源项频率。这一信息可以从一、二级 PSA 中获取
事故进展和释放特征信息	与源项特征和相应频率的确定相关的处理过程的不确定度

存量数据的开发目的是确定反应堆堆芯(SFP 或 DCS)内放射性核素的存量。这一信息可以与二级 PSA 中估算的释放份额一起来确定释放进入环境中的放射性核素的具体数量。反应堆堆芯放射性核素存量可基于燃料富集度和预期燃耗(功率历史)使用如 ORIGEN 2/SCALE 这样的程序来确定,该程序包含的 ORIGEN 模块可以进行反应堆运行循环内同位素的生成和消耗计算。

源项数据开发的目的是准备和明确事故序列/释放类别的释放特征,包括:

(1)化学分组特征(也就是放射性核素的分组);

(2)释放幅度和释放曲线(也就是释放份额);

(3)烟羽段特征;

(4)放射性核素衰变特征(也就是伪稳定放射性核素);

(5)释放的起始时间和时长;

(6)释放的能量;

(7)释放相对于地面的高度/位置;

(8)释放气溶胶的粒径;

(9)释放的频率。

这一信息大多可以从二级 PSA 的输出中获取。

二级 PSA 中呈现的独特严重事故序列的数目可能非常大。综合、随机地考虑严重事故进展中的大量不确定度的话,可能会很容易地将一个单独事故序列(或电厂损伤状态)从一级 PSA 扩展为大量的替代严重事故进展。对于这些二级 PSA 事故进展的最终状态中的每一个,都必须估算其放射性源项。很显然,我们不可能进行这么多的确定论源项计算。这一步骤的目的是:根据其共有的事故进展特征和对应急准备和后果的可能影响,将事故进展的最终状态(也就是释放类别或释放组别,它们是事故进展事件树上的最终结果)分组/归并成有限的数目(在保留了主要的事故独有特征的同时尽可能地小)。这一分组预计应当是二级分析的一部分。在对源项进行归并之后,基于相对释放频率、释放特征和其他可能的因素,代表性的源项就可以明确出来,进而代表厂外后果计算中的组别。

应当明确出放射性核素释放至三级这一转换的不确定度。源项的不确定度可作为二级分析的一部分。然而,这一分析步骤应当确定出厂外后果计算中能够并可能考虑的这些源项的不确定度水平。

12.2.3 防护动作参数以及其他厂址数据

该任务讨论能够影响到对严重事故进行响应的厂外保护性行动(所谓场内场外应急响应)的建模参数。保护性行动包括事故期间的应急响应以及保护公众远离受污染土地和食品的长期行动。之前的研究表明保护性行动会对个人接受的剂量以及与辐照影响相关的成本(例如污染土地的复原)产生显著的影响。为了妥善地对保护性行动进行建模,对现场周围的人口分布、厂外财产和其他现场具体参数进行评估就显得尤其重要。因此,该子任务考虑了以下内容:

(1)应急响应的建模;

(2)长期保护性行动的建模；

(3)现场具体参数。

此外,为了对后面提及的所有步骤进行量化,模型和参数不确定度的来源也应加以明确。

定义并参数化详细的防护动作的范畴和等级有可能考虑以下方面：

(1)应急响应计划和保护性行动将酌情包括疏散、避难、正常和热点转移、地面封锁、喂服碘化钾(KI)药丸等。如何以及是否在分析中对食物/水的封锁进行建模应当由项目团队来进行评估。

(2)食物/地面封锁和转移的剂量标准应基于相关技术指南进行假定。

(3)在事故和事故后的阶段,公众的表现可以假定是有序的,可以用队列来表达。但是项目团队应当评估如何在疏散模型中考虑未能及时疏散的人群以及相应的后果。

(4)疏散模型将考虑实际决策过程中确定的分阶段疏散,并恰当地进行疏散时间估计。

(5)对那些未被引导疏散但也可能用其他方式进行疏散的人群,应进行恰当的评估。

(6)现场具体的人口数据应基于应急计划最新版本中可获取的数据,并根据情况外推至目标年份。

(7)严重事故后进行去污的剂量标准还不确定。目前没有长期的地面清洁目标或水平。当前的实践状态是:去污的建模水平是要满足适用于特定厂址的居住性(非永久撤离)标准。项目团队应决定如何能最好地考虑去污。土地使用数据(陆地/水面份额,可用耕地份额等)以及土地价值数据将基于经济分析局的最新信息。

表12-2明确了执行相应步骤所需要的信息。这些信息必须足够简洁明了,足以接受审查与同行评议。

表12-2 子任务防护动作参数以及其他厂址数据所需的输入

输入	描述
应急计划	现场具体应急计划文档,其中应提供的信息包括疏散时间估算、应急计划区域、应急响应阶段、避免暴露在污染地面和污染云下的避难和正常活动、喂服KI、热点转移的标准、疏散策略和队列,等等。
长期保护性行动	包括有封锁、去污和征用的特征,例如土地/食物的剂量标准、去污因子、去污的起始时间和时长,等等
现场人口学数据	厂址周边的人口分布
土地使用和经济学数据	土地/水面份额以及土地使用(也就是耕地)； 基于经济分析局的信息得到的土地价值数据
不确定度来源	疏散策略、土地使用以及经济学数据参数的不确定度,以及应急响应建模的不确定度(也就是延时和疏散时间)

任务包括4个步骤：

(1)应急响应建模；

(2)长期保护性行动建模；

(3)现场具体参数；

(4)明确模型和参数不确定度来源。

在每个核电厂厂址都需要准备好在可能事故后保护公众健康和安全的应急计划。应急响应建模的目标是要更真实地处理现场具体应急响应计划。应急计划将结合基于应急响应等级的分类方法来启动响应活动。应急计划的行动的实施有着不同的分类等级,这些分类等级包括不正常事件、警报、现场区域应急和总体应急。每个核电厂厂址都应备有清晰明确的各种行动等级的时间安排的应急计划实施程序,包括带有详细疏散时间估算的疏散计划。在 MACCS 2 中建模的参数包括疏散策略和队列的数目。一个队列是指从其他人群中各自移动或机动的一组人群。疏散顺序通常针对的是生活在应急计划区内的人员(约电厂10英里半径范围内,取决于现场应急计划程序)。可以建立数个队列来代表不同的公众人群,包括哪些可以疏散得很早,哪些疏散得晚,哪些拒绝疏散,以及哪些要从非疏散顺序内的区域进行疏散(称作阴影疏散队列)。项目团队应当评估如何在疏散模型中考虑未能及时疏散的人群以及相应的后果。L1/L2 级 PSA 中的事故场景明确出了会影响到不同疏散策略实施的不同时间参数。沃格特勒核电站 ETE 报告中明确地确定了现场疏散路径。有效疏散速度的确定,需要考虑现场应急计划启动与疏散或避难开始之间的延时,具体应基于现场具体疏散事件估算报告的数值。最终,正常和热点转移以及 KI 喂服都应作为应急响应的一部分来进行评估。每个建模场景的应急预案(EP)模型的具体细节可能会根据待建模事故的性质发生变化。制定每个场景的详情时应与有经验的 EP 人员进行沟通。

长期保护性行动建模目标是要明确长期保护性行动的参数,并作为应急计划的输入。长期保护性行动包括食物/水和土地封锁、去污和征用。应当评估如何在分析中对食物/水的封锁进行最佳建模。

一个需要评估的问题是如何对长期去污进行最佳建模。当前的实践状态是仅仅最终可以让土地恢复到可以居住的状态,且这个过程有经济价值的时候才会考虑去污。然而,目前还没有严重事故的长期清理政策,这一方面的指南也正在制定中。在考虑到包括社会政治的、技术的和经济的因素后,这一指南很可能将清理的目标局限在事故后的局部。

去污的目的是用一种有成本效益的方式来减少预计的剂量。如果最大限度的去污水平也不足以即时恢复一个区域的可居住性的话,可以考虑采用一段临时的封锁再加上最大限度的去污水平,进而通过放射性衰变和气象变化来降低剂量。目前,在 MACCS 2 中,如果一个财产无法在30年内恢复可居住性,或者其恢复可居住性的成本超过了征收的成本的话,这一财产就会被考虑征收并永久停用。

现场具体参数分析目标是准备现场具体的人口统计学数据、土地使用以及经济数据。现场具体的气象学数据将在其他的相关数据中讨论。每类数据所需要的信息总结如下。

(1)人口统计学:电厂周围极坐标网格上的人口分布(MACCS 2 接收16、32、48和64个角度区段)和用户指定的年度径向区段,通常在电厂附近是一个较精细的网格,而随着距离的增加网格逐渐变粗。人口信息可用 SECPOP 程序来生成,并可以根据需要外推至目标年份。

(2)土地使用:空间区段中为土地的区域份额,以及种植有主要农作物的土地份额及其相应生长季节。沃格特勒核电站厂址的这一信息是可以获得的。SECPOP 2000 程序同样也可生成这一数据,但使用的是 1997 年的国家数据,对于感兴趣的区域,这一数据可以从美国农业部获得。

(3)经济数据:经济数据包括耕地价值、非农业财产价值、年度农业销售额、耕地土地份额,以及由乳业生产带来的农业销售份额。沃格特勒核电站厂址的这一信息是可以获得的。SECPOP 程序也可以生成这一数据。与人口统计学的信息类似,可以使用最新的可获得的 SECPOP 程序并根据需要将结果外推至目标年份。

最后一步是确定以上参数的不确定性。

12.2.4 气象学数据

我们需要足够长时间内的气象学数据进而确定能够影响到大气输运和扩散(ATD)的局部气象条件的发生频率。至少需要一年内的风速、风向、大气稳定等级(stability class)、降水率以及大气逆温层高度的分小时数据。这任务的目标是要确保能够编写出妥善和有效的气象学数据并将其用作后果分析模型的输入。这一子任务包含两个步骤:现场气象学数据评审、编写 MACCS 2 使用的气象学数据输入文件。

下文中给出了在定义分析详情的范畴和等级时所作出的一系列假设和限制。

(1)气象学数据包括:两个位置的温度、风速、风向和降水。

(2)缺失的数据可以使用之前或之后的小时记录来桥接,采用的是 1992 年 6 月 7 日颁布的《管理空气质量模型中缺失的国家天气服务气象学数据的数值替换方法》,这与最新反应堆事故分析(SOARCA)中使用的方法是一致的。

(3)大气稳定类别应当使用竖直温差来进行分类

气象学数据的目标是确保编写出妥善和有效的气象学数据并将其用作后果分析模型的输入。该任务有三个相互关联的步骤如下:

①气象学数据审查;

②编写 MACCS 2 使用的气象学数据输入文件;

③明确模型和参数不确定的来源。

气象学数据是后果分析非常重要的部分。因此,一个关键的目标是要确保使用正确和代表性的一组气象学数据作为大气输运和扩散程序的输入,进而为后果分析计算提供基础。作为审查的一部分,一个需求是要确认选择的气象学数据代表了局地/现场的天气数据,并且有至少一年的完整分小时数据,如果数据有所缺失的话,可以采用适当的数据复原和数据替换方法。

编写 MACCS 2 使用的气象学数据输入文件,目的是确保编写出妥善和有效的气象学数据并将其用作后果分析模型的输入。

总的来说,现场具体天气数据是多年的。其特征应包括两个位置的温度(确定大气稳定等级)、风速、风向和降水。要使用一段时间内的分小时天气数据,而这个时间的长度应由项目团队来确定。在典型的厂外后果计算中,这个时间为 1 年的长度。选作 MACCS 2 使用的天气数据应主要基于数据复原(高于 99%)。缺失的数据可以使用之前或之后的小时记录来桥接,美国采用的是工业标准程序《管理空气质量模型中缺失的国家天气服务气象学数据的数值替换方法》。

最后的步骤是明确模型和参数不确定度的来源,该步骤中气象学数据相关的不确定度来源将得以明确。

12.2.5 大气输运与扩散

对气载粒子和气体在周围大气中的输运进行模拟时,需要使用 ATD 模型。用于确定气载材料的“烟羽”(plume)特征的最常用的模型是稳态直线高斯模型。MACCS 2 使用的是高斯烟羽分段模型。该模型计算了地面水平的瞬发和烟羽段的时间积分的气载粒子浓度。粒子态材料的数量在地面的沉积的计算采用的是常数沉积速度。其结果是距源的距离以及降水率的函数。

下文中给出了在定义分析详情的范畴和等级时所作出的一系列假设和限制:

(1)厂外后果将聚集在大气释放上,这也是严重事故当前的经验总结。

(2)MACCS 2 中考虑了曲流(meander)和表面粗糙度的直线高斯烟羽段模型可用来对大气输运与扩散进行建模。

(3)使用分时烟羽段的多阶段释放,将考虑到烟羽段释放前气象学条件的临时变化(例如风向)。在烟羽段释放后,它就不会改变方向(也就是直线),因此不能(或不再)考虑风向、风场或地形的变化。

(4)ATD 模型将处理由可察觉的热含量(也就是浮力)引起的烟羽上升、由建筑尾流效应引起的初始烟羽大小、高达 200 个烟羽段的释放以及在统计学上有代表性的气象条件下的扩散。

(5)放射性核素浓度将在二维网格上被建模,它包括了人口、土地使用以及可用作剂量计算输入的合理的精细地理区域的其他信息。

(6)对于模拟的每次释放,应使用适合的统计采样技术来选取所使用的分时天气数据。

(7)使用的天气数据的持继时间将由气象学数据子任务来确定。逐年天气变化结果的过往经验表明:使用一年的天气数据与其他年份的相比,健康影响的后果变化(累积剂量)约为 20%。

(8)现场具体的电厂物理性质(例如,建筑维度、烟囱高度)可用于确定释放高度和建筑物尾流。

(9)干沉积速度可根据释放出的放射性核素的物理性质进行计算。多粒径分组也可以进行建模。

(10)湿沉积速度可考虑不同的降水强度来进行计算。

(11)沉积放射性核素的再悬浮也可以进行建模。

表 12-3 中明确了进行相关步骤所需要的信息。这一信息必须简洁明了,足以接受独

立审查和同行评议。

表 12-3 大气输运与扩散所需输入

输入	描述
事故释放数据	该信息包括前面各项任务中所讨论的源项特征
现场具体数据	该信息包括现场人口统计学和计算网格(计算网格是指用于确定人口分布和场地附近土地使用所用的网格)
气象学数据	这一信息包括子任务 12.2.4. 中所讨论的天气数据和属性
干和湿沉积速度	释放的特征,包括粒径大小(对于干沉积)和降水率(对于湿沉积)

后果分析采用的是 WinMACCS/MACCS 2 程序。MACCS 2 中的 ATD 模型为考虑了曲流和表面粗糙度的直线高斯烟羽段模型。这一假设对离释放点数千米远的平原都是有效的;但由于释放点的邻域(例如,反应堆厂房附近)和较远的距离处都有着较大的不确定度。然而,使用许多天气数据的总体平均结果可以显著降低较远距离处的不确定度。例如,将 MACCS 2 与 ADAPT/LODI(最先进的三维对流扩散程序)进行比较的话,MACCS 2 的结果与 LODI 结果(也就是环平均值)的比值范围在最小 0.64 至最大 1.58 倍之间,在 16 千米(10 英里)环处有较高的比率而在 80 千米和 160 千米(50 英里和 100 英里)环处有较小的比值。鉴于结果的差异在 2 倍之内,而且 MACCS 2 是一个快速求解程序,因而采用总体平均结果对于三级 PSA 是可以接受的,而即使是在 160 千米之外的区域,上述比较中的 MACCS 厂外后果计算值预计也会在期望不确定度范围之内。

对于 ATD 计算,MACCS 2 的正常计算模式是从一年的分时天气数据中进行采样。ATD 计算所选取的天气序列即为输入参数。温度序列选取的一个简单方法就是对所有的分时数据进行分级随机采样。当前的计算机技术可以单独运行所有的小时数据。这样,在分析中就可以确定与气象条件的变化相关的非常低的“尾端”概率分布。另一个方法是基于预先设定的降水率范围进行分组采样来构造天气序列。SOARCA 计划使用的是分组采样方法。

使用事故释放数据(放射性核素份额、能量含量、时间变化、释放位置等)和分时气象学数据的随机采样,ATD 模型可以计算的放射性核素输运包括:在离现场附近一定距离之内的合理精细的地理区域内,由考虑了人口、土地使用和其他信息的二维网格上的放射性核素浓度分布所导致的干沉积、湿沉积和再沉积,它们可用于剂量计算的输入。

除了计算放射性核素的大气输运外,与大气输运和扩散的不确定度也应加以明确。

12.2.6 剂量学

剂量学涉及单个建模和人群所接受的放射性剂量计算。每次事故的剂量估算使用的是瞬时和时间积分的气载浓度以及由 ATD 模型计算得到的放射性材料沉积量。剂量计算是 MACCS 2 程序的主要关注点。MACCS 2 程序考虑了短期[源自暴露在烟羽通道(plume passage)和数天尺度的不久之后]和长期(从间接摄入放射性至数年尺度的一段时间)效应。

MACCS 2 中建模的暴露路径包括内部和外部路径。内部路径包括从云层中的放射性核素和再悬浮的地面沉积材料的吸入,以及摄入进入食物和水中的沉积放射性核素。外部路径包括直接暴露在烟羽中的放射性材料下(也就是云层照射),以及暴露在沉积在地面的放射性材料下(也就是地面照射)。

下文中给出了在定义分析详情的范畴和等级时所作出的一系列假设和限制:

(1)使用 MACCS 2 程序(使用 MACCS 2 程序的假设和限制)

(2)该 MACCS 2 使用最新更新颁布的《联邦指南报告》(FGR)中能够得到的剂量转换因子。

(3)屏蔽因子(如果在沃格特勒核电站厂址无法获得)将基于结构的总体条件来确定。

表 12-4 明确了进行相关步骤所需要的信息。这一信息必须简洁明了,足以接受独立审查和同行评议。

表 12-4 剂量学所需输入

输入	描述
剂量转换因子(DCF)	
辐射防护因子	在将 DCF 用于计算健康影响的剂量时,如权重因子这样的单独参数将用于计算辐射防护的剂量
剂量暴露路径因子	呼吸速度、衰减因子、再悬浮因子是确定公众暴露水平所需要的信息
MACCS 2 ATD 输出	该信息在 MACCS 2 程序内部,并可自动转换至剂量学计算
保护性行动参数	该信息已在保护动作参数分析中完成

正如前文所述,MACCS 2 程序将被用来进行剂量学计算。在需要时应准备好上述的输入。该程序可以考虑所有相关路径,并且可以评估如何能最佳地对食物/水路径进行建模。该子任务的输入需求已在前文中列出。同样的,与剂量学相关的不确定度来源也应当加以明确。

12.2.7 健康学效应

暴露在致电离辐射下的健康影响可分为两类:早期的(也就是瞬时)和潜在的。早期健康影响是由超出了特定阈值的剂量所造成的。它们包括死亡率和发病率(也就是致死和致伤)而且通常为很短的一段时间(数天至数星期)。潜在健康影响可能发生在暴露后数年。MACCS 2 考虑了这两种健康影响,并且建议了与多个辐射防护国际委员会的标准和指南相符的计算方法。

下文给出了在定义分析详情的范畴和等级时所作出的一系列假设和限制:

(1)健康影响模型的可用性仅限于整合在 MACCS 2 程序中的能力。

(2)健康影响的评价将包括个人潜在癌症致死风险以及个人早期/瞬发致死风险。

(3)低剂量对健康的影响还不确定。程序中采用了一个线性无阈值(LNT)剂量响应模型,如果有其他资源的话,它还保留了其他模型的选项。

(4)使用最新可获得的风险因子。

表12-5中明确了进行相关步骤所需要的信息。这一信息必须简洁明了,足以进行独立质量保证(QA)和接受同行评议。

表12-5 剂量学分析所需的输入

输入	描述
早期致死率计算的MACCS 2输入	目标器官的列表,以及代表器官具体致死剂量的因子(导致50%暴露人群死亡的器官剂量,即50%概率对应的剂量)、剂量响应分量和剂量阈值
早期致伤率计算的MACCS 2输入	与早期致死计算相似的信息列表,但是与早期致伤相关
潜在癌症致死计算的MACCS 2输入	由于潜在癌症致死与具体器官相关,需要的信息是癌症致伤和致死的寿命风险因子

正如前文所述,将使用MACCS 2程序(MACCS 2的健康影响模型是分析的基础)。我们可能需要编写确定早期致死/致伤和潜在癌症致死所需要的输入。剂量响应模型使用的正确性必须得以证明,而与健康影响相关的不确定度来源也必须加以明确。

12.2.8 经济效应

经济因素包括:防止公众经由各种暴露路径而遭受短期和长期暴露的各种行动(疏散、转移和去污)的成本;暴露后健康影响的成本;以及次级经济效应。MACCS 2的经济模型包括与种种行动相关的成本,它的建模有6个类别:

(1)疏散和转移成本(例如,每个转移个人的每日成本)。与临时转移的人群相关的每日成本。这种成本的计算是通过将转移人群的数目乘以它们离开家园的天数。

(2)人群转移的交通成本(将人群移出受污染区域的一次性花费)。人群由于去污、封锁或征收而必须离开家园具有一次性的交通花费。该建模过程可以考虑误工损失。

(3)去污成本(例如,人工、材料、设备和污染物的处置)。这是与财产去污相关的成本。这些成本包括进行去污的人工和材料。它们取决于需要进行去污的地域的人口数和大小,以及需要进行去污地区的污染水平。还可包括处置污染材料的成本。仅当去污具有成本效应时才会估算其成本。

(4)由于无法使用土地财产而引起的成本(例如,投资失去回报的成本,无法维护的财产的折旧成本)。这些成本都与财产的使用相关。这些成本包括财产的预期回报率以及在封锁期间(财产无法使用期间)无法进行日常维护带来的折旧。

(5)局部种植的污染食物的处置(例如,谷物、蔬菜、牛奶、乳制品和肉类)。

(6)征收土地的成本(无法复原至可以使用或不值得复原的土地)。这是征收无法复原至满足可居住标准的财产的成本。

经济分析详情的范畴和等级时所作出假设和限制如下：

(1)考虑的经济后果仅限于 MACCS 2 程序的计算(健康护理相关成本的经济后果目前并未包含在 MACCS 2 程序中)。

(2)去污可以由保护性行动子任务中确定的参数来建模。

表 12-6 中明确了进行相关步骤所需要的信息。这一信息必须简洁明了,足以接受独立审查和同行评议。

表 12-6　经济分析所需的输入

输入	描述
经济数据和因素	耕地价值、非农用财产的价值、年化农业销售额、耕地占比份额、奶产品的农业销售占比的区域经济数据。 疏散或搬迁人群的生活成本,这是源自短期或长期的土地去污单位成本,财产无法使用的成本,人群搬迁、非农用财产的可居住性复原以及牛奶和谷物处置成本

子任务的目标是：

(1)明确 MACCS 2 使用的成本参数；

(2)列出土地去污、疏散、转移、土地价值、拆旧和未能使用的成本参数的数据来源；

(3)明确哪些成本参数是重要的,需要现场具体数据,哪些是不重要的,可以使用通用数据；

(4)为任何成本数据的排除提供说明；

(5)明确经济成本相关的不确定度来源。

所需要的成本因素的列表见前文。

12.2.9　定量化与报告编制

量化的信息是使用 MACCS 2 程序从前面的子任务中收集和开发得到的。这一子任务的目标是以感兴趣的后果指标的形式给出结果。三级 PSA 最感兴趣的后果指标是对人类健康和经济成本的影响。一些感兴趣的潜在后果指标包括：

(1)总早期致死风险；

(2)总潜在癌症致死风险；

(3)在早期致死定性健康目标(QHO)中定义的个人早期致死风险,也就是离电厂 1 英里范围内的平均个人早期致死风险；

(4)在潜在癌症 QHO 中定义的个人潜在癌症致死风险,也就是离电厂 10 英里范围内的平均个人潜在癌症致死风险；

(5)电厂外不同距离处的人口剂量(人・Sv)；

(6)个人早期致伤风险；

(7)个人癌症事件风险；

(8)土地去污(例如,超出了特定去污等级的去污面积);

(9)厂外经济成本。

正如前文所述,这一子任务的目标是以感兴趣的后果指标的形式给出结果,并且明确计算后果度量/指标的重要贡献者。三级 PSA 的量化步骤是整合计算结果进而计算单个的风险度量。无论是二级 PSA 部分进行的严重事故进展和放射性核素源项分析还是三级 PSA 部分进行的后果分析,都是基于条件的。也就是说,严重事故进展、结果源项以及事故后果的评价都与假想事故的绝对或相对频率并无关系。最终的风险计算是将每一个分析元素以自洽和统计严格的方式进行集成的过程。点估计(或平均)风险是平均事故频率及其相应后果的乘积,基于的是电厂损伤状态、释放类别和事故后果。

在数学上,风险的定义为如公式(12-1)所示的三项乘积之和:

$$R_c = \sum_i \sum_d \sum_s \lfloor f_i \cdot P(i \mid d) \rfloor \cdot P(d \mid s) \cdot \overline{C}(s \mid c) \tag{12-1}$$

式中 R_c——后果度量 c 每年的风险;

f_i——初始事件 i 的频率(每年);

$P(i|d)$——初始事件 i 导致电厂损伤状态 d 的条件概率;

$P(d|s)$——电厂损伤概率 d 导致源项(释放)s 的条件概率;

$\overline{C}(s|c)$——假设发生了源项(释放)s 时条件后果度量 c 的期望值。

由辐射暴露引起的健康影响有着较大的不确定度,而将剂量和响应结合起来的模型应当尽可能地反映和量化这些不确定度。在子任务这一层级,参数和模型不确定度的来源应当加以明确。这些不确定度会在使用标准采样方法来整合释放类别频率、释放(源项)数量、剂量学、健康影响模型等的不确定度时传递。该项目还吸取了 SOARCA 项目中对不确定性的深入分析。

由于该子任务的结果也是 MACCS 2 计算的输出,输出的文件应当对所有错误、警告以及/或不期望的结果(例如,寻找所有无法完全运行的蒙特卡洛模拟的原因)进行仔细回顾,进而确定建模和运行都是妥当的。该子任务应当明确并报告感兴趣的后果/风险指标的显著贡献者。

项目团队应仔细评估报告的后果指标,使得其开放度、意义和风险沟通最大化。除了 MACCS2 程序计算结果外,健康相关成本(以及其他成本)的经济后果也应当加以考虑。

最后,还要参考房地产报价对结果进行距离(从释放点计算)截断所带来的收益,以及如何能最好地报告潜在不确定度。

12.2.10 风险整合

最后的步骤是整合三级 PSA 以及其与一、二级 PSA 的接口,使其成为一个整体的模型。这个过程与一、二级 PSA 是类似的。

需要说明的是,不像一、二级内部事件 PSA 已有成熟的流程与执行规范,读者可根据现实情况以及目的,选择其中若干要素,外加其他的工作,形成自己的三级 PSA 工作流程。

12.3 三级 PSA 工具

1975 年,美国进行反应堆安全性研究 WASH-1400 时,NRC 组织开发了第一个三级 PSA 程序 CRAC。1990 年,在核电站严重事故分析研究计划(MELCOR)中,美国 Sandia 国家实验室(SNL)在 CRAC 2 的基础上为 NRC 开发了新的三级 PSA 软件 MACCS 。1997 年,SNL 实验室将 MACCS 1.5 程序改进为 MACCS 2,到 2005 年发展到 MACCS 2 V1.13.1。

1982 年,欧洲委员会启动了一个名为 MARIA(methods for assessing the radiological impact of accidents)的研究计划,旨在研究核事故后果评价的理论和方法,以及开发出相应的三级 PSA 评价程序。德国的卡尔斯鲁厄核研究中心和英国国家放射防护委员会是该计划的主要研究单位,MARIA 研究计划的三级 PSA 软件 COSYMA(Code System from M Aria)主要由这两个机构开发。欧洲委员会的 MARIA 计划在研究核事故后果评价的方法和开发相应的计算机系统方面都取得了重要的成果,所开发的 COSYMA 程序能够广泛应用于核事故后果评价。

截至 20 世纪 90 年代,国际上主要有六个三级 PSA 程序:ARANO(芬兰)、CONDOR(英国)、COSYMA(德国、英国)、LENA(瑞典)、MACCS(美国)和 OSCAAR(日本)。1991—1993 年,欧洲委员会和经济合作与发展组织(Organization for Economic Cooperation and Development,OECD)针对这六个三级 PSA 程序进行比较,目的是分析不同软件的结果,解释结果的差异。该项研究涉及多种后果的计算,如集体剂量、短期和长期健康效应、经济代价及公众和农业保护措施的效果等。设定不同的案例,分别采用这些软件对放射性后果的概率分布进行预测,并对结果进行比较。研究发现,由于已知的建模和软件之间的其他差异,分析结果亦存在差异。但是与核设施假想事故风险预测(包括放射性释放概率、放射性物质的释放特征以及放射性后果的预测)相关的总体不确定性相比,各类软件预测值之间差异很小,因此,研究认为各类分析软件的分析结果皆是可接受的。1994 年,布鲁克黑文国家实验室和 NRC 共同出版的 BNL-NUREG-49024 是该项目的研究报告。

需要进一步说明的是,在众多三级 PSA 程序中,COSYMA 和 MACCS 的应用范围最为广泛。1993 年至 1999 年,欧洲委员会和 NRC 共同发起对 MACCS 和 COSYMA 这两个三级 PSA 软件的不确定性分析。目的是得到可靠和可追溯的程序输入变量不确定性分布。

我国也早已引入 COSYMA 和 MACCS 软件。1992 年通过 IAEA 引入了三级 PSA 软件 MACCS,之后开展了一系列的消化和应用研究工作,如使用 MACCS 计算沸水堆事故源项的修正对事故后果评价的影响。20 世纪 90 年代初,清华大学核能技术设计研究院引进了三级 PSA 软件 COSYMA 的主机版本,开展了有关大气扩散等方面的研究工作。不久又引进了 COSYMA 的执行程序,对事故情况下早期应急防护措施的有效性进行了研究。之后又引进了 COSYMA 的源程序,并进行了有关核事故后果评价食物链方面的研究。

12.3.1 COSYMA 程序系统简介

三级 PSA 程序 COSYMA 是由欧共体在德国卡尔斯鲁厄研究中心开发的 UFOMOD 程序

和英国国家放射防护委员会开发的 MARC 程序的基础上研究开发的。COSYMA 程序系统中模式和数据反映了目前国际上在核事故后果评价领域内的先进研究成果。

为了便于在事故后果评价中选择适当的评价模式,在 COSYMA 中按照距事故地点的距离和辐射照射的早期/晚期健康效应将整个系统划分为 3 个子系统,详见图 12-1。

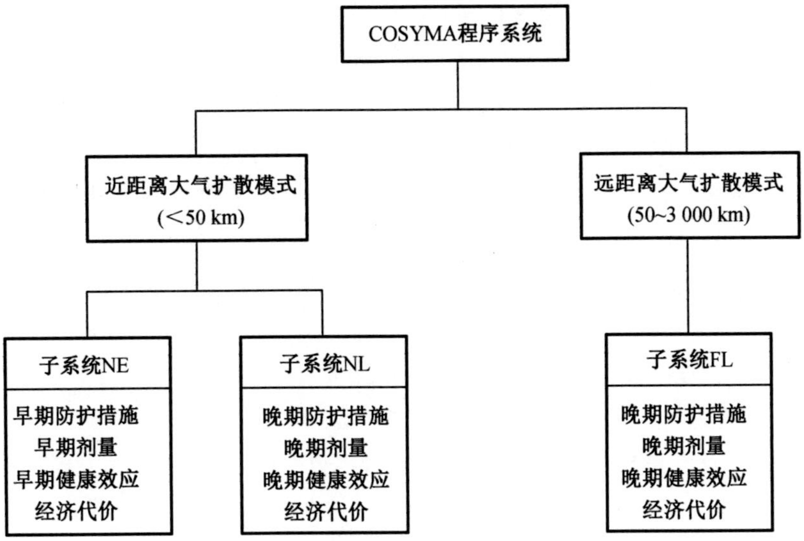

图 12-1 COSYMA 程序系统的总体结构

COSYMA 的三个子系统 NE、NL 和 FL 是以模块化的方式编写的,这一结构特点使其可以以灵活的方式进行改进。这种结构上的划分可以对靠近释放位置的区域使用较为复杂详细的大气扩散模式,而在距释放位置较远的区域使用较为简单的大气扩散模式。这样既可以满足事故评价的要求又可以节省很多计算时间。

除上述的三个子系统外,COSYMA 还包含有一些辅助程序,这些程序用于分析事故后果的某个特定的方面或为上述的子系统准备输入数据文件等。

12.3.2 MACCS 程序系统简介

MACCS 是在美国 NRC 资助下由 Sandia 国家实验室(SNL)开发的三级 PSA 工具程序,用于估算核电厂潜在严重事故的环境后果。MACCS 程序系统模拟了放射性释放的大气输运和沉降、干预行为、剂量学、健康效应和经济代价。

MACCS 的计算包括三个过程:输入处理和确认;实际过程模拟;输出处理。

MACCS 计算时需要下列输入数据:

(1)事故发生时对场外后果计算有重要影响的放射性核素盘存量(如平衡后反应堆芯包含大约 10^{18}Bq 的 ^{131}I)。

(2)事故产生的大气源项(释放的分段烟羽数、热容量、释放时间、持续时间、每一烟羽段的释放高度、场外应急响应部门得到应急响应开始的警报时间以及每一核素随每一分段烟羽释放的核素量份额)。

(3)厂址地区的气象数据特性(通常一年按小时记录的风速、大气稳定度和厂内或附近气象站记录的降雨量)。

(4)反应堆厂址周围的人口分布。

(5)应急响应,如撤离(撤离前的滞留时间、撤离区、平均撤离速度和撤离距离)、隐蔽(隐蔽区)和事故后的避迁(剂量标准和避迁时间)。长期阶段基于防护行动指南的长期防护措施,例如去污、暂时避迁、污染农作物和牛奶的长期控制,以及农产品的禁用,皆由用户规定。

(6)用户规定的反应堆周围地区的土地使用(可居住的土地份额、农田份额)和经济数据(农作物、土地和建筑物的价值)。

MACCS 的模拟阶段分为三个部分:ATMOS 模块、EARLY 模块和 CHRONC 模块。

(1)ATMOS 模块处理放射性物质的大气扩散、输送和沉降;

(2)EARLY 模块模拟应急阶段的直接照射途径、剂量、缓解措施和健康;

(3)CHRONC 模块模拟中期和长期阶段的直接和间接照射途径、剂量、缓解措施和健康效应,并计算应急、中期和长期阶段防护行动的经济代价。

在给出前述的输入数据之后,经过模拟计算,MACCS 最终估算下列量:

(1)从失效反应堆安全壳释放入大气的放射性物质在下风向的输运、扩散和沉降;

(2)受照公众以直接方式(烟云照射、烟云吸入、地面照射和再悬浮吸入)和非直接方式食入接受的短期和长期辐射剂量;

(3)通过防护行为对这些剂量的减缓(撤离、隐蔽和事故后避迁;牛奶、肉类和农作物的销毁;去污、暂时管控或土地和建筑物的长期禁用);

(4)事故后一年内预期发生的早期死亡和损伤(早期健康效应)和预期受照人员终身发生的滞后晚期癌症死亡和损伤;

(5)短期应急响应行动撤离、隐蔽、避迁、农作物和牛奶销毁以及去污、暂时管控、土建和建筑物长期禁用的场外代价,撤离代价、暂时避迁代价(食物、住宿、收入损失)、土地和建筑物去污代价、暂时管控直到核素衰变把污染减小到允许水平而在此期间引起的财产投资的损失、暂时管控后财物的维修代价、由于直接沉降污染导致的农作物销毁或由于土地吸收污染导致的不能耕作而损失的价值以及长期禁用的农田和私人、公众及非农田商业财物的价值。反应堆受损代价、恢复功率价值、医学救护、寿命缩短和诉讼等皆不在 MACCS 的计算范围内。

第 13 章　PSA 应用

13.1　概　　述

PSA 的方法自在 20 世纪 70 年代被创立以来，在经历两次严重核事故——三哩岛和切尔诺贝利核事故后，在业内逐渐被重视。

1986 年 NRC 发布了一个政策声明，该政策声明表示，NRC 监管的目标为“两个千分之一”，具体的描述如下：

公众受到急性放射性照射死亡的风险，仅为由其他原因导致急性死亡的风险的千分之一；

公众受到的癌症风险，仅为由于其他原因导致癌症风险的千分之一。

该安全目标是一个完全基于风险的描述，即承认核设施的运行是存在风险的，核安全的目标是控制该风险，这个认识是 PSA 在核设施的设计以及运行中能够得到应用的基础。

之后，NRC 一方面开展核电厂以风险评价作为电厂各类技术申请的基础，同时基于实际应用情况出版了基于风险指引的导则、法规，包括：

RG 1.174，一种使用概率风险评价方法进行风险指引的电厂许可基准技术规格变更的决策方法；

RG 1.175，一种使用概率风险评价方法进行风险指引的电厂特定在役检查的方法；

RG 1.176，电厂特定风险指引决策：质保分级；

RG 1.177，电厂特定风险指引决策：技术规格书；

RG 1.178，电厂特定风险指引决策：管道的在役检查；风险指引消防。

我国基于概率安全分析的系统性安全要求最早来自技术政策声明——《新建核电厂设计中几个重要安全问题的基础政策》。

该基础政策中的内容已经先后以法规修订的形式加入 HAF 102—2004[①] 以及相关的 HAD 导则之中。该技术政策声明中关于 PSA 的要求主要有两个方面：

首先，提出了对于新建核电厂的概率安全目标，并认为该目标是总的安全目标的一种体现方式，表述如下：

检验所确定的安全目标，特别是技术安全目标是否得到满足，可采用下述定量的概率安全目标：

(1) 发生严重堆芯损坏事件的频率低于 10^{-5}/(堆·年)；

(2) 场外早期响应的大量放射性释放事件的频率低于 10^{-6}/(堆·年)。

应当指出，上述概率安全目标并不能代替核安全法规的要求，也不能作为颁发许可证

---

① 加入相关内容是在 2004 年修订完成的 HAF 102—2004 中。

的唯一依据,它仅仅是评估核电厂设计安全水平的一个指导性指标。

同时,明确了政策鼓励的概率安全应用范围,描述如下。

概率安全分析方法是确定论方法的辅助和补充,应该在核电厂设计中得到应用。完成概率安全分析是为了:

(1)确认核电厂有一个平衡的设计,以保证某个设施或始发事件对核电厂总的风险贡献不会过大,或有显著的不确定性;

(2)确认核电厂参数小的偏离不会导致核电厂性能严重异常;

(3)提供严重堆芯损坏概率的评价和需要场外早期响应的大量放射性释放的风险评价,以确认与概率安全目标的一致性;

(4)提供外部灾害事件发生概率及其后果的评价;

(5)确认通过系统设计的改进或运行规程的修改能够降低严重事故发生频度和减轻其后果;

(6)评价核电厂应急规程的充分性。

在不同的设计阶段和为了不同的目的,可以分步完成概率安全分析工作,如概念设计阶段可以完成简化的概率安全分析,到工程设计阶段则完成完整的概率安全分析。

13.2 在反应堆设计中的应用

13.2.1 PSA 应用与 PSA 质量要求

PSA 的应用基础是 PSA 评估结论的准确性,正如确定论安全分析的正确性支持了相关的要求设计与安全要求的落实。但是与确定论的安全分析不同,PSA 体现的是电厂整体的风险而非某一特定事故序列的后果,因此这种风险评价结果是无法通过直接的试验与仿真进行验证的。因此 PSA 的结果的正确性只能通过 PSA 工作的质量予以保证。

因此,关于 PSA 应用的一个认识的基础是:PSA 应用的有效性与正确性取决与 PSA 的范围与质量,不同等级的 PSA 应用对 PSA 质量有不同程度的要求。

在 PSA 应用的工作实践中,相关安全的重要应用必须经过核安全监管当局的批准才能实施。这就要求支持相关应用的 PSA 必须具有足够高的质量以支持相应的申请,并获得监管当局对 PSA 的质量的认可。

在 NRC 的管理导则 RG 1.174 和 RG 1.200 中,PSA 的质量从以下三个方面来描述:

(1)范围;

(2)技术内容的充分性;

(3)PSA 的详细程度。

PSA 的实施范围,全范围 PSA 工作的完成是诸多 PSA 应用的一个重要前提,这意味着完成全部工况(功率工况/低功率/停堆)/全部风险源(堆芯/乏燃料池)的一、二级 PSA,并包含了外部事件(内部与外部灾害,如地震、火灾及水淹等);

技术内容的充分性往往依赖以下几个要素:

(1)对过往经验的充分评价与继承;

(2)PSA 实施过程对技术规范的严格执行;

(3)充分的同行评估。

对于过往经验的充分评价与继承是指 PSA 实施过程中,充分利用与有效评估了相似反应堆已进行的 PSA 分析,并集成了其可以参考的经验,这种方式能够充分借鉴前人成果,避免遗漏应当考虑的风险。

美国机械工程师协会制定的 PSA 基础规范 ASME RA 系列规范是 NRC 法定认可的 PSA 规范,该规范中,将 PSA 的要求分为三个不同的等级,每个等级分别对应不同的设计规范以及技术要求。执行不同的 PSA 规范等级,意味着不同的 PSA 过程控制与 PSA 质量要求。

该规范主要包含两个方面的内容:某项 PSA 工作的整体实施流程与技术要素组成;各项技术要素实施的总体要求与详细要求。目前该系列规范也是我国 NB 系列 PSA 标准制定的重要参照。

同行评估是指由邀请行业内其他具备相关 PSA 经验的团队,以较长的时间对 PSA 模型与报告进行审查。同行评估是 PSA 模型质量的重要保证之一,开展同行评估并根据同行评估结果评价与修正模型是目前国内开展 PSA 应用的前提条件之一。

PSA 的详细程序是指 PSA 模型中对某一电厂事故进程中某一具体细节模拟的颗粒度。对于不同的应用申请,需要使用不同的 PSA 要素,所需要的 PSA 的详细程度也有可能不同。如果向监管部门提出应用申请的核电厂其基准 PSA 模型中并没有模化这个电厂的某个特定系统或部件,那么就不能使用该基准 PSA 模型来评价相应系统或部件的变更风险。例如 PSA 对于仪控系统进行了合理的简化处理(这是普遍的做法),但是在涉及某些具体控制元器件的应用上就会产生问题,因此应用的前提是模型足够详细能够体现相关特征。

我国核安全监管当局在 2010 年出版了《技术政策:概率安全分析技术在核安全领域中的应用》,该声明包含了 8 条关于 PSA 应用的技术政策,其中 2~6 条实质上为对 PSA 应用的质量要求:

(1)纵深防御概念对保证核安全的重要作用已被大量实践所证实,仍应继续得到贯彻。但在某些条件下,纵深防御的重点及其防御层次可能有所调整,通过应用概率安全分析技术,可以为这种调整的合理性提供技术基础。

(2)概率安全分析方法在核安全活动中应用的深度和范围应与目前概率安全分析的质量、模型的详细程度以及数据所能支持的程度相适应。

(3)概率安全分析通常采用现实的方法和假设。对于某些特定的应用,为简化分析或为不可预见的工况提供一定的安全裕度,可采用保守的方法和假设。

(4)在使用概率安全分析技术时,应特别注意不确定性的评估和处理。

(5)概率安全分析的质量对于概率安全分析技术的应用是一个至关重要的因素。有关各方应致力于不断提高概率安全分析的水平并逐步完善概率安全分析的质量,相应的模型和数据应可供公开审查。国家核安全局鼓励核工业界持续改进概率安全分析方法和数据搜集、评价,鼓励信息共享、技术交流和同行评议,以此来共同推进概率安全分析技术的发展和应用。

(6)在国内概率安全分析相关的法规和标准尚不完善时,核工业界可以对国际上成熟的法规和标准提出拟采用的建议,在获得国家核安全局同意后,可在有关的工作中加以参照。

(7)国内现有的以及翻版加改进的核动力厂主要是依据确定论安全要求设计的,概率安全分析技术应用的重点在于识别核动力厂的薄弱环节、加强核安全决策的科学性、更有效地利用核安全监管资源和减轻营运单位不必要的负担。

(8)对于某些革新型的反应堆,例如采用了非能动安全系统的反应堆,现有的某些具体安全要求可能对其并不完全适用。在满足总的安全目标的前提下,支持在确定这些革新型反应堆的具体安全要求时更多地应用概率安全分析技术,必要时可对现有的某些具体安全要求进行适当调整。

13.2.2 评价总的风险

PSA 最初的目的是评估电厂整体的放射性释放风险。目前普遍认为,PSA 是判断电厂设计符合“两个千分之一”的总的安全目标的有效评价方法。

我国法规也认为,“检验所确定的安全目标,特别是技术安全目标是否得到满足,可采用定量的概率安全目标。”

当然,由于目前国内外法规体系依然建立在确定论安全评价的基础之上,因此完成概率安全评价,并确认设计符合总的概率安全目标不能等同于电厂符合技术安全目标或总的安全目标。但是这种评价过程依然是必须的,评价结果也需要符合法规的相关要求,我国目前法规的要求是:

4.4.7.2.2 关于堆芯损坏频率的目标是:

(1)对已有的核动力厂,10^{-4}/(堆·年);

(2)对新的核动力厂,10^{-5}/(堆·年)。

4.4.7.2.3 堆芯损坏频率是最通用的风险度量数值,用作概率安全准则。

4.4.7.2.4 放射性物质向厂外大量释放:放射性物质的大量释放将会对社会造成严重影响,并且将要求采取厂外应急措施。

4.4.7.2.5 关于放射性物质大量释放的目标是:

(1)对已有的核动力厂,10^{-5}/(堆·年);

(2)对新的核动力厂,10^{-6}/(堆·年)。

对于部分新型反应堆,小型反应堆,往往会提出更低的概率安全目标,如 1×10^{-7}/(堆·年)的大规模放射性释放频率。

对于部分堆型,堆芯损坏频率可能不存在或者不适用于表征反应堆的整体放射性事故风险水平,例如,真正的熔盐堆不存在堆芯损坏,而高温气冷堆实践证明,大规范放射性释放频率足以表征其风险。

福岛核事故后,我国出版了新的核安全法规 HAF 102—2016,根据该法规要求“必须实际消除可能导致高辐射剂量或大量放射性释放的核动力厂事故序列;必须保证发生频率高的核动力厂事故序列没有或仅有微小的潜在放射性后果。”

目前关于以上要求究竟如何实现业内尚未形成一个统一的认识,但是利用 PSA 以及超设计基准事故评价相结合是公认的解决问题的正确方向。

13.2.3 识别 PIE 以及 DEC 事故序列

确定论安全分析的基础是一套假设始发事件清单,这些 PIE 根据发生的概率大小被划分为若干个类别,比如在我国核安全法规中分为预计运行时间和设计基准事故,而在部分规范中又将设计基准事故分为稀有事故以及极限事故两个大类。

对于革新型的核电厂,在设计之初难以完全根据之前的经验获得完整的假设始发事件清单,这种情况下利用 PSA 方法获得始发事件清单,并利用始发事件频率分析将其为以下类别:

(1)预计运行时间,频率大于 1×10^{-2}/(堆·年);

(2)稀有事故,频率介于 1×10^{-4} 到 1×10^{-2}/(堆·年)之间;

(3)极限事故,频率介于 1×10^{-6} 到 1×10^{-4}/(堆·年)之间。

确定论安全分析基于一套确定的事故序列作为电厂的设计基准事故,这些事故序列的基础是假设始发事件与确定论安全分析所遵循的保守假定,这些保守假定包括:

(1)卡棒准则;

(2)非安全级物项失效;

(3)操作员短时内不干预等;

(4)最不利单一故障。

基于这一套假定,实际上对于每个假设始发事件,考虑了一个假想的不利事故序列,事故序列与假设始发事件一一对应,因此一旦确定了假设始发事件清单,实际上也就确定了设计基准的事故序列,因此此时不存在选定事故序列的问题。

但是一旦设计超过设计基准事故的范畴,那么安全级物项在假设始发事件后的多重失效就是必须被考虑的问题。早先反应堆安全分析往往根据工程经验选定部分多重失效的事故序列进行分析,一般来讲,部分频率较高的多重失效的序列是必须完成相关分析的,例如:

(1)全厂断电(SBO);

(2)不能停堆的预期瞬态(ATWS)[①]。

但是,随着两次著名严重事故的发生以及人类在反应堆安全设计与分析经验上的积累,人们愈加意识到,超设计基准与严重事故序列的选择必须基于有效的 PSA 活动,选定恰当的事故序列,一般来讲,序列的选择需要考虑两个方面,首先在频率上选定的序列集合要有代表性,要包括或包络对堆芯损坏频率有主要贡献的事故序列,其次在严重事故现象上,选定的序列也需要有充分的代表性,包含代表性的严重事故现象与情景。《核动力厂安全

---

① 这里的 ATWS 是指一个预计运行事件(高频率始发事件)叠加保护系统的失效,在第三代核电厂的设计中往往设置有多样化驱动系统(DAS),无法停堆的可能性已经大大降低。

评价与验证》HAD 102/17 中做出了如下的规定：

4.3.3.2 安全分析中严重事故的选择

4.3.3.2.1 严重事故分析应该提出安全系统已丧失功能且一些防止放射性物质释放的屏障已失效或被旁路的一组有代表性的序列。这些序列应这样选择：在设计基准事故序列(包括安全系统故障)和概率安全分析的主导事故序列中加入额外的故障或操纵员的不正确响应。

4.3.3.2.2 会导致严重事故的重要事件序列应该运用概率论和确定论方法以及与正确的工程判断相结合来确定。

4.3.3.2.3 确定严重事故序列的最严格的方法是应用一级概率安全分析(见 4.4.1.1.2)的结果。但是,也可以通过了解严重事故序列所包括的物理现象、设计中存在的裕度和保留在设计基准事故中的系统多重度来确定代表性的或包络的序列。

HAF 102—2016 发布后,设计扩展工况(DEC)取代了原本超设计基准事故的分类①。目前我国新设计的三代+核电厂都采用了 DEC 以及 DECA、DECB 的概念。识别 DEC 的任务目前一般由 PSA、工程判断等手段工程实现,PSA 是其中基础的定量化分析手段。

例如某三代核能系统 DEC-A 识别的步骤如下：

(1)列出在 PSA 中考虑但不在 DBA 分析中使用所有的人员动作、I&C、设备,定为非-F1 特性；

(2)评估每个非-F1 特性的贡献,建立完全没有非-F1 特性的 PSA 模型；

(3)筛选出所有频率大于 1×10^{-7}/a 的事故序列；

(4)筛选出大于 1×10^{-8}/a 对安全壳完整性有重要影响的序列；

(5)被筛选出来的序列归并后得到 DEC-A,相应的非 F1-特性被称为 DEC-A 特性。

关于如何应用 PSA 进行 DEC 或者超设计基准事故选取,目前尚无统一的规范给出一个业内都能接受的答案,本书的内容仅供读者参考,在面对实际工程问题时还需要结合设计的进展具体问题具体解决。

13.2.4 设计平衡/评价与优化设计方案

PSA 工作的结论不仅仅报告总的风险评价,还包括许多其他定量的风险见解,主要包括各个始发事件/事故序列/系统/设备/事件与可靠性参数的重要性/敏感性分析等。这些风险见解能够给予电厂设计者进行安全平衡设计的重要参考。

对于设计平衡而言,PSA 提供以下几个方面的见解：

(1)电厂的风险是否集中与某些始发事件、系统失效、设备失效、人员动作?

① 我国法规关于比 DBA 频率更低的事件经历了两次较大的概念演化,首先是在 2004 年发布 HAF102—2004 时,受到三代核电引进与开发的影响,用超设计基准事故的概念取代了严重事故的概念,其次是在 2016 年,受福岛核事故影响,用设计扩展工况的概念取代了设计基准事故的概念。

对于某一特定电厂来说,PSA 分析结果将显示其各个始发事件、系统失效、设备失效、人员动作以及相关参数对于 PSA 结果(CDF、LRF)的影响大小。一般来讲,始发事件与物项对于 CDF 的影响可以定量化地以 FV 重要度、RAW 重要度等来评定,如果没有某个始发事件或者物项或者共因失效对于 CDF 或 LRF 有支配性的影响则认为分析结果是平衡的,风险不集中。

一般来讲,某个始发事件对于堆芯损坏或者大规模放射性释放的影响过高或者某个设备过于重要,在多个导致堆芯损坏的支配性割集中出现,那么就有可能是电厂设计不够平衡导致风险过于集中。

(2)电厂设计是否存在明显的可以强化的薄弱环节?

PSA 结果能够通过重要度与敏感性分析识别电厂的薄弱环节,对于这些薄弱环节,一般可能通过变更设计,增加冗余,增加多样性等方式进行设计改进与强化。PSA 还能够用于评价改善方案的有效性(通过 CDF 或 LRF 的降低量来表征)。

(3)电厂设计是否存在陡边效应?

陡边效应是指在核动力厂中,由微小变化的输入引发核动力厂状态的重大突变。例如,由参数微小的偏离导致核动力厂从一种状态突变到另一种状态的严重异常行为。福岛核事故发生后,防止陡变效应在核电厂安全中的重要性被大大提升,HAF 102—2016 中要求:

4.4.4 设计 · · · (2)必须采用保守的设计和高质量的建造,以保证核动力厂的故障和偏离正常运行减至最少,保证尽实际可能地预防事故,保证核动力厂不存在陡边效应;

5.1.5.7 核动力厂设计必须提供适当的裕量,在设计基准外部危险(由厂址危险性评价确定的)发生时保护安全重要物项,并避免产生陡边效应;

5.8.1.4 安全分析必须保证在核动力厂设计中适当考虑了不确定性。尤其是应有适当的裕量,以避免出现陡边效应以及早期放射性释放或大量放射性释放。

是否存在陡边效应主要依靠外部事件风险评价以及是否存在高频率的堆芯损坏序列进行判断。

前面列出的设计平衡、不存在陡边效应以及总的风险评价是目前我国法规对 PSA 应用的基本要求①。

13.2.5 规程评价

与确定论安全评价相比,概率安全评价能够识别更大范围,更加多样的事故序列。这些更加多样的事故序列能够作为一种有效的电厂事故应急规程的评价手段,评价规程在不

① HAF 102—2016 规定"设计必须适当考虑核动力厂所有运行模式和所有状态(包括停堆工况)下的概率安全分析,特别是:(1)论证整个设计是平衡的,没有任何一个设施或假设始发事件对总的风险会有过大的或明显不确定的贡献,且纵深防御的各层次应尽实际可能独立;(2)确认核动力厂不存在陡边效应;(3)将分析结果和已规定的风险准则进行比较。"

同事故情景下能否正确对操作人员进行有效的引导。

对于一个设计完成的核电厂而言，PSA 只假定操作人员进行其在规程中被要求的判断与动作。如果规程考虑不充分，则操作人员不进行任何缓解动作，因此 PSA 过程将有效识别操作人员无法在规程引导下仅必要且有益的缓解动作的事故序列。

同时，HRA 分析时将会对于操作人员接收到的信息、受训程度、规程的详细程度以及操作人员的响应时间充分性进行评价，并综合分析操作人员能够正常响应的概率。这些评价结果将为相关规程的设计提供有益的参考。

13.2.6 风险指引的物项分类

确定论安全分析与概率安全分析对于物项（系统、结构以及部件，SSC）的重要度的理解是完全不同的。

对于确定论安全分析而言，物项是否重要的基础是其是否承担“安全功能”，“安全功能”则与确定论安全分析准则制定的假想设计基准事件（AOO 与 DBA）相关。

而对于概率安全评价而言，物项的重要程度取决于其相关的导致堆芯损坏或者大规模放射性释放的最小割集与总的风险（CDF、LRF 或 LERF）之间的数学关联。

就目前而言，前一种对于 SSC 重要程度的认识是电厂进行安全分级的基础，而核电厂设计里的抗震等级、规范等级以及质保等级又是基于安全分级的。因此可以说基于确定论安全分析的物项分级是电厂进行安全设计的基础。

随着核电厂设计中对于叠加事件、超设计基准事故更加完善的考虑，这种分级方式存在一些不完善之处。同时这种分级方式也存在一些固有缺陷，如：

(1) 部分 SSC 失效，比如反应堆的主容器概率非常低，但是被认为有非常重要的安全功能，造成设计建造成本的高昂。

(2) 部分 SSC 不作为“安全级”考虑，但是实际上具备一定的安全功能，而设计上有冗余完全忽略这些系统的安全缓解能力。

所谓“风险指引”的物项分级，即是将以上两种关于 SSC 重要度的见解充分结合。

分类原理见图 13-1。

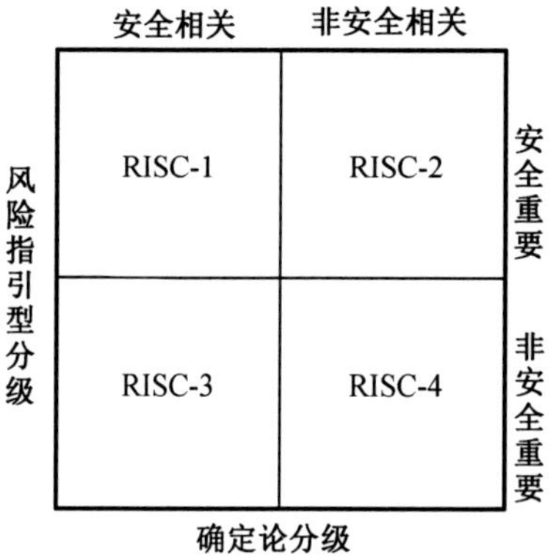

图 13-1　风险指引的物项分类示意

即从确定论维度，将 SSC 分为安全相关与非安全相关，同时从概率安全评价的角度，将 SSC 分为安全重要与非安全重要，根据两个分类方式即可将全部物项分为 4 个类别，其中非安全相关且非安全重要的物项目采用工业设计标准，而其他三个类别的 SSC 则分别遵循不同程度的安全设计要求。

需要说明的是，以上描述的 SSC 分类是一种理论上的结合概率安全分析以及确定论安全分析的方法。目前少数进行了风险指引物项分级的反应堆堆型的实际分级工作都采取了更为复杂的分类与分类原则，但是原理与本节所述的两个维度四类 SSC 分类方法是相通的。

部分电厂为了提高电厂的可用性，在进行风险指引的物项分类时将少数不参与安全缓解但是对于可用性很重要的物项也单独进行了分类，这是一种对于风险指引性能基准理念的践行。

在 IAEA 的设计安全要求 SSR 2/1 以及我核安全法规 HAF 102—2016 中，对于物项安全分析的相关要求发生了较大的变化，核心变化是，要求将参与 DEC 缓解的物项①也在分级体系中进行相关考虑，参见图 13-2。在这种形势下如何进行安全分级或者风险指引的安全分析，目前尚处于探索过程中，还有待业内的共同努力。

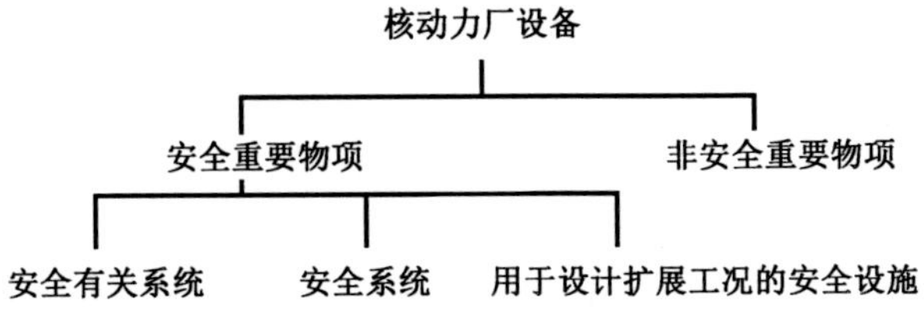

图 13-2 HAF 102—2016 对于安全重要物项的新定义

13.2.7 设计可靠性保证大纲

设计可靠性保证大纲(D-RAP)是美国在开发第三代先进核能系统的过程中开发的新设计理念，其核心思路是：系统性的识别 PSA 中的关键假设与关键 SSC，并通过设计、采购、建造以及维修与运行活动中的有效措施确保这些关键假设的成立以及关键 SSC 的可靠性。

先进轻水堆用户要求文件(ALWR-URD)中对于 D-RAP 的目的给予如下的定义：

(1)保证对 CDF 和 LERF 有重要影响的 SSC 的设计可靠性；

(2)保证电厂的设计具有足够的可靠性以获得整个电厂的可用性目标；

(3)通过设计可靠性来减少安全系统故障而达到强化纵深防御的目的；

(4)为业主和运行者对运营中电厂进行可靠性保证活动提供信息；

(5)确保电厂满足设计基准和假设，并且拥有足够的安全边界。

在设计结束后 URD 要求开发一个运行可靠性保证大纲(O-RAP)，而 NRC 则提出了更

① 这些物项大部分本来就是安全级的，但是例如 DAS 系统的，钠冷快堆的非能动停堆棒等原本不是安全级的。

为具体的目标：

(1)先进核电厂风险重要 SSC 的设计、采购、建造、维修和运行与 PSA 中的假设和结果相一致；

(2)核电厂运行期间，保证风险重要的 SSC 不会退化到不可接受的地步；

(3)使堆对先进核电厂风险重要的 SSC 构成威胁的瞬态发生频率降到最小；

(4)风险重要的 SSC 遇到调整时能可靠地执行其功能。

由以上关于目的的差别可知：

首先，D-RAP 工作并非完全出于核安全或核安全监管的需求，其本身也带有提高电厂本身可靠性(或者说可利用率)，当然在美国，D-RAP 本身已经成为新许可申请的必要组成部分，但是 NRC 审查的目的并不完全与 D-RAP 的开发目的重合。

其次，D-RAP 的一个基础是认定一个包含全部风险重要 SSC 的集合，显然其中的部分工作与 13.1.1 节所述之风险指引的物项分类是一脉相承而又有所扩展的。D-RAP 的关键不仅仅局限于关键 SSC，还扩展到了关键假设，保证可靠性的途径也不局限于对其设计规范以及质保提出要求，而是扩展到了运行期间的要求。

需要特殊说明的有两点：

(1)在目前的反应堆运行实践中，并不实际存在一个名为运行可靠性保证大纲 O-RAP 的技术文档或者说电厂技术活动，实际的相关工作被转入了维修规则(MR)以及其他的运行技术活动中。

(2)以上描述的是美国电厂设计与运行相关经验中对于可靠性保证大纲的理解，这种理解显然与 IAEA 在部分文档中的理解是不一致的，IAEA 的相关内容本节后续予以介绍。

NRC 要求使用可靠性保证大纲的革新型电厂，在其安全分析报告的 17.4 节描述其相关的技术活动。

根据其技术政策声明 SECY-95-132 和标准审查大纲 SRP 17.4 的要求，初步总结了 D-RAP 中应包含的主要内容如下：

(1)RAP 的范围、目的和目标；

(2)建立和实施 RAP 的管理措施(组织、接口控制、设计控制、程序和指令、记录、纠正措施和监察等)；

(3)可靠性、可用性指标的分解，以及对比的流程；

(4)识别、分级 RAP 清单中 SSC 的方法；

(5)对 RAP 范围内的 SSC 的采购、制造、建造和试验，制定哪些程序来确保可靠性假定的实现和达到；

(6)在 RAP 范围内的 SSCs 的采购、制造、建造和试验过程中，遵照哪些质量保证要求；

(7)如何确保 RAP 活动与运行阶段各大纲(如维修规程、监督试验、在役检查大纲、质量保证大纲等) 相结合；

(8)用于 D-RAP 的检验、试验、分析、接受准则(ITAAC)；

(9)如果采用专家组，规定专家组成员资格要求，描述专家组职能。

以上是对于其设计认证申请阶段的内容要求，对于某一先进堆核电工程的建造许可证的申请者(或者联合许可申请 COL)来说,应补充厂址特征信息,同时落实 D-RAP 的其他内容,如组织机构、接口控制、设计控制、文件体系等,包括装料前的采购、制造、建造和运行前试验所需要的信息。

IAEA 关于可靠性保证的内容主要在其技术文档 TECDOC 1264 中体现,本节是对其与设计相关内容的简述,有进一步了解需求的读者可了解原文。

为了便于能够在未来先进的反应堆计划框架内实施可靠性保证大纲(RAP),同时为了确保下一代的核反应堆能够达到所预期的非常高的安全性、可靠性以及经济性,IAEA 于 1996 年制定了相关的任务,以开发可靠性保证(RA)相关的指导手册 TECDOC 1264。

该指导手册论证了商用核电站设计人员和运行人员如何利用过去 20 年间不断发展的基于风险、可靠性以及可用性工程化的方法,来增强现阶段核电站设计以及运行过程中的决策能力。同时可以便于下一代商用核反应堆达到高水平的安全性、可靠性以及经济性。

该 RA 指导手册借鉴了过去关于可靠性和可用性改进活动方面的运行经验,以及基于风险考量的管理程序方面的经验,以展示如何在核电站使用寿命的各个阶段利用定量和定性技术,以及使用可靠性保证方法、技术和程序,来优化核电站的经济性能和安全性。

指导手册展示如何在核电站寿命的各个阶段运用可靠性保证方法、技术和程序来优化其经济性能和安全性,即在考虑了所有限制条件的叠加作用后,能够在最低的成本下达到最优的性能。目前存在并可以成熟使用的关于可靠性保证的技术如下:

(1)可靠性,可用性和可维修性(RAM)分析;

(2)概率安全评价(PSA);

(3)经济性建模和定量分析技术,该技术可以对整个核电站的经济性能进行成本效益分析并对其进行优化。

指导手册中建议的可靠性保证方法补充了核电站设计在系统工程方面的考量,并与统一后勤支援(ILS)的理念相一致,该方法旨在使其在成本、计划、性能以及可支持性之间达到最佳的平衡点,也就是在人力资源、人事安排以及专业技能之间达到最佳的平衡点。

通过实施可靠性保证大纲,提供了一种结构化的方法,可以使得下一代核电站满足监管方面和业主方面的要求。

RAP 可以作为整体安全评价的补充,并在核电站的设计阶段运用 PSA 作为基准来进行成本/效益分析,对安全配置进行优化,在核电站运行阶段对其进行评估和修改。同时,RAP 可以作为技术规格书的制定的良好基础。可靠性保证大纲对质保程序而言也是一种补充,因为两者,存在类似的目标但是完成过程不尽相同。

RAP 是一个正式的管理体系,其能够确保在核电站寿命的各个阶段收集电站性能相关的重要特征信息,并在分析和管理过程中对上述信息的使用进行指导。相应的分析和管理过程进行了特别的设计,以满足下述两个具体目标:

(1)证明该核电站预期能够持续满足每个性能目标的要求,这些性能目标由相应的设计人员、建造人员,业主/运行人员和管理人员提出。

(2)为核电站成本效益改进活动的搜索和实施过程提供指导,以提高生产率或者降低风险。

设计阶段可靠性保证大纲的主要事实过程如图 13-3 所示。

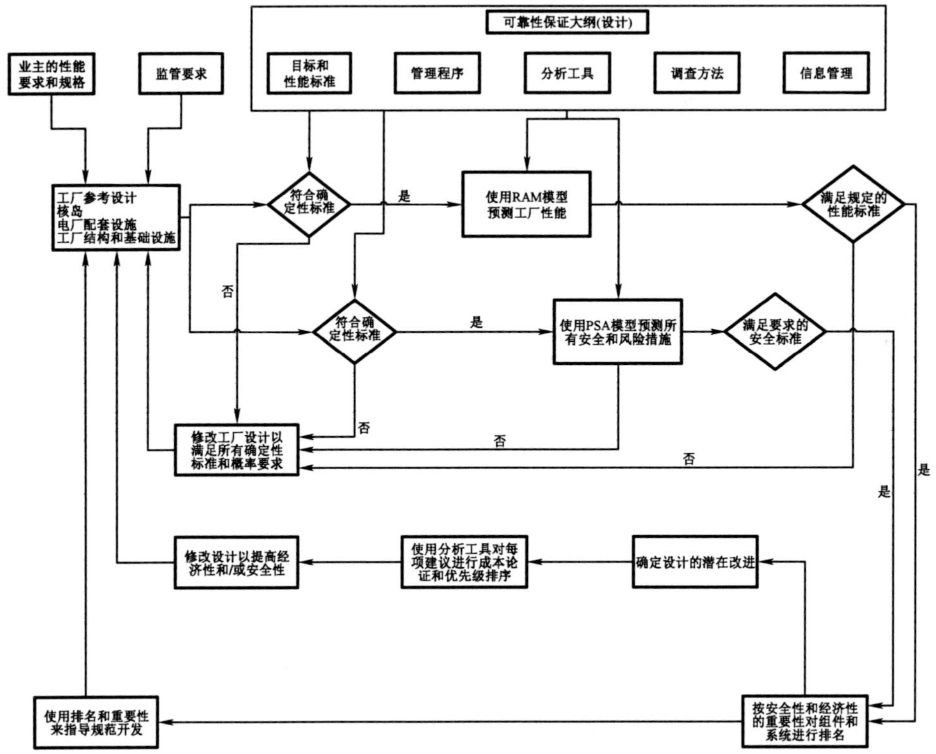

图 13-3　IAEA 关于 D-RAP 的应用原理的说明

由前面的论述可知,IAEA 认为可靠性保证大纲的目标既保证电厂安全,还包括保证更高的经济性指标,这与 NRC 集中于风险重要物项的关注是有明显区别的。

IAEA 认为典型的可靠性保证大纲被认为具有四个宽泛的功能要素,如下:

(1)目标和性能准则。

(2)管理体系和实施流程。

(3)分析工具和研究方法。

(4)信息管理。

(1)目标和性能准则

可靠性保证大纲要求对于一整套核电站大范围的高水平目标和性能准则进行定义与配置。这些目标和性能准则可以作为基准,来跟实际或者预期的核电站性能指标进行对比。这些目标有可能是确定论或者概率论的,但它们又必须是可用的并且可以对其进行定量化,这些目标对于核电站的管理体系很重要,会影响电站的安全性和经济性。每个具体核电站之间或者每个成员国之间的上述目标不尽相同,但一般包括以下内容:

①监管、社会或者公共安全目标;

②资金成本;

③可用性;

④生产成本；

⑤辐射照射(ALARA)。

(2)管理体系和实施流程

为了确保RA大纲的连贯性与后果的有效性实施，其必须包括如下几个方面：

①具有一套与整个项目目标相一致的明确目标。

②具有一套管理流程和控制项，来发起并整合各项任务，这些任务会影响核电站和SSC的可靠性与可用性。

这些流程一般会有两个明确的目标：

①确保核电站满足所有规定准则的要求，这些准则由公司、行业或者监管部门制定。

②确保每项RAP管理体系或者流程的结果质量满足要求。

单项的任务、作业和分析过程都是整个D-RAP方法的主要组成部分，用来对硬件设计、安装、服务、环境、运行以及维修活动中所建议的变更进行评价和优先分级，而上述这些活动可以改进核电站的可靠性、可用性或者可维修性。

(3)分析工具和研究方法

实施全面的RAP要求使用一系列的分析工具，这些工具可以用来预测核电站发生潜在变化所需的成本以及带来的收益。所建议的变化可以针对如下几个方面：

①核电站布置、选址以及设计(例如裕度、多样化、隔离、控制裕量以及支持系统设施)。

②单个部件、系统或者子系统的可靠性、可维修性、可用性、可操作性或者效率。

③影响部件可维修性或者可操作性的环境条件(例如，光照、热量、辐照、噪声以及振动)。

④包容系统。

⑤废物处理系统。

⑥核电站管理、运行以及维修程序，人员培训以及信息系统，上述这些会影响人机交互的可靠性或者效率。

⑦应急计划和严重事故管理策略。

⑧运行中断计划程序、方法以及备选策略。

用来支持全面的RAP的可靠性、可用性、可维修性以及概率安全模型所涉及的范围可以通过以下几个方面来表示：

①针对整个核电站和单独系统的RAM模型和分析方法。

②针对整个核电站的一、二、三级PSA模型。

③使用标准化假定的经济性模型，将其损失的产能与风险和相应的金融等价物联系起来。

④人员的可靠性评估及其相应的建模，用来指导鉴别发生人员错误的根本原因，以及明确核电站先进信息系统和人员工作效率之间关系的“价值”。

(4)信息管理

RAP 的效果非常依赖于所使用信息的质量、可获取性以及真实性。这些信息用来对每个管理系统进行反馈,表明其如何工作以及如何来影响改进措施。RAP 需要确保其所有的数据采集过程与相应的数据采集要求相一致,将数据提交给行业的数据库(电厂本身只是作为其中的一部分)。从核电站的信息和数据库所获取的知识中,可以获取核电站单个部件和系统的相关性能,来对所有建议的变化带来的价值进行最佳的预测。

如果具体的核电站设计中拥有有效的数据库,那么该数据库将作为数据的主要来源。但是,如果缺少足够具体的数据,那么将会使用"通用"的数据,并假定一个合理的置信水平。

该数据库可以包含如下内容:

①所有硬件和人为故障率、恢复时间以及恢复概率相关的运行信息。在核电站的整个使用寿命期间,贝叶斯法或者统计方法将会用来对该信息进行升级和维修。

②"成功准则"将用来定义部件或者系统是否"成功"

③根据过往历史相关的数据库,来推断工作人员的效率和硬件性能趋势,包括相关的原因及其影响(产能损失、风险或者参数改变来作为应对风险的替代措施)。

一整套核电站数据库的详尽内容需要由 RAP 过程来进行定义和集成,其内容可能需要包括如下内容:

①针对故障的事件报告,包含潜在的安全影响以及前兆识别(在美国称之为执照持有人事件报告(LER))。

②SCRAM 数据库。

③部件失效和修复数据库。

④监督和在役试验记录。

⑤设备历史数据库以及从诊断和根本原因分析得到的结果。

⑥针对可预防失效维修的数据库。

⑦安全系统不可用度数据库。

⑧人为失误数据库。

⑨辐射照射数据库。

⑩核电站能力和所有缩减失效数据记录,即会导致产能损失的失效情况,并根据原因对其进行分类。

⑪维修记录。

⑫运行中断记录。

可靠性保证大纲是一个伴随着 PSA 在设计中的应用深入过程还在不断发展的概念,并正在与现有的安全分析和安全设计日益紧密的结合。

13.3 在反应堆运行中的应用

13.3.1 LIVING PSA 与风险监视器

所谓 LIVING PSA(又称 LPSA),是一种实时的 PSA 模型,而 Risk monitor,即风险监视器软件,则是基于 LPSA 模型的一种工具软件,能够基于 Living PSA 模型实时的展示风险,辅助决策。本节主要介绍 LPSA 以及风险监视器的相关内容(图 13-4)。

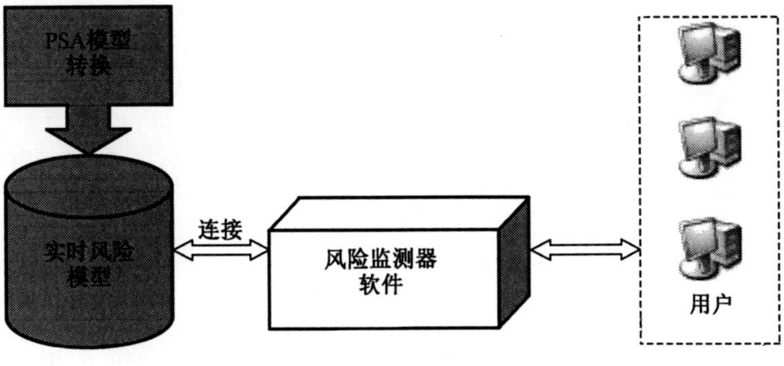

图 13-4 Living PSA 模型与风险监视器软件的关系

13.3.2 Living PSA

在前面的 PSA 章节内,我们假定了电厂存在一个初始工况,在这个初始工况下有可能发生挑战电厂安全的风险,即始发事件,在这个初始工况下,电厂的配置如同薛定谔的猫一样存在不确定性,当然这种不确定性处于技术规格书允许的范围内,并未收敛于某一确定配置。

Living PSA 是一种将 PSA 模型的更新实时化,基于电厂的现实状态,对 PSA 模型进行修正,反映的是电厂在某一确定"配置"下的安全风险,这使得 PSA 不仅能够用于电厂的设计与安全分析过程,还能够应用于其运行维修过程。

Living PSA 就是电厂的实时 PSA,能够根据需要不断更新,反映电厂的设计特征与运行实际配置。

Living PSA 的核心是一个完整的结构化的 PSA 模型,这个 PSA 模型能够根据电厂的 SSC 实际运行维修与备用情况进行迅速的修改,并引用核电厂特定的 SSC 可靠性数据。

这种"实时更新"的特点将电厂目前与未来运行维修活动带来的风险变化作为 PSA 分析结果直观展示给电厂的运行操作人员与决策者,使 PSA 工具在电厂日常的运行决策中能够得以使用。

13.3.3 Living PSA 模型的差异

前节已述,Living PSA 的模型比通常的 PSA 模型更加收敛于某一确定的状态,这个收敛的过程是基于我们对电厂配置的“观测”行为,因为我们的“观测”行为,使我们能够将某些在原本 PSA 模型里不确定的事件(概率事件),收敛于某些确定的状态(真或者假)。

这些可观测的事件主要是电厂的维护与修复不可用,或者说是 IE 发生前的可见故障,详见表 13-1。

表 13-1　明显事件与隐藏事件

基本事件类型	明显/隐藏事件
部件不可用度(维护)	明显
部件不可用度(恢复)	明显
需求故障	隐藏
测试和维护故障,保护人误	隐藏
事故响应中人误	隐藏

可知隐藏故障既包括在 IE 发生前还没有发生的故障,也包括 IE 发生前故障无法识别的情况,如备用部件的故障。

Living PSA 与一般 PSA 模型相比,一项主要的变化就是将可见故障由概率的随机的状态变为根据电厂现实情况显示的相关物项状态。

Living PSA 与一般 PSA 模型还有一项重大差别,就是由于建模目的的差异,一般 PSA 模型中的一些对求解总体风险的精确度无影响的假定,对 Living PSA 分析现实风险,预测未来风险(配置变化与持续时间)的可能会存在明显的影响。这些假设包括:

(1)镜像始发事件的集总假设;

(2)镜像维修试验不可用的集总假设;

(3)试验间隔/时间假定;

此外,建模过程还存在以下明显需要解决的问题:

(1)共因失效的处理;

(2)动态的故障/维修过程;

本节后续内容将解读以上相关内容:

(1)镜像 IE 的集总假设。

假定某一系统的某种类型的故障发生的任意 1 列或者 2 列会挑战电厂安全,是一个分析中需要考虑的始发事件,而该系统由多个完全相同的列组成,那么 PSA 一般不会考虑多个不同的始发事件,而是将每一列发生故障的概率叠加,将其建模为一个始发事件。后续的事故序列分析中往往需要在始发事件中明确发生故障到底为哪一列系统,因为剩余的系统可能能够参与电厂在始发事件后的安全缓解。这种情况下始发事件分析时往往假定某一个确定的列发展故障(一般是第 1 列或者最后一列)。

这种假定与现实情况的偏差在 Living PSA 中则是不可接受的,例如在这种假定下,B 列(假设始发事件发生的列为 A 列),的重要度明显要高于 A 列,B 列发生故障后电厂的风险将会急剧上升，但是 A 列发生故障，电厂的风险则不会显著上升。

在 Living PSA 中需要将这种镜像的 PSA 集总假设拆分为不同的始发事件，如：主循环泵停运需要拆分为主循环泵 A 停运和主循环泵 B 停运。

(2)镜像维修试验不可用的集总假设。

假定某一系统参与 IE 发生后的安全缓解动作，且有充分冗余，能够在 1 列失效后满足单一故障准则，那么该系统可能在 IE 发生时处于一列维修试验不可用状态(如果技术规格书允许)。这种不可用可能是由于定期的试验，也有可能是由于定期试验或者其他原因暴露的故障。

为了建模的便捷性，我们往往采取一个近似的假定：将全系统由于维修与试验的不可用集总为一个基本事件，该基本事件考虑了全部列中的任意一列由于维修与试验而不可用的概率，故障树建模过程中假定该事件只会导致某一确定的列不可用。

如同始发事件的镜像集总假定一样，在 Living PSA 模型中，我们需要将这个事件拆解为不同列的维修、试验不可用。但是需要说明的有两点：

①这些事件在拆分后往往存在明显的互斥关系，一般来讲，除非处于冷停堆状态，电厂不会同时试验可能参与安全缓解的两列，也不允许两列同时维修。将这些系统由于维修试验而一列不可用的时间拆分到多列后，这些新建立的事件之间往往存在互斥关系，如果在建模过程中忽略这些互斥关系，往往会得到不真实的结果。

②"一列系统的维修试验不可用"事件本身或者该事件中的一部分往往可能是一个可"监测"事件，这些"可监测"的事件不再是完全随机的，而是与电厂现实的系统测试计划相关。

(3)试验间隔/时间假定。

对于一般 PSA 分析而言，IE 可能发生在电厂运行中的任意一天，而这一天电厂中的某系统可能处于隔离检测状态，可能不处于该状态。处于该状态的概率取决于检测周期以及检测所花费的时间。

而 Living PSA 反应的是电厂实时的风险，也就是说反应的是电厂在现在或者未来某时某刻的风险。计划性的检测与维修活动对于现实中的电厂而言，是一个完全可观测的事件。因此电厂的系统计划性的隔离检测需要根据电厂的运行计划进行实际考虑，而不必根据试验间隔与时间进行估算。

(4)共因失效的处理。

对于同一共因组内的若干个部件不可用，一旦其中一个发生失效，则其余事件的共因组模型与单个的失效率可能都会发生变化，对于此类模型的处理也是将一般 PSA 模型改造为 Living PSA 模型过程中的一个关键问题。

(5)动态的故障-维修过程。

在某个时刻，电厂的某个参与 IE 后安全动作的设备发生了故障，且无法立即恢复，那么如果此时 IE 发生后这个设备将无法参与安全缓解活动。

显然此时 PSA 模型中设备的状态收敛为"不可用"，而不再是一个不确定的状态，Living PSA 模型将会显示电厂的安全风险上升。

电厂的运行维护人员往往不会坐视这一故障,而是会使用各种方法恢复该设备,那么在电厂“未来”的风险评估中就必须考虑这个设备“修复”的可能。

如要求 Living PSA 合理的考虑未来的风险,就必须考虑设备动态的“故障”与“修复”的可能,不过这种考虑往往难以简单的通过故障树方法得以解决,马尔科夫链(图 13-5)是解决多台设备动态“故障”“维修”过程中的可用度的有效方法。

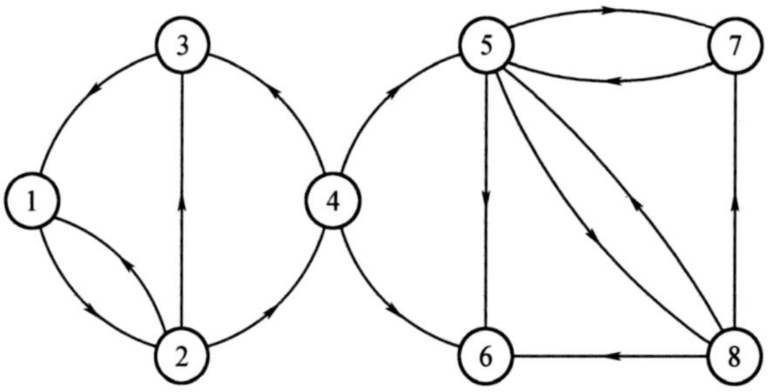

图 13-5 马尔科夫状态转移图

13.3.4 风险监视器

根据 IAEA 的定义,风险监视器是基于 Living PSA 的电厂特定的实时分析工具,其作用是能够基于电厂的即时配置、运行经验以及未来的运行计划给定目前以及未来任意时间电厂的瞬时风险。这种工具被用以支持电厂的运行决策。

一个典型的风险监视器会具备以下功能模块:

(1)作为核心的 Living PSA 模型;

(2)基于通用数据或者电厂特征数据(绝大多数情况下是两者的结合)的可靠性数据库;

(3)实时读取电厂设备状态的相关信息系统;

(4)运行实时风险显示模块;

(5)维修运行计划模块。

其中运行实时风险模块能够为运行操作人员实时显示电厂的瞬时风险,指导电厂的运行,而维修运行计划模块能为电厂的运行与维修计划的制订提供依据,能够提供未来的瞬时风险以及某些维修活动带来的风险积分增量。

风险监视器能够为其用户提供多样的显示结果,包括:

(1)随时间变化的风险曲线;

(2)风险等级;

(3)纵深防御分析;

(4)各类物项或故障模式的重要度排序;

(5)最小割集等。

在美国,通过风险管理工具合理地优化设备的允许后撤时间,非常有效地降低了非计划停堆次数和停机时间,使得其机组平均负荷因子相较于20世纪七八十年代有了飞跃性的进步。

在我国,目前商用在运核电厂已经普及了风险监视器平台,但是由于我国反应堆堆芯较新,基准的平均风险普遍较低,同时法规对风险监视器的应用尚未给出明确的意见,因此风险监视器还处于试运行状态,创造的效益与美国相比还较为有限。风险监视器平台的应用依赖后续核电业主与安全监管机构的共同努力。

13.3.5 风险指引的在役检查

风险指引的在役检查是目前风险指引应用的一个较为成熟的方面,在美国,基于风险指引的原则,部分管道的在役检查活动得以优化,电厂的经济效益得以进一步的提高。

在核电厂的运行寿期内,部件可能受到多种影响,其单一和组合结果对核电厂运行寿期的影响是难以按核安全所要求的精确度预测的。最重要的影响是应力、温度、辐照、氢吸附、腐蚀、震动和磨损,所有这些影响都取决于时间和电厂运行历史。这些影响会引起材料性能变化,例如老化、催化、疲劳并有可能形成以及发展材料中的缺陷。缺陷是指部件材料中的不完善、不连续,不规则或损伤,例如裂缝、层叠、焊缝夹杂物或气孔等。

因此,有必要检查核电厂系统和部件,找出可能的损伤,以判断它们对于核电厂继续安全运行是否可接受,或是否有必要采取补救措施,检验重点放在反应堆主冷却剂系统的关键部件和系统上,以避免严重的故障后果。

核电厂的在役检查活动往往分为若干个周期完成,每个周期内不同安全等级、检验方法的物项必须完成一定的检验比例。

对于压水堆核电厂来说,需要进行在役检查的物项以及焊缝数量是非常庞大的,其检查项目往往以十年为周期完成,这就需要一个庞大的检查计划,耗费较多的资源,同时这种检查的频次对于同一个安全等级的物项往往是固定的。

风险指引的在役检查的理念是,利用PSA以及其他的相关技术作为支持,关注重点的管道与焊缝,在整体不增加或者降低在役检查工作量的前提下,提高对于重要焊缝的检查频次,提高在役检查活动的效能。

风险指引的在役检查的核心是一个管道以及焊缝的风险矩阵,风险矩阵有两个维度,一个维度是管道破裂的可能性维度,一个是管道破裂的后果严重性维度。

其中可能性维度可以通过管道在正常运行以及经历的各类瞬态下对可能出现的材料降质机理进行综合评价,如某管道存在热疲劳的机理,那么相应的就调高其发生可能性评分。

后果严重性维度则可以通过PSA给出,通过假定某管道破裂或者泄漏为始发事件,计算此条件下电厂堆芯损坏概率,能够有效对管道破裂后果进行排序或分级。对于压水堆而言,安注系统与一回路系统相连接的管道破损往往是后果最为严重的。

通过这两个维度的评价,每个设备或者管道焊缝都会落到风险矩阵中的某一个区域。而风险矩阵又被划分为多个风险类别,后果越严重,破损概率越高的区域被分入越高的风险类别。而不同风险类别的物项,会实施不同频次的在役检查活动和高低不同的抽检比例,这样在整体不增加在役检查工作量的前提下,使得高风险的设备和管道在检查中受到重点关注。

关于此项应用,读者可参考NRC发布的两部导则RG 1.175与RG 1.178,我国的部分核电厂也有试用的经历。

13.3.6 风险指引的技术规格书优化

技术规格书是核反应堆运行的核心文件,电厂的各类运行规程以及定期的试验测试都依据技术规格书编制。

技术规格书对电厂的运行有重大影响,包括:

技术规格书规定了电厂标准的运行状态以及这些状态下电厂各安全功能及执行这些安全功能系统的冗余性,一旦这些系统的冗余性不足或者电厂的安全裕度无法保证,则电厂必须在短时间内恢复这些功能,否则就必须后撤至安全状态。

同时技术规格书规定了电厂在运行以及停堆情况下需要进行的定期试验,包括试验项目与试验间隔。

传统的技术规格书基于确定论安全分析的工程经验制定,为此技术规格书对电厂安全功能的监控非常保守,制定的运行状态确保即使非安全级设备均失效,依然能够在保证剩余的安全级设备可以在单一故障的前提下应对任意设计事故。这种保守对于电厂的运行效率形成了较大的制约,许多安全级设备的定期试验无法在电厂运行期间进行,即使是在停堆期间,这种定期试验也要分批次开展,同时一旦安全级设备发生故障,且短时间内无法修复,那么就必须后撤电厂的运行状态。

为提高电厂的运行效率,降低不必要的运行保守,同时提高在运核电厂提高PSA质量的积极性,NRC发布了相关的技术,鼓励利用PSA的结果对技术规格书优化,这种优化在提高安全性或者不明显降低安全性的前提下,提高了电厂的运行效率,这就是所谓的“风险指引(risk informed,performance based)”。

RG1.77中给出了风险指引的技术规格书流程,如图13-6所示。

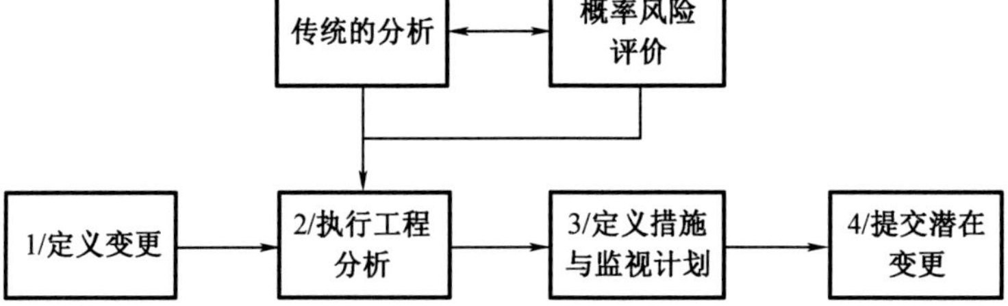

图13-6 风险指引的技术规格书流程

首先需要定义潜在的变更事项,然后基于传统的确定论分析以及概率风险评价,判断这种变更带来的潜在影响,并结合两者执行工程分析,一般来讲变更必须满足以下要求:

(1)从概率风险的角度,变更不应该带来电厂堆芯损坏频率与大规模放射性释放的显著上升;

(2)从传统分析的角度,尽管可能不满足某些确定论要求,但是电厂的纵深防御层次不应当受到影响;

(3)变更必须对电厂的效益有益。

之后需要详细定义变更措施以及变更对后续监视计划的影响,包括在役检查,定期试验等。之后变更应当向监管当局提交。

NRC 处理电厂的变更则依据其风险指引决策的一般流程。

目前我国也有数个电厂尝试对技术规格书进行了调整,优化了电厂的运行效率,提高了电厂经济效益。

13.3.7 其他的运行应用

在 20 世纪 80 年代关于革新型反应堆的设想中,电力研究院设想了与设计可靠性保证大纲相对应的运行可靠性保证大纲。实际执行中,这一概念部分在维修规则(MR)中得到了具体的应用。当时 NRC 与业界评估发现,核电厂跳机或降功率事件绝大多数与设备维修作业直接相关,因此于 90 年代初公布了核电厂维修有效性的监测要求,即维修规则。要求核电厂要有一套机制来监测设备维修的有效性,并于 1996 年 7 月正式生效实施。

在维修规则体系中,需要确认关键的、容易引发安全问题或者容易导致停机的设备,这个关键设备识别的过程,一般依赖 PSA 方法的实施。

同时,多个核电厂基于 PSA 的结论,修订了电厂的技术规格书,基于 PSA 的结论,原本必须停机或者后撤的工况能够降功率或者维持原本功率运行,极大地提高了电厂的可用性。

参考文献

[1] WNA. World Nuclear Performance Report 2017[R]. London: WNA,2017.

[2] BP 集团. BP 世界能源统计年鉴(2017 版)[R/OL].(2017-07-05)[2024-11-12]. https://www.bp.com.cn/zh_cn/china/home/news/reports/statistical-review-2017.html.

[3] IAEA. Safety of nuclear power plants: design: SSR-2/1[S]. Rev. 1. Vienna: IAEA, 2016.

[4] NRC. Reactor safety study: An assessment of accident risks in U. S. commercial nuclear power plants: NUREG - 75/014 (WASH-1400) [R]. Washington, DC: U. S. NRC, 1975.

[5] NRC. Severe accident risks: An assessment for five U. S. nuclear power plants: NUREG-1150 [R]. Washington, DC: U. S. NRC, 1990.

[6] NRC. Regulatory guide 1. 174: An approach for using probabilistic risk assessment in risk-informed decisions on plant-specific changes to the licensing basis[M]. Rev. 3. Washington, DC: U. S. Government Publishing Office,2021.

[7] NRC. An approach for plant-specific, risk-informed decisionmaking: Inservice testing: RG 1. 175[S]. Washington, DC: U. S. NRC, 2003.

[8] NRC. An approach for plant-specific, risk-informed decisionmaking: Graded quality assurance: RG 1. 176[S]. Washington, DC: U. S. NRC, 2003.

[9] NRC. An approach for plant-specific, risk-informed decisionmaking: Technical specifications: RG 1. 177[S]. Washington, DC: U. S. NRC, 2003.

[10] NRC. An approach for plant-specific, risk-informed decisionmaking for inservice inspection of piping: RG 1. 178[S]. Washington, DC: U. S. NRC, 2003.

[11] 国家核安全局. 核动力厂设计安全规定: HAF 102—2016[S]. 北京: 国家核安全局, 2016.

[12] GIF. Safety design criteria for Generation IV sodium-cooled fast reactor system (Rev. 1) [R]. Paris: GIF, 2017.

[13] NRC. Industry-average performance for components and initiating events at U. S. commercial nuclear power plants: NUREG/CR-6928[R]. Washington, DC: U. S. NRC, 2007.

[14] NRC. Standard format and content of safety analysis reports for nuclear power plants: RG 1. 70[S]. Washington, DC: U. S. NRC, 1978.

[15] 中华人民共和国国家质量监督检验检疫总局. 电离辐射防护与辐射源安全基本标准: GB 18871—2002[S]. 北京: 中国标准出版社, 2002.

[16] ISO. Quality management and quality assurance: ISO 9000:2015[S]. Geneva: ISO, 2015.

[17] 中国人民解放军总装备部. 故障模式、影响及危害性分析指南: GJB/Z 1391—2006

[S]. 北京：总装备部军标出版发行部，2006.
[18] NRC. Code of Federal Regulations, Title 10: Energy[Z]. Washington, DC: U. S. Government Publishing Office, 2023.
[19] NRC. Standard format and content of safety analysis reports for nuclear power plants: RG 1.70[S]. Washington, DC: U. S. NRC, 1978.
[20] NRC. Industry - average performance for components and initiating events at U. S. commercial nuclear power plants: NUREG/CR - 6928[R]. Washington, DC: U. S. NRC, 2007.
[21] 邢继. 华龙一号:能动与非能动相结合的先进压水堆核电厂[M]. 北京：中国原子能出版社，2016.
[22] BROOKHAVEN NATIONAL LABORATORY. Kalinin VVER - 1000 Nuclear Power Station Unit 1 PRA: Procedure guides for a probabilistic risk assessment (English version): NUREG/CR-6572[R]. Rev. 1. Washington, DC: U. S. Nuclear Regulatory Commission, 2005.
[23] 朱继洲. 核反应堆安全分析[M]. 西安：西安交通大学出版社，2004.
[24] 谢仲生. 核反应堆物理分析[M]. 西安：西安交通大学出版社，2004.
[25] 维齐利 W E，拉尔森 H. 故障树手册[M]. 疏松桂，唐信青，译. 北京：原子能出版社，1987.
[26] 王金武. 可靠性工程基础[M]. 北京：科学出版社，2013.
[27] 国家能源局. 应用于核电厂的一级概率安全评价 第 11 部分:功率运行内部事件：NB/T 20037. 11—2018RK[S]. 北京：原子能出版社，2018.
[28] 郭波，武小悦，张秀斌，等. 系统可靠性分析[M]. 长沙：国防科技大学出版社，2002.
[29] 国家能源局. 核电厂系统故障模式和影响分析：NB/T 20096—2012[S]. 北京：原子能出版社，2012.
[30] 杨红义. 中国实验快堆设计阶段内部事件一级概率安全评价[D]. 北京：中国原子能科学研究院，2004.
[31] 马明泽. 核电厂概率安全分析及其应用[M]. 北京：原子能出版社，2010.
[32] 国家能源局. 核电厂故障树分析导则：NB/T 20558—2019[S]. 北京：原子能出版社，2019.
[33] NRC. Handbook of parameter estimation for probabilistic risk assessment: NUREG/CR-6823[R]. Washington, DC: U. S. NRC, 2007.
[34] 国家核安全局. 中国核电厂设备可靠性数据报告[R/OL]. (2023-01-10)[2024-08-13]. https://www.mee.gov.cn/xxgk2018/xxgk/xxgk09/202301/W020230112579477496975.pdf.
[35] 国家核安全局. 核电厂设备可靠性数据采集[R/OL]. (2015-07-13)[2024-10-21]. https://www.mee.gov.cn/gkml/sthjbgw/haq/201507/W020150724370360780060.pdf.
[36] FRANKS B. Taming the Big Data Tidal Wave: Finding Opportunities in Huge Data

Streams with Advanced Analytics[M]. Hoboken:John Wiley and Sons Inc ,2012.

[37] 涂子沛. 大数据:正在到来的数据革命[M]. 桂林: 广西师范大学出版社, 2013.

[38] SANDIA NATIONAL LABORATORIES. Handbook of parameter estimation for probabilistic risk assessment: NUREG/CR-6823 [R]. Washington, DC: U. S. Nuclear Regulatory Commission, 2003.

[39] 赵皓. 秦山第二核电厂设备可靠性数据库研究和开发[D]. 上海: 上海交通大学, 2008.

[40] 迈尔·舍恩伯格,库克耶. 大数据时代[M]. 盛杨, 周涛, 译. 杭州: 浙江人民出版社, 2013.

[41] FRANKS B. 驾驭大数据[M]. 黄海, 车皓阳, 王悦, 译. 北京: 人民邮电出版社, 2013.

[42] 张力, 黄曙东, 何爱武, 等. 人因可靠性分析方法[J]. 中国安全科学学报, 2001, 11(3): 6-16.

[43] WILLIAMS H L. Reliability evaluation of the human component in man machine system [J]. Electrical Engineering, 1958(4): 78-82.

[44] SWAIN A D, GUTTMANN H E. Handbook of human reliability analysis with emphasis on nuclear power plant applications: NUREG/CR-1278[R]. Washington, DC: U. S. Nuclear Regulatory Commission, 1983.

[45] HALL R E, FRAGOLA J, WREATHALL J. Post event human decision errors:Operator action tree/time reliability correlation: NUREG/CR-3010[R]. Washington, DC: U. S. Nuclear Regulatory Commission, 1982.

[46] FLEMING K N, RAABE P H, HANNAMAN G W, et al. Accident initiation and progression analysis status report: GA/A13617 Vol. Ⅱ UC-77[R]. San Diego: General Atomic Co. , 1975.

[47] SEAVER D A, STILLWELL W G. Procedures for using expert judgment to estimate human error probabilities in nuclear power plant operations: NUREG/CR-2743[R]. Washington, DC: U. S. Nuclear Regulatory Commission, 1983.

[48] POTASH L M, STEWART M, DIETZ P E. Experience in integrating the operator contributions in the PRA in actual operating plants[C]// Proceedings of the ANS/ENS Topical Meeting on Probabilistic Risk Assessment, Port Chester, New York, September 20-24,1981. La Grange Park: American Nuclear Society, 1981.

[49] HANNAMAN G W, SPURGIN A J, JOKSIMOVICH V. Systematic human action reliability procedure (SHARP): EPRI NP-3583 [R]. Palo Alto: Electric Power Research Institute, 1992.

[50] GERTMAN D I, BLACKMAN H S, HANEY L N, et al. INTENT: A method for estimating human error probabilities for decision based errors[J]. Reliability Engineering & System Safety, 1992, 35(2): 127-136.

[51] GERTMAN D I. Representing cognitive activities and errors in HRA trees: ECG-HFRU-10026[R]. Idaho Falls: Idaho National Engineering Laboratory, 1992.

[52] COOPER S E, RAMEY-SMITH A M. A technique for human error analysis (ATHEANA): NUREG/CR-6350[R]. Washington, DC: U.S. Nuclear Regulatory Commission, 1996.

[53] HOLLNAGEL E. Cognitive reliability and error analysis method[M]. Oxford: Elsevier Science Ltd, 1998.

[54] GERTMAN D, BLACKMAN H, MARBLE J. The SPAR-H human reliability analysis method: NUREG/CR - 6883 [R]. Washington, DC: U. S. Nuclear Regulatory Commission, 2005.

[55] 国家能源局. 应用于核电厂的一级概率安全评价 第 2 部分:低功率和停堆工况内部事件: NB/T 20037.2—2021[S]. 北京: 原子能出版社, 2012.

[56] 何旭洪, 童节娟, 黄祥瑞. 低功率和停堆工况下人员可靠性分析[J]. 中国安全科学学报, 2005, 15(4): 93-96.

[57] 肖春颖. 核电厂地震风险评价方法研究[D]. 大连: 大连理工大学, 2014.

[58] 叶逊敏. 核工程设备的地震易损性分析方法研究[D]. 北京: 清华大学, 2018.

[59] 王伟. 核电厂火灾 PSA 关键技术研究[D]. 北京: 清华大学, 2014.

[60] 国家能源局. 应用于核电厂的一级概率安全评价 第 5 部分:功率运行地震: NB/T 20037.5—2021[S]. 北京: 原子能出版社, 2021.

[61] 王照, 张晓明, 王晗丁, 等. 压水堆核电厂地震概率安全评价开发方法研究[J]. 核科学与工程, 2018, 38(2):246-255.

[62] 宋维, 胡文军, 钱鸿涛, 等. 中国实验快堆一回路冷阱工艺间钠火概率安全评价[J]. 原子能科学技术, 2015, 49(10): 1804-1810.

[63] 徐銤. 钠冷快堆的安全性[J]. 自然杂志, 2013, 35(2): 79-84.

[64] 韩金盛, 刘滨, 李文强. 铅冷快堆研究概述[J]. 核科学与技术, 2018, 6(3): 87-97.

[65] 李志容, 陈立强, 徐校飞, 等. 模块式高温气冷堆的固有安全特性[J]. 核安全, 2013, 12(3): 1-4.

[66] 左嘉旭, 张春明. 熔盐堆的安全性介绍[J]. 核安全, 2011, 10(3): 73-78.

[67] 罗琦, 黄彦平, 李永亮, 等. 超临界水冷堆技术研发概况及其关键问题[J]. 南华大学学报(自然科学版), 2011, 25(4): 1-8.

[68] 苏光辉. 轻水堆核电厂严重事故现象学[M]. 北京: 国防工业出版社, 2016.

[69] 塞加尔 · 巴尔 · 拉吉. 轻水堆核安全严重事故现象学[M]. 马卫民,赵博, 译. 北京: 中国原子能出版社, 2015.

[70] 苏著亭, 叶长源, 阎凤文, 等. 钠冷快增殖堆[M]. 北京: 原子能出版社, 1991.

[71] 徐銤,张东辉,任丽霞. 快堆安全分析[M]. 北京: 中国原子能出版传媒有限公司, 2011.

[72] IAEA. Development and Application of Level 2 Probabilistic Safety Assessment for Nuclear Power Plants: IAEA Safety Standards Series No. SSG - 4 [R]. Vienna:

IAEA, 2010.

[73] 王建华, 陈鹏, 杨杰, 等. 美国三级 PSA 发展过程及研究进展[J]. 辐射防护通讯, 2015, 35 (6): 7-12.

[74] 曲静原. 欧共体核事故后果评价研究及其程序系统的引进开发[J]. 辐射防护通讯, 1998, 18(5): 24-28,34.

[75] 曾君,刘书焕,田浩. 基于 MACCS 程序的反应堆核事故周边地区剂量估算[C]//第十六届全国核电子学与核探测技术学术年会. [出版地不详:出版者不详], 2012: 140-145.

[76] 李旭彤, 张建岗, 侯志林, 等. 核电站严重事故后果评价程序系统 MACCS 及用户界面介绍[J]. 辐射防护通讯, 1993(6): 21-31.